線形代数学　講義

佐々木洋城 著

学術図書出版社

はじめに

現在，数学は現代の諸科学において，いわゆる理科系はいうまでもなく，比較的縁遠いと思われてきた人文社会科学においても，現象の数量的な把握の必要性にともない，多用されるようになってきました．それは，現象を数理的に理解することによって数学の理論が応用できるからです．数学を用いて分析されたことをもとに戻って解釈してみるということが現象の理解などに有効なのです．

ベクトルはいくつかの数をまとめて扱う仕組みです．行列とは数を縦，横に並べたものですが，ベクトルとベクトルを結びつけるという働きをもちます．線形代数学とは平たく言えば，ベクトルと行列の理論です．

本書は線形代数学の第一歩を踏み出すための手助けとなるように計画しました．第 1 章から第 5 章まではベクトルと行列について基本事項と計算の手法を学び，第 6 章以降にその理論的意味づけや展開を行うという構成としてみました．特徴（と著者は思っている）を述べてみたいと思います．

線形代数学を通じて「行列の基本変形」は計算の道具としてだけでなく，理論的な考察の場面でも中心的な役割を果たします．「行列の階数」という概念も本質的に重要です．本書では第 3 章で学びます．従来は「連立 1 次方程式の解法」の中で扱われることが多かった話題ですが，独立した話題として扱い，その重要性を強調しました．

第 6 章から第 8 章までは，数ベクトル空間と行列の対角化の理論を扱います．行列の対角化という話題は抽象的な理論の後に語られることが多いと思います．しかし，本書では，数の範囲は複素数として，まずは行列の対角化までを述べることとしました（理論的には完結していますが，議論は冗長かもしれません）．

第 9 章では抽象的な線形代数学（の初歩）を述べました．第 8 章までの内容が，いわゆる抽象的な線形空間と線形写像という理論によって，さまざまに応用されることの一端を紹介しました．

定義や定理はなるべく例や例題を通してその意味の把握や理解が促進されるようにしたつもりです．例題または例の直後には同様の問題を載せるようにしましたので是非とも自ら解いてみてください．問題の解答はやや詳しく述べておきましたので，利用してください．

章末には演習問題をいくつか載せておきました．難しいと感じられる問題もあるかもしれませんが，取り組むことで理解が進むと思いますし，数学的な経験を積むことでもあります．

本書が読者のお役に立てることを願ってやみません．

本書は，信州大学の同僚はもとより，幾多の数学仲間との会話の中から生まれました．また，すでに出版されている多くの良書を参考にさせてもらいました．そのお名前や書名は控えさせていただきますが，深くお礼を申し上げます．そして，著者の支えとなってくれている家族に心から感謝しなければなりません．

本書の出版を引き受けてくださいました学術図書出版社のみなさまにもお礼を申し上げます．

2017 年 3 月

著　者

学ぶために－論理についての若干の注意

念のために，どのような学問を学ぶためにも注意しなければならないことを述べておきます．

逆は必ずしも真ならず

例えば，「明日，お天気がよかったら動物園に行こうね」という文を考えましょう．この場合，「もしお天気がよくなかったら動物園には行かない」という印象をもつ読者も多いと思います．しかしながら，論理的には，「明日，お天気がよかったら動物園に行こうね」という文の中には「お天気がよくない場合」にどうするかは述べられてはいないのですから，「もしお天気がよくなかったら動物園には行かない」という文は「明日，お天気がよかったら動物園に行こうね」とは無関係であると考えなければなりません．日常の常識（それは，お付き合いを円滑にするための知恵も含めて）から考えると，このような解釈は「屁理屈」というべきかもしれません．しかし，数学に限らず，実は日常の社会生活においても，「思い込み」を排して論理的に冷静に考えるということは大切なのです．同様に，「動物園に行くならばお天気はよい」もまた，根拠がありません．

命題「$P \Rightarrow Q$」を考えます．この逆「$Q \Rightarrow P$」は「$P \Rightarrow Q$」とは無関係です．つまり，これらの一方が正しくても，他が正しいとは限らないのです．一方，「Q でない $\Rightarrow$ P でない」と「$P \Rightarrow Q$」とは論理的には同値です．

または，かつ，否定

「(P または Q) が成り立つ」とは「P が成り立つ」かまたは「Q が成り立つ」という意味です．決して，「P または Q の一方のみが成り立つ」という意味ではありません．「P と Q が同時に成り立つ」という場合も含めて考えているのです．それでは「(P または Q) が成り立つ」の否定はどのように考えるべきでしょうか．冷静に考えれば，「P が成り立つ」のでもなく「Q が成り立つ」のでもない．というのが，「(P または Q) が成り立つ」の否定であることがわかると思います．つまり，「P でなくかつ Q でもない」が「(P または Q) が成り立つ」の否定です．

目次

第 1 章

ベクトルと空間図形

空間（または平面）の点を表すとき

(1)「座標」による方法
(2)「ベクトル」による方法

の 2 つが考えられる．空間の図形を表すということは空間の点がその図形に属しているかどうかを判別する条件を与えるということである．点を座標で表すとき，その条件は座標の方程式で与えられる．点をベクトルで表すとき，その条件は点の位置ベクトルを記述する方程式で与えられる．本章では，空間（または平面）の図形をベクトルを用いて表そう．

1.1　空間のベクトル

ベクトルは $\overrightarrow{a}$ ではなく，$\boldsymbol{a}$ とボールド体を使う．また，ベクトル $\boldsymbol{a}$ の長さを $\|\boldsymbol{a}\|$ と書く．

空間に直交座標系 O-xyz を定め，点 $E_1(1,0,0), E_2(0,1,0), E_3(0,0,1)$ をとる．ベクトル $\overrightarrow{OE_1}, \overrightarrow{OE_2}, \overrightarrow{OE_3}$ を（この座標系における）**基本ベクトル**とよび，それぞれ $\boldsymbol{e}_1, \boldsymbol{e}_2, \boldsymbol{e}_3$ と記す．空間の任意のベクトル $\boldsymbol{a}$ は適当な実数 a_1, a_2, a_3 により

$$\boldsymbol{a} = a_1\boldsymbol{e}_1 + a_2\boldsymbol{e}_2 + a_3\boldsymbol{e}_3$$

と表され，このような係数の a_1, a_2, a_3 はただ 1 通りである．このとき，ベクトル $\boldsymbol{a}$ の（$(\boldsymbol{e}_1, \boldsymbol{e}_2, \boldsymbol{e}_3)$ に関する）成分は $\begin{bmatrix} a_1 \\ a_2 \\ a_3 \end{bmatrix}$ であるという．また

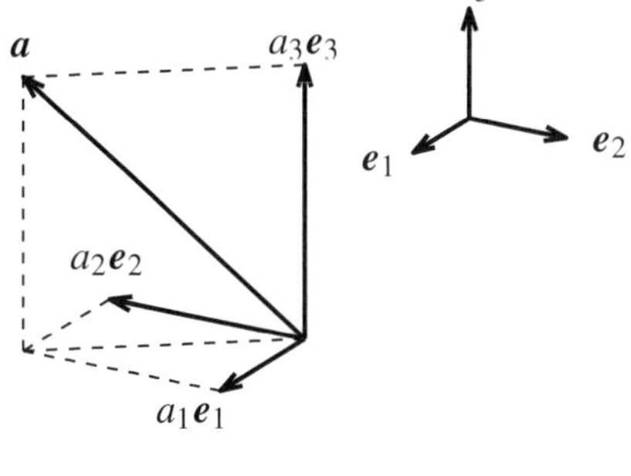

$$\boldsymbol{a} = \begin{bmatrix} a_1 \\ a_2 \\ a_3 \end{bmatrix}$$

と書いて，これをベクトル $\boldsymbol{a}$ の成分表示という．

基本ベクトルの成分表示は $\boldsymbol{e}_1 = \begin{bmatrix} 1 \\ 0 \\ 0 \end{bmatrix}$, $\boldsymbol{e}_2 = \begin{bmatrix} 0 \\ 1 \\ 0 \end{bmatrix}$, $\boldsymbol{e}_3 = \begin{bmatrix} 0 \\ 0 \\ 1 \end{bmatrix}$ である．

空間の点 A は原点 O から点 A に向かう有向線分が表すベクトル $\overrightarrow{\mathrm{OA}}$ を定める．このベクトルを点 A の**位置ベクトル**とよぶ．

点 A の（座標系 O-xyz による）座標が (a_1, a_2, a_3) であるとき，位置ベクトル $\overrightarrow{\mathrm{OA}}$ の（$(\boldsymbol{e}_1, \boldsymbol{e}_2, \boldsymbol{e}_3)$ に関する）成分表示は $\overrightarrow{\mathrm{OA}} = \begin{bmatrix} a_1 \\ a_2 \\ a_3 \end{bmatrix}$ である．逆に，ベクトル $\boldsymbol{a}$ の成分表示が $\begin{bmatrix} a_1 \\ a_2 \\ a_3 \end{bmatrix}$ のとき，$\boldsymbol{a}$ を位置ベクトルとする点の座標は (a_1, a_2, a_3) である．

点 A とベクトル $\boldsymbol{a}$ について，「点 A$(\boldsymbol{a})$」は点 A の位置ベクトルが $\boldsymbol{a}$ であることを意味する．

定義 1.1.1 $\boldsymbol{0}$ でないベクトル $\boldsymbol{a}, \boldsymbol{b}$ を位置ベクトルとする点 A, B をとる．$\angle\mathrm{AOB} = \theta$ $(0 \leqq \theta \leqq \pi)$ とする．$\|\boldsymbol{a}\|\|\boldsymbol{b}\|\cos\theta$ を $\boldsymbol{a}, \boldsymbol{b}$ の**内積**とよび，$(\boldsymbol{a}, \boldsymbol{b})$ と記す：

$$(\boldsymbol{a}, \boldsymbol{b}) = \|\boldsymbol{a}\|\|\boldsymbol{b}\|\cos\theta.$$

零ベクトルについてはどのベクトル $\boldsymbol{a}$ についても $(\boldsymbol{0}, \boldsymbol{a}) = (\boldsymbol{a}, \boldsymbol{0}) = 0$ と定義する．

注意 内積を $\boldsymbol{a} \cdot \boldsymbol{b}$ とは書かない．

内積の定義により，$\boldsymbol{a} \perp \boldsymbol{b} \Longleftrightarrow (\boldsymbol{a}, \boldsymbol{b}) = 0$ であるが，ベクトルのなす角 θ の大きさを図形的に測ることなく内積 $(\boldsymbol{a}, \boldsymbol{b})$ の値を求めることができれば，内積の値からベクトルのなす角のコサインの値がわかる．したがって，なす角の大きさを調べることができる．その「代数的な」方法が内積の成分による表示である．$\boldsymbol{a} = \begin{bmatrix} a_1 \\ a_2 \\ a_3 \end{bmatrix}$, $\boldsymbol{b} = \begin{bmatrix} b_1 \\ b_2 \\ b_3 \end{bmatrix}$ のとき，余弦定理を用いて

$$(\boldsymbol{a}, \boldsymbol{b}) = a_1b_1 + a_2b_2 + a_3b_3 \tag{1.1.1}$$

が成り立つことが示される．この表示を用いて，次の性質が成り立つことが確かめられる．

(1) $(\boldsymbol{a} + \boldsymbol{b}, \boldsymbol{c}) = (\boldsymbol{a}, \boldsymbol{c}) + (\boldsymbol{b}, \boldsymbol{c})$, $(\boldsymbol{a}, \boldsymbol{b} + \boldsymbol{c}) = (\boldsymbol{a}, \boldsymbol{b}) + (\boldsymbol{a}, \boldsymbol{c})$.

(2) $(\boldsymbol{a}, \boldsymbol{b}) = (\boldsymbol{b}, \boldsymbol{a})$.

(3) $(c\boldsymbol{a}, \boldsymbol{b}) = (\boldsymbol{a}, c\boldsymbol{b}) = c(\boldsymbol{a}, \boldsymbol{b})$　（c は実数）．

(4) $(\boldsymbol{a}, \boldsymbol{a}) \geqq 0$, $(\boldsymbol{a}, \boldsymbol{a}) = 0 \Longleftrightarrow \boldsymbol{a} = \boldsymbol{0}$.

(5) $\boldsymbol{a} \perp \boldsymbol{b} \Longleftrightarrow a_1b_1 + a_2b_2 + a_3b_3 = 0$.

ベクトルの長さについて次の命題が成り立つ．

定理 1.1.1　(1) $\|\boldsymbol{a}\| = \sqrt{(\boldsymbol{a}, \boldsymbol{a})}$.
(2) $|(\boldsymbol{a}, \boldsymbol{b})| \leqq \|\boldsymbol{a}\|\|\boldsymbol{b}\|$.　（シュワルツの不等式）
(3) $\|\boldsymbol{a} + \boldsymbol{b}\| \leqq \|\boldsymbol{a}\| + \|\boldsymbol{b}\|$.　（三角不等式）

問題 1.1.1　(1) 内積の成分表示 (1.1.1) を確かめよ．
(2) 定理 1.1.1 (2)，(3) を確かめよ．

定理 1.1.2 ベクトル $\boldsymbol{a}, \boldsymbol{b}$ について，条件「どのベクトル $\boldsymbol{x}$ についても $(\boldsymbol{a}, \boldsymbol{x}) = (\boldsymbol{b}, \boldsymbol{x})$」が成り立つならば，$\boldsymbol{a} = \boldsymbol{b}$ である．特に，条件「どのベクトル $\boldsymbol{x}$ についても $(\boldsymbol{a}, \boldsymbol{x}) = 0$」が成り立つならば，$\boldsymbol{a} = \boldsymbol{0}$ である．

問題 1.1.2 定理 1.1.2 を証明せよ．

1.2　ベクトルによる直線の表示

点 $\mathrm{A}(\boldsymbol{a})$ を通りベクトル $\boldsymbol{u}(\neq \boldsymbol{0})$ に平行な直線 ℓ を考える．直線 ℓ 上の任意の点の位置ベクトル $\boldsymbol{x}$ はある実数 t を用いて $\boldsymbol{x} = \boldsymbol{a} + t\boldsymbol{u}$ と表される．逆に，このように表されるベクトル $\boldsymbol{x}$ を位置ベクトルとする点の全体（つまり，t にすべての実数を代入して得られる点の全体）は直線 ℓ と一致する．すなわち

定理 1.2.1 点 A を通りベクトル $\boldsymbol{u}(\neq \boldsymbol{0})$ に平行な直線 ℓ は，点 A の位置ベクトルを $\boldsymbol{a}$ とすると，方程式

$$\boldsymbol{x} = \boldsymbol{a} + t\boldsymbol{u} \quad (t \text{ は実数}) \tag{1.2.1}$$

で表される．特に原点を通る直線は $\boldsymbol{x} = t\boldsymbol{u}$（$t$ は実数）と表される．

そこで，方程式 (1.2.1) を**直線 ℓ のベクトル方程式**または**パラメーター表示**という．ベクトル $\boldsymbol{u}$ をこの直線の**方向ベクトル**とよぶ．直線のベクトル方程式においてパラメーター t の範囲について必ず「(t は実数)」を書かなければならない．

例題 1.2.1 $\boldsymbol{a} = \begin{bmatrix} 3 \\ 3 \\ 4 \end{bmatrix}$, $\boldsymbol{u} = \begin{bmatrix} 1 \\ 2 \\ -2 \end{bmatrix}$ とおく．直線 $\ell : \boldsymbol{x} = \boldsymbol{a} + t\boldsymbol{u}$（$t$ は実数）を考える．点

P(−4, 4, 9)，点 Q$\left(\frac{1}{2}, -2, 9\right)$ が直線 ℓ 上にあるかどうかを調べ，ℓ 上にあるならば，その位置ベクトルを $\boldsymbol{a}+t\boldsymbol{u}$ の形で表せ．

解答 (1) 点 P について．位置ベクトルを $\boldsymbol{p}$ とおくと，$\boldsymbol{p}=\begin{bmatrix}-4\\4\\9\end{bmatrix}$ である．$\boldsymbol{p}-\boldsymbol{a}=\begin{bmatrix}-7\\1\\5\end{bmatrix}$ であるから，ある実数 t_0 について $\boldsymbol{p}-\boldsymbol{a}=t_0\boldsymbol{u}$ が成り立つとすれば，$\begin{bmatrix}-7\\1\\5\end{bmatrix}=\begin{bmatrix}t_0\\2t_0\\-2t_0\end{bmatrix}$ となる．第1成分を比較して $-7=t_0$ を得るが，第2成分を比較して $1=2t_0$ を得る．これは矛盾であるから，点 P は直線 ℓ 上にない．

(2) 点 Q について．位置ベクトルを $\boldsymbol{q}$ とおくと，$\boldsymbol{q}=\begin{bmatrix}\frac{1}{2}\\-2\\9\end{bmatrix}$ である．$\boldsymbol{q}-\boldsymbol{a}=\begin{bmatrix}-\frac{5}{2}\\-5\\5\end{bmatrix}=-\frac{5}{2}\boldsymbol{u}$ であるから，点 Q は直線 ℓ 上にあり，$\boldsymbol{q}=\boldsymbol{a}-\frac{5}{2}\boldsymbol{u}$.

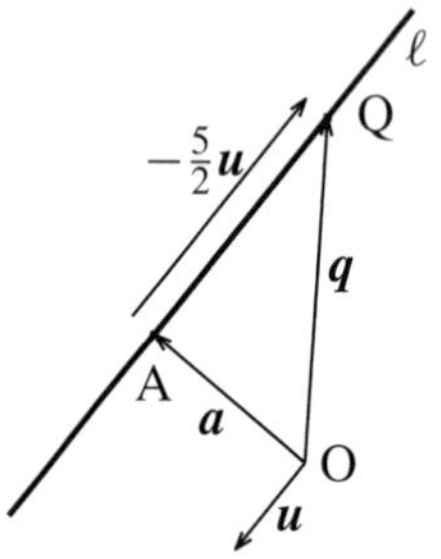

□

例題 1.2.2 2点 A(4, 2, 7)，B(−4, 5, −3) を通る直線のベクトル方程式を求めよ．

解答 この直線の方向ベクトルとして $\overrightarrow{AB}=\overrightarrow{OB}-\overrightarrow{OA}=\begin{bmatrix}-4\\5\\-3\end{bmatrix}-\begin{bmatrix}4\\2\\7\end{bmatrix}=\begin{bmatrix}-8\\3\\-10\end{bmatrix}$ をとることができる．ゆえに，

$$\boldsymbol{x}=\begin{bmatrix}4\\2\\7\end{bmatrix}+t\begin{bmatrix}-8\\3\\-10\end{bmatrix}\quad(t\text{ は実数})$$

はこの直線のベクトル方程式である． □

注意 **直線を表すためには直線上の1点と直線に平行な $\boldsymbol{0}$ でないベクトル（方向ベクトル）を1つ指定し，式 (1.2.1) のように表示すればよい．** 上の解答では点 A とベクトル $\overrightarrow{AB}$ を採用した．しかし，例えば，点 B とベクトル $\overrightarrow{BA}$ を採用して $\boldsymbol{x}=\begin{bmatrix}-4\\5\\-3\end{bmatrix}+t\begin{bmatrix}8\\-3\\10\end{bmatrix}$ （t は実数）もこの直線のベクトル方程式である．

問題 1.2.1 2 点 A(2, −1, −3)，B(−1, 2, 3) を通る直線のベクトル方程式を求めよ．

問題 1.2.2 相異なる 2 点 $A(\boldsymbol{a})$，$B(\boldsymbol{b})$ を通る直線のベクトル方程式を求めよ．

例題 1.2.3 点 P(−4, 4, 9) から直線 $\ell : \boldsymbol{x} = \begin{bmatrix} 3 \\ 3 \\ 4 \end{bmatrix} + t \begin{bmatrix} 1 \\ 2 \\ -2 \end{bmatrix}$ （t は実数）に降ろした垂線の足 H の位置ベクトルを求めよ．（点 P は直線 ℓ 上にない．例題 1.2.1 参照）

解答 ベクトル $\boldsymbol{a}$，$\boldsymbol{u}$ および $\boldsymbol{p}$ は例題 1.2.1 の解答と同様とする．

垂線の足 H の位置ベクトルを $\boldsymbol{h}$ とおく．垂線の足 H は直線 ℓ 上にあるのだから，その位置ベクトル $\boldsymbol{h}$ はある実数 t_0 によって $\boldsymbol{h} = \boldsymbol{a} + t_0\boldsymbol{u}$ と表される．ベクトル $\overrightarrow{PH} = \boldsymbol{h} - \boldsymbol{p} = \boldsymbol{a} + t_0\boldsymbol{u} - \boldsymbol{p}$ は方向ベクトル $\boldsymbol{u}$ と直交するから

$$(\boldsymbol{a} + t_0\boldsymbol{u} - \boldsymbol{p}, \boldsymbol{u}) = 0$$

である．この左辺の内積は $(\boldsymbol{a} + t_0\boldsymbol{u} - \boldsymbol{p}, \boldsymbol{u}) = (\boldsymbol{a} - \boldsymbol{p}, \boldsymbol{u}) + t_0(\boldsymbol{u}, \boldsymbol{u})$ と変形できるから $(\boldsymbol{a} - \boldsymbol{p}, \boldsymbol{u}) + t_0(\boldsymbol{u}, \boldsymbol{u}) = 0$．これを t_0 について解くと

$$t_0 = \frac{(\boldsymbol{p} - \boldsymbol{a}, \boldsymbol{u})}{(\boldsymbol{u}, \boldsymbol{u})}.$$

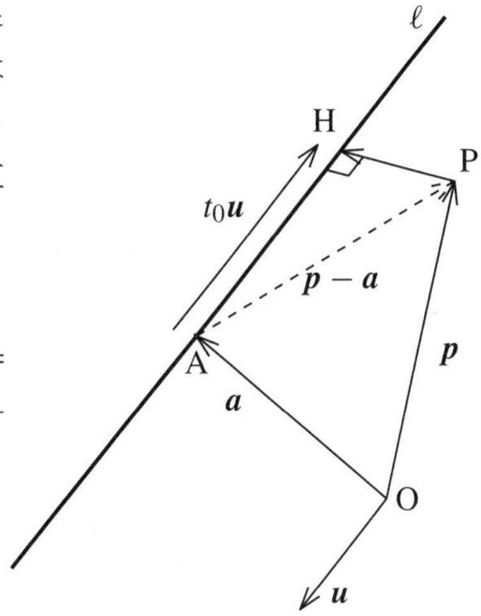

分子と分母の内積を計算すると

$$(\boldsymbol{p} - \boldsymbol{a}, \boldsymbol{u}) = \left(\begin{bmatrix} -7 \\ 1 \\ 5 \end{bmatrix}, \begin{bmatrix} 1 \\ 2 \\ -2 \end{bmatrix} \right) = -15, (\boldsymbol{u}, \boldsymbol{u}) = \left(\begin{bmatrix} 1 \\ 2 \\ -2 \end{bmatrix}, \begin{bmatrix} 1 \\ 2 \\ -2 \end{bmatrix} \right) = 9$$ であるから，$t_0 = -\frac{5}{3}$

である．ゆえに，垂線の足 H の位置ベクトルは $\boldsymbol{h} = \boldsymbol{a} + t_0\boldsymbol{u} = \begin{bmatrix} 3 \\ 3 \\ 4 \end{bmatrix} - \frac{5}{3} \begin{bmatrix} 1 \\ 2 \\ -2 \end{bmatrix} = \begin{bmatrix} \frac{4}{3} \\ -\frac{1}{3} \\ \frac{22}{3} \end{bmatrix}$． □

問題 1.2.3 点 P(1, 0, −1) は直線 $m : \boldsymbol{x} = \begin{bmatrix} 1 \\ 2 \\ -3 \end{bmatrix} + t \begin{bmatrix} 1 \\ -1 \\ 1 \end{bmatrix}$ 上にないことを示し，点 P から直線 m に降ろした垂線の足 H の位置ベクトルを求めよ．

平面上の直線もやはり，直線上の 1 点と直線に平行な $\mathbf{0}$ でないベクトル（方向ベクトル）を 1 つ指定して，ベクトル方程式で表すことができる．

例題 1.2.4 $\boldsymbol{a} = \begin{bmatrix} 2 \\ 3 \end{bmatrix}, \boldsymbol{b} = \begin{bmatrix} 5 \\ -3 \end{bmatrix}, \boldsymbol{c} = \begin{bmatrix} -4 \\ 1 \end{bmatrix}, \boldsymbol{d} = \begin{bmatrix} -2 \\ -4 \end{bmatrix}$ とする．

(1) ベクトル $\boldsymbol{a}$, $\boldsymbol{b}$, $\boldsymbol{c}, \boldsymbol{d}$ を表す有向線分を座標平面上に図示せよ．

(2) (a) 直線 $\ell : \boldsymbol{x} = \boldsymbol{a} + t\boldsymbol{b}$ (t は実数)

(b) 直線 $m : \boldsymbol{x} = \boldsymbol{c} + t\boldsymbol{d}$ (t は実数)

を座標平面上に図示せよ．

(3) 直線 ℓ と m との交点 P の位置ベクトルを $\boldsymbol{a} + t\boldsymbol{b}$ の形と $\boldsymbol{c} + t\boldsymbol{d}$ の形で 2 通りに表せ．

解答 (1) および (2) の解を以下に示す．図において平行な破線の間隔は 1 である．

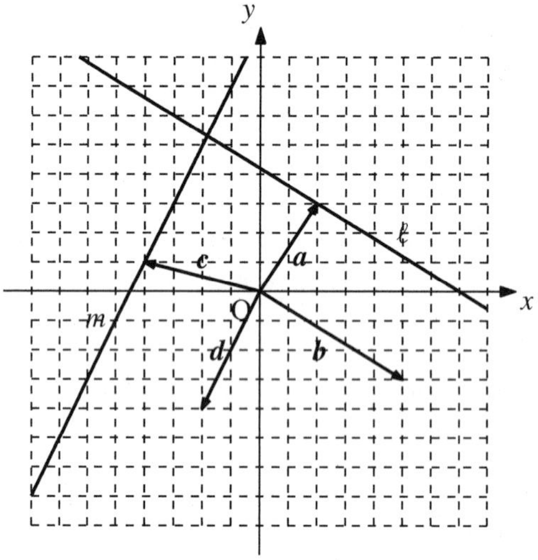

(3) 交点 P の位置ベクトルを $\boldsymbol{p}$ とする．点 P($\boldsymbol{p}$) は直線 ℓ にあるから，ある実数 s_0 により，$\boldsymbol{p} = \boldsymbol{a} + s_0\boldsymbol{b}$ と表される．一方，直線 m 上にもあるから，ある実数 t_0 により $\boldsymbol{p} = \boldsymbol{c} + t_0\boldsymbol{d}$ と表される．よって，$\boldsymbol{a} + s_0\boldsymbol{b} = \boldsymbol{c} + t_0\boldsymbol{d}$ が成り立つ．これを変形して，$s_0\boldsymbol{b} - t_0\boldsymbol{d} = -\boldsymbol{a} + \boldsymbol{c}$ を得る．すなわち

$$s_0 \begin{bmatrix} 5 \\ -3 \end{bmatrix} - t_0 \begin{bmatrix} -2 \\ -4 \end{bmatrix} = \begin{bmatrix} -6 \\ -2 \end{bmatrix}$$

が成り立つ．成分ごとに考えて，等式

$$5s_0 + 2t_0 = -6 \qquad ①$$
$$-3s_0 + 4t_0 = -2 \qquad ②$$

を得る．式 ① の (−2) 倍を式 ② に加えて整理すると，$-13s_0 = 10$ を得る．よって，$s_0 = -\dfrac{10}{13}$．式 ① に代入して $t_0 = -\dfrac{14}{13}$ を得る．よって

$$\boldsymbol{p} = \boldsymbol{a} - \frac{10}{13}\boldsymbol{b} = \boldsymbol{c} - \frac{14}{13}\boldsymbol{d}.$$

□

問題 1.2.4 $\boldsymbol{a} = \begin{bmatrix} -3 \\ 2 \end{bmatrix}, \boldsymbol{b} = \begin{bmatrix} 3 \\ 4 \end{bmatrix}, \boldsymbol{c} = \begin{bmatrix} -4 \\ -2 \end{bmatrix}, \boldsymbol{d} = \begin{bmatrix} 2 \\ -4 \end{bmatrix}$ とする．

(1) ベクトル $\boldsymbol{a}, \boldsymbol{b}, \boldsymbol{c}, \boldsymbol{d}$ を表す有向線分を座標平面上に図示せよ．

(2) (a) 直線 $\ell : \boldsymbol{x} = \boldsymbol{a} + t\boldsymbol{b}$ (t は実数)

(b) 直線 $m : \boldsymbol{x} = \boldsymbol{c} + t\boldsymbol{d}$（$t$ は実数）

を座標平面上に図示せよ．

(3) 直線 ℓ と m との交点の位置ベクトルを $\boldsymbol{a} + t\boldsymbol{b}$ の形と $\boldsymbol{c} + t\boldsymbol{d}$ の形で 2 通りに表せ．

1.3　ベクトルによる平面の表示

平面 π 上に勝手に点をとり，その点を A($\boldsymbol{a}$) とする．平面 π 上に $\boldsymbol{0}$ でなくかつ平行でない 2 つのベクトルを任意にとり，それらを $\boldsymbol{u}, \boldsymbol{v}$ とおく．このとき，平面 π 上の任意の点 X に対してベクトル $\overrightarrow{\mathrm{AX}}$ は適当な実数 s, t を用いて $\overrightarrow{\mathrm{AX}} = s\boldsymbol{u} + t\boldsymbol{v}$ と表される．よって，点 X の位置ベクトル $\boldsymbol{x}$ は $\boldsymbol{x} = \boldsymbol{a} + s\boldsymbol{u} + t\boldsymbol{v}$ と表される． 逆に，このように表されるベクトル $\boldsymbol{x}$ を位置ベクトルにもつ点はこの平面 π 上にある．ここで「平面 π 上のベクトル」という表現を使ったが，「平面 π に平行な（有向線分で表される）ベクトル」という方が正確である．すなわち

定理 1.3.1 点 A($\boldsymbol{a}$) を含み，$\boldsymbol{0}$ でなくかつ平行でないベクトル $\boldsymbol{u}, \boldsymbol{v}$ に平行な平面 π は方程式

$$\boldsymbol{x} = \boldsymbol{a} + s\boldsymbol{u} + t\boldsymbol{v} \ (s, t \text{ は実数}) \tag{1.3.1}$$

で表される．特に，原点を含む平面は $\boldsymbol{x} = s\boldsymbol{u} + t\boldsymbol{v}$（$s, t$ は実数）と表される．

そこで，方程式 (1.3.1) を**平面 π のベクトル方程式**または**パラメーター表示**とよぶ．また，この平面を **点 A を含み，ベクトル $\boldsymbol{u}, \boldsymbol{v}$ で張られる平面**とよぶ．なお，ベクトル方程式 (1.3.1) において「(s, t は実数)」は必ず書かなければならない．

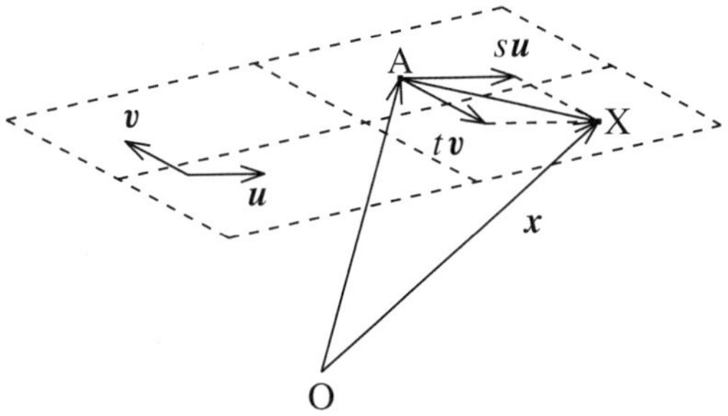

例題 1.3.1 3 点 A$(-2, 6, 5)$, B$(-8, 9, 3)$, C$(0, 8, 8)$ を含む平面 π のベクトル方程式を求めよ．

解答 3 点 A, B, C の位置ベクトルを順に $\boldsymbol{a}, \boldsymbol{b}, \boldsymbol{c}$ とする．$\boldsymbol{a} = \begin{bmatrix} -2 \\ 6 \\ 5 \end{bmatrix}, \boldsymbol{b} = \begin{bmatrix} -8 \\ 9 \\ 3 \end{bmatrix}, \boldsymbol{c} = \begin{bmatrix} 0 \\ 8 \\ 8 \end{bmatrix}$ である．

ベクトル $\boldsymbol{u} = \overrightarrow{\mathrm{AB}} = \boldsymbol{b} - \boldsymbol{a} = \begin{bmatrix} -6 \\ 3 \\ -2 \end{bmatrix}$, $\boldsymbol{v} = \overrightarrow{\mathrm{AC}} = \boldsymbol{c} - \boldsymbol{a} = \begin{bmatrix} 2 \\ 2 \\ 3 \end{bmatrix}$ は平面 π 上にある．よって

$$\boldsymbol{x} = \begin{bmatrix} -2 \\ 6 \\ 5 \end{bmatrix} + s \begin{bmatrix} -6 \\ 3 \\ -2 \end{bmatrix} + t \begin{bmatrix} 2 \\ 2 \\ 3 \end{bmatrix} \quad (s, t \text{ は実数})$$

は平面 π のベクトル方程式である．□

注意 **平面を表すためには平面上の 1 点と平面上に $\mathbf{0}$ でなくかつ平行でない 2 つのベクトルを指定し，式 (1.3.1) のように表示すればよい．** 上の解答では平面上の点として点 A を採用したが，点 B や点 C を採用してもよい．また，平面上のベクトルとして $\overrightarrow{\mathrm{BC}}$ などを用いてもよい．$\boldsymbol{x} = \begin{bmatrix} -8 \\ 9 \\ 3 \end{bmatrix} + s \begin{bmatrix} -6 \\ 3 \\ -2 \end{bmatrix} + t \begin{bmatrix} 8 \\ -1 \\ 5 \end{bmatrix}$ $(s, t$ は実数) も平面 π のベクトル方程式である．

例題 1.3.2 点 P$(-4, 4, 9)$ と直線 $\ell : \boldsymbol{x} = \begin{bmatrix} 3 \\ 3 \\ 4 \end{bmatrix} + t \begin{bmatrix} 1 \\ 2 \\ -2 \end{bmatrix}$ (t は実数) を含む平面 π のベクトル方程式を求めよ．

注意 点 P と直線 ℓ は例題 1.2.1 で扱ったものである．点 P は直線 ℓ 上にない．

解答 ベクトル $\boldsymbol{a}$, $\boldsymbol{u}$, および $\boldsymbol{p}$ は例題 1.2.1 の解答と同様とする．点 A$(\boldsymbol{a})$ は平面 π 上にある．ベクトル $\overrightarrow{\mathrm{AP}} = \boldsymbol{p} - \boldsymbol{a} = \begin{bmatrix} -7 \\ 1 \\ 5 \end{bmatrix}$, ベクトル $\boldsymbol{u} = \begin{bmatrix} 1 \\ 2 \\ -2 \end{bmatrix}$ はともに平面 π 上にあり，(例題 1.2.1 で確かめたように) 平行でない．よって

$$\boldsymbol{x} = \begin{bmatrix} 3 \\ 3 \\ 4 \end{bmatrix} + s \begin{bmatrix} 1 \\ 2 \\ -2 \end{bmatrix} + t \begin{bmatrix} -7 \\ 1 \\ 5 \end{bmatrix} \quad (s, t \text{ は実数})$$

は平面 π のベクトル方程式である．□

問題 1.3.1 同一直線上にない 3 点 $\mathrm{A}(a_1, a_2, a_3), \mathrm{B}(b_1, b_2, b_3), \mathrm{C}(c_1, c_2, c_3)$ を含む平面のベクトル方程式を求めよ．

問題 1.3.2 $\boldsymbol{u} = \begin{bmatrix} u_1 \\ u_2 \\ u_3 \end{bmatrix} \neq \boldsymbol{0}$ とする．点 $\mathrm{P}(p_1, p_2, p_3)$ は直線 $\ell : \boldsymbol{x} = \begin{bmatrix} a_1 \\ a_2 \\ a_3 \end{bmatrix} + t \begin{bmatrix} u_1 \\ u_2 \\ u_3 \end{bmatrix}$ (t は実数) 上にないとする．点 P と直線 ℓ を含む平面のベクトル方程式を求めよ．

平面 π 上の点 X の座標を (x, y, z) とおき，ベクトル方程式 (1.3.1) からパラメーターの s, t を消去すれば，x, y, z の 1 次方程式が得られる．

例 1.3.1 a, b, c はいずれも 0 でない実数とする．点 $\mathrm{A}(a, 0, 0)$，$\mathrm{B}(0, b, 0)$，$\mathrm{C}(0, 0, c)$ を含む平面 α について考えよう．

ベクトル $\overrightarrow{\mathrm{AB}} = \begin{bmatrix} -a \\ b \\ 0 \end{bmatrix}$ および $\overrightarrow{\mathrm{AC}} = \begin{bmatrix} -a \\ 0 \\ c \end{bmatrix}$ はこの平面上にあり，これらは平行でない．よって

$$\begin{bmatrix} x \\ y \\ z \end{bmatrix} = \begin{bmatrix} a \\ 0 \\ 0 \end{bmatrix} + s \begin{bmatrix} -a \\ b \\ 0 \end{bmatrix} + t \begin{bmatrix} -a \\ 0 \\ c \end{bmatrix} \quad (s, t \text{ は実数}) \tag{*1}$$

は平面 α のベクトル方程式である．ベクトルの成分を考えて等式

$$x = (1 - s - t)a \qquad ①$$
$$y = sb \qquad ②$$
$$z = tc \qquad ③$$

を得る．これからパラメーター s, t を消去する．式 ① に bc をかけ，式 ② に ca をかけ，式 ③ に ab をかけたものを加えると $(bc)x + (ca)y + (ab)z = abc$ を得る．これは，通常，両辺を abc で割って

$$\frac{x}{a} + \frac{y}{b} + \frac{z}{c} = 1 \tag{*2}$$

と表される．

1.4　内積と 1 次方程式の解の点全体の図形

1.3 節の終わりで平面のベクトル方程式から平面上の点の座標が満たす 1 次方程式を導いた．この節では，一般に，1 次方程式の解の点全体の図形を考察する．実数 a, b, c のどれか 1 つは 0 でないとする．

1 次方程式

$$ax + by + cz + d = 0$$

を満たす点 $X(x,y,z)$ のつくる図形 π を考えよう．$\begin{bmatrix} a \\ b \\ c \end{bmatrix} = \boldsymbol{n}$, $\begin{bmatrix} x \\ y \\ z \end{bmatrix} = \boldsymbol{x}$ とおくと，この方程式は

$$(\boldsymbol{n}, \boldsymbol{x}) + d = 0 \tag{1.4.1}$$

と書き直される．この図形 π 上に1点を任意にとり，その点を $A(\boldsymbol{a})$ とおく．このとき，$(\boldsymbol{n}, \boldsymbol{a}) + d = 0$ であり，したがって $d = -(\boldsymbol{n}, \boldsymbol{a})$ である．よって，空間の任意の点 $X(x,y,z)$ について

$$
\begin{aligned}
X(x,y,z) \text{ が } \pi \text{ に含まれる} &\iff (\boldsymbol{n}, \boldsymbol{x}) + d = 0 \iff (\boldsymbol{n}, \boldsymbol{x}) - (\boldsymbol{n}, \boldsymbol{a}) = 0 \\
&\iff (\boldsymbol{n}, \boldsymbol{x} - \boldsymbol{a}) = 0 \\
&\iff \overrightarrow{AX} = \boldsymbol{x} - \boldsymbol{a} \text{ は } \boldsymbol{n} \text{ と直交する} \\
&\iff \overrightarrow{OX} = \overrightarrow{OA} + \overrightarrow{AX} \text{ であり，} \overrightarrow{AX} \text{ は } \boldsymbol{n} \text{ と直交する．}
\end{aligned}
$$

よって，このような点 X 全体の図形 π は **点 A を含み，ベクトル $\boldsymbol{n}$ に直交する平面**である．

一般に，平面に直交する（零ベクトルでない）ベクトルをその平面の**法線ベクトル**とよぶ．法線ベクトルは一意的に定められるものではないことに注意しよう．ベクトル $\boldsymbol{w}\,(\neq \boldsymbol{0})$ が平面 α の法線ベクトルであるとすると，ベクトル $\boldsymbol{v}\,(\neq \boldsymbol{0})$ について

$$
\begin{aligned}
\boldsymbol{v} \text{ が } \alpha \text{ の法線ベクトルである} &\iff \boldsymbol{v} \text{ と } \boldsymbol{w} \text{ は平行である} \\
&\iff \boldsymbol{v} \text{ は } \boldsymbol{w} \text{ のスカラー（0 でない）倍である．}
\end{aligned}
$$

ベクトル $\boldsymbol{n}$ は平面 π の法線ベクトルである．まとめると

> **命題 1.4.1** 実数 a，b，c のどれかは 0 でないと仮定する．1 次方程式 $ax + by + cz + d = 0$ を満たす点 (x,y,z) の全体はベクトル $\boldsymbol{n} = \begin{bmatrix} a \\ b \\ c \end{bmatrix}$ を法線ベクトルとする平面である．

そこで，上の平面を「平面 $ax + by + cz + d = 0$」とよび，$ax + by + cz + d = 0$ を**平面の方程式**とよぶ．

なお，等式 (1.4.1) の d を右辺に移項して考えると，等式 (1.4.1) を満たすベクトル $\boldsymbol{x}$ とは「ベクトル $\boldsymbol{n}$ との内積の値が一定である」ベクトルのことであると解釈できる．よって

> ベクトル $\boldsymbol{n}(\neq \boldsymbol{0})$ との内積の値が一定であるベクトルを位置ベクトルにもつ点の全体はベクトル $\boldsymbol{n}$ を法線ベクトルとする平面である．

平面 $\pi_0 : ax + by + cz = 0$ は原点を含む．さらに，ベクトル $\boldsymbol{n}$ に直交するから，平面 π に平行である．平面 π 上に 1 点 $\mathrm{A}(\boldsymbol{a})$ をとると，π 上の任意の点の位置ベクトル $\boldsymbol{x}$ は平面 π_0 上の点の位置ベクトル $\boldsymbol{x}_0$ を用いて

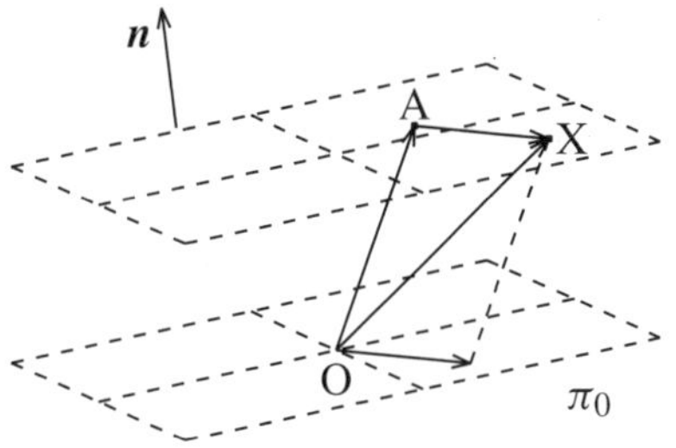

$$\boldsymbol{x} = \boldsymbol{a} + \boldsymbol{x}_0$$

と表される．

以上の考察で次の命題が成り立つこともわかる．

命題 1.4.2 点 $\mathrm{A}(a_1, a_2, a_3)$ を含み，ベクトル $\boldsymbol{n} = \begin{bmatrix} n_1 \\ n_2 \\ n_3 \end{bmatrix} (\neq \boldsymbol{0})$ に直交する平面の方程式は

$$n_1(x - a_1) + n_2(y - a_2) + n_3(z - a_3) = 0 \tag{1.4.2}$$

である．点 A の位置ベクトルを $\boldsymbol{a}$ とおくと，上の方程式はベクトルの内積を用いて

$$(\boldsymbol{n}, \boldsymbol{x} - \boldsymbol{a}) = 0$$

とも表される．

さて，平面 π のベクトル方程式 $\boldsymbol{x} = \boldsymbol{a} + s\boldsymbol{u} + t\boldsymbol{v}$（$s, t$ は実数）からパラメーターを消去して x, y, z の 1 次方程式 $n_1x + n_2y + n_2z + d = 0$ が導かれたとしよう．つまり，平面 π 上の任意の点 $\mathrm{X}(\boldsymbol{x})$ の座標 x, y, z は方程式 $n_1x + n_2y + n_2z + d = 0$ を満たす．したがって，平面 π は平面 $n_1x + n_2y + n_2z + d = 0$ と一致する．

すなわち，例 1.3.1 で得られた方程式 (*2) は例 1.3.1 で考察した平面の方程式である．

平面 π に直交する直線を π の**法線**とよぶ．ベクトル $\boldsymbol{n}$ を π の法線ベクトルとする．π 上の点 $\mathrm{A}(\boldsymbol{a})$ について直線

$$\boldsymbol{x} = \boldsymbol{a} + t\boldsymbol{n} \quad (t \text{ は実数})$$

は π の A を通る法線である．

例 1.4.1 平行でないベクトル $\boldsymbol{u} = \begin{bmatrix} u_1 \\ u_2 \\ u_3 \end{bmatrix} (\neq \boldsymbol{0})$，$\boldsymbol{v} = \begin{bmatrix} v_1 \\ v_2 \\ v_3 \end{bmatrix} (\neq \boldsymbol{0})$ に直交するベクトル $\boldsymbol{n} = \begin{bmatrix} n_1 \\ n_2 \\ n_3 \end{bmatrix}$ は方程式

$$(\boldsymbol{n}, \boldsymbol{u}) = 0, \ (\boldsymbol{n}, \boldsymbol{v}) = 0$$

の解である．ベクトル $\boldsymbol{n}$ は $\boldsymbol{u}, \boldsymbol{v}$ で張られる平面に垂直である．したがって，ベクトル $\boldsymbol{u}$，$\boldsymbol{v}$ で張られる平面の方程式を求めることができる．

例題 1.4.1 $\boldsymbol{a} = \begin{bmatrix} -2 \\ 6 \\ 5 \end{bmatrix}$, $\boldsymbol{u} = \begin{bmatrix} -6 \\ 3 \\ -2 \end{bmatrix}$, $\boldsymbol{v} = \begin{bmatrix} 2 \\ 2 \\ 3 \end{bmatrix}$ とおく．平面 $\pi : \boldsymbol{x} = \boldsymbol{a} + s\boldsymbol{u} + t\boldsymbol{v}$ (s, t は実数) の法線ベクトルを（1 つ）求め，平面 π の方程式を求めよ．また，平面 π の点 $\mathrm{A}(\boldsymbol{a})$ を通る法線のベクトル方程式を（1 つ）求めよ．

解答 ベクトル $\boldsymbol{n} = \begin{bmatrix} n_1 \\ n_2 \\ n_3 \end{bmatrix}$ $(\neq \boldsymbol{0})$ を平面 π の法線ベクトルとする．$\boldsymbol{n}$ はベクトル $\boldsymbol{u}, \boldsymbol{v}$ と直交するから，$(\boldsymbol{n}, \boldsymbol{u}) = 0$, $(\boldsymbol{n}, \boldsymbol{v}) = 0$ である．すなわち

$$-6n_1 + 3n_2 - 2n_3 = 0 \qquad ①$$

$$2n_1 + 2n_2 + 3n_3 = 0 \qquad ②$$

が成り立つ．この等式から n_1, n_2, n_3 の値を求める．まず，n_1 を消去する．そのために，式 ① に ② の 3 倍を加えると $9n_2 + 7n_3 = 0$ を得る．したがって，$n_2 = -\frac{7}{9}n_3$ である．これを式 ① に代入すると $-6n_1 - \frac{7}{3}n_3 - 2n_3 = 0$ となるから，整理して，$6n_1 + \frac{13}{3}n_3 = 0$ を得る．したがって，$n_1 = -\frac{13}{18}n_3$ となる．ゆえに，例えば，$n_3 = -18$ とすると，$n_1 = 13$, $n_2 = 14$ を得る．すなわち，$\boldsymbol{n} = \begin{bmatrix} 13 \\ 14 \\ -18 \end{bmatrix}$ は平面 π の法線ベクトルである．

平面 π 上には点 $\mathrm{A}(-2, 6, 5)$ があるから，平面の方程式は

$$13(x + 2) + 14(y - 6) - 18(z - 5) = 0$$

である．（このままでもよいが，展開して整理すると $13x + 14y - 18z + 32 = 0$.）

直線 $\boldsymbol{x} = \begin{bmatrix} -2 \\ 6 \\ 5 \end{bmatrix} + t\begin{bmatrix} 13 \\ 14 \\ -18 \end{bmatrix}$ (t は実数) は平面 π の点 $\mathrm{A}(\boldsymbol{a})$ を通る法線である．□

問題 1.4.1 3 点 $\mathrm{A}(1, -1, 1)$，$\mathrm{B}(0, 1, -1)$，$\mathrm{C}(1, 0, 2)$ を含む平面 π について次の問に答えよ．

(1) 平面 π の法線ベクトルを（1 つ）求めよ．

(2) 平面 π の方程式を求めよ．

例題 1.4.2 平面 $\pi : 3x - 2y + 5z - 4 = 0$ と点 $\mathrm{P}(-6, 6, 3)$ について次の問に答えよ．

(1) 点 P は平面 π 上にないことを示せ．

(2) 平面 π の法線ベクトルを 1 つ書け．平面 π の点 P を通る法線のベクトル方程式を（1 つ）求めよ．

(3) 点 P から平面 π に降ろした垂線の足 H の位置ベクトルを求めよ．

(4) 点 P と平面 π との距離を求めよ．

解答　(1) $3 \cdot (-6) - 2 \cdot 6 + 5 \cdot 3 - 4 = -19 \neq 0$ であるから，点 P は平面 π 上にない．

(2) ベクトル $\boldsymbol{n} = \begin{bmatrix} 3 \\ -2 \\ 5 \end{bmatrix}$ は法線ベクトルである．直線 $\ell : \boldsymbol{x} = \begin{bmatrix} -6 \\ 6 \\ 3 \end{bmatrix} + t \begin{bmatrix} 3 \\ -2 \\ 5 \end{bmatrix}$（$t$ は実数）は平面 π の点 P を通る法線である．

(3) 垂線の足 H は法線 ℓ と平面 π との交点である．H の位置ベクトルを $\boldsymbol{h}$ とおく．点 H は法線 ℓ 上にあるから，ある実数 t_0 を用いて $\boldsymbol{h} = \begin{bmatrix} -6 \\ 6 \\ 3 \end{bmatrix} + t_0 \begin{bmatrix} 3 \\ -2 \\ 5 \end{bmatrix} = \begin{bmatrix} -6 + 3t_0 \\ 6 - 2t_0 \\ 3 + 5t_0 \end{bmatrix}$ と表される．点 H は平面 π 上にあるから，成分を平面 π の方程式に代入して

$$3(-6 + 3t_0) - 2(6 - 2t_0) + 5(3 + 5t_0) - 4 = 0$$

が成り立つ．左辺を整理すると，$38t_0 - 19 = 0$ を得る．したがって，$t_0 = \dfrac{1}{2}$ であり，H の位置ベクトルは $\boldsymbol{h} = \begin{bmatrix} -\dfrac{9}{2} \\ 5 \\ \dfrac{11}{2} \end{bmatrix}$.

(4) 点 P と平面 π との距離 $= \|\overrightarrow{\mathrm{PH}}\| = \|t_0 \boldsymbol{n}\| = \dfrac{1}{2}\|\boldsymbol{n}\| = \dfrac{\sqrt{38}}{2}$.

□

問題 1.4.2 点 A(3, 2, −3) を含み，ベクトル $\boldsymbol{u} = \begin{bmatrix} -1 \\ -1 \\ 1 \end{bmatrix}$, $\boldsymbol{v} = \begin{bmatrix} 2 \\ 4 \\ -5 \end{bmatrix}$ で張られる平面を π とする．

(1) 平面 π の方程式を求めよ．

(2) 点 P(2, 2, 7) は平面 π 上にないことを示せ．

(3) 点 P から平面 π に降ろした垂線の足 H の位置ベクトルおよび点 P と平面 π との距離を求めよ．

例 1.4.2 $\boldsymbol{n} = \begin{bmatrix} a \\ b \\ c \end{bmatrix} \neq \boldsymbol{0}$ とする．平面 $\pi : ax + by + cz + d = 0$ と点 $\mathrm{P}(x_0, y_0, z_0)$ との距離の公式を導く．考え方は例題 1.4.2 と同じである．

点 P の位置ベクトルを $\boldsymbol{p}$，点 P から平面 π へ降ろした垂線の足 H の位置ベクトルを $\boldsymbol{h}$ とおく．$\boldsymbol{n} = \begin{bmatrix} a \\ b \\ c \end{bmatrix}$ は平面 π の法線ベクトルである．平面 π の方程式は $(\boldsymbol{n}, \boldsymbol{x}) + d = 0$ とも書き表される．

平面 π の点 P を通る法線は $\ell : \boldsymbol{x} = \boldsymbol{p} + t\boldsymbol{n}$（$t$ は実数）で表される．垂線の足 H は法線 ℓ 上にあり，一方では平面 π 上にあるから，ある実数 t_0 を用いて $\boldsymbol{h} = \boldsymbol{p} + t_0\boldsymbol{n}$ と表され，かつ $(\boldsymbol{n}, \boldsymbol{h}) + d = 0$ を満たす．すなわち

$$(\boldsymbol{n}, \boldsymbol{p} + t_0\boldsymbol{n}) + d = 0$$

が成り立つ．この等式を t_0 について解いて

$$t_0 = -\frac{(\boldsymbol{n}, \boldsymbol{p}) + d}{(\boldsymbol{n}, \boldsymbol{n})} = -\frac{(\boldsymbol{n}, \boldsymbol{p}) + d}{\|\boldsymbol{n}\|^2}$$

を得る．ベクトル $\overrightarrow{\mathrm{PH}} = t_0\boldsymbol{n}$ の長さは $|t_0|\|\boldsymbol{n}\|$ であるから，求める距離は次のようにまとめられる．

$$\text{平面 } \pi : ax + by + cz + d = 0 \text{ と点 } \mathrm{P}(x_0, y_0, z_0) \text{ との距離} = \frac{|ax_0 + by_0 + cz_0 + d|}{\sqrt{a^2 + b^2 + c^2}} \tag{1.4.3}$$

ベクトルを用いて書くと

$$\text{平面 } \pi : (\boldsymbol{n}, \boldsymbol{x}) + d = 0 \text{ と点 } \mathrm{P}(\boldsymbol{p}) \text{ との距離} = \frac{|(\boldsymbol{n}, \boldsymbol{p}) + d|}{\|\boldsymbol{n}\|} \tag{1.4.4}$$

平面の方程式を命題 1.4.2 のように表す（$\boldsymbol{a}$ を平面上の 1 点の位置ベクトル，$\boldsymbol{n}$ を法線ベクトルとして）ときは

$$\text{平面 } \pi : (\boldsymbol{n}, \boldsymbol{x} - \boldsymbol{a}) = 0 \text{ と点 } \mathrm{P}(\boldsymbol{p}) \text{ との距離} = \frac{|(\boldsymbol{n}, \boldsymbol{p} - \boldsymbol{a})|}{\|\boldsymbol{n}\|} \tag{1.4.5}$$

注意 垂線の足 P の位置ベクトルは $\boldsymbol{h} = \boldsymbol{p} - \dfrac{(\boldsymbol{n}, \boldsymbol{p}) + d}{\|\boldsymbol{n}\|^2}\boldsymbol{n}$ として求められる．

以上では空間図形を考えたが，以下では O-xy 座標平面において同様の考察をする．

a, b, c を実数とし，a, b のどちらかは 0 でないとする．1 次方程式 $ax + by + c = 0$ を満たす点 (x, y) のつくる図形 ℓ を考える．

ℓ 上に 1 点をとり，A とする．ℓ は点 A を通り，ベクトル $\boldsymbol{n} = \begin{bmatrix} a \\ b \end{bmatrix}$ に直交する**直線**である．この直線を**直線 $\boldsymbol{ax + by + c = 0}$** とよぶ．$ax + by + c = 0$ は**直線 $\boldsymbol{\ell}$ の方程式**である．ベクトル $\boldsymbol{n}$ は直線 ℓ の法線ベクトルである．

直線 ℓ はベクトル $\boldsymbol{u} = \begin{bmatrix} -b \\ a \end{bmatrix}$ に平行であり，A($\boldsymbol{a}$) とすると直線 ℓ はベクトル方程式 $\boldsymbol{x} = \boldsymbol{a} + t\boldsymbol{u}$（$t$ は実数）で表される．

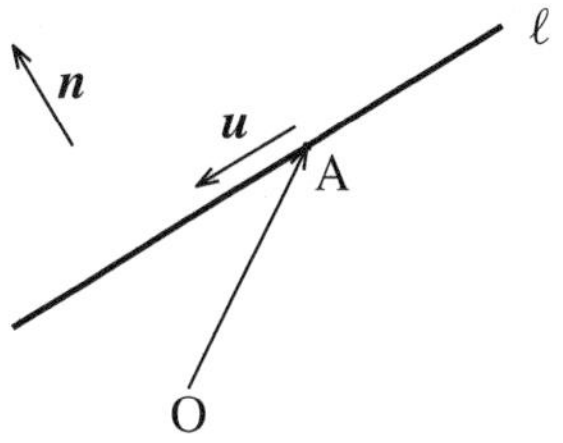

問題 1.4.3 点 $P(x_0, y_0)$ から直線 $\ell : ax + by + c = 0$ に降ろした垂線の足 H の位置ベクトルおよび点 P と直線 ℓ の距離を求めよ．

1.5　直線の方程式

1.2 節では直線をベクトルで表示した．ここでは空間の直線上の点の座標の満たす方程式を考察する．

点 $A(a_1, a_2, a_3)$ を通りベクトル $\begin{bmatrix} u_1 \\ u_2 \\ u_3 \end{bmatrix}$ $(\neq \boldsymbol{0})$ に平行な直線 ℓ を考えよう．直線 ℓ はベクトル方程式

$$\begin{bmatrix} x \\ y \\ z \end{bmatrix} = \begin{bmatrix} a_1 \\ a_2 \\ a_3 \end{bmatrix} + t \begin{bmatrix} u_1 \\ u_2 \\ u_3 \end{bmatrix} \quad (t \text{ は実数})$$

で表された．成分ごとに表すと

$$x = a_1 + tu_1,\ y = a_2 + tu_2,\ z = a_3 + tu_3$$

である．$u_1 \neq 0,\ u_2 \neq 0,\ u_3 \neq 0$ ならば $t = \dfrac{x - a_1}{u_1},\ t = \dfrac{y - a_2}{u_2},\ t = \dfrac{z - a_3}{u_3}$ が得られる．これから t を消去すると，直線の方程式

$$\frac{x - a_1}{u_1} = \frac{y - a_2}{u_2} = \frac{z - a_3}{u_3} \tag{1.5.1}$$

が得られる．これは 1 行に書いたが等号が 2 つあることに注意しよう．より正確には連立 1 次方程式

$$\begin{cases} \dfrac{x - a_1}{u_1} = \dfrac{y - a_2}{u_2} \\ \dfrac{y - a_2}{u_2} = \dfrac{z - a_3}{u_3} \end{cases}$$

という意味である．この方程式はいずれも x, y, z の 1 次方程式である．第 1 式では z は現れていないが z の係数は 0 なのである．同様に第 2 式では x の係数は 0 なのである．したがって，これ

らはそれぞれ空間の平面の方程式であり，直線はこれらの平面の交線としてとらえられているのである．

例題 1.5.1 点 A(2, −3, 5)，B(5, 6, 7)，C(4, 6, 5) とする．直線 AB，AC の方程式を求めよ．

解答　(1) 直線 AB の方向ベクトルとして $\overrightarrow{\mathrm{AB}} = \begin{bmatrix} 5 \\ 6 \\ 7 \end{bmatrix} - \begin{bmatrix} 2 \\ -3 \\ 5 \end{bmatrix} = \begin{bmatrix} 3 \\ 9 \\ 2 \end{bmatrix}$ をとることができる．

よって直線 AB の方程式は

$$\frac{x-2}{3} = \frac{y+3}{9} = \frac{z-5}{2}.$$

(2) 直線 AC の方向ベクトルとして $\overrightarrow{\mathrm{AC}} = \begin{bmatrix} 4 \\ 6 \\ 5 \end{bmatrix} - \begin{bmatrix} 2 \\ -3 \\ 5 \end{bmatrix} = \begin{bmatrix} 2 \\ 9 \\ 0 \end{bmatrix}$ をとることができる．直線 AC のベクトル方程式は

$$\boldsymbol{x} = \begin{bmatrix} 2 \\ -3 \\ 5 \end{bmatrix} + t \begin{bmatrix} 2 \\ 9 \\ 0 \end{bmatrix} \quad (t \text{ は実数})$$

である．成分ごとに考えると $x = 2 + 2t$，$y = -3 + 9t$，$z = 5$ を得る．x, y の式から t を消去して，直線 AC の方程式は

$$\frac{x-2}{2} = \frac{y+3}{9},\ z = 5.$$

□

問題 1.5.1 例題 1.5.1 と同じ記号で，直線 BC の方程式を求めよ．

問題 1.5.2 2 平面 $x + y + z - 1 = 0$,　$3x + 2y + z - 5 = 0$ の交線のベクトル方程式を求めよ．また，この交線の方程式を求めよ．

1.6 演習

演習 1.1 ベクトル $\boldsymbol{u} = \begin{bmatrix} 1 \\ 2 \\ -2 \end{bmatrix}, \boldsymbol{v} = \begin{bmatrix} -1 \\ p \\ 1 \end{bmatrix}$ のなす角が $\dfrac{2\pi}{3}$ となるような実数 p の値を求めよ．

演習 1.2 $\boldsymbol{a} = \begin{bmatrix} -2 \\ 6 \\ 5 \end{bmatrix}$，$\boldsymbol{u} = \begin{bmatrix} -6 \\ 3 \\ -2 \end{bmatrix}$，$\boldsymbol{v} = \begin{bmatrix} 2 \\ 2 \\ 3 \end{bmatrix}$ とおく．平面 $\pi : \boldsymbol{x} = \boldsymbol{a} + s\boldsymbol{u} + t\boldsymbol{v}$ $(s, t$ は実数) について次の問に答えよ．

(1) 点 P(0, −1, 2) が平面 π 上にあるかどうかを調べ，π 上にあるならば，その位置ベクトルを $\boldsymbol{a}+s\boldsymbol{u}+t\boldsymbol{v}$ の形に表せ（s, t の値を求めよ）.

(2) 点 Q(−12, 5, −3) が平面 π 上にあるかどうかを調べ，π 上にあるならば，その位置ベクトルを $\boldsymbol{a}+s\boldsymbol{u}+t\boldsymbol{v}$ の形に表せ（s, t の値を求めよ）.

演習 1.3 4 点 A(3, −4, 5)，B(−1, 2, 3)，C(−3, 3, 1)，D(1, 2, −2) を考える．点 A，B，C を含む平面を π とする．

(1) 平面 π の法線ベクトルと平面 π の（x, y, z に関する）方程式を求めよ.

(2) 平面 π の点 D を通る法線の方程式を求めよ.

(3) 点 D から平面 π に降ろした垂線の足の位置ベクトルを求めよ.

(4) 点 D と平面 π との距離を求めよ.

(5) 直線 AB の方向ベクトルと直線 AB の方程式を求めよ.

(6) 直線 BD の方向ベクトルと直線 BD の方程式を求めよ.

演習 1.4 空間の 3 点 A(−2, 6, 1), B(2, 0, 3), C(4, −3, 2) を含む平面を π とおく.

(1) 平面 π のベクトル方程式を求めよ.

(2) 平面 π の法線ベクトルおよび（x, y, z に関する）方程式を求めよ.

(3) 直線 AB のベクトル方程式を求めよ.

(4) 直線 AB の方程式を求めよ.

(5) 点 $\mathrm{D}\left(-\dfrac{1}{2}, \dfrac{1}{2}, 4\right)$ から平面 π に降ろした垂線の足の位置ベクトルを求めよ.

(6) 点 D と平面 π との距離を求めよ.

演習 1.5 空間の 3 点 A(3, 3, 4), B(3, 5, 7), C(3, −4, 3) を含む平面を π とおく.

(1) 平面 π のベクトル方程式を求めよ.

(2) 平面 π の法線ベクトルおよび（x, y, z に関する）方程式求めよ.

(3) 直線 AB のベクトル方程式を求めよ.

(4) 直線 AB の方程式を求めよ.

演習 1.6 空間における次の平面のベクトル方程式を（1 つ）求めよ.

(1) $-3x+5y+4z+7=0$

(2) $5y-4z+8=0$

(3) $y+4=0$

演習 1.7 $\boldsymbol{a}=\begin{bmatrix}4\\5\\-6\end{bmatrix}$，$\boldsymbol{b}=\begin{bmatrix}p\\3\\3\end{bmatrix}$，$\boldsymbol{u}=\begin{bmatrix}2\\-2\\1\end{bmatrix}$，$\boldsymbol{v}=\begin{bmatrix}-1\\2\\3\end{bmatrix}$ とおく．（空間の）2 直線 $\ell:\boldsymbol{x}=\boldsymbol{a}+t\boldsymbol{u}$（$t$ は実数），$m:\boldsymbol{x}=\boldsymbol{b}+t\boldsymbol{v}$（$t$ は実数）が交わるように定数 p の値を定め，交点の位置べ

クトルを $\boldsymbol{a}+t\boldsymbol{u}$ の形および $\boldsymbol{b}+t\boldsymbol{v}$ の形で表せ．さらに，この2直線 ℓ, m を含む平面のベクトル方程式および（x, y, z に関する）方程式を求めよ．

演習 1.8 直線 $\ell : \dfrac{x-5}{2} = \dfrac{y+1}{3} = \dfrac{z-2}{-4}$ と平面 $\pi : 5x+4y-3z+2=0$ との交点の座標を求めよ．

演習 1.9 $\boldsymbol{a} = \begin{bmatrix} 3 \\ 7 \\ 2 \end{bmatrix}, \boldsymbol{b} = \begin{bmatrix} 5 \\ 3 \\ 3 \end{bmatrix}, \boldsymbol{u} = \begin{bmatrix} -2 \\ 2 \\ 1 \end{bmatrix}, \boldsymbol{v} = \begin{bmatrix} -3 \\ 4 \\ 0 \end{bmatrix}, \boldsymbol{w} = \begin{bmatrix} -3 \\ 0 \\ 5 \end{bmatrix}$ とおく．直線 $\ell : \boldsymbol{x} = \boldsymbol{a}+t\boldsymbol{u}$（$t$ は実数）と平面 $\pi : \boldsymbol{x} = \boldsymbol{b}+s\boldsymbol{v}+t\boldsymbol{w}$（$s, t$ は任意の実数）との交点の位置ベクトルを $\boldsymbol{a}+t\boldsymbol{u}$ の形および $\boldsymbol{b}+s\boldsymbol{v}+t\boldsymbol{w}$ の形で表せ．

演習 1.10　(1) 異なる2点 $\mathrm{A}(\boldsymbol{a}), \mathrm{B}(\boldsymbol{b})$ を結ぶ線分 AB 上の点の位置ベクトルは

$$s\boldsymbol{a}+t\boldsymbol{b}, \quad s+t=1,\ 0 \leqq s, t \leqq 1$$

と一意的に表されることを示せ．

(2) 一直線上にない3点 $\mathrm{A}(\boldsymbol{a}), \mathrm{B}(\boldsymbol{b}), \mathrm{C}(\boldsymbol{c})$ で作られる三角形 ABC の辺上の点も含めて内部の点の位置ベクトルは

$$s\boldsymbol{a}+t\boldsymbol{b}+u\boldsymbol{c}, \quad s+t+u=1,\ 0 \leqq s, t, u \leqq 1$$

と一意的に表されることを示せ．

演習 1.11 直線 ℓ を考える．ベクトル $\boldsymbol{a}$ を

$$\boldsymbol{a} = \boldsymbol{v}+\boldsymbol{w}, \quad \boldsymbol{v} \text{ は } \ell \text{ に平行，} \boldsymbol{w} \text{ は } \ell \text{ に垂直}$$

と表すとき，$\boldsymbol{v}$ を $\boldsymbol{a}$ の直線 ℓ への**正射影**とよぶ．$\boldsymbol{v}$ を ℓ の方向ベクトルを用いて表せ．

演習 1.12 平面 π を考える．ベクトル $\boldsymbol{a}$ を

$$\boldsymbol{a} = \boldsymbol{v}+\boldsymbol{w}, \quad \boldsymbol{v} \text{ は } \pi \text{ に平行，} \boldsymbol{w} \text{ は } \pi \text{ に垂直}$$

と表すとき，$\boldsymbol{v}$ を $\boldsymbol{a}$ の平面 π への**正射影**とよぶ．$\boldsymbol{v}$ を平面 π の法線ベクトルを用いて表せ．

演習 1.13（空間の）点 $\mathrm{P}(\boldsymbol{p})$ の平面 $\pi : (\boldsymbol{n}, \boldsymbol{x}-\boldsymbol{a}) = 0$ について対称な点 Q の位置ベクトルを求めよ．

演習 1.14 平面 α, β は平行でないとし，$\boldsymbol{u}, \boldsymbol{v}$ をそれぞれ α, β の法線ベクトルとする．平面 α と β との交線を含む平面の法線ベクトルは一般に k, l を実数として $k\boldsymbol{u}+l\boldsymbol{v}$ と表されることを示せ．

演習 1.15 空間のベクトル $\boldsymbol{u}, \boldsymbol{v}$ はいずれも $\mathbf{0}$ でなく，平行でないとする．$\boldsymbol{u}, \boldsymbol{v}$ の長さは1であるとする．平面 $\alpha : (\boldsymbol{u}, \boldsymbol{x})+a=0$ と $\beta : (\boldsymbol{v}, \boldsymbol{x})+b=0$ に等距離にある点全体は2つの平面 $(\boldsymbol{u}+\boldsymbol{v}, \boldsymbol{x})+a+b=0$，$(\boldsymbol{u}-\boldsymbol{v}, \boldsymbol{x})+a-b=0$ をなすことを示せ．

注意 ベクトル $\boldsymbol{n}$ を法線とする平面の方程式 $(\boldsymbol{n}, \boldsymbol{x})+a=0$ を考えるとき，特に，ベクトル $\boldsymbol{n}$ の長さが1であるようにとるとき，この方程式を **Hesse の標準型**とよぶ．

第 2 章

ベクトルと行列

自然現象や社会現象を問わず，いくつもの量を同時に扱うことが非常に多い．ベクトルはそのような現象をとらえる方法である．行列はベクトルを並べたものであるが，ベクトルとベクトルを結びつけるという大事な役割を果たす．本章ではベクトルと行列の演算についての基本事項を学ぶ．

2.1 ベクトル

定義 2.1.1 n を自然数とする．n 個の実数 $a_1, a_2, \ldots, a_n$ を縦に並べたもの

$$\begin{bmatrix} a_1 \\ a_2 \\ \vdots \\ a_n \end{bmatrix}$$

を **n 次元列ベクトル**とよぶ．実数を横に並べたもの $[a_1, a_2, \ldots, a_n]$ を **n 次元行ベクトル** とよぶ．ベクトル $\boldsymbol{a}$ の中の各数を $\boldsymbol{a}$ の**成分**とよぶ．上または左から数えて i 番目の成分を第 i 成分とよぶ．

列ベクトル $\boldsymbol{a} = \begin{bmatrix} a_1 \\ a_2 \\ \vdots \\ a_n \end{bmatrix}$, $\boldsymbol{b} = \begin{bmatrix} b_1 \\ b_2 \\ \vdots \\ b_n \end{bmatrix}$ の対応する成分が等しいとき，つまり，どの $i = 1, 2, \ldots, n$ についても $a_i = b_i$ が成り立つとき，$\boldsymbol{a}$ と $\boldsymbol{b}$ は等しいといって，$\boldsymbol{a} = \boldsymbol{b}$ と書く．行ベクトルの相等についても同様である．

数を並べたものをベクトルとよぶのに対して数そのものを**スカラー**とよぶ．

定義 2.1.2 列ベクトル $\boldsymbol{a} = \begin{bmatrix} a_1 \\ a_2 \\ \vdots \\ a_n \end{bmatrix}$ とスカラー c に対して，列ベクトル $\begin{bmatrix} ca_1 \\ ca_2 \\ \vdots \\ ca_n \end{bmatrix}$ を $\boldsymbol{a}$ の c 倍とよんで，$c\boldsymbol{a}$ と表す．列ベクトル $\boldsymbol{a}$ とスカラー c に対して $c\boldsymbol{a}$ をつくるという演算を**スカラー乗法**とよぶ．

定義 2.1.3 列ベクトル $\boldsymbol{a} = \begin{bmatrix} a_1 \\ a_2 \\ \vdots \\ a_n \end{bmatrix}$, $\boldsymbol{b} = \begin{bmatrix} b_1 \\ b_2 \\ \vdots \\ b_n \end{bmatrix}$ に対して列ベクトル $\begin{bmatrix} a_1 + b_1 \\ a_2 + b_2 \\ \vdots \\ a_n + b_n \end{bmatrix}$ を $\boldsymbol{a}$ と $\boldsymbol{b}$ の和とよんで，$\boldsymbol{a} + \boldsymbol{b}$ と表す．列ベクトル $\boldsymbol{a}$ と $\boldsymbol{b}$ に対してその和 $\boldsymbol{a} + \boldsymbol{b}$ をつくるという演算を列ベクトルの**加法**とよぶ．

定義 2.1.4 成分がすべて 0 であるベクトルを**零ベクトル**といい，$\boldsymbol{0}$ と表す．

以上は列ベクトルについて述べたが，行ベクトルにも同様に定義する．

数の加法，乗法の性質から次の定理が導かれる．

定理 2.1.1 ベクトルの加法とスカラー乗法について次の法則が成り立つ．以下ではベクトルは特に断らない限り n 次元列ベクトルとする．

(1) $\boldsymbol{a} + \boldsymbol{b} = \boldsymbol{b} + \boldsymbol{a}$

(2) $(\boldsymbol{a} + \boldsymbol{b}) + \boldsymbol{c} = \boldsymbol{a} + (\boldsymbol{b} + \boldsymbol{c})$

(3) $\boldsymbol{a} + \boldsymbol{0} = \boldsymbol{a}$

(4) どのベクトル $\boldsymbol{a}$ に対しても等式

$$\boldsymbol{a} + \boldsymbol{x} = \boldsymbol{0}$$

を満たすベクトル $\boldsymbol{x}$ がただ 1 つ存在する．この $\boldsymbol{x}$ を $\boldsymbol{a}$ の**逆ベクトル**といい $-\boldsymbol{a}$ と書く．成分を用いて表すと，ベクトル $\boldsymbol{a} = \begin{bmatrix} a_1 \\ a_2 \\ \vdots \\ a_n \end{bmatrix}$ の逆ベクトルは

$$-\boldsymbol{a} = \begin{bmatrix} -a_1 \\ -a_2 \\ \vdots \\ -a_n \end{bmatrix} = (-1)\boldsymbol{a}$$

で与えられる．

(5) スカラー r, s とベクトル $\boldsymbol{a}$ について $r(s\boldsymbol{a}) = (rs)\boldsymbol{a}$.

(6) スカラー r, s とベクトル $\boldsymbol{a}$ について $(r + s)\boldsymbol{a} = r\boldsymbol{a} + s\boldsymbol{a}$.

(7) スカラー r とベクトル $\boldsymbol{a}, \boldsymbol{b}$ について $r(\boldsymbol{a} + \boldsymbol{b}) = r\boldsymbol{a} + r\boldsymbol{b}$.

(8) $0 \cdot \boldsymbol{a} = \boldsymbol{0}$, $1 \cdot \boldsymbol{a} = \boldsymbol{a}$.

注意 ベクトル $\boldsymbol{a}$ の逆ベクトルとは，「$\boldsymbol{a}$ と和をとると零ベクトルになる」という条件で定められた

ベクトルである．「$\boldsymbol{a}$ の逆ベクトルは $(-1)\boldsymbol{a}$ と一致する」というのが定理 2.1.1 (4) の意味である．

2 つのベクトル $\boldsymbol{a}, \boldsymbol{b}$ について，等式

$$\boldsymbol{a} + \boldsymbol{x} = \boldsymbol{b}$$

を満たす $\boldsymbol{x}$ がただ 1 つ存在する．この $\boldsymbol{x}$ を $\boldsymbol{b} - \boldsymbol{a}$ と書く．演算の法則（定理 2.1.1）から

$$\boldsymbol{b} - \boldsymbol{a} = \boldsymbol{b} + (-1)\boldsymbol{a}$$

であることがわかる．

定義 2.1.5 n を自然数数とする． $j = 1, 2, \ldots, n$ に対して， 第 j 成分のみが 1 で，他の成分はすべて 0 であるベクトルを 第 j **基本ベクトル**とよぶ．第 j 基本ベクトルを $\boldsymbol{e}_j$ と書く：

$$\boldsymbol{e}_1 = \begin{bmatrix} 1 \\ 0 \\ 0 \\ 0 \\ \vdots \\ \vdots \\ 0 \end{bmatrix},\ \boldsymbol{e}_2 = \begin{bmatrix} 0 \\ 1 \\ 0 \\ 0 \\ \vdots \\ \vdots \\ 0 \end{bmatrix}, \ldots, \boldsymbol{e}_j = \begin{bmatrix} 0 \\ \vdots \\ 0 \\ 1 \\ 0 \\ \vdots \\ 0 \end{bmatrix}, \ldots, \boldsymbol{e}_n = \begin{bmatrix} 0 \\ \vdots \\ \vdots \\ 0 \\ 0 \\ 0 \\ 1 \end{bmatrix}.$$

行ベクトルについても，基本ベクトルを考えることができる．第 i 成分のみが 1 で他の成分はすべて 0 であるような m 次元行ベクトルを $\boldsymbol{e}'_i$ と表すことにする：

$$\boldsymbol{e}'_i = [0, \ldots, 0, 1, 0, \ldots, 0], \quad 1 \leqq i \leqq m.$$

列ベクトルの基本ベクトルを基本列ベクトル，行ベクトルの基本ベクトルを基本行ベクトルということがある．

定義 2.1.6 k を自然数とする．k 個のベクトル $\boldsymbol{u}_1, \boldsymbol{u}_2, \ldots, \boldsymbol{u}_k$ について，おのおののスカラー倍の和を $\boldsymbol{u_1, u_2, \ldots, u_k}$ **の線形結合**または 1 **次結合**とよぶ．すなわち，k 個のスカラー $x_1, x_2, \ldots, x_k$ による

$$x_1\boldsymbol{u}_1 + x_2\boldsymbol{u}_2 + \cdots + x_k\boldsymbol{u}_k$$

のことである．

注意 例えば，$x_1 = 1, x_2 = \cdots = x_k = 0$ とすれば，$\boldsymbol{u}_1 = 1 \cdot \boldsymbol{u}_1 + 0 \cdot \boldsymbol{u}_2 + \cdots + 0 \cdot \boldsymbol{u}_k$ であるから，ベクトル $\boldsymbol{u}_1$ は $\boldsymbol{u}_1, \boldsymbol{u}_2, \ldots, \boldsymbol{u}_k$ の線形結合である．同様に，$j = 2, \ldots, k$ についても $\boldsymbol{u}_j$ は $\boldsymbol{u}_1, \boldsymbol{u}_2, \ldots, \boldsymbol{u}_k$ の線形結合である．

例 2.1.1 $\boldsymbol{u}_1 = \begin{bmatrix} 1 \\ 1 \\ -2 \end{bmatrix}, \boldsymbol{u}_2 = \begin{bmatrix} 1 \\ 4 \\ 3 \end{bmatrix}$ について考えよう．

$$2\boldsymbol{u}_1 - 3\boldsymbol{u}_2, \quad -4\boldsymbol{u}_1 + 4\boldsymbol{u}_2$$

は $\boldsymbol{u}_1, \boldsymbol{u}_2$ の線形結合である．これらを実際に計算すると $\begin{bmatrix} -1 \\ -10 \\ -13 \end{bmatrix}$, $\begin{bmatrix} 0 \\ 12 \\ 20 \end{bmatrix}$ となるので，これらのベクトルは $\boldsymbol{u}_1, \boldsymbol{u}_2$ の線形結合として表される．

しかし，ベクトル $\begin{bmatrix} -1 \\ 1 \\ 4 \end{bmatrix}$ は $\boldsymbol{u}_1, \boldsymbol{u}_2$ の線形結合としては表されない．

基本ベクトルは次の著しい性質をもつ．

定理 2.1.2 どの n 次元数ベクトルも

(1) 基本ベクトルの線形結合として表され，しかも

(2) その線形結合における各基本ベクトルの係数は一意的である．

つまり，どのベクトル $\boldsymbol{x}$ も基本ベクトルの線形結合として

$$\boldsymbol{x} = x_1\boldsymbol{e}_1 + x_2\boldsymbol{e}_2 + \cdots + x_j\boldsymbol{e}_j + \cdots + x_n\boldsymbol{e}_n$$

と表され，もし，

$$\boldsymbol{x} = y_1\boldsymbol{e}_1 + y_2\boldsymbol{e}_2 + \cdots + y_j\boldsymbol{e}_j + \cdots + y_n\boldsymbol{e}_n$$

ならば

$$x_1 = y_1,\ x_2 = y_2,\ \cdots,\ x_j = y_j,\ \cdots,\ x_n = y_n$$

である．

このことを，「どのベクトル $\boldsymbol{x}$ も基本ベクトルの線形結合として一意的に表される」と表現する．

2.2 行列

定義 2.2.1 m, n を自然数とする．mn 個の数を縦に m 個，横に n 個と長方形に並べて括弧で括ったものを $\boldsymbol{(m, n)}$ **行列**とよぶ．行列の中の数を**成分**とよぶ． また，行列の**型**は (m, n) であるという．行列 A の型が (m, n) のとき，A は (m, n) 行列であるともいう．

行列の中の縦の並びを**列**とよび，左から第1列，第2列，…，第 n 列とよぶ．横の並びを**行**とよび，上から第1行，第2行，…，第 m 行とよぶ．第 i 行，第 j 列目にある成分を $\boldsymbol{(i, j)}$ **成分**とよぶ．A を (m, n) 行列として，その (i, j) 成分を a_{ij} と書くと

$$A = \begin{bmatrix} a_{11} & a_{12} & \dots & a_{1n} \\ a_{21} & a_{22} & \dots & a_{2n} \\ \vdots & \vdots & \vdots & \vdots \\ a_{m1} & a_{m2} & \dots & a_{mn} \end{bmatrix}$$

と表される．「第 (i, j) 成分を a_{ij} と表す行列」を単に $\left[a_{ij}\right]$ と書くこともある．

行列の縦の並びを取り出して列ベクトルをつくる．第 j 列目のベクトルを**第 j 列ベクトル**とよぶ．行列 A の第 j 列ベクトルを $\boldsymbol{a}_j$ と書くと

$$\boldsymbol{a}_j = \begin{bmatrix} a_{1j} \\ a_{2j} \\ \vdots \\ a_{mj} \end{bmatrix}$$

であり，この行列は n 個の m 次元列ベクトル $\boldsymbol{a}_1, \boldsymbol{a}_2, \ldots, \boldsymbol{a}_n$ を横に並べたもの（いわば，成分が列ベクトルである行ベクトル）

$$\left[\boldsymbol{a}_1\, \boldsymbol{a}_2\, \cdots \boldsymbol{a}_n\right]$$

と考えることができる．このとき，$A = \left[\boldsymbol{a}_1\, \boldsymbol{a}_2\, \cdots \boldsymbol{a}_n\right]$ と書いて，これを A の**列ベクトル表示**という．ただし，列ベクトルの間にコンマ「,」を書き入れることもある：$A = \left[\boldsymbol{a}_1, \boldsymbol{a}_2, \ldots, \boldsymbol{a}_n\right]$.

また，横の要素の並びを行といい，行ベクトル $[a_{i1}, a_{i2}, \ldots, a_{in}]$ をこの行列の**第 i 行ベクトル**という．この行列は m 個の行ベクトル $\boldsymbol{a}'_1, \boldsymbol{a}'_2, \ldots, \boldsymbol{a}'_m$ を縦に並べたもの（いわば，行ベクトルを成分とする列ベクトル）

$$\begin{bmatrix} \boldsymbol{a}'_1 \\ \boldsymbol{a}'_2 \\ \vdots \\ \boldsymbol{a}'_m \end{bmatrix}$$

と考えることができる．このとき，$A = \begin{bmatrix} \boldsymbol{a}'_1 \\ \boldsymbol{a}'_2 \\ \vdots \\ \boldsymbol{a}'_m \end{bmatrix}$ と書いて，A の**行ベクトル表示**という．

特に，n 次元行ベクトルは $(1, n)$ 行列であり，m 次元列ベクトルは $(m, 1)$ 行列である．

成分がすべて 0 である行列を**零行列**とよび，O と記す．行列の型を明示するときは $O_{m,n}$ と書く．

定義 2.2.2 (n, n) 型の行列を n **次正方行列**という．n をその**次数**という．n 次正方行列

$$\begin{bmatrix} a_{11} & a_{12} & \ldots & a_{1n} \\ a_{21} & a_{22} & \ldots & a_{2n} \\ \vdots & \vdots & \ddots & \vdots \\ a_{n1} & a_{n2} & \ldots & a_{nn} \end{bmatrix}$$

において，左上から右下にいたる対角線をこの行列の**主対角線**とよび，主対角線上にある成分 $a_{11}, a_{22}, \ldots, a_{nn}$ をこの行列の**対角成分**とよぶ．

主対角線より下の成分がすべて 0 である正方行列

$$\begin{bmatrix} a_{11} & a_{12} & \dots & a_{1n} \\ 0 & a_{22} & \ddots & \vdots \\ \vdots & \ddots & \ddots & a_{n-1n} \\ 0 & \dots & 0 & a_{nn} \end{bmatrix}.$$

を**上三角行列**という．しかし，「(対角線上も含めて) 右上に 0 がない」というわけではない．

同様に主対角線より上の成分がすべて 0 である正方行列を**下三角行列**という．

主対角線以外の成分がすべて 0 である正方行列

$$\begin{bmatrix} a_{11} & 0 & \dots & 0 \\ 0 & a_{22} & \ddots & \vdots \\ \vdots & \ddots & \ddots & 0 \\ 0 & \dots & 0 & a_{nn} \end{bmatrix}.$$

を**対角行列**とよぶ．特に，対角成分がすべて 1 である n 次対角行列を n 次**単位行列**という．n 次単位行列は E_n または I_n で表されることが多い：

$$E_n = \begin{bmatrix} 1 & 0 & \dots & 0 \\ 0 & 1 & \ddots & \vdots \\ \vdots & \ddots & \ddots & 0 \\ 0 & \dots & 0 & 1 \end{bmatrix}.$$

次数を明示する必要がないときや，省略しても混乱の恐れがないときなどは，単に E または I とも表される．

2.3　行列の演算

定義 2.3.1 (m, n) 型の行列 A とスカラー c に対して，A のすべての成分を c 倍して得られる行列を A の c 倍といって cA と表す．$A = \begin{bmatrix} \boldsymbol{a}_1 \, \boldsymbol{a}_2 \, \cdots \boldsymbol{a}_n \end{bmatrix}$ と列ベクトル表示すると

$$cA = \begin{bmatrix} c\boldsymbol{a}_1 \, c\boldsymbol{a}_2 \, \cdots c\boldsymbol{a}_n \end{bmatrix}.$$

(m, n) 型の行列 A, B に対して各 (i, j) 成分同士の和を成分とする行列を A と B の和といって $A + B$ と表す．$A = \begin{bmatrix} \boldsymbol{a}_1 \, \boldsymbol{a}_2 \, \cdots \boldsymbol{a}_n \end{bmatrix}$，$B = \begin{bmatrix} \boldsymbol{b}_1 \, \boldsymbol{b}_2 \, \cdots \boldsymbol{b}_n \end{bmatrix}$ と列ベクトル表示すると

$$A + B = \begin{bmatrix} \boldsymbol{a}_1 + \boldsymbol{b}_1 \; \boldsymbol{a}_2 + \boldsymbol{b}_2 \; \cdots \; \boldsymbol{a}_n + \boldsymbol{b}_n \end{bmatrix}.$$

$(-1)A$ を $-A$ と表し，$A + (-B)$ を $A - B$ と表す．

行列の加法とスカラー乗法についてベクトルの和とスカラー乗法についての定理 2.1.1 と同様の演算法則が成り立つ．

例 2.3.1

$$-6\begin{bmatrix}-3 & 3 & 8 & 9\\ 4 & 7 & -5 & 6\\ 0 & -5 & 11 & 6\end{bmatrix} = \left[-6\begin{bmatrix}-3\\4\\0\end{bmatrix}, -6\begin{bmatrix}3\\7\\-5\end{bmatrix}, -6\begin{bmatrix}8\\-5\\11\end{bmatrix}, -6\begin{bmatrix}9\\6\\6\end{bmatrix}\right]$$
$$= \begin{bmatrix}18 & -18 & -48 & -54\\ -24 & -42 & 30 & -36\\ 0 & 30 & -66 & -36\end{bmatrix}.$$

$$\begin{bmatrix}1 & 2 & 3 & 4\\ 5 & 6 & 7 & 8\\ 9 & 10 & 11 & 12\end{bmatrix} + \begin{bmatrix}-3 & 3 & 8 & 9\\ 4 & 7 & -5 & 6\\ 0 & -5 & 11 & 6\end{bmatrix}$$
$$= \left[\begin{bmatrix}1\\5\\9\end{bmatrix} + \begin{bmatrix}-3\\4\\0\end{bmatrix}, \begin{bmatrix}2\\6\\10\end{bmatrix} + \begin{bmatrix}3\\7\\-5\end{bmatrix}, \begin{bmatrix}3\\7\\11\end{bmatrix} + \begin{bmatrix}8\\-5\\11\end{bmatrix}, \begin{bmatrix}4\\8\\12\end{bmatrix} + \begin{bmatrix}9\\6\\6\end{bmatrix}\right]$$
$$= \begin{bmatrix}-2 & 5 & 11 & 13\\ 9 & 13 & 2 & 14\\ 9 & 5 & 22 & 18\end{bmatrix}.$$

定義 2.3.2 (l, m) 行列 A と (m, n) 行列 B に対して AB と表される (l, n) 行列を次のようにつくる．

$$A = \begin{bmatrix}a_{11} & a_{12} & \dots & a_{1m}\\ a_{21} & a_{22} & \dots & a_{2m}\\ \vdots & \vdots & \vdots & \vdots\\ a_{l1} & a_{l2} & \dots & a_{lm}\end{bmatrix},\quad B = \begin{bmatrix}b_{11} & b_{12} & \dots & b_{1n}\\ b_{21} & b_{22} & \dots & b_{2n}\\ \vdots & \vdots & \vdots & \vdots\\ b_{m1} & b_{m2} & \dots & b_{mn}\end{bmatrix}$$

とする．行列 AB は，$i = 1, \dots, l$，$j = 1, \dots, n$ の i, j に対して

$$AB \text{ の } (i, j) \text{ 成分} = a_{i1}b_{1j} + a_{i2}b_{2j} + \cdots + a_{im}b_{mj} \tag{2.3.1}$$

として定められる行列である．これを A, B の**積**という．積 AB は $A \cdot B$ とも書く．

（行列 A の列の個数）＝（行列 B の行の個数）のときに限って，積 AB が定義され

$$(l, m) \text{ 行列} \cdot (m, n) \text{ 行列} = (l, n) \text{ 行列}.$$

例題 2.3.1 A は $(3, 4)$ 行列，B は $(2, 3)$ 行列，C は $(4, 3)$ 行列である．これらから 2 つの異なる行列をとり，積が定義できるかどうかを述べ，定義できるならばその積の型を書け．

解答

- AB は定義されない．BA は定義され，$(2, 4)$ 型である．
- AC は定義され，$(3, 3)$ 型である．CA は定義され，$(4, 4)$ 型である．

- BC は定義されない．CB は定義されない．

□

例題 2.3.2 $A = \begin{bmatrix} 3 & 4 \\ 0 & -1 \\ 2 & 4 \end{bmatrix}$, $B = \begin{bmatrix} -2 & 4 & 3 \\ 2 & -2 & 3 \end{bmatrix}$ とおく．積 AB, BA を計算せよ．

解答 A は $(3, 2)$ 行列であり，B は $(2, 3)$ 行列であるから，積 AB は定義され，$(3, 3)$ 行列である．積 BA は定義され，$(2, 2)$ 行列である．

$$
\begin{aligned}
AB &= \begin{bmatrix} 3\cdot(-2)+4\cdot 2 & 3\cdot 4+4\cdot(-2) & 3\cdot 3+4\cdot 3 \\ 0\cdot(-2)+(-1)\cdot 2 & 0\cdot 4+(-1)\cdot(-2) & 0\cdot 3+(-1)\cdot 3 \\ 2\cdot(-2)+4\cdot 2 & 2\cdot 4+4\cdot(-2) & 2\cdot 3+4\cdot 3 \end{bmatrix} \\
&= \begin{bmatrix} 2 & 4 & 21 \\ -2 & 2 & -3 \\ 4 & 0 & 18 \end{bmatrix} \\
BA &= \begin{bmatrix} (-2)\cdot 3+4\cdot 0+3\cdot 2 & (-2)\cdot 4+4\cdot(-1)+3\cdot 4 \\ 2\cdot 3+(-2)\cdot 0+3\cdot 2 & 2\cdot 4+(-2)\cdot(-1)+3\cdot 4 \end{bmatrix} \\
&= \begin{bmatrix} 0 & 0 \\ 12 & 22 \end{bmatrix}.
\end{aligned}
$$

□

問題 2.3.1 行列

$$
A = \begin{bmatrix} -1 & 2 & 3 \\ 4 & 1 & -2 \\ 3 & 3 & 1 \end{bmatrix}, \quad B = \begin{bmatrix} 3 & 1 & 2 \\ 3 & 1 & 2 \\ 5 & 3 & 2 \end{bmatrix}, \quad C = \begin{bmatrix} 7 & 0 & 0 \\ -10 & 0 & 0 \\ 9 & 0 & 0 \end{bmatrix}
$$

について，(1) AB，(2) BA，(3) AC を計算せよ．

問題 2.3.2 次の計算をせよ．

(1) $\begin{bmatrix} 2 & 1 & 4 \end{bmatrix} \begin{bmatrix} -1 \\ 2 \\ 3 \end{bmatrix}$　(2) $\begin{bmatrix} -1 & 2 & 3 \\ 4 & 1 & -2 \end{bmatrix} \begin{bmatrix} 3 \\ 3 \\ 5 \end{bmatrix}$　(3) $\begin{bmatrix} 3 & 2 \\ 1 & 3 \\ 1 & 2 \end{bmatrix} \begin{bmatrix} 2 \\ -1 \end{bmatrix}$

(4) $\begin{bmatrix} -1 \\ 2 \\ 3 \end{bmatrix} \begin{bmatrix} 2 & 1 & 4 \end{bmatrix}$　(5) $\begin{bmatrix} -1 & 2 & 3 \end{bmatrix} \begin{bmatrix} 3 & 4 \\ 3 & 1 \\ 5 & -2 \end{bmatrix}$　(6) $\begin{bmatrix} 3 & 2 \end{bmatrix} \begin{bmatrix} 2 & 3 & 1 \\ -1 & 2 & 2 \end{bmatrix}$

注意 n 次元行ベクトルは $(1, n)$ 行列であり，m 次元列ベクトルは $(m, 1)$ 行列である．

例題 2.3.3 $A = \begin{bmatrix} 1 & 2 \\ -2 & -4 \end{bmatrix}$, $B = \begin{bmatrix} -2 & 4 \\ 1 & -2 \end{bmatrix}$ とする．積 AB, BA を計算せよ．

解答

$$AB = \begin{bmatrix} 1\cdot(-2)+2\cdot 1 & 1\cdot 4+2\cdot(-2) \\ (-2)\cdot(-2)+(-4)\cdot 1 & (-2)\cdot 4+(-4)\cdot(-2) \end{bmatrix} = \begin{bmatrix} 0 & 0 \\ 0 & 0 \end{bmatrix},$$
$$BA = \begin{bmatrix} (-2)\cdot 1+4\cdot(-2) & (-2)\cdot 2+4\cdot(-4) \\ 1\cdot 1+(-2)\cdot(-2) & 1\cdot 2+(-2)\cdot(-4) \end{bmatrix} = \begin{bmatrix} -10 & -20 \\ 5 & 10 \end{bmatrix}.$$

□

このように，行列の乗法については

(1) $A \neq O$, $B \neq O$ であっても $AB = O$ となることがある．

(2) A, B はともに正方行列であるとして，$AB \neq BA$ となることがある．（というか，$AB \neq BA$ となることのほうが多いというべきである）

したがって，2 つの行列 A, B について

(1) 積 AB が定義できるのか，積 BA が定義できるのかを考えなければならないし

(2) AB, BA の両方が定義できるとしても，AB と BA は等しいとは限らない

ことに十分に注意しなければならない．

零行列や単位行列は数の世界における 0 や 1 と同様の役割を果たす．

定理 2.3.1 (1) (m, n) 行列 A と零行列について $AO_{n,p} = O_{m,p}$, $O_{l,m}A = O_{l,n}$.

(2) 任意の (n, p) 行列 B に対して $E_nB = B$.

(3) 任意の (m, n) 行列 A に対して $AE_n = A$.

例 2.3.2 行列とベクトルの積の成分を記述しよう．$A = \begin{bmatrix} a_{11} & a_{12} & \dots & a_{1n} \\ a_{21} & a_{22} & \dots & a_{2n} \\ \vdots & \vdots & \vdots & \vdots \\ a_{m1} & a_{m2} & \dots & a_{mn} \end{bmatrix}$, $\boldsymbol{b} = \begin{bmatrix} b_1 \\ b_2 \\ \vdots \\ b_n \end{bmatrix}$ に対して

$$A\boldsymbol{b} = \begin{bmatrix} a_{11}b_1 + a_{12}b_2 + \cdots + a_{1n}b_n \\ a_{21}b_1 + a_{22}b_2 + \cdots + a_{2n}b_n \\ \vdots \\ a_{m1}b_1 + a_{m2}b_2 + \cdots + a_{mn}b_n \end{bmatrix} \tag{2.3.2}$$

である．

命題 2.3.2 (m, n) 行列 $A = \begin{bmatrix} \boldsymbol{a}_1 \, \boldsymbol{a}_2 \, \cdots \, \boldsymbol{a}_n \end{bmatrix}$ と n 次元列ベクトル $\boldsymbol{b} = \begin{bmatrix} b_1 \\ b_2 \\ \vdots \\ b_n \end{bmatrix}$ に対し

$$A\boldsymbol{b} = b_1\boldsymbol{a}_1 + b_2\boldsymbol{a}_2 + \cdots + b_n\boldsymbol{a}_n \tag{2.3.3}$$

である．特に，$A\boldsymbol{e}_j = \boldsymbol{a}_j$ が成り立つ．（**第 j 基本列ベクトルに行列を左からかけると，その行列の第 j 列ベクトルを取り出すことができる！**）

例 2.3.3

$$\begin{bmatrix} -3 & 3 & 8 & 9 \\ 4 & 7 & -5 & 6 \\ 0 & -5 & 11 & 6 \end{bmatrix} \begin{bmatrix} -2 \\ 3 \\ -1 \\ 5 \end{bmatrix} = -2\begin{bmatrix} -3 \\ 4 \\ 0 \end{bmatrix} + 3\begin{bmatrix} 3 \\ 7 \\ -5 \end{bmatrix} - \begin{bmatrix} 8 \\ -5 \\ 11 \end{bmatrix} + 5\begin{bmatrix} 9 \\ 6 \\ 6 \end{bmatrix} = \begin{bmatrix} 52 \\ 48 \\ 4 \end{bmatrix}$$

例 2.3.4 空間における平面のベクトル方程式では平面上に零ベクトルでなく平行でない 2 つのベクトル $\boldsymbol{u} = \begin{bmatrix} u_1 \\ u_2 \\ u_3 \end{bmatrix}, \boldsymbol{v} = \begin{bmatrix} v_1 \\ v_2 \\ v_3 \end{bmatrix}$ の線形結合 $s\boldsymbol{u} + t\boldsymbol{v}$ を考えたが，これは行列とベクトルの積として

$$s\boldsymbol{u} + t\boldsymbol{v} = \begin{bmatrix} u_1 & v_1 \\ u_2 & v_2 \\ u_3 & v_3 \end{bmatrix} \begin{bmatrix} s \\ t \end{bmatrix}$$

と表される．

問題 2.3.3 A, B を (m, n) 行列とする．どの n 次元ベクトル $\boldsymbol{x}$ についても $A\boldsymbol{x} = B\boldsymbol{x}$ が成り立つならば $A = B$ であることを示せ．特に，どの n 次元ベクトル $\boldsymbol{x}$ についても $A\boldsymbol{x} = \boldsymbol{0}$ ならば $A = O$ である．

定理 2.3.3 A を (l, m) 行列とする．(m, n) 行列 B を $B = \begin{bmatrix} \boldsymbol{b}_1 \, \boldsymbol{b}_2 \, \cdots \, \boldsymbol{b}_n \end{bmatrix}$ と列ベクトル表示すると，積 AB は

$$AB = \begin{bmatrix} A\boldsymbol{b}_1 \, A\boldsymbol{b}_2 \, \cdots \, A\boldsymbol{b}_n \end{bmatrix} \tag{2.3.4}$$

と列ベクトル表示される．

例 2.3.5 例題 2.3.2 の行列 A, B については

$$AB = \left[A\begin{bmatrix} -2 \\ 2 \end{bmatrix}, \ A\begin{bmatrix} 4 \\ -2 \end{bmatrix}, \ A\begin{bmatrix} 3 \\ 3 \end{bmatrix} \right]$$

$$= \left[-2\begin{bmatrix}3\\0\\2\end{bmatrix} + 2\begin{bmatrix}4\\-1\\4\end{bmatrix},\ 4\begin{bmatrix}3\\0\\2\end{bmatrix} - 2\begin{bmatrix}4\\-1\\4\end{bmatrix},\ 3\begin{bmatrix}3\\0\\2\end{bmatrix} + 3\begin{bmatrix}4\\-1\\4\end{bmatrix} \right] = \begin{bmatrix}2 & 4 & 21\\-2 & 2 & -3\\4 & 0 & 18\end{bmatrix}.$$

行列の積を行ベクトル表示で理解することも重要である.

例 2.3.6 $B = \begin{bmatrix} b_{11} & b_{12} & \dots & b_{1n} \\ b_{21} & b_{22} & \dots & b_{2n} \\ \vdots & \vdots & \vdots & \vdots \\ b_{m1} & b_{m2} & \dots & b_{mn} \end{bmatrix}$ とする. m 次元行ベクトル $\boldsymbol{a}' = [a_1, a_2, \dots, a_m]$ に対して積 $\boldsymbol{a}'B$ は n 次元行ベクトルであり, その第 j 成分は

$$a_1b_{1j} + a_2b_{2j} + \cdots + a_mb_{mj} \tag{2.3.5}$$

である.

命題 2.3.4 m 次元行ベクトル $\boldsymbol{a}' = [a_1, a_2, \dots, a_m]$ と (m, n) 行列 $B = \begin{bmatrix} \boldsymbol{b}'_1 \\ \boldsymbol{b}'_2 \\ \vdots \\ \boldsymbol{b}'_m \end{bmatrix}$ に対して

$$\boldsymbol{a}'B = a_1\boldsymbol{b}'_1 + a_2\boldsymbol{b}'_2 + \cdots a_m\boldsymbol{b}'_m \tag{2.3.6}$$

である. 特に, m 次元基本行ベクトル $\boldsymbol{e}'_i$ に対して $\boldsymbol{e}'_iB = \boldsymbol{b}'_i$ が成り立つ. **(第 i 基本行ベクトルに行列を右からかけると, その行列の第 i 行ベクトルを取り出すことができる!)**

定理 2.3.5 B を (m, n) 行列とする. (l, m) 行列 A を $A = \begin{bmatrix} \boldsymbol{a}'_1 \\ \boldsymbol{a}'_2 \\ \vdots \\ \boldsymbol{a}'_l \end{bmatrix}$ と行ベクトル表示すると, 積 AB は

$$AB = \begin{bmatrix} \boldsymbol{a}'_1B \\ \boldsymbol{a}'_2B \\ \vdots \\ \boldsymbol{a}'_lB \end{bmatrix} \tag{2.3.7}$$

と行ベクトル表示される.

次の定理は行列の乗法に関係する法則であり, 極めて重要である.

定理 2.3.6 行列の乗法と加法について

(1) A を (l, m) 行列，B, C を (m, n) 行列とする．$A(B+C) = AB + AC$ が成り立つ．（分配法則）

(2) A, B を (l, m) 行列，C を (m, n) 行列とする．$(A+B)C = AC + BC$ が成り立つ．（分配法則）

(3) A を (l, m) 行列，B を (m, n) 行列，c をスカラーとする．$c(AB) = (cA)B = A(cB)$ が成り立つ.

(4) A を (l, m) 行列，B を (m, n) 行列，C を (n, p) 行列とする．$(AB)C = A(BC)$ が成り立つ．（結合法則）

この定理はいずれも，数の演算と同様のものであり，当然のように受け止められるかもしれないが，決して自明ではない．しかし，行列の積の成分を丹念に調べれば証明されるので，ここでは証明を省略する.

問題 2.3.4 $A = \begin{bmatrix} 1 & -2 & 3 \\ -2 & 3 & 2 \\ -1 & 3 & -3 \\ 3 & 2 & 2 \end{bmatrix}, B = \begin{bmatrix} -3 & 4 & 1 \\ 4 & 3 & -2 \\ 2 & -1 & 2 \end{bmatrix}, C = \begin{bmatrix} 1 & 4 \\ 2 & -5 \\ -1 & 3 \end{bmatrix}$ とする.

(1) AB を求め，$(AB)C$ を計算せよ.

(2) BC を求め，$A(BC)$ を計算し，$(AB)C = A(BC)$ であることを確認せよ.

積 $(AB)C = A(BC)$ を単に ABC と書く.

問題 2.3.5 A, B は問題 2.3.4 と同じとし，$C = \begin{bmatrix} 2 & -4 & 3 \\ -2 & 2 & 2 \\ -1 & 2 & 1 \end{bmatrix}$ とする．$AB + AC$ を求めよ.

定義 2.3.3 (m, n) 行列

$$A = \begin{bmatrix} a_{11} & a_{12} & \dots & a_{1n} \\ a_{21} & a_{22} & \dots & a_{2n} \\ \vdots & \vdots & \vdots & \vdots \\ a_{m1} & a_{m2} & \dots & a_{mn} \end{bmatrix}$$

に対して，A の行と列を入れ換えて得られる (n, m) 行列

$$\begin{bmatrix} a_{11} & a_{21} & \dots & a_{m1} \\ a_{12} & a_{22} & \dots & a_{m2} \\ \vdots & \vdots & \vdots & \vdots \\ a_{1n} & a_{2n} & \dots & a_{mn} \end{bmatrix}$$

を A の**転置行列**といって，${}^tA$ と表す．${}^tA$ の (i, j) 成分は a_{ji} である.

特に，列ベクトルの転置は行ベクトルであり，行ベクトルの転置は列ベクトルである．

$A = \begin{bmatrix} \boldsymbol{a}_1 \, \boldsymbol{a}_2 \cdots \boldsymbol{a}_n \end{bmatrix}$ と列ベクトル表示すると，${}^t A = \begin{bmatrix} {}^t\boldsymbol{a}_1 \\ {}^t\boldsymbol{a}_2 \\ \vdots \\ {}^t\boldsymbol{a}_n \end{bmatrix}$ となる．

命題 2.3.7 (1)〜(4) まで A, B は (m, n) 行列とする．

(1) ${}^t(A+B) = {}^tA + {}^tB$.

(2) ${}^t({}^tA) = A$.

(3) c をスカラーとする．${}^t(cA) = c\,{}^tA$.

(4) $\boldsymbol{b}$ を n 次元列ベクトルとする．${}^t(A\boldsymbol{b}) = {}^t\boldsymbol{b}\,{}^tA$.

(5) A を (m, n) 行列，B を (n, p) 行列とする．${}^t(AB) = {}^tB\,{}^tA$.

証明はやはり，成分を丹念に調べればよいので省略する．

問題 2.3.6 行列 A, B は問題 2.3.5 と同じとする．

(1) ${}^tA, {}^tB$ および ${}^t(AB)$ を書け．

(2) ${}^tB\,{}^tA$ を計算し，${}^t(AB)$ と等しいことを確かめよ．

問題 2.3.7 $A = \begin{bmatrix} 2 & 1 & -4 & 4 \\ -3 & 0 & 2 & 3 \\ 4 & -2 & 0 & 1 \\ 5 & 3 & 1 & -1 \end{bmatrix}, B = \begin{bmatrix} -3 & 2 & 0 & -3 \\ 4 & 0 & 3 & 1 \\ 0 & 3 & 2 & -4 \\ 2 & 4 & 3 & 0 \end{bmatrix}$ とおく．

(1) 積 AB を求めよ．

(2) 積 ${}^tB\,{}^tA$ を求めよ．

例 2.3.7 行列 A, B が

$$A = \left[\begin{array}{c|c} \overbrace{A_{11}}^{m_1 \text{列}} & \overbrace{A_{12}}^{m_2 \text{列}} \\ \hline A_{21} & A_{22} \end{array}\right], \quad B = \left[\begin{array}{c|c} B_{11} & B_{12} \\ \hline B_{21} & B_{22} \end{array}\right] \begin{array}{l} \}\, m_1 \text{行} \\ \}\, m_2 \text{行} \end{array}$$

と区分されているとき，行列の積の定義により

$$AB = \left[\begin{array}{c|c} A_{11}B_{11} + A_{12}B_{21} & A_{11}B_{12} + A_{12}B_{22} \\ \hline A_{21}B_{11} + A_{22}B_{21} & A_{21}B_{12} + A_{22}B_{22} \end{array}\right]$$

となる．つまり，あたかも (2, 2) 行列の積のように計算できる！

問題 2.3.8 $A = \begin{bmatrix} 2 & -1 & 4 & 0 \\ -3 & 3 & 5 & 1 \\ 0 & 0 & 4 & 2 \\ 0 & 0 & 3 & 2 \end{bmatrix}$, $B = \begin{bmatrix} -4 & 7 & 2 & 3 \\ 3 & -5 & 4 & 5 \\ 0 & 0 & 3 & -2 \\ 0 & 0 & -4 & 2 \end{bmatrix}$ とおく．積 AB, BA を計算せよ．

2.4 正則行列

A が n 次正方行列のとき，自然数 k に対して A の k 個の積

$$\underbrace{A \cdots A}_{k}$$

を A の k 乗とよび，A^k と書く．自然数 p, q に対して次の等式が成り立つ：

$$A^p A^q = A^{p+q}, \quad (A^p)^q = A^{pq}.$$

命題 2.4.1 A を n 次正方行列とする．$AX = E$，$YA = E$ を満たす n 次正方行列 X，Y が存在すれば，これらはそれぞれただ 1 つしかなく，しかも $X = Y$ である．

証明 まず，「$AX = E$，$YA = E$ ならば $X = Y$」であることを示す．等式 $AX = E$ の両辺に左から Y をかけると，$Y(AX) = YE = Y$ を得る．結合法則により，$Y(AX) = (YA)X$ であるが，条件により $YA = E$ であるから，$(YA)X = EX = X$．よって，$X = (YA)X = Y(AX) = Y$．

$AX' = E$，$Y' = E$ ならば，上で確かめたことを「$AX' = E$ と $YA = E$」に適用して，$X' = Y$ を得る．よって，$X = X'$．また，$X = Y'$ であるから，$Y = Y'$． □

定義 2.4.1 n 次正方行列 A に対して，等式

$$AX = E_n, XA = E_n$$

を満たす n 次正方行列 X が存在するとき，行列 A は**正則**であるという．

A が正則ならば，命題 2.4.1 により，上の条件を満たす X はただ 1 つである．X を A の**逆行列**といって，A^{-1} と記す．

注意 n 次正則行列 A の逆行列を $\dfrac{1}{A}$ と書いては**絶対にいけない**．

例 2.4.1 A を n 次正則行列とする．(n, p) 行列 C について，$AX = C$ を満たす (n, p) 行列 X を求めたい．A は正則であるから，その逆行列を考えることができる．$AX = C$ の両辺に**左から** A^{-1} をかけると，$A^{-1}(AX) = A^{-1}C$ を得る．左辺を変形すると，$A^{-1}(AX) = (A^{-1}A)X = EX = X$ を得る．よって，$X = A^{-1}C$．

つまり，A が正則ならば，その逆行列は数の世界における逆数のような役割を果たす．しかし，乗法の交換法則が成り立たないことを忘れてはならない．

また，零行列にどんな行列をかけても零行列にしかならないから，零行列は正則でない．しかし，零行列でないからといって，正則であるとは限らない．

例 2.4.2 $A = \begin{bmatrix} 1 & -2 \\ 2 & -4 \end{bmatrix}$ を考える．$X = \begin{bmatrix} x_{11} & x_{12} \\ x_{21} & x_{22} \end{bmatrix}$ に対して $AX = \begin{bmatrix} x_{11} - 2x_{21} & x_{12} - 2x_{22} \\ 2x_{11} - 4x_{21} & 2x_{12} - 4x_{22} \end{bmatrix}$ であるから，$AX = E$ が成り立つならば，AX の第 1 列ベクトルを見ると

$$x_{11} - 2x_{21} = 1 \qquad ①$$
$$2x_{11} - 4x_{21} = 0 \qquad ②$$

でなければならない．しかし，式 ① と式 ② とは矛盾する．すなわち，X をどのように選んでも $AX \neq E$ である．よって，A は正則でない．

注意 正方行列 A が正則であることの定義は「"$AX = E$ かつ $XA = E$"を満たす X が存在する」である．したがって，正則でないということは「どのような X についても"$AX = E$ かつ $XA = E$"とはならない」ということである．これはまた「どのような X についても $AX \neq E$ であるか**または** どのような X についても $XA \neq E$ である」ということである．

例 2.4.3 2 次正方行列 $A = \begin{bmatrix} a_{11} & a_{12} \\ a_{21} & a_{22} \end{bmatrix} (\neq O)$ が正則であるための条件を調べたい．正則ならばその逆行列を求めたい．$B = \begin{bmatrix} a_{22} & -a_{12} \\ -a_{21} & a_{11} \end{bmatrix}$ とおく．この行列について

$$AB = \begin{bmatrix} a_{11}a_{22} - a_{12}a_{21} & 0 \\ 0 & a_{11}a_{22} - a_{12}a_{21} \end{bmatrix} = (a_{11}a_{22} - a_{12}a_{21})E,$$
$$BA = \begin{bmatrix} a_{11}a_{22} - a_{12}a_{21} & 0 \\ 0 & a_{11}a_{22} - a_{12}a_{21} \end{bmatrix} = (a_{11}a_{22} - a_{12}a_{21})E$$

となる．よって，$a_{11}a_{22} - a_{12}a_{21} \neq 0$ ならば，$X = \dfrac{1}{a_{11}a_{22} - a_{12}a_{21}} B$ とおくと，$AX = E$，$XA = E$ が成り立つから，A は正則で，$A^{-1} = X$ である．

一方，$a_{11}a_{22} - a_{12}a_{21} = 0$ ならば $AB = O$ となる．もし，A が正則ならば $B = A^{-1}(AB) = A^{-1}O = O$ となるから，$A = O$ となり，これは矛盾である．以上により，

$$2\text{ 次正方行列 } A = \begin{bmatrix} a_{11} & a_{12} \\ a_{21} & a_{22} \end{bmatrix} \text{ が正則} \iff a_{11}a_{22} - a_{12}a_{21} \neq 0.$$

注意 この例の $a_{11}a_{22} - a_{12}a_{21}$ は A の行列式とよばれるものであり，B は A の余因子行列とよばれるものである．第 5 章で学ぶ．

例 2.4.4 n 次対角行列 $A = \begin{bmatrix} a_1 & & \text{\Large 0} \\ & \ddots & \\ \text{\Large 0} & & a_n \end{bmatrix}$ において，$a_1, a_2, \ldots, a_n$ のどれもが 0 でなければ，

$X = \begin{bmatrix} a_1^{-1} & & 0 \\ & \ddots & \\ 0 & & a_n^{-1} \end{bmatrix}$ とおくと，$AX = E_n, XA = E_n$ が成り立つから，A は正則であり，$A^{-1} = X$ である．

どの n 次正方行列 $X = \begin{bmatrix} \boldsymbol{x}_1 \, \boldsymbol{x}_2 \cdots \boldsymbol{x}_n \end{bmatrix}$ についても $XA = \begin{bmatrix} a_1\boldsymbol{x}_1, a_2\boldsymbol{x}_2, \ldots, a_n\boldsymbol{x}_n \end{bmatrix}$ であるから，$a_1, a_2, \ldots, a_n$ のどれかが 0，例えば $a_j = 0$ ならば，XA の第 j 列ベクトルは零ベクトルとなる．ゆえに，どのように X を選んでも $XA = E$ となることはない．すなわち，A は正則でない．

簡単に正則性が調べられる例を述べたが，n 次正方行列が正則であることの判定と逆行列を求めることはやさしくない．

例 2.4.5 問題 2.3.5 の行列 $C = \begin{bmatrix} 2 & -4 & 3 \\ -2 & 2 & 2 \\ -1 & 2 & 1 \end{bmatrix}$ について考える．$X = \begin{bmatrix} \frac{1}{5} & -1 & \frac{7}{5} \\ 0 & -\frac{1}{2} & 1 \\ \frac{1}{5} & 0 & \frac{2}{5} \end{bmatrix}$ とおくと，$CX = E, XC = E$ であることが実際に計算することにより確かめられる．したがって，C は正則であり，$X = C^{-1}$ である．

それではどのようにして，この X を求めたらよいのだろうか．例えば

(1) $CX = E$ を満たす 3 次正方行列 X を求める（一般に，勝手に行列 A を与えたとき，$AX = E$ となる X は存在しないかもしれない．しかし，ともかくやってみる．存在しなければ A は正則でないということになる．）

(2) 上のような X が求められたら，その X について等式 $XC = E$ が成り立つことを確かめる

という方法が考えられる．行列 X には 9 個の成分があるから，9 個の未知数についての方程式を解くわけである．

問題 2.4.1 上の (1), (2) を実行せよ．

正方行列が正則であることを正則行列の定義のみから判定することは容易でないことが実感できたことと思う．**正方行列が正則であるかどうかを判定し，正則ならば逆行列を求めること**は重要な課題である．第 3.2 節 および 第 5.4 節で考察する．

命題 2.4.2 n 次正方行列のある行が零ベクトルならば，その行列は正則でない．また，ある列が零ベクトルならば，正則でない．

証明 n 次正方行列 $A = \begin{bmatrix} \boldsymbol{a}'_1 \\ \boldsymbol{a}'_2 \\ \vdots \\ \boldsymbol{a}'_n \end{bmatrix}$ と任意の n 次正方行列 X に対して，$AX = \begin{bmatrix} \boldsymbol{a}'_1 X \\ \boldsymbol{a}'_2 X \\ \vdots \\ \boldsymbol{a}'_n X \end{bmatrix}$ である．ある i について $\boldsymbol{a}'_i = \boldsymbol{0}$ ならば $\boldsymbol{a}'_i X = \boldsymbol{0}$ となるから，AX の第 i 行は零ベクトルである．すなわち，X をどのように選んでも $AX \neq E$ である．よって，A は正則でない．

ある列が零ベクトルの場合の証明は問題とする． □

問題 2.4.2 n 次正方行列のある列が零ベクトルならば，正則でないことを証明せよ．

n 次正方行列 A が正則のとき，自然数 k に対して

$$A^{-k} = \underbrace{A^{-1} \cdots A^{-1}}_{k}$$

と定義する．また，$A^0 = E_n$ と定義する．任意の整数 p, q に対して指数法則

$$A^p A^q = A^{p+q}, \quad (A^p)^q = A^{pq}$$

が成り立つ．

問題 2.4.3 n 次正方行列 A が正則のとき，自然数 k に対して，$A^{-k} = (A^k)^{-1}$ であることを示せ．

命題 2.4.3 (1) n 次正則行列 A の逆行列も正則であり，$(A^{-1})^{-1} = A$ である．

(2) n 次正則行列 A, B の積 AB もまた正則であり，$(AB)^{-1} = B^{-1}A^{-1}$ である．

(3) n 次正則行列 A と n 次正方行列 B の積 AB が正則ならば，B もまた正則である．

証明 (1) A は正則であるから，等式 $AA^{-1} = E$, $A^{-1}A = E$ が成り立つが，これを，A^{-1} に注目して読むと，A^{-1} も正則であり，$(A^{-1})^{-1} = A$ であることがわかる．

(2) $(AB)(B^{-1}A^{-1}) = A(BB^{-1})A^{-1} = AEA^{-1} = AA^{-1} = E$ であり，$(B^{-1}A^{-1})(AB) = B^{-1}(A^{-1}A)B = B^{-1}EB = B^{-1}B = E$ である．よって，積 AB もまた正則であり，$(AB)^{-1} = B^{-1}A^{-1}$ である．

(3) $B = A^{-1}(AB)$ であるから，(1)，(2) により，B もまた正則である．

□

命題 2.4.4 n 次正則行列 A の転置行列 ${}^tA$ もまた正則であり，$({}^tA)^{-1} = {}^t(A^{-1})$ である．

証明 $AA^{-1} = E$, $A^{-1}A = E$ の転置行列をとると

$$ {}^t(A^{-1})\,{}^tA = {}^tE = E,\ {}^tA\,{}^t(A^{-1}) = {}^tE = E $$

である．よって，転置行列 ${}^tA$ もまた正則であり，$({}^tA)^{-1} = {}^t(A^{-1})$ である． □

問題 2.4.4 行列 $A = \begin{bmatrix} 2 & 4 & -3 \\ 1 & 2 & -1 \\ 0 & 2 & -2 \end{bmatrix}$, $B = \begin{bmatrix} 1 & 2 & 2 \\ -1 & 0 & -2 \\ 2 & 2 & 5 \end{bmatrix}$ はともに正則であり，逆行列は $A^{-1} = \begin{bmatrix} 1 & -1 & -1 \\ -1 & 2 & \frac{1}{2} \\ -1 & 2 & 0 \end{bmatrix}$, $B^{-1} = \begin{bmatrix} 2 & -3 & -2 \\ \frac{1}{2} & \frac{1}{2} & 0 \\ -1 & 1 & 1 \end{bmatrix}$ である．

(1) A の転置行列の逆行列を求めよ．

(2) AB の逆行列を求めよ．

(3) AB の転置行列の逆行列を求めよ．

問題 2.4.5 X を r 次正則行列, Z を s 次正則行列, Y を (r, s) 行列とする．このとき, 行列 $A = \left[\begin{array}{c|c} X & Y \\ \hline O & Z \end{array}\right]$ は正則であることを示せ．A^{-1} を書け．

問題 2.4.6 次の行列は正則であることを示し, その逆行列を求めよ．

(1) $A = \begin{bmatrix} 2 & 3 & 3 & 1 \\ 2 & 2 & 0 & -4 \\ 0 & 0 & 2 & 3 \\ 0 & 0 & 1 & 2 \end{bmatrix}$　　(2) $B = \begin{bmatrix} 3 & 1 & 0 & 0 \\ 4 & 1 & 0 & 0 \\ 3 & 3 & 5 & 3 \\ 3 & 2 & 3 & 2 \end{bmatrix}$

2.5 演習

演習 2.1 (1) 行列 $A = \begin{bmatrix} a_{11} & a_{12} \\ 0 & a_{22} \end{bmatrix}$ が正則であるためには $a_{11}a_{22} \neq 0$ であることが必要十分であることを示せ．$a_{11}a_{22} \neq 0$ のとき，A^{-1} を求めよ．

(2) 上三角行列 $A = \begin{bmatrix} a_{11} & a_{12} & a_{13} \\ 0 & a_{22} & a_{23} \\ 0 & 0 & a_{33} \end{bmatrix}$, $B = \begin{bmatrix} b_{11} & b_{12} & b_{13} \\ 0 & b_{22} & b_{23} \\ 0 & 0 & b_{33} \end{bmatrix}$ の積も上三角行列であること，積の対角成分は左上から順に $a_{11}b_{11}, a_{22}b_{22}, a_{33}b_{33}$ であることを示せ．

(3) (2) の A が正則ならば，$a_{11}a_{22}a_{33} \neq 0$ であることおよび，A^{-1} も上三角行列であることを示せ．

(4) (2) の A について $a_{11}a_{22}a_{33} \neq 0$ ならば A は正則であることを示せ．

演習 2.2 行列においてその成分が 1 つだけ 1 で他の成分はすべて 0 である行列を**行列単位**とよぶ．特に (m, n) 行列で (p, q) 成分が 1 で他の成分はすべて 0 である行列単位を $E_{pq}^{(m,n)}$ と書く．

(1) $E_{pq}^{(l,m)}E_{rs}^{(m,n)}$ を求めよ．

(2) $A=\left[a_{ij}\right]$ を (m,n) 行列とする．$A\,E_{pq}^{(n,n)}$ および $E_{rs}^{(m,m)}A$ を求めよ．

(3) n 次正方行列 A はどの n 次正方行列 X についても $AX=XA$ を満たすという．A を求めよ．

演習 2.3 n を自然数とする．次の正方行列の n 乗を求めよ．

(1) $\begin{bmatrix} a & 1 \\ 0 & a \end{bmatrix}$ (2) $\begin{bmatrix} a & 1 & 0 \\ 0 & a & 0 \\ 0 & 0 & b \end{bmatrix}$ (3) $\begin{bmatrix} a & 1 & 0 \\ 0 & a & 1 \\ 0 & 0 & a \end{bmatrix}$ (4) $\begin{bmatrix} a & 0 & 0 \\ 0 & b & 0 \\ 0 & 0 & c \end{bmatrix}$

演習 2.4 n 次正方行列 $N=\begin{bmatrix} 0 & 1 & & & \\ & 0 & 1 & & \mathbf{0} \\ & & \ddots & \ddots & \\ & & & 0 & 1 \\ \mathbf{0} & & & & 0 \end{bmatrix}$ を考える．($i=1,2,\ldots,n$ に対して $(i,i+1)$ 成分は 1 で他の成分はすべて 0 である.)

(1) (m,n) 行列 $A=\left[\boldsymbol{a}_1\,\boldsymbol{a}_2\,\cdots\boldsymbol{a}_n\right]$ について AN を列ベクトル表示せよ．

(2) (n,l) 行列 $B=\begin{bmatrix} \boldsymbol{b}'_1 \\ \boldsymbol{b}'_2 \\ \vdots \\ \boldsymbol{b}'_n \end{bmatrix}$ について NB を行ベクトル表示せよ．

(3) N^n を求めよ．

演習 2.5 (1) j を 2 以上の自然数とする．n 次正方行列 A は第 1 列から第 $j-1$ 列まで零ベクトルであるとする．T は n 次上三角行列で，(j,j) 成分は 0 であるとする．積 AT の第 1 列から第 j 列ベクトルを求めよ．

(2) n 個の n 次上三角行列 $T_1,T_2,\ldots,T_n$ について，T_j の (j,j) 成分は 0 であるとする．積 $T_1\,T_2\cdots T_n$ を求めよ．

演習 2.6 (1) n 次正方行列 A が $A^2=A$ を満たすとき，A を**べき等行列**とよぶ．正則なべき等行列は単位行列に限ることを示せ．

(2) n 次正方行列 A が条件「ある自然数 k について $A^k=O$ となる」を満たすとき，A を**べき零行列**とよぶ．べき零行列は正則でないことを示せ．

演習 2.7 (1) n 次正方行列 A においてある列ベクトルが他の列ベクトルのスカラー倍であるならば，A は正則でないことを示せ．

(2) n 次正方行列 A においてある列ベクトルが他の 2 つの列ベクトルの和であるならば，A は正則でないことを示せ．

演習 2.8 P を n 次正則行列とする．n 次正方行列 A に対して $P^{-1}AP$ を A の P による**相似行列**とよぶ．

(1) n 次正方行列 A, B とスカラー s, t について $P^{-1}(sA+tB)P = sP^{-1}AP + tP^{-1}BP$ が成り立つことを示せ．

(2) n 次正方行列 A, B について $P^{-1}(AB)P = (P^{-1}AP)(P^{-1}BP)$ が成り立つことを示せ．

(3) n 次正方行列 A について，任意の自然数 k に対して $P^{-1}A^kP = \left(P^{-1}AP\right)^k$ が成り立つことを示せ．

(4) n 次正方行列 A と整式 $f(X) = a_kX^k + a_{k-1}X^{k-1} + \cdots + a_1X + a_0$ に対して $f(A) = a_kA^k + a_{k-1}A^{k-1} + \cdots + a_1A + a_0E_n$ とおく．$f(P^{-1}AP) = P^{-1}f(A)P$ が成り立つことを示せ．

演習 2.9 (1) $P = \left[\begin{array}{c|c} E_n & O \\ \hline E_n & E_n \end{array}\right]$ は正則であることを示し，P^{-1} を求めよ．

(2) A, B を n 次正方行列とする．$C = \left[\begin{array}{c|c} A & B \\ \hline B & A \end{array}\right]$ とおく．$P^{-1}CP$ を求めよ．

(3) (2) で $A+B, A-B$ がともに正則ならば C も正則であることを示せ．

演習 2.10 $A = \begin{bmatrix} 1 & 2 & -1 \\ 1 & 0 & 1 \\ 0 & 2 & 0 \end{bmatrix}$ とする．行列 $P = \begin{bmatrix} -\frac{1}{2} & 1 & 1 \\ \frac{1}{2} & 1 & -1 \\ 1 & 1 & 1 \end{bmatrix}$ は正則である．

(1) $P^{-1} = \begin{bmatrix} -\frac{2}{3} & 0 & \frac{2}{3} \\ \frac{1}{2} & \frac{1}{2} & 0 \\ \frac{1}{6} & -\frac{1}{2} & \frac{1}{3} \end{bmatrix}$ であることを確かめよ．

(2) $P^{-1}AP$ を計算せよ．

(3) 自然数 k に対して A^k を求めよ．

演習 2.11 $A = \begin{bmatrix} 3 & 2 & -3 \\ -2 & -1 & 3 \\ 3 & 3 & -2 \end{bmatrix}$ とする．行列 $P = \begin{bmatrix} -1 & 0 & 0 \\ 1 & 1 & 0 \\ -1 & -1 & 1 \end{bmatrix}$ は正則である．

(1) P^{-1} を求めよ．

(2) $P^{-1}AP$ を計算せよ．

(3) 整式 $f(X) = X^3 - 3X + 2 = (X-1)^2(X+2)$ に対して $f(A)$ を求めよ．

第 3 章

行列の基本変形と階数

行列の基本変形は線形代数学において基本的に重要な道具である．計算に必要なだけではなく，理論的な考察においても重要である．行列の階数は基本変形によって得られる量である．その本質的な意味は後の章の線形空間論において明かになるが，線形代数学を通じてもっとも重要な概念である．本章では基本変形を学び，そのひとつの応用として正方行列の正則性の判定や逆行列の求め方を学ぶ．変形という操作自体は単純なものであるが，その威力は絶大である．線形方程式の理論（第 4 章），行列式の理論（第 5 章）でも大活躍する．逆にいえば，基本変形を確実に正しく実行できるかが線形代数学を学ぶ上での分かれ目でもある．

3.1　行列の基本変形と行列の階数

定義 3.1.1 行列に対する操作

(I) ある行に他の行のスカラー倍を加える
(II) ある行に 0 でないスカラーをかける
(III) 2 つの行を入れ換える

を**行基本変形**とよぶ.

命題 3.1.1 行基本変形は可逆である．

行列 A に基本変形を施して行列 B が得られたならば，その基本変形と同じ種類の基本変形を B

に施すともとの行列 A が得られる．すなわち（以下では $i<j$ のとき）

$$A=\begin{bmatrix} \boldsymbol{a}'_1 \\ \vdots \\ \boldsymbol{a}'_i \\ \vdots \\ \boldsymbol{a}'_j \\ \vdots \\ \boldsymbol{a}'_m \end{bmatrix} \underset{\text{第 } i \text{ 行に第 } j \text{ 行の } (-c) \text{ 倍を加える}}{\overset{\text{第 } i \text{ 行に第 } j \text{ 行の } c \text{ 倍を加える}}{\rightleftarrows}} B=\begin{bmatrix} \boldsymbol{a}'_1 \\ \vdots \\ \boldsymbol{a}'_i + c\boldsymbol{a}'_j \\ \vdots \\ \boldsymbol{a}'_j \\ \vdots \\ \boldsymbol{a}'_m \end{bmatrix},$$

$$A=\begin{bmatrix} \boldsymbol{a}'_1 \\ \vdots \\ \boldsymbol{a}'_i \\ \vdots \\ \boldsymbol{a}'_m \end{bmatrix} \underset{\text{第 } i \text{ 行を } \frac{1}{c} \text{ 倍する}}{\overset{\text{第 } i \text{ 行を } c \text{ 倍する}}{\rightleftarrows}} B=\begin{bmatrix} \boldsymbol{a}'_1 \\ \vdots \\ c\boldsymbol{a}'_i \\ \vdots \\ \boldsymbol{a}'_m \end{bmatrix}, \quad A=\begin{bmatrix} \boldsymbol{a}'_1 \\ \vdots \\ \boldsymbol{a}'_i \\ \vdots \\ \boldsymbol{a}'_j \\ \vdots \\ \boldsymbol{a}'_m \end{bmatrix} \underset{\text{第 } i \text{ 行と第 } j \text{ 行を入れ換える}}{\overset{\text{第 } i \text{ 行と第 } j \text{ 行を入れ換える}}{\rightleftarrows}} B=\begin{bmatrix} \boldsymbol{a}'_1 \\ \vdots \\ \boldsymbol{a}'_j \\ \vdots \\ \boldsymbol{a}'_i \\ \vdots \\ \boldsymbol{a}'_m \end{bmatrix}.$$

例題 3.1.1 $A=\begin{bmatrix} 2 & -4 & 3 \\ -2 & 2 & 2 \\ -1 & 2 & 1 \end{bmatrix}$ とする．

(1) A の第 1 行と第 3 行を入れ換えた（A に (III) のタイプの行基本変形を施した）行列 A_1 を書け．

(2) A_1 の第 1 行を (-1) 倍した行列（A_1 に (II) のタイプの行基本変形を施した）A_2 を書け．

(3) A_2 に (I) のタイプの行基本変形を施して A_2 の $(2,1)$ 成分と $(3,1)$ 成分を 0 にせよ．

解答 (1) $A_1=\begin{bmatrix} -1 & 2 & 1 \\ -2 & 2 & 2 \\ 2 & -4 & 3 \end{bmatrix}$　　(2) $A_2=\begin{bmatrix} 1 & -2 & -1 \\ -2 & 2 & 2 \\ 2 & -4 & 3 \end{bmatrix}$.

(3)

$$A_2 \xrightarrow{\text{第 2 行に第 1 行の 2 倍を加える}} \begin{bmatrix} 1 & -2 & -1 \\ 0 & -2 & 0 \\ 2 & -4 & 3 \end{bmatrix} \xrightarrow{\text{第 3 行に第 1 行の } (-2) \text{ 倍を加える}} \begin{bmatrix} 1 & -2 & -1 \\ 0 & -2 & 0 \\ 0 & 0 & 5 \end{bmatrix}.$$

□

問題 3.1.1 例題 3.1.1 で最後に得られた行列に行基本変形を施し，例題 3.1.1 の行列 A をつくれ．

定義 3.1.2 零行列でない (m, n) 行列において次の条件が満たされるとき，これを**階段行列**とよぶ：

(1) 第 $(r+1)$ 行目以降は零ベクトルであり，

(2) $i = 1, 2, \ldots, r$ の i について第 i 行ベクトルは零ベクトルでなく，第 i 行のもっとも左にある 0 でない成分が第 j_i 列目にあるとして $j_1 < j_2 < j_3 < \cdots < j_r$.

$$S = \left[\begin{array}{cccccc} s_{1j_1}\cdots & & & & & \\ & s_{2j_2}\cdots & & & \ast & \\ & & s_{3j_3}\cdots & & & \\ & & & \ddots & & \\ & & & & s_{r-1\,j_{r-1}}\cdots & \\ & & & & & s_{rj_r}\cdots \\ \mathbf{0} & & & & & \end{array}\right]$$

上の行列における r，つまり，**零ベクトルでない行ベクトルの個数**，をこの行列の**階数**とよび，$\mathrm{rank}\, S$ と記す．

零行列は階数 0 の階段行列であると約束する．

定義 3.1.3 階数 r の階段行列において，さらに

(3) $i = 1, 2, \ldots, r$ の i について第 i 行のもっとも左にある 0 でない成分が第 j_i 列目にあるとして，第 j_i 列は基本ベクトル $\boldsymbol{e}_i$ である（したがって，第 1 行から第 r 行まで，もっとも左にある 0 でない成分は 1 である）

とき，すなわち

$$S' = \left[\begin{array}{cccccccccc} 1 & \ast & 0 & \ast & 0 & & 0 & & 0 & \\ & & 1 & \ast & 0 & \ast & \vdots & & \vdots & \\ & & & & 1 & & \vdots & \ast & \vdots & \ast \\ & & & & & \ddots & 0 & & 0 & \\ & & & & & & 1 & & 0 & \\ & & & & & & & & 1 & \\ \mathbf{0} & & & & & & & & & \end{array}\right]$$

という形の階段行列を**簡約階段行列**とよぶ．簡約階段行列を**被約階段行列**ともいう．

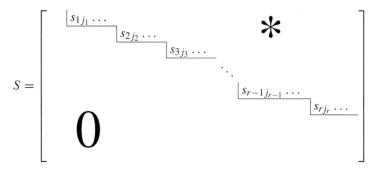

例題 3.1.2 次の行列について，階段行列でなければ×をつけよ．階段行列ならば階数を書け．さらに，簡約階段行列ならば○をつけよ．

(1) $\begin{bmatrix} 2 & -1 & 3 & 0 & -5 \\ -1 & 3 & 0 & 1 & 3 \\ 0 & 4 & 3 & -2 & 2 \\ 0 & 0 & 3 & -2 & 1 \end{bmatrix}$ (2) $\begin{bmatrix} 2 & 0 & 1 & 0 & 3 \\ 0 & 3 & 0 & 1 & -3 \\ 0 & -4 & 3 & 2 & 2 \\ 0 & 0 & 0 & -1 & 3 \end{bmatrix}$

(3) $\begin{bmatrix} 1 & 0 & 3 & 0 & 0 \\ 0 & 1 & 0 & 0 & 0 \\ 0 & 0 & 0 & 1 & 0 \\ 0 & 0 & 0 & 0 & 1 \end{bmatrix}$ (4) $\begin{bmatrix} 0 & -1 & 3 & 0 & 5 \\ 0 & 4 & 3 & 2 & 2 \\ -1 & 3 & 0 & 1 & 3 \\ 0 & 0 & 3 & -2 & 11 \end{bmatrix}$

(5) $\begin{bmatrix} 1 & -1 & 3 & 0 & 5 \\ 0 & 0 & 3 & 2 & 2 \\ 0 & 0 & 0 & 1 & 3 \\ 0 & 0 & 0 & 0 & 0 \end{bmatrix}$ (6) $\begin{bmatrix} 2 & -1 & 3 & 0 & 5 \\ 0 & 3 & 0 & 1 & 3 \\ 0 & 0 & 3 & 2 & 2 \\ 0 & 0 & 3 & -2 & 11 \end{bmatrix}$

(7) $\begin{bmatrix} -1 & 3 & 0 & 1 & 3 \\ 0 & -1 & 3 & 0 & 5 \\ 0 & 0 & 0 & 0 & 0 \\ 0 & 0 & 0 & 0 & 0 \end{bmatrix}$ (8) $\begin{bmatrix} 1 & -1 & 0 & -3 & 0 \\ 0 & 0 & 1 & 3 & 0 \\ 0 & 0 & 0 & 0 & 1 \\ 0 & 0 & 0 & 0 & 0 \end{bmatrix}$

(9) $\begin{bmatrix} 0 & 2 & -3 & 7 \\ 0 & 0 & 0 & 0 \\ 0 & 0 & 0 & 0 \end{bmatrix}$ (10) $\begin{bmatrix} 0 & 2 & -1 & 5 \\ 0 & 2 & -1 & 5 \\ 0 & 0 & 0 & 0 \end{bmatrix}$ (11) $\begin{bmatrix} 0 & 1 & 2 & -4 \\ 0 & 0 & 0 & 0 \\ 0 & 0 & 0 & 0 \end{bmatrix}$

(12) $\begin{bmatrix} 2 & -1 & 3 & 0 & -5 \\ 0 & -1 & 3 & 0 & 1 \\ 0 & 0 & 4 & 3 & -2 \\ 0 & 0 & 0 & -2 & 1 \end{bmatrix}$ (13) $\begin{bmatrix} 1 & 3 & 0 & 0 & 0 \\ 0 & 0 & 1 & 0 & 0 \\ 0 & 0 & 0 & 1 & 0 \\ 0 & 0 & 0 & 0 & 1 \end{bmatrix}$

(14) $\begin{bmatrix} 1 & 2 & -3 & 7 \\ 3 & 0 & 4 & 5 \\ 0 & 4 & -2 & 4 \\ 0 & 0 & 3 & -1 \\ 0 & 0 & 0 & 2 \end{bmatrix}$ (15) $\begin{bmatrix} 1 & 0 & 0 & 0 \\ 0 & 1 & 0 & 0 \\ 0 & 0 & 1 & 0 \\ 0 & 0 & 0 & 1 \\ 0 & 0 & 0 & 0 \\ 0 & 0 & 0 & 0 \end{bmatrix}$ (16) $\begin{bmatrix} 2 & 1 & 2 & -4 \\ 0 & 5 & -4 & 3 \\ 0 & 0 & -3 & 1 \\ 0 & 0 & 0 & 7 \\ 0 & 0 & 0 & 0 \\ 0 & 0 & 0 & 0 \end{bmatrix}$

解答 (1) × (2) × (3) 4, ○ (4) × (5) 3 (6) × (7) 2 (8) 3, ○
(9) 1 (10) × (11) 1, ○ (12) 4 (13) 4, ○ (14) × (15) 4, ○ (16) 4.

□

> **定理 3.1.2** 任意の行列は行基本変形によって階段行列に変形できる.

証明 $A = \left[a_{ij}\right]$ を (m, n) 行列とし，零行列ではないとする.

(1) A は零行列ではないから，どれかの列ベクトルは零ベクトルではない．左から見て，最初に現れる零ベクトルでない列ベクトルが第 j_1 列であるとする.

(2) 第 j_1 列ベクトルの 0 でない成分を 1 つ選ぶ．それが第 i 行目にあるとして，第 1 行と第 i 行を入れ換える．これまでの変形で次の行列が得られた：

$$\left[\begin{array}{c|ccc} & a_{ij_1} & \cdots & a_{in} \\ \cline{2-4} & & & \\ \mathbf{0} & & * & \\ & & & \end{array}\right]$$

(3) $a_{ij_1} = s_{1j_1}$ とおく.

(4) 第 j_1 列の第 2 行以下を 0 にする．例えば，$(2, j_1)$ 成分が c ならば，第 2 行に第 1 行の $\left(-\dfrac{c}{s_{1j_1}}\right)$ 倍を加えればよい．第 3 行目以降も同様である.
これまでの変形で次の行列が得られた：

$$\left[\begin{array}{c|c|c} & s_{1j_1} & * \\ \cline{2-3} & & \\ \mathbf{0} & & * \\ & & \end{array}\right]$$

$(j_1 + 1)$ 列目以降，第 2 行目以下の部分を A_1 とおく．もし，A_1 が階段行列ならば，これで，階段行列ができた.

(5) A_1 が階段行列でなければ，A_1 に対して (1)〜(4) までの操作を繰り返す.

(6) 以下，同様にして階段行列が得られる.

□

行列を階段行列に変形する方法はただ 1 通りではない．したがって，変形の仕方によっては，得られる階段行列の階数が変わることもあり得る．しかし，実はその心配はないことは，後に確かめる（定理 3.2.5）.

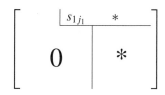

定義 3.1.4 (m, n) 行列 A に行基本変形を施して得られる階段行列の階数を**行列 A の階数**といって，$\operatorname{rank} A$ と記す．$\operatorname{rank} A \leqq m$，$\operatorname{rank} A \leqq n$ である．

実際に階段行列に変形するときも，その方法は考え方としては定理の証明と同じである．

例題 3.1.3 行列 $A = \begin{bmatrix} -2 & -5 & 0 & -3 \\ -2 & 0 & 1 & 6 \\ 4 & 2 & 2 & -3 \end{bmatrix}$ を行基本変形によって階段行列に変形し，階数を求めよ．

解答

$$A \xrightarrow[\left(\begin{array}{l}\text{第 2 行に第 1 行の } (-1) \text{ 倍を加える} \\ \text{第 3 行に第 1 行の 2 倍を加える}\end{array}\right)]{\text{第 1 列の第 2 行目以下を 0 にする}} \begin{bmatrix} -2 & -5 & 0 & -3 \\ 0 & 5 & 1 & 9 \\ 0 & -8 & 2 & -9 \end{bmatrix}$$

$$\xrightarrow[\left(\text{第 3 行に第 2 行の } \frac{8}{5} \text{ 倍を加える}\right)]{\text{第 2 列の第 3 行を 0 にする}} \begin{bmatrix} -2 & -5 & 0 & -3 \\ 0 & 5 & 1 & 9 \\ 0 & 0 & \dfrac{18}{5} & \dfrac{27}{5} \end{bmatrix}.$$

階数 3 の階段行列が得られたので，$\operatorname{rank} A = 3$. □

例題 3.1.4 $A = \begin{bmatrix} 0 & -1 & -2 & 1 & -3 \\ -2 & 0 & 2 & 1 & 1 \\ 1 & 3 & 5 & 0 & -2 \\ 0 & 2 & 4 & -1 & -1 \\ -1 & 2 & 5 & 1 & 0 \end{bmatrix}$ を行基本変形によって階段行列に変形し，階数を求めよ．

解答

$$A \xrightarrow[\left(\text{第 1 行と第 3 行を入れ換える}\right)]{\text{(1, 1) 成分の値を 0 でないようにする}} \begin{bmatrix} 1 & 3 & 5 & 0 & -2 \\ -2 & 0 & 2 & 1 & 1 \\ 0 & -1 & -2 & 1 & -3 \\ 0 & 2 & 4 & -1 & -1 \\ -1 & 2 & 5 & 1 & 0 \end{bmatrix}$$

$$\xrightarrow[\left(\begin{array}{l}\text{第 2 行に第 1 行の 2 倍を加える} \\ \text{第 5 行に第 1 行を加える}\end{array}\right)]{\text{第 1 列の第 2 行目以下を 0 にする}} \begin{bmatrix} 1 & 3 & 5 & 0 & -2 \\ 0 & 6 & 12 & 1 & -3 \\ 0 & -1 & -2 & 1 & -3 \\ 0 & 2 & 4 & -1 & -1 \\ 0 & 5 & 10 & 1 & -2 \end{bmatrix}$$

$$\xrightarrow[\left(\text{第 2 行と第 3 行を入れ換える}\right)]{\text{計算に都合のよいように (2, 2) 成分を調整する}} \begin{bmatrix} 1 & 3 & 5 & 0 & -2 \\ 0 & -1 & -2 & 1 & -3 \\ 0 & 6 & 12 & 1 & -3 \\ 0 & 2 & 4 & -1 & -1 \\ 0 & 5 & 10 & 1 & -2 \end{bmatrix}$$

$$\xrightarrow[\left(\begin{array}{l}\text{第 3 行に第 2 行の 6 倍を加える}\\ \text{第 4 行に第 2 行の 2 倍を加える}\\ \text{第 5 行に第 2 行の 5 倍を加える}\end{array}\right)]{\text{第 2 列の第 3 行目以下を 0 にする}} \begin{bmatrix} 1 & 3 & 5 & 0 & -2 \\ 0 & -1 & -2 & 1 & -3 \\ 0 & 0 & 0 & 7 & -21 \\ 0 & 0 & 0 & 1 & -7 \\ 0 & 0 & 0 & 6 & -17 \end{bmatrix}$$

$$\xrightarrow[\left(\text{第 3 行と第 4 行を入れ換える}\right)]{\text{計算に都合のよいように (3, 4) 成分を調整する}} \begin{bmatrix} 1 & 3 & 5 & 0 & -2 \\ 0 & -1 & -2 & 1 & -3 \\ 0 & 0 & 0 & 1 & -7 \\ 0 & 0 & 0 & 7 & -21 \\ 0 & 0 & 0 & 6 & -17 \end{bmatrix}$$

$$\xrightarrow[\left(\begin{array}{l}\text{第 4 行に第 3 行の } (-7) \text{ 倍を加える}\\ \text{第 5 行に第 3 行の } (-6) \text{ 倍を加える}\end{array}\right)]{\text{第 4 列の第 4 行目以下を 0 にする}} \begin{bmatrix} 1 & 3 & 5 & 0 & -2 \\ 0 & -1 & -2 & 1 & -3 \\ 0 & 0 & 0 & 1 & -7 \\ 0 & 0 & 0 & 0 & 28 \\ 0 & 0 & 0 & 0 & 25 \end{bmatrix}$$

$$\xrightarrow[\left(\text{第 5 行に第 4 行の } -\frac{25}{28} \text{ 倍を加える}\right)]{\text{第 5 列の第 5 行目を 0 にする}} \begin{bmatrix} 1 & 3 & 5 & 0 & -2 \\ 0 & -1 & -2 & 1 & -3 \\ 0 & 0 & 0 & 1 & -7 \\ 0 & 0 & 0 & 0 & 28 \\ 0 & 0 & 0 & 0 & 0 \end{bmatrix}.$$

階数 4 の階段行列が得られたので，$\operatorname{rank} A = 4$. □

さて，階数 r の階段行列

$$S = \begin{bmatrix} \multicolumn{6}{l}{\underline{|\, s_{1 j_1}}\quad\quad\quad\quad\quad\quad\quad\quad \huge{*}} \\ & \underline{|\, s_{2 j_2}} & & & & \\ & & \underline{|\, s_{3 j_3}} & & & \\ & & & \ddots & & \\ & & & & \underline{|\, s_{r-1\, j_{r-1}}} & \\ & & & & & \underline{|\, s_{r j_r}} \\ \huge{0} & & & & & \end{bmatrix}$$

は行基本変形によって，やはり階数 r の簡約階段行列

$$S' = \begin{bmatrix} & 1 & * & 0 & * & 0 & & & 0 & & 0 & \\ & & & 1 & * & 0 & \ast & & \vdots & & \vdots & \\ & & & & & 1 & & & \vdots & \ast & \vdots & \ast \\ & & & & & & & \ddots & 0 & & 0 & \\ & & & & & & & & 1 & & 0 & \\ & & & & & & & & & & 1 & \\ & \mathbf{0} & & & & & & & & & & \end{bmatrix}$$

に変形できる．すなわち

> **系 3.1.3** 任意の行列は行基本変形によって簡約階段行列に変形できる．

注意 行基本変形によって得られる**簡約階段行列は一意的である**．（定理 3.2.6）

例 3.1.1 例題 3.1.3 の行列 $A = \begin{bmatrix} -2 & -5 & 0 & -3 \\ -2 & 0 & 1 & 6 \\ 4 & 2 & 2 & -3 \end{bmatrix}$ を行基本変形により簡約階段行列に変形する．A は階段行列 $S = \begin{bmatrix} -2 & -5 & 0 & -3 \\ 0 & 5 & 1 & 9 \\ 0 & 0 & \frac{18}{5} & \frac{27}{5} \end{bmatrix}$ に変形される．これをさらに変形する：

$$S \xrightarrow[\left(\begin{array}{l} \text{第 1 行を } \left(-\frac{1}{2}\right) \text{ 倍する} \\ \text{第 2 行を } \frac{1}{5} \text{ 倍する} \\ \text{第 3 行を } \frac{5}{18} \text{ 倍する} \end{array}\right)]{\text{第 1，2，3 行の先頭の成分を 1 にする}} \begin{bmatrix} 1 & \frac{5}{2} & 0 & \frac{3}{2} \\ 0 & 1 & \frac{1}{5} & \frac{9}{5} \\ 0 & 0 & 1 & \frac{3}{2} \end{bmatrix}$$

$$\xrightarrow[\left(\text{第 2 行に第 3 行の } \left(-\frac{1}{5}\right) \text{ 倍を加える}\right)]{\text{(3, 3) 成分より上の成分を 0 にする}} \begin{bmatrix} 1 & \frac{5}{2} & 0 & \frac{3}{2} \\ 0 & 1 & 0 & \frac{3}{2} \\ 0 & 0 & 1 & \frac{3}{2} \end{bmatrix}$$

$$\xrightarrow[\left(\text{第 1 行に第 2 行の} \left(-\frac{5}{2}\right) \text{倍を加える}\right)]{(2,2)\ \text{成分より上の成分を } 0 \text{ にする}} \begin{bmatrix} 1 & 0 & 0 & -\dfrac{9}{4} \\ 0 & 1 & 0 & \dfrac{3}{2} \\ 0 & 0 & 1 & \dfrac{3}{2} \end{bmatrix}.$$

このように，階段行列から簡約階段行列に変形するときは次の手順で行うとよい．

> (1) **0** でないもっとも下の行の先頭の成分を 1 にする．この成分を (r, j_r) 成分とする．
> (2) j_r 列の (r, j_r) 成分より上の成分を 0 にする．
> (3) 以下，$(r-1)$ 行，$(r-2)$ 行，…，1 行目までこの順に同様に変形する．

例題 3.1.5 例題 3.1.4 で行列 $A = \begin{bmatrix} 0 & -1 & -2 & 1 & -3 \\ -2 & 0 & 2 & 1 & 1 \\ 1 & 3 & 5 & 0 & -2 \\ 0 & 2 & 4 & -1 & -1 \\ -1 & 2 & 5 & 1 & 0 \end{bmatrix}$ を階段行列に変形した．得られた階段行列にさらに行基本変形を施し簡約階段行列に変形せよ．

解答

$$A \longrightarrow \begin{bmatrix} 1 & 3 & 5 & 0 & -2 \\ 0 & -1 & -2 & 1 & -3 \\ 0 & 0 & 0 & 1 & -7 \\ 0 & 0 & 0 & 0 & 28 \\ 0 & 0 & 0 & 0 & 0 \end{bmatrix} \xrightarrow[\left(\begin{array}{l}\text{第 2 行を } (-1) \text{ 倍する} \\ \text{第 4 行を } \frac{1}{28} \text{ 倍する}\end{array}\right)]{\text{第 2，4 行の先頭の成分を 1 にする}} \begin{bmatrix} 1 & 3 & 5 & 0 & -2 \\ 0 & 1 & 2 & -1 & 3 \\ 0 & 0 & 0 & 1 & -7 \\ 0 & 0 & 0 & 0 & 1 \\ 0 & 0 & 0 & 0 & 0 \end{bmatrix}$$

$$\xrightarrow[\left(\begin{array}{l}\text{第 3 行に第 4 行の 7 倍を加える} \\ \text{第 2 行に第 4 行の } (-3) \text{ 倍を加える} \\ \text{第 1 行に第 4 行の 2 倍を加える}\end{array}\right)]{(4,5)\ \text{成分より上の成分を } 0 \text{ にする}} \begin{bmatrix} 1 & 3 & 5 & 0 & 0 \\ 0 & 1 & 2 & -1 & 0 \\ 0 & 0 & 0 & 1 & 0 \\ 0 & 0 & 0 & 0 & 1 \\ 0 & 0 & 0 & 0 & 0 \end{bmatrix}$$

$$\xrightarrow[\left(\text{第 2 行に第 3 行を加える}\right)]{(3,4)\ \text{成分より上の成分を } 0 \text{ にする}} \begin{bmatrix} 1 & 3 & 5 & 0 & 0 \\ 0 & 1 & 2 & 0 & 0 \\ 0 & 0 & 0 & 1 & 0 \\ 0 & 0 & 0 & 0 & 1 \\ 0 & 0 & 0 & 0 & 0 \end{bmatrix}$$

$$\xrightarrow[\text{(第 1 行に第 2 行の (−3) 倍を加える)}]{\text{(2, 2) 成分より上の成分を 0 にする}} \begin{bmatrix} 1 & 0 & -1 & 0 & 0 \\ 0 & 1 & 2 & 0 & 0 \\ 0 & 0 & 0 & 1 & 0 \\ 0 & 0 & 0 & 0 & 1 \\ 0 & 0 & 0 & 0 & 0 \end{bmatrix}.$$

□

例題 3.1.6 行基本変形により，$A = \begin{bmatrix} 2 & 4 & -1 & 1 & -9 \\ 1 & 2 & 3 & -2 & 5 \\ 2 & 4 & 1 & 0 & -4 \\ -3 & -6 & 0 & 2 & 7 \end{bmatrix}$ の階数を求め，さらに簡約階段行列に変形せよ．

解答

$$A \xrightarrow[\text{(第 1 行と第 2 行を入れ換える)}]{\text{計算に都合のよいように (1, 1) 成分を調整する}} \begin{bmatrix} 1 & 2 & 3 & -2 & 5 \\ 2 & 4 & -1 & 1 & -9 \\ 2 & 4 & 1 & 0 & -4 \\ -3 & -6 & 0 & 2 & 7 \end{bmatrix}$$

$$\xrightarrow[\left(\begin{array}{l}\text{第 2 行に第 1 行の (−2) 倍を加える} \\ \text{第 3 行に第 1 行の (−2) 倍を加える} \\ \text{第 4 行に第 1 行の 3 倍を加える}\end{array}\right)]{\text{第 1 列の第 2 行目以下を 0 にする}} \begin{bmatrix} 1 & 2 & 3 & -2 & 5 \\ 0 & 0 & -7 & 5 & -19 \\ 0 & 0 & -5 & 4 & -14 \\ 0 & 0 & 9 & -4 & 22 \end{bmatrix}$$

$$\xrightarrow[\text{(第 2 行と第 3 行を入れ換える)}]{\text{計算に都合のよいように (2, 3) 成分を調整する}} \begin{bmatrix} 1 & 2 & 3 & -2 & 5 \\ 0 & 0 & -5 & 4 & -14 \\ 0 & 0 & -7 & 5 & -19 \\ 0 & 0 & 9 & -4 & 22 \end{bmatrix}$$

$$\xrightarrow[\left(\begin{array}{l}\text{第 3 行に第 2 行の } \left(-\frac{7}{5}\right) \text{ 倍を加える} \\ \text{第 4 行に第 2 行の } \frac{9}{5} \text{ 倍を加える}\end{array}\right)]{\text{第 3 列の第 3 行目以下を 0 にする}} \begin{bmatrix} 1 & 2 & 3 & -2 & 5 \\ 0 & 0 & -5 & 4 & -14 \\ 0 & 0 & 0 & -\frac{3}{5} & \frac{3}{5} \\ 0 & 0 & 0 & \frac{16}{5} & -\frac{16}{5} \end{bmatrix}$$

$$\xrightarrow[\left(\text{第 4 行に第 3 行の } \frac{16}{3} \text{ 倍を加える}\right)]{\text{第 4 列の第 4 行目を 0 にする}} \begin{bmatrix} 1 & 2 & 3 & -2 & 5 \\ 0 & 0 & -5 & 4 & -14 \\ 0 & 0 & 0 & -\frac{3}{5} & \frac{3}{5} \\ 0 & 0 & 0 & 0 & 0 \end{bmatrix}$$

階数 3 の階段行列が得られたので，rank $A = 3$ である．簡約階段行列を求めるために変形を続ける

$$\xrightarrow[\left(\begin{array}{l}\text{第 2 行を } \left(-\frac{1}{5}\right) \text{ 倍する} \\ \text{第 3 行を } \left(-\frac{5}{3}\right) \text{ 倍する}\end{array}\right)]{\text{第 2，3 行の先頭の成分を 1 にする}} \begin{bmatrix} 1 & 2 & 3 & -2 & 5 \\ 0 & 0 & 1 & -\frac{4}{5} & \frac{14}{5} \\ 0 & 0 & 0 & 1 & -1 \\ 0 & 0 & 0 & 0 & 0 \end{bmatrix}$$

$$\xrightarrow[\left(\begin{array}{l}\text{第 2 行に第 3 行の } \frac{4}{5} \text{ 倍を加える} \\ \text{第 1 行に第 3 行の 2 倍を加える}\end{array}\right)]{(3,4) \text{ 成分より上の成分を 0 にする}} \begin{bmatrix} 1 & 2 & 3 & 0 & 3 \\ 0 & 0 & 1 & 0 & 2 \\ 0 & 0 & 0 & 1 & -1 \\ 0 & 0 & 0 & 0 & 0 \end{bmatrix}$$

$$\xrightarrow[\left(\text{第 1 行に第 2 行の } (-3) \text{ 倍を加える}\right)]{(2,3) \text{ 成分より上の成分を 0 にする}} \begin{bmatrix} 1 & 2 & 0 & 0 & -3 \\ 0 & 0 & 1 & 0 & 2 \\ 0 & 0 & 0 & 1 & -1 \\ 0 & 0 & 0 & 0 & 0 \end{bmatrix}.$$

□

問題 3.1.2 行基本変形により，次の行列の階数を求め，簡約階段行列に変形せよ．

(1) $\begin{bmatrix} -2 & 2 & 0 & -6 \\ 1 & -2 & 1 & 5 \\ 2 & 1 & -3 & 0 \\ -1 & -1 & 2 & 1 \end{bmatrix}$ (2) $\begin{bmatrix} -1 & 3 & 2 & -4 & 3 \\ 2 & -4 & -5 & 3 & -3 \\ 4 & -6 & -11 & 1 & 1 \\ 1 & -1 & -3 & -1 & 0 \end{bmatrix}$

(3) $\begin{bmatrix} 2 & -4 & 3 \\ 2 & 2 & -1 \\ -1 & -2 & 1 \end{bmatrix}$ (4) $\begin{bmatrix} -1 & 2 & 4 & 1 \\ 3 & -4 & -6 & -1 \\ 2 & -5 & -11 & -3 \\ -4 & 3 & 1 & -1 \\ 3 & -3 & 1 & 0 \end{bmatrix}$

(5) $\begin{bmatrix} 0 & -1 & 1 & 1 & -3 & 4 \\ -2 & 0 & -4 & 1 & 1 & 1 \\ 1 & 3 & -1 & 0 & -2 & -2 \\ 0 & 2 & -2 & -1 & -1 & -5 \\ -1 & 2 & -4 & 1 & 0 & 0 \end{bmatrix}$ (6) $\begin{bmatrix} 0 & 0 & -1 & 1 & 3 & -3 \\ -2 & 4 & 0 & 1 & -5 & 1 \\ 1 & -2 & 3 & 0 & -3 & -2 \\ 0 & 0 & 2 & -1 & -5 & -1 \\ -1 & 2 & 2 & 1 & -6 & 0 \end{bmatrix}$

(7) $\begin{bmatrix} 0 & -2 & 1 & 0 & -1 \\ 0 & 4 & -2 & 0 & 2 \\ -1 & 0 & 3 & 2 & 2 \\ 1 & 1 & 0 & -1 & 1 \\ 3 & -5 & -3 & -5 & -6 \\ -3 & 1 & -2 & -1 & 0 \end{bmatrix}$ (8) $\begin{bmatrix} 3 & 4 & -2 & -3 \\ 3 & -1 & 3 & 1 \\ 3 & 2 & 0 & -1 \end{bmatrix}$

例題 3.1.7 a を文字定数とする．行列 $A = \begin{bmatrix} 3 & 4 & 3 \\ 3 & -2 & -3 \\ -1 & 2 & a \end{bmatrix}$ の階数が 2 となるように定数 a

の値を定め，A を簡約階段行列に行基本変形せよ．

解答

$$A \xrightarrow[\text{（第 1 行と第 3 行を入れ換える）}]{\text{計算に都合のよいように }(1,1)\text{ 成分を調整する}} \begin{bmatrix} -1 & 2 & a \\ 3 & -2 & -3 \\ 3 & 4 & 3 \end{bmatrix}$$

$$\xrightarrow[\left(\substack{\text{第 2 行に第 1 行の 3 倍を加える} \\ \text{第 3 行に第 1 行の 3 倍を加える}}\right)]{\text{第 1 列の第 2 行目以下を 0 にする}} \begin{bmatrix} -1 & 2 & a \\ 0 & 4 & -3+3a \\ 0 & 10 & 3+3a \end{bmatrix}$$

$$\xrightarrow[\left(\text{第 3 行に第 2 行の }\left(-\frac{5}{2}\right)\text{ 倍を加える}\right)]{(3,2)\text{ 成分を 0 にする}} \begin{bmatrix} -1 & 2 & a \\ 0 & 4 & -3+3a \\ 0 & 0 & \dfrac{21}{2}-\dfrac{9a}{2} \end{bmatrix}$$

と変形される．したがって，

$$\operatorname{rank} A = 2 \iff \frac{21}{2} - \frac{9a}{2} = 0 \iff a = \frac{7}{3}.$$

変形の結果得られた行列に $a = \dfrac{7}{3}$ を代入し変形を続ける．

$$\begin{bmatrix} -1 & 2 & \dfrac{7}{3} \\ 0 & 4 & 4 \\ 0 & 0 & 0 \end{bmatrix} \xrightarrow[\left(\substack{\text{第 1 行を }(-1)\text{ 倍する} \\ \text{第 2 行を }\frac{1}{4}\text{ 倍する}}\right)]{\text{第 1，2 行の先頭の成分を 1 にする}} \begin{bmatrix} 1 & -2 & -\dfrac{7}{3} \\ 0 & 1 & 1 \\ 0 & 0 & 0 \end{bmatrix}$$

$$\xrightarrow[\text{（第 1 行に第 2 行の 2 倍を加える）}]{(1,2)\text{ 成分を 0 にする}} \begin{bmatrix} 1 & 0 & -\dfrac{1}{3} \\ 0 & 1 & 1 \\ 0 & 0 & 0 \end{bmatrix}.$$

-

□

問題 3.1.3 a を文字定数とする．行列 $A = \begin{bmatrix} 0 & -7 & 5 \\ -4 & 10 & a \\ 1 & 1 & -2 \end{bmatrix}$ の階数が 2 となるように定数 a 値を定め，A を簡約階段行列に行基本変形せよ．

3.2 行列の階数と正則行列

本節のテーマは**基本変形の意味**である．しかし，その前に基本変形の効用をひとつ紹介する．もっとも重要な効用である．

行列の行基本変形によって，n 次正方行列が正則であるかないかを判定し，かつ正則ならばその逆行列を求めることができる．

> A を n 次正方行列とする．
>
> (1) A と E_n を並べて行列 $\left[A \mid E_n\right]$ をつくり，これに行基本変形を施し，左側の行列を階段行列にする．
>
> (2) (1) で得られた（左側の）階段行列の階数が A の次数 n ならば，行列 A は正則である．さらに行基本変形を続けて，左側の行列を単位行列に変形する．右側に得られた行列が A の逆行列である．
>
> (3) (1) で得られた（左側の）階段行列の階数が A の次数 n より小さければ，行列 A は正則でない．

この理由は後で述べる．まず，その有効性を味わうことにする．

例 3.2.1 例 2.4.5 の行列 $C = \begin{bmatrix} 2 & -4 & 3 \\ -2 & 2 & 2 \\ -1 & 2 & 1 \end{bmatrix}$ に上の考え方を適用してみよう．

$$\left[C \mid E\right] = \left[\begin{array}{ccc|ccc} 2 & -4 & 3 & 1 & 0 & 0 \\ -2 & 2 & 2 & 0 & 1 & 0 \\ -1 & 2 & 1 & 0 & 0 & 1 \end{array}\right]$$

$$\xrightarrow[\text{（第 1 行と第 3 行を入れ換える）}]{\text{計算に都合のよいように (1, 1) 成分を調整する}} \left[\begin{array}{ccc|ccc} -1 & 2 & 1 & 0 & 0 & 1 \\ -2 & 2 & 2 & 0 & 1 & 0 \\ 2 & -4 & 3 & 1 & 0 & 0 \end{array}\right]$$

$$\xrightarrow[\left(\substack{\text{第 2 行に第 1 行の } (-2) \text{ 倍を加える} \\ \text{第 3 行に第 1 行の 2 倍を加える}}\right)]{\text{第 1 列の第 2 行目以下を 0 にする}} \left[\begin{array}{ccc|ccc} -1 & 2 & 1 & 0 & 0 & 1 \\ 0 & -2 & 0 & 0 & 1 & -2 \\ 0 & 0 & 5 & 1 & 0 & 2 \end{array}\right]$$

よって，$\operatorname{rank} C = 3$ である．$\operatorname{rank} C = 3 =$（$C$ の次数）であるから，C は正則である．逆行列を求めるために，変形を続行する．

$$\xrightarrow[\left(\substack{\text{第 1 行を } (-1) \text{ 倍する} \\ \text{第 2 行を } \frac{1}{2} \text{ 倍する} \\ \text{第 3 行を } \frac{1}{5} \text{ 倍する}}\right)]{\text{第 1, 2, 3 行の先頭の成分を 1 にする}} \left[\begin{array}{ccc|ccc} 1 & -2 & -1 & 0 & 0 & -1 \\ 0 & 1 & 0 & 0 & -\frac{1}{2} & 1 \\ 0 & 0 & 1 & \frac{1}{5} & 0 & \frac{2}{5} \end{array}\right]$$

$$\xrightarrow[\text{(第 1 行に第 3 行を加える)}]{\text{第 3 列の (3, 3) 成分より上を 0 にする}} \left[\begin{array}{ccc|ccc} 1 & -2 & 0 & \frac{1}{5} & 0 & -\frac{3}{5} \\ 0 & 1 & 0 & 0 & -\frac{1}{2} & 1 \\ 0 & 0 & 1 & \frac{1}{5} & 0 & \frac{2}{5} \end{array}\right]$$

$$\xrightarrow[\text{(第 1 行に第 2 行の 2 倍を加える)}]{\text{(1, 2) 成分を 0 にする}} \left[\begin{array}{ccc|ccc} 1 & 0 & 0 & \frac{1}{5} & -1 & \frac{7}{5} \\ 0 & 1 & 0 & 0 & -\frac{1}{2} & 1 \\ 0 & 0 & 1 & \frac{1}{5} & 0 & \frac{2}{5} \end{array}\right]$$

ゆえに，$C^{-1} = \begin{bmatrix} \frac{1}{5} & -1 & \frac{7}{5} \\ 0 & -\frac{1}{2} & 1 \\ \frac{1}{5} & 0 & \frac{2}{5} \end{bmatrix}$ である．

例題 3.2.1 次の行列についてその階数を調べて正則性を判定し，正則ならば逆行列を求めよ．

(1) $A = \begin{bmatrix} 2 & -4 & 3 \\ -3 & 5 & -3 \\ -1 & 3 & 1 \end{bmatrix}$　　(2) $B = \begin{bmatrix} 4 & -5 & -9 \\ 3 & 4 & 1 \\ -2 & -1 & 1 \end{bmatrix}$

解答　(1)

$$[A \mid E] = \left[\begin{array}{ccc|ccc} 2 & -4 & 3 & 1 & 0 & 0 \\ -3 & 5 & -3 & 0 & 1 & 0 \\ -1 & 3 & 1 & 0 & 0 & 1 \end{array}\right]$$

$$\xrightarrow[\text{(第 1 行と第 3 行を入れ換える)}]{\text{計算に都合のよいように (1, 1) 成分を調整する}} \left[\begin{array}{ccc|ccc} -1 & 3 & 1 & 0 & 0 & 1 \\ -3 & 5 & -3 & 0 & 1 & 0 \\ 2 & -4 & 3 & 1 & 0 & 0 \end{array}\right]$$

$$\xrightarrow[\left(\substack{\text{第 2 行に第 1 行の (−3) 倍を加える} \\ \text{第 3 行に第 1 行の 2 倍を加える}}\right)]{\text{第 1 列の第 2 行目以下を 0 にする}} \left[\begin{array}{ccc|ccc} -1 & 3 & 1 & 0 & 0 & 1 \\ 0 & -4 & -6 & 0 & 1 & -3 \\ 0 & 2 & 5 & 1 & 0 & 2 \end{array}\right]$$

$$\xrightarrow[\text{(第 2 行と第 3 行を入れ換える)}]{\text{計算に都合のよいように (2, 2) 成分を調整する}} \left[\begin{array}{ccc|ccc} -1 & 3 & 1 & 0 & 0 & 1 \\ 0 & 2 & 5 & 1 & 0 & 2 \\ 0 & -4 & -6 & 0 & 1 & -3 \end{array}\right]$$

$$\xrightarrow[\text{(第 3 行に第 2 行の 2 倍を加える)}]{\text{第 2 列の第 3 行目以下を 0 にする}} \left[\begin{array}{ccc|ccc} -1 & 3 & 1 & 0 & 0 & 1 \\ 0 & 2 & 5 & 1 & 0 & 2 \\ 0 & 0 & 4 & 2 & 1 & 1 \end{array}\right]$$

よって，$\operatorname{rank} A = 3$ である．$\operatorname{rank} = 3 =$（$A$ の次数）であるから，正則である．逆行列を求めるために，変形を続行する．

$$\xrightarrow[\left(\begin{array}{l}\text{第 1 行を } (-1) \text{ 倍する} \\ \text{第 2 行を } \frac{1}{2} \text{ 倍する} \\ \text{第 3 行を } \frac{1}{4} \text{ 倍する}\end{array}\right)]{\text{第 1, 2, 3 行の先頭の成分を 1 にする}} \left[\begin{array}{ccc|ccc} 1 & -3 & -1 & 0 & 0 & -1 \\ 0 & 1 & \frac{5}{2} & \frac{1}{2} & 0 & 1 \\ 0 & 0 & 1 & \frac{1}{2} & \frac{1}{4} & \frac{1}{4} \end{array}\right]$$

$$\xrightarrow[\left(\begin{array}{l}\text{第 1 行に第 3 行を加える} \\ \text{第 2 行に第 3 行の } \left(-\frac{5}{2}\right) \text{ 倍を加える}\end{array}\right)]{\text{第 3 列の (3, 3) 成分より上を 0 にする}} \left[\begin{array}{ccc|ccc} 1 & -3 & 0 & \frac{1}{2} & \frac{1}{4} & -\frac{3}{4} \\ 0 & 1 & 0 & -\frac{3}{4} & -\frac{5}{8} & \frac{3}{8} \\ 0 & 0 & 1 & \frac{1}{2} & \frac{1}{4} & \frac{1}{4} \end{array}\right]$$

$$\xrightarrow[\text{(第 1 行に第 2 行の 3 倍を加える)}]{\text{(1, 2) 成分を 0 にする}} \left[\begin{array}{ccc|ccc} 1 & 0 & 0 & -\frac{7}{4} & -\frac{13}{8} & \frac{3}{8} \\ 0 & 1 & 0 & -\frac{3}{4} & -\frac{5}{8} & \frac{3}{8} \\ 0 & 0 & 1 & \frac{1}{2} & \frac{1}{4} & \frac{1}{4} \end{array}\right]$$

ゆえに，$A^{-1} = \begin{bmatrix} -\frac{7}{4} & -\frac{13}{8} & \frac{3}{8} \\ -\frac{3}{4} & -\frac{5}{8} & \frac{3}{8} \\ \frac{1}{2} & \frac{1}{4} & \frac{1}{4} \end{bmatrix}$.

(2)

$$\left[B \mid E\right] = \left[\begin{array}{ccc|ccc} 4 & -5 & -9 & 1 & 0 & 0 \\ 3 & 4 & 1 & 0 & 1 & 0 \\ -2 & -1 & 1 & 0 & 0 & 1 \end{array}\right]$$

$$\xrightarrow[\text{(第 1 行と第 3 行を入れ換える)}]{\text{計算に都合のよいように (1, 1) 成分を調整する}} \left[\begin{array}{ccc|ccc} -2 & -1 & 1 & 0 & 0 & 1 \\ 3 & 4 & 1 & 0 & 1 & 0 \\ 4 & -5 & -9 & 1 & 0 & 0 \end{array}\right]$$

$$\xrightarrow[\left(\begin{array}{l}\text{第 2 行に第 1 行の } \frac{3}{2} \text{ 倍を加える} \\ \text{第 3 行に第 1 行の 2 倍を加える}\end{array}\right)]{\text{第 1 列の第 2 行目以下を 0 にする}} \left[\begin{array}{ccc|ccc} -2 & -1 & 1 & 0 & 0 & 1 \\ 0 & \frac{5}{2} & \frac{5}{2} & 0 & 1 & \frac{3}{2} \\ 0 & -7 & -7 & 1 & 0 & 2 \end{array}\right]$$

$$\xrightarrow[\left(\text{第 2 行を } \frac{2}{5} \text{ 倍する}\right)]{\text{計算しやすいように (2,2) 成分を 1 にする}} \left[\begin{array}{ccc|ccc} -2 & -1 & 1 & 0 & 0 & 1 \\ 0 & 1 & 1 & 0 & \frac{2}{5} & \frac{3}{5} \\ 0 & -7 & -7 & 1 & 0 & 2 \end{array}\right]$$

$$\xrightarrow[\left(\text{第 3 行に第 2 行の 7 倍を加える}\right)]{\text{(3,2) 成分を 0 にする}} \left[\begin{array}{ccc|ccc} -2 & -1 & 1 & 0 & 0 & 1 \\ 0 & 1 & 1 & 0 & \frac{2}{5} & \frac{3}{5} \\ 0 & 0 & 0 & 1 & \frac{14}{5} & \frac{31}{5} \end{array}\right].$$

ゆえに，$\operatorname{rank} B = 2$ である．$\operatorname{rank} B = 2 < 3 =$ （B の次数）であるから，B は正則でない．

□

注意　● 正方行列の階数を調べ，行列の次数と一致するかしないかにより，正則であるかどうかが決まる．したがって，行列の正則性を階数で判定するときは**行列の階数を明示することが必要**である．

● 正方行列に単位行列を並べて，行基本変形するのであるが，この例題の B のように，正則でない場合ももちろんあり，そのときは右側の行列に施した変形は無意味でムダなことのように思われるかもしれない．しかし，それはやむをえないのである．かつ，無意味な計算というわけではない．本節の最後で述べるが，$\left[B \mid E\right]$ に施して得られた行列の左の部分を S，右の部分を X とおくと，$S = XB$ である．

問題 3.2.1　上の注意の $S = XB$ であることを，計算によって確かめよ．

問題 3.2.2　次の行列についてその階数を調べて正則性を判定し，正則ならば逆行列を求めよ．

(1) $A = \begin{bmatrix} 1 & 1 & 1 & 1 \\ 1 & 2 & 2 & 2 \\ 1 & 2 & 2 & 3 \\ 1 & 2 & 3 & 2 \end{bmatrix}$　　(2) $B = \begin{bmatrix} 2 & 0 & 1 & 0 \\ 1 & 2 & 1 & 1 \\ 0 & -1 & 0 & -1 \\ 1 & 1 & -1 & 4 \end{bmatrix}$

問題 3.2.3　a を定数とする．行列 $A = \begin{bmatrix} 2 & 0 & 1 \\ 1 & 2 & 1 \\ 1 & 1 & a \end{bmatrix}$ が正則であるための定数 a の必要十分条件を求め，正則であるとき，逆行列を求めよ．

基本変形という単純な操作によって，正方行列の正則性を判定できるだけでなく，逆行列をも求めることができるというのは驚きである．次にその理由も含め，基本変形の意味と正則行列について考察する．

定義 3.2.1　(1) i, j を 1 以上 n 以下の相異なる自然数とする．n 次単位行列 E_n の第 i 行に第 j 行の c 倍を加えて得られる行列を $P_n(i, j; c)$ と記す．

(2) i を 1 以上 n 以下の自然数とする．n 次単位行列 E_n の第 i 行を $c(\neq 0)$ 倍して得られる行列を $Q_n(i;c)$ と記す．

(3) i, j を 1 以上 n 以下の相異なる自然数とする．n 次単位行列 E_n の第 i 行と第 j 行を入れ換えて得られる行列を $R_n(i, j)$ と記す．

（以下は $i < j$ のとき）

$$P_n(i, j; c) = \begin{bmatrix} 1 & & & & & \\ & \ddots & & & & \\ & & 1 & & c & \\ & & & \ddots & & \\ & & & & 1 & \\ & & & & & \ddots & \\ & & & & & & 1 \end{bmatrix}, \quad Q_n(i; c) = \begin{bmatrix} 1 & & & & & \\ & \ddots & & & & \\ & & 1 & & & \\ & & & c & & \\ & & & & 1 & \\ & & & & & \ddots & \\ & & & & & & 1 \end{bmatrix},$$

$$R_n(i, j) = \begin{bmatrix} 1 & & & & & & & & & \\ & \ddots & & & & & & & & \\ & & 1 & & & & & & & \\ & & & 0 & & \cdots & & 1 & & \\ & & & & 1 & & & & & \\ & & & \vdots & & \ddots & & & & \\ & & & & & & 1 & & & \\ & & & 1 & & \cdots & & 0 & & \\ & & & & & & & & 1 & \\ & & & & & & & & & \ddots & \\ & & & & & & & & & & 1 \end{bmatrix}$$

これらの行列を**基本行列**とよぶ．なお，基本行列を表す記号は書物によってまちまちであるから注意すること．

定理 3.2.1 A を (m, n) とする．

(1) $P_m(i, j; c)A$ は行列 A の第 i 行に第 j 行の c 倍を加えて得られる行列である．

(2) $Q_m(i; c)A$ は行列 A の第 i 行を c 倍して得られる行列である．

(3) $R_m(i, j)A$ は行列 A の第 i 行と第 j 行を入れ換えて得られる行列である．

すなわち，**行基本変形とは基本行列を左からかけることである**．

証明 (1) のみ示す．$P_m(i, j; c)$ の第 k 行ベクトルを $\boldsymbol{p}'_k$，A の第 k 行ベクトルを $\boldsymbol{a}'_k$ とおく．m 次元第 k 基本行ベクトルを $\boldsymbol{e}'_k$ とする．$\boldsymbol{e}'_k A = \boldsymbol{a}'_k$ である．また，$k \neq i$ ならば $\boldsymbol{p}'_k = \boldsymbol{e}'_k$ であるが，$\boldsymbol{p}'_i = \boldsymbol{e}'_i + c\boldsymbol{e}'_j$ である．PA の第 k 行ベクトルは $\boldsymbol{p}'_k A$ である．さて，$k \neq i$ ならば $\boldsymbol{p}'_k A = \boldsymbol{e}'_k A = \boldsymbol{a}'_k$

である．一方，$\boldsymbol{p}'_i A = (\boldsymbol{e}'_i + c\boldsymbol{e}'_j)A = \boldsymbol{e}'_i A + c\boldsymbol{e}'_j A = \boldsymbol{a}'_i + c\boldsymbol{a}'_j$ となる．すなわち，$P_m(i, j; c)A$ は行列 A の第 i 行に第 j 行の c 倍を加えて得られる行列である． □

問題 3.2.4 定理 3.2.1 (2)，(3) を証明せよ．

系 3.2.2 行列 A に行基本変形を（何回か）施して行列 B が得られるならば，ある基本行列 $X_1, X_2, \ldots, X_k$ により $B = (X_k \cdots X_2X_1)A$ となる．

証明 一度行基本変形をするということは左から基本行列を 1 つかけるということである．よって，ある基本行列 $X_1, X_2, \ldots, X_k$ により $B = (X_k \cdots (X_2(X_1A)) \cdots) = (X_k \cdots X_2X_1)A$ となる． □

定理 3.2.1 により次の命題が得られる．

命題 3.2.3 基本行列について次の等式が成り立つ：

$$P_n(i, j; c)P_n(i, j; d) = P_n(i, j; c+d),\ Q_n(i; c)Q_n(i; d) = Q_n(i; cd),\ R_n(i, j)^2 = E_n.$$

特に，基本行列は正則であり，

$$P_n(i, j; c)^{-1} = P_n(i, j; -c), \quad Q_n(i; c)^{-1} = Q_n\left(i; \frac{1}{c}\right), \quad R_n(i, j)^{-1} = R_n(i, j).$$

すなわち，**基本行列の逆行列も同じ型の基本行列である**．

基本変形は可逆であるがその意味はこの命題にある．

問題 3.2.5 命題 3.2.3 の後半を示せ．

命題 3.2.4 A に行基本変形を（何回か）施して行列 B が得られるならば，ある正則行列 X により，$B = XA$ となる．

証明 等式 (3.2.2) において，$X = X_k \cdots X_2X_1$ とおくと，基本行列は正則であるから，X も正則で，$B = XA$ となる． □

ここで，行列の階数は一意的に定められることを確かめよう．

> **定理 3.2.5** 行列の階数はその行列に施す行基本変形の仕方にかかわらず一定である．

証明 A を (m, n) 行列とし，$A \neq O$ とする．A を行基本変形して階数 r の簡約階段行列

$$F = \left[\begin{array}{cccccccccc} 1 & * & 0 & * & 0 & & 0 & & 0 & \\ & & 1 & * & 0 & * & \vdots & & \vdots & \\ & & & & 1 & & \vdots & * & \vdots & * \\ & & & & & \ddots & 0 & & 0 & \\ & & & & & & 1 & & 0 & \\ & & & & & & & & 1 & \\ & \mathbf{0} & & & & & & & & \end{array}\right]$$

が得られるとする．ここで，$i = 1, \ldots, r$ の各 i について第 i 行目の 1 列目から $(j_i - 1)$ 列目まで 0 で，(i, j_i) 成分が 1 であるとする．F の第 j_i 列ベクトルは m 次元第 i 基本ベクトル $\boldsymbol{e}_i$ である．

一方，A に行基本変形を施して階数 s の簡約階段行列 G が得られたとする．行基本変形は可逆であるから，F に行基本変形を施して A が得られる．A を G に変形する行基本変形を合わせて考えると，F に行基本変形を施して G が得られる．F に行基本変形を施して G が得られるのだから，ある m 次正則行列 $P = [\boldsymbol{p}_1\ \boldsymbol{p}_2\ \cdots\ \boldsymbol{p}_m]$ により，$PF = G$ となる．

$r = s$ であることを示す．そのために，$r > s$ と仮定して矛盾を導く．$F = [\boldsymbol{f}_1\ \boldsymbol{f}_2\ \cdots\ \boldsymbol{f}_n]$ と列ベクトル表示すると，$PF = [P\boldsymbol{f}_1\ P\boldsymbol{f}_2\ \cdots\ P\boldsymbol{f}_n]$ となる．ところで，$i = 1, \ldots, r$ の各 i について $P\boldsymbol{f}_{j_i} = P\boldsymbol{e}_i = \boldsymbol{p}_i$ であり，$PF = G$ の第 $(s+1)$ 行目以下は零ベクトルである．ゆえに，$i = 1, \ldots, r$ の各 i について $\boldsymbol{p}_i$ の第 $(s+1)$ 成分以下は 0 である．つまり，正則行列 P の最初の r 列の第 $(s+1)$ 行目以下の成分は 0 である．したがって，P は $P = \left[\begin{array}{c|c} P_{11} & P_{12} \\ \hline O & P_{22} \end{array}\right]$ のように区分けされる．ここで，P_{11} は (s, r) 行列である．P に行基本変形を施して階段行列 S をつくると，s 行目までの部分では零ベクトルでない行は最大で s 個であり，P_{22} には $(m - r)$ 個の列しかないから，P_{22} の部分からは零ベクトルでない行は最大で $(m - r)$ 個得られる．よって，S 全体では零ベクトルでない行の個数は最大で $s + m - r$ である．いま，$r > s$ と仮定しているから，$s + m - r < m$ である．つまり，P に行基本変形を施して得られた階段行列 S の第 m 行目は零ベクトルである．よって，S は命題 2.4.2 により正則でない．一方，ある m 次正則行列 Q により，$QP = S$ となるが，Q, P はいずれも正則であるから，積 QP も正則である．これは矛盾である．よって，$r \leqq s$ でなければならない．

G に行基本形を施して F を得ることもできるから，$s \leqq r$ でなければならない．ゆえに，$r = s$ である． □

定理 3.2.6 行列に行基本変形を施して得られる簡約階段行列は行基本変形の仕方に関わらず一意的である.

証明 定理 3.2.5 の証明と同じ記号を使い，その議論にさらに続ける．簡約階段行列 G において，$i = 1, \ldots, r$ の各 i について第 i 行目の 1 列目から $(k_i - 1)$ 列目まで 0 で，(i, k_i) 成分が 1 であるとする．G の第 k_i 列ベクトルは m 次元第 i 基本ベクトル $\boldsymbol{e}_i$ である．積 PF において $P\boldsymbol{f}_1 = \cdots P\boldsymbol{f}_{j_1-1} = \boldsymbol{0}$ であり，$P\boldsymbol{f}_{j_1} = \boldsymbol{p}_1 \neq \boldsymbol{0}$ である．一方，G の列ベクトルを左から見ていって零ベクトルでない最初のベクトルは第 k_1 列目の $\boldsymbol{e}_1$ である．$PF = G$ であるから，$k_1 = j_1$ であり，$\boldsymbol{p}_1 = \boldsymbol{e}_1$ である．ゆえに，PF の $(j_1 + 1)$ 列目から第 $(j_2 - 1)$ 列目までは $\boldsymbol{p}_1 = \boldsymbol{e}_1$ のスカラー倍である．しかし，$\boldsymbol{p}_2 = P\boldsymbol{f}_{j_2} = P\boldsymbol{e}_2$ は $\boldsymbol{p}_1 = \boldsymbol{e}_1$ のスカラー倍ではない．一方，$PF = G$ の列ベクトルを左から見ていって $\boldsymbol{e}_1$ のスカラー倍でない最初のベクトルは第 k_2 列目の $\boldsymbol{e}_2$ である．よって，$j_2 = k_2$ でなければならず，したがって，$\boldsymbol{p}_2 = \boldsymbol{e}_2$ である．そこで，$k_1 = j_1, \ldots, k_i = j_i$，$\boldsymbol{p}_1 = \boldsymbol{e}_1, \ldots, \boldsymbol{p}_i = \boldsymbol{e}_i$ ならば，$k_{i+1} = j_{i+1}$，$\boldsymbol{p}_{i+1} = \boldsymbol{e}_{i+1}$ が成り立つことを示す．PF の第 $(j_{i+1} - 1)$ 列目までは $\boldsymbol{p}_1 = \boldsymbol{e}_1, \ldots, \boldsymbol{p}_i = \boldsymbol{e}_i$ の線形結合であり，第 j_{i+1} 列目は $\boldsymbol{p}_1 = \boldsymbol{e}_1, \ldots, \boldsymbol{p}_i = \boldsymbol{e}_i$ の線形結合ではない．$PF = G$ の列ベクトルを左から見ていって $\boldsymbol{e}_1, \ldots, \boldsymbol{e}_i$ の線形結合でない最初のベクトルは第 k_{i+1} 列目の $\boldsymbol{e}_{i+1}$ である．よって，$j_{i+1} = k_{i+1}$ でなければならず，したがって，$\boldsymbol{p}_{i+1} = \boldsymbol{e}_{i+1}$ である．こうして，数学的帰納法により，$i = 1, \ldots, r$ について $\boldsymbol{p}_i = \boldsymbol{e}_i$ であることがわかる．すなわち，$P = \left[\begin{array}{c|c} E_r & P_{12} \\ \hline O & P_{22} \end{array}\right]$ となる．ゆえに，$PF = F$ であり，$F = G$ を得る．□

定理 3.2.7 A を (l, m) 行列，B を (m, n) 行列とすると不等式

$$\operatorname{rank} AB \leqq \operatorname{rank} A.$$

が成り立つ.

証明 $\operatorname{rank} A = r$ とおく．A に行基本変形を施して階段行列 $S = \left[\begin{array}{c} S_0 \\ \hline O \end{array}\right] \begin{array}{l} \}\, r \text{ 行} \\ \}\, l-r \text{ 行} \end{array}$ となるとする．すなわち，ある基本行列 $X_1, X_2, \ldots, X_k$ により，$S = (X_k \cdots X_2 X_1)A$．ゆえに

$$(X_k \cdots X_2 X_1)(AB) = ((X_k \cdots X_2 X_1)A)B = SB = \left[\begin{array}{c} S_0 B \\ \hline OB \end{array}\right] = \left[\begin{array}{c} S_0 B \\ \hline O \end{array}\right] \begin{array}{l} \}\, r \text{ 行} \\ \}\, l-r \text{ 行} \end{array}$$

となる．この最後の行列を T とおくと，上の等式は，積 AB に行基本変形を施して T が得られることを意味する．T の $(r + 1)$ 行目以降は零ベクトルであるから，T に，さらに，行基本変形を施せば，階段行列になるが，その階数は r 以下である．すなわち，$\operatorname{rank} AB \leqq r = \operatorname{rank} A$．□

定理 3.2.8 n 次正方行列 A が正則であるためには $\operatorname{rank} A = n$ であることが必要十分である.

証明 $\operatorname{rank} A = r$ とし，行基本変形により階数 r の簡約階段行列 S に変形できたとする．すなわち，ある正則行列 X により，$XA = S$ となる.

$r = n$ のとき，階数 n の簡約階段行列は単位行列であるから，$XA = E_n$ となる．X は正則であるから，A も正則である.

$r < n$ のとき，S の第 n 行目は零ベクトルである．命題 2.4.2 により，S は正則でない．もし，A が正則ならば，そもそも X は正則であるから，命題 2.4.3 により，$S = XA$ も正則となる．これは矛盾である．よって，A は正則でない．したがって，A が正則ならば $\operatorname{rank} A = n$ である. □

例 3.2.2 X を r 次正方行列，Z を s 次正方行列，Y を (r, s) 行列とする．このとき，行列 $A = \left[\begin{array}{c|c} X & Y \\ \hline O & Z \end{array}\right]$ が正則ならば，X, Z も正則である.

A に行基本変形を施し，$(r+1)$ 行目以降を階段行列に変形すると $\left[\begin{array}{c|c} X & Y \\ \hline O & Z \end{array}\right] \longrightarrow S = \left[\begin{array}{c|c} X & Y \\ \hline O & W_1\,(\text{階段行列}) \end{array}\right]$ となる．ある正則行列 P により，$S = PA$ である．いま，A は正則なのであるから，S も正則であり，どの行ベクトルも零ベクトルではない．ゆえに，$\operatorname{rank} W_1 = s$ である．したがって，$\operatorname{rank} Z = s$ であり，Z は正則である．さらに，S に行基本変形を施して W_1 の部分を単位行列 E_s にし，次に，Y の部分を零行列 $O_{r,s}$ とし，引き続き X を階段行列にする：

$$\left[\begin{array}{c|c} X & Y \\ \hline O & W_1 \end{array}\right] \longrightarrow \left[\begin{array}{c|c} X & Y \\ \hline O & E_s \end{array}\right] \longrightarrow \left[\begin{array}{c|c} X & O_{r,s} \\ \hline O & E_s \end{array}\right] \longrightarrow T = \left[\begin{array}{c|c} W_2\,(\text{階段行列}) & O_{r,s} \\ \hline O & E_s \end{array}\right].$$

やはり，T は正則であるから，$\operatorname{rank} W_2 = r$ である．よって，$\operatorname{rank} X = r$ であり，X も正則である.

問題 3.2.6 X を (r, s) 行列，Y を r 次正方行列，Z を s 次正方行列とする．行列 $A = \left[\begin{array}{c|c} X & Y \\ \hline Z & O \end{array}\right]$ が正則であることと，Y, Z がともに正則であることとは同値であることを示せ.

系 3.2.9 正則行列は基本行列の積である.

証明 A を n 次正則行列とする．定理 3.2.8 により，$\operatorname{rank} A = n$ である．よって，系 3.2.2 により，ある基本行列 $X_1, X_2, \ldots, X_k$ により，$(X_k \cdots X_2 X_1)A = E_n$ となる．ゆえに，$A = (X_k \cdots X_2 X_1)^{-1} = X_1^{-1} X_2^{-1} \cdots X_k^{-1}$ となるが，命題 3.2.3 により，$j = 1, 2, \ldots, k$ について X_j^{-1} も基本行列である. □

定理 3.2.10 A, B を n 次正方行列とする．$AB = E_n$ が成り立つならば，A, B は正則で互いに他の逆行列である．

証明 定理 3.2.7 により

$$n = \operatorname{rank} E_n = \operatorname{rank} AB \leqq \operatorname{rank} A \leqq n$$

を得る．よって，$\operatorname{rank} A = n$ である．定理 3.2.8 により，A は正則である．ゆえに，$B = A^{-1}$ であり，命題 2.4.3 (1) により，$B = A^{-1}$ も正則である．さらに，$A = B^{-1}$ である． □

問題 3.2.7 A, B を n 次正方行列とする．積 AB が正則ならば，A, B は正則であることを示せ．

以上をまとめると，正則行列は次のような「意味」をもつことがわかる．

定理 3.2.11 n 次正方行列 A について次は同値である．

(1) A は正則である．
(2) ある n 次正方行列 Y に対して $YA = E_n$ が成り立つ．
(3) ある n 次正方行列 X に対して $AX = E_n$ が成り立つ．
(4) $\operatorname{rank} A = n$.
(5) A は基本行列の積である．

本章の最後に，逆行列の求め方のカラクリを説明しよう．A を行基本変形して行列 B が得られたとする．ある基本行列 $X_1, X_2, \ldots, X_k$ により，$(X_k \cdots X_2X_1)A = B$ となるのだった．このとき，$X_k \cdots X_2X_1 = X$ とおくと $XA = B$ である．したがって，A と E_n に同時にこの行基本変形を施すと

$$(X_k \cdots X_2X_1)\left[A \mid E_n\right] = \left[(X_k \cdots X_2X_1)A \mid (X_k \cdots X_2X_1)E_n\right] = \left[B \mid X\right]$$

となる．つまり，$\left[A \mid E_n\right]$ に行基本変形を施して $\left[B \mid X\right]$ になったならば $XA = B$ である．特に，$B = E_n$ となったとき，$XA = E_n$ であるから，$X = A^{-1}$ である．

3.3 演習

演習 3.1 次の行列を行基本変形により簡約階段行列に変形せよ．それぞれの階数を書け．

(1) $\begin{bmatrix} 4 & 0 & -4 & 1 & -1 \\ 1 & 2 & 2 & -3 & -1 \\ 5 & 4 & 1 & -7 & 1 \\ 4 & 6 & 5 & -14 & 8 \\ 0 & 2 & 3 & -5 & 3 \end{bmatrix}$ (2) $\begin{bmatrix} 3 & 2 & -1 & 3 & 1 \\ 2 & -1 & 2 & 6 & 2 \\ -1 & 1 & -2 & -3 & 1 \\ 2 & 3 & -1 & -4 & 0 \\ 3 & 2 & 2 & -3 & 2 \end{bmatrix}$

演習 3.2 次の行列の階数を調べよ.

(1) $\begin{bmatrix} a & b & b \\ b & a & b \\ b & b & a \end{bmatrix}$ (2) $\begin{bmatrix} 1 & a & b \\ b & 1 & a \\ a & b & 1 \end{bmatrix}$ (3) $\begin{bmatrix} 1 & a & a & a \\ a & 1 & a & a \\ a & a & 1 & a \\ a & a & a & 1 \end{bmatrix}$ (4) $\begin{bmatrix} a & 1 & 1 & 1 \\ 1 & a & 1 & 1 \\ 1 & 1 & a & 1 \\ 1 & 1 & 1 & a \end{bmatrix}$

演習 3.3 次の行列が正則ならば逆行列を求めよ. 正則でないならばその階数を書け.

(1) $\begin{bmatrix} 1 & 2 & 3 & 0 \\ 0 & 1 & 2 & 3 \\ 3 & 0 & 1 & 2 \\ 2 & 3 & 0 & 1 \end{bmatrix}$ (2) $\begin{bmatrix} 1 & 2 & -3 & 0 \\ 0 & 1 & 2 & -3 \\ -3 & 0 & 1 & 2 \\ 2 & -3 & 0 & 1 \end{bmatrix}$ (3) $\begin{bmatrix} 1 & 1 & 3 & -9 \\ 0 & 1 & 1 & -3 \\ 3 & -9 & 1 & 1 \\ -1 & 3 & 0 & 1 \end{bmatrix}$

演習 3.4 a を文字定数とする. 行列 $A = \begin{bmatrix} -3 & 1 & -2 & 3 \\ -1 & 1 & 2 & -1 \\ 2 & -2 & a & -1 \\ -3 & 1 & 1 & 0 \end{bmatrix}$ が正則であるための a の値についての必要十分条件を求めよ. この条件が満たされるとき, A の逆行列を求めよ.

演習 3.5 a を文字定数とする. 行列 $A = \begin{bmatrix} a & 1 & 1 & 1 \\ 1 & a & 1 & 1 \\ 1 & 1 & a & 1 \\ 1 & 1 & 1 & a \end{bmatrix}$ が正則であるための a の値についての必要十分条件を求めよ. この条件が満たされるとき, A の逆行列を求めよ.

演習 3.6 行列 $A = \begin{bmatrix} 1 & 1 & 2 \\ 3 & -4 & 2 \\ -3 & 2 & -4 \end{bmatrix}, B = \begin{bmatrix} 1 & -1 & 0 \\ 2 & -3 & 2 \\ -2 & 1 & 2 \end{bmatrix}, C = \begin{bmatrix} -1 & -2 & -1 \\ -2 & 2 & -1 \\ 2 & -1 & 3 \end{bmatrix}$ を考える.

(1) $AX = C$ を満たす 3 次正方行列 X が存在すれば, 求めよ.

(2) $BX = C$ を満たす 3 次正方行列 X が存在すれば, 求めよ.

演習 3.7 A, B を n 次正方行列とする. $2n$ 次正方行列 $\left[\begin{array}{c|c} A & B \\ \hline B & A \end{array}\right]$ が正則ならば $A+B, A-B$ も正則であることを示せ.

演習 3.8 A を (m, n) 行列とする.

(1) P が m 次正則行列ならば $\operatorname{rank} A = \operatorname{rank} PA$ であることを示せ.

(2) Q が n 次正則行列ならば $\operatorname{rank} A = \operatorname{rank} AQ$ であることを示せ.

演習 3.9 A を (m, n) 行列とする. 次を示せ.

(1) $AP_n(i, j; c)$ は A の第 j 列に第 i 列の c 倍を加えた行列である.

(2) $AQ_n(i; c)$ は A の第 i 列を c 倍した行列である.

(3) $AR_n(i, j)$ は A の第 i 列と第 j 列を入れ換えた行列である.

行列に対するこの 3 つの操作をまとめて**列基本変形**とよぶ.

(m, n) 行列 $A\,(\neq O)$ に行基本変形を施して簡約階段行列が得られるが，さらに，列基本変形を施すことによって，$\left[\begin{array}{c|c} E_r & O \\ \hline O & O \end{array}\right]$ の形に変形できる．この行列を A の**階数標準形**とよぶことにする.

演習 3.10 行列 A の階数標準形 F はある正則行列 P, Q により $F = PAQ$ と表されることを示せ.

演習 3.11 A を (m, n) 行列とする．$\mathrm{rank}\,{}^t\!A = \mathrm{rank}\,A$ であることを示せ.

演習 3.12 A を (m, n) 行列， B を (n, m) 行列とする．$m \leqq n$ とする．次を示せ.

(1) $m < n$ ならば積 BA は正則でない.

(2) 積 AB が正則ならば $\mathrm{rank}\,A = m$ である.

(3) 積 AB が正則ならば $\mathrm{rank}\,B = m$ である.

演習 3.13 b を文字定数とする．$A = \begin{bmatrix} 1 & 2 & 3 \\ 4 & 5 & 6 \end{bmatrix}, B = \begin{bmatrix} 1 & 2 \\ 2 & -2 \\ b & 1 \end{bmatrix}$ を考える.

(1) A, B の階数を求めよ.

(2) 積 AB が正則であるための b の値についての必要十分条件を求めよ.

演習 3.14 A を (l, m) 行列， B を (m, n) 行列とする．次の不等式が成り立つことを示せ.

$$\mathrm{rank}\,AB \leqq \mathrm{rank}\,B.$$

注意 演習 3.14，演習 3.8 は第 6 章においてより本質的な事実に基づいて説明される（定理 6.2.12）.

第 4 章

線形方程式

多くの量の間の関係式が 1 次式で与えられるとき，その関係式を満足する対象を選ぶことが必要になることがある．それは連立 1 次方程式を解くということに他ならない．また，線形代数学における課題の多くは結局は連立 1 次方程式を解くということにより解決される．したがって，応用の立場からも，理論的な立場からも連立 1 次方程式の理論は重要である．連立 1 次方程式はベクトルを未知数とし，行列を係数とする方程式として理解される．連立 1 次方程式を線形方程式ともよぶ．本章では線形方程式の解法を学ぶが，重要なことは解そのものもさることながら，そもそも「方程式が解けるか」という課題であり，解けるときには「解の構造」である．

4.1 線形方程式

n 個の未知数 $x_1, x_2, \ldots, x_n$ の連立 1 次方程式

$$\begin{cases} a_{11}x_1 + a_{12}x_2 + \cdots + a_{1n}x_n = b_1 \\ a_{21}x_1 + a_{22}x_2 + \cdots + a_{2n}x_n = b_2 \\ \cdots\cdots\cdots\cdots\cdots\cdots\cdots\cdots \\ a_{m1}x_1 + a_{m2}x_2 + \cdots + a_{mn}x_n = b_m \end{cases} \tag{4.1.1}$$

を考える．係数を取り出して (m, n) 行列 A と定数項を成分とする m 次元数ベクトル $\boldsymbol{b}$ をつくる：

$$A = \begin{bmatrix} a_{11} & a_{12} & \ldots & a_{1n} \\ a_{21} & a_{22} & \ldots & a_{2n} \\ \vdots & \vdots & \vdots & \vdots \\ a_{m1} & a_{m2} & \ldots & a_{mn} \end{bmatrix}, \quad \boldsymbol{b} = \begin{bmatrix} b_1 \\ b_2 \\ \vdots \\ b_m \end{bmatrix}.$$

連立 1 次方程式 (4.1.1) は n 次元数ベクトル $\boldsymbol{x} = \begin{bmatrix} x_1 \\ x_2 \\ \vdots \\ x_n \end{bmatrix}$ に関する方程式

$$A\boldsymbol{x} = \boldsymbol{b} \tag{4.1.2}$$

に書き換えられる．行列 A を**係数行列**，m 次元数ベクトル $\boldsymbol{b}$ を**定数項ベクトル**，n 次元次数ベクトル $\boldsymbol{x}$ を**未知数ベクトル**とよぶ．

(m,n) 行列 A，m 次元数ベクトル $\boldsymbol{b}$，n 次元数ベクトル $\boldsymbol{x}$ について方程式 $A\boldsymbol{x}=\boldsymbol{b}$ を考えることは A を係数行列，$\boldsymbol{b}$ を定数項ベクトルとする連立 1 次方程式を考えることと同じである．以下では，(4.1.1) と (4.1.2) をいずれも連立 1 次方程式あるいは**線形方程式**とよぶ．

さて，連立 1 次方程式 (4.1.1) または (4.1.2) において重要なのは係数行列と定数項ベクトルなのであり，これらを並べた行列

$$\left[A \mid \boldsymbol{b}\right] = \left[\begin{array}{cccc|c} a_{11} & a_{12} & \dots & a_{1n} & b_1 \\ a_{21} & a_{22} & \dots & a_{2n} & b_2 \\ \vdots & \vdots & \vdots & \vdots & \vdots \\ a_{m1} & a_{m2} & \dots & a_{mn} & b_m \end{array}\right] \tag{4.1.3}$$

を**拡大係数行列**とよぶ．

注意 拡大係数行列においては係数行列と定数項ベクトルの間に縦線を書き入れる．

注意 係数行列 A を $A=\left[\boldsymbol{a}_1\,\boldsymbol{a}_2\,\cdots\boldsymbol{a}_n\right]$ と列ベクトル表示すると，方程式 $A\boldsymbol{x}=\boldsymbol{b}$ は

$$x_1\boldsymbol{a}_1 + x_2\boldsymbol{a}_2 + \cdots + x_n\boldsymbol{a}_n = \boldsymbol{b}$$

を意味する．したがって，線形方程式を解くということは与えられたベクトル $\boldsymbol{a}_1,\boldsymbol{a}_2,\dots,\boldsymbol{a}_n$ と $\boldsymbol{b}$ について

(1) $\boldsymbol{b}$ は $\boldsymbol{a}_1,\boldsymbol{a}_2,\dots,\boldsymbol{a}_n$ の線形結合として表されるか，
(2) 表されるならば，どのように表されるのか

ということを考えることにほかならない．このような理解は後の線形空間論で重要になる．

4.2 消去法

連立 1 次方程式の解法の原理は次の命題である．

命題 4.2.1 連立 1 次方程式に

(1) ある方程式に他の方程式の定数倍を加える
(2) ある方程式を 0 でない定数倍する
(3) 2 つの方程式を入れ換える

という操作を施しても連立 1 次方程式の解は変わらない．

この原理によって，連立 1 次方程式から未知数を順次消去していくのである．以下で少し例をみてみよう．

例 4.2.1

$$\begin{cases} 3x + 11y + 4z = 1 \\ x + 3y + 2z = 2 \\ 2x + 7y + 2z = 3 \end{cases} \qquad \left[\begin{array}{ccc|c} 3 & 11 & 4 & 1 \\ 1 & 3 & 2 & 2 \\ 2 & 7 & 2 & 3 \end{array}\right]$$

第 1 式と第 2 式を入れ換える　　第 1 行と第 2 行を入れ換える

$$\begin{cases} x + 3y + 2z = 2 \\ 3x + 11y + 4z = 1 \\ 2x + 7y + 2z = 3 \end{cases} \qquad \left[\begin{array}{ccc|c} 1 & 3 & 2 & 2 \\ 3 & 11 & 4 & 1 \\ 2 & 7 & 2 & 3 \end{array}\right]$$

第 2 式から第 1 式の 3 倍を引く　　第 2 行に第 1 行の (−3) 倍を加える

$$\begin{cases} x + 3y + 2z = 2 \\ 2y - 2z = -5 \\ 2x + 7y + 2z = 3 \end{cases} \qquad \left[\begin{array}{ccc|c} 1 & 3 & 2 & 2 \\ 0 & 2 & -2 & -5 \\ 2 & 7 & 2 & 3 \end{array}\right]$$

第 3 式から第 1 式の 2 倍を引く　　第 3 行に第 1 行の (−2) 倍を加える

$$\begin{cases} x + 3y + 2z = 2 \\ 2y - 2z = -5 \\ y - 2z = -1 \end{cases} \qquad \left[\begin{array}{ccc|c} 1 & 3 & 2 & 2 \\ 0 & 2 & -2 & -5 \\ 0 & 1 & -2 & -1 \end{array}\right]$$

第 2 式を 2 で割る　　第 2 行を $\frac{1}{2}$ 倍する

$$\begin{cases} x + 3y + 2z = 2 \\ y - z = -\frac{5}{2} \\ y - 2z = -1 \end{cases} \qquad \left[\begin{array}{ccc|c} 1 & 3 & 2 & 2 \\ 0 & 1 & -1 & -\frac{5}{2} \\ 0 & 1 & -2 & -1 \end{array}\right]$$

第 3 式から第 2 式を引く　　第 3 行に第 2 行の (−1) 倍を加える

$$\begin{cases} x + 3y + 2z = 2 \\ y - z = -\frac{5}{2} \\ -z = \frac{3}{2} \end{cases} \qquad \left[\begin{array}{ccc|c} 1 & 3 & 2 & 2 \\ 0 & 1 & -1 & -\frac{5}{2} \\ 0 & 0 & -1 & \frac{3}{2} \end{array}\right]$$

第 3 式を (−1) 倍する　　第 3 行を (−1) 倍する

$$\begin{cases} x + 3y + 2z = 2 \\ y - z = -\frac{5}{2} \\ z = -\frac{3}{2} \end{cases} \qquad \left[\begin{array}{ccc|c} 1 & 3 & 2 & 2 \\ 0 & 1 & -1 & -\frac{5}{2} \\ 0 & 0 & 1 & -\frac{3}{2} \end{array}\right]$$

第 2 式に第 3 式を加える　　第 2 行に第 3 行を加える

$$\begin{cases} x + 3y + 2z = 2 \\ \quad\quad y \quad\quad = -4 \\ \quad\quad\quad\quad z = -\dfrac{3}{2} \end{cases} \qquad \left[\begin{array}{ccc|c} 1 & 3 & 2 & 2 \\ 0 & 1 & 0 & -4 \\ 0 & 0 & 1 & -\dfrac{3}{2} \end{array}\right]$$

第1式から第3式の2倍を引く　　第1行に第3行の(−2)倍を加える

$$\begin{cases} x + 3y \quad\quad = 5 \\ \quad\quad y \quad\quad = -4 \\ \quad\quad\quad\quad z = -\dfrac{3}{2} \end{cases} \qquad \left[\begin{array}{ccc|c} 1 & 3 & 0 & 5 \\ 0 & 1 & 0 & -4 \\ 0 & 0 & 1 & -\dfrac{3}{2} \end{array}\right]$$

第1式から第2式の3倍を引く　　第1行に第2行の(−3)倍を加える

$$\begin{cases} x \quad\quad\quad\quad = 17 \\ \quad\quad y \quad\quad = -4 \\ \quad\quad\quad\quad z = -\dfrac{3}{2} \end{cases} \qquad \left[\begin{array}{ccc|c} 1 & 0 & 0 & 17 \\ 0 & 1 & 0 & -4 \\ 0 & 0 & 1 & -\dfrac{3}{2} \end{array}\right]$$

このような解法を**消去法**とよぶ.

さて，未知数の消去の過程で拡大係数行列には行基本変形が施されている．つまり

> 連立1次方程式を解くということは拡大係数行列に行基本変形を施して簡単な拡大係数行列をもつ連立1次方程式をつくるということである.

例 4.2.2

$$\begin{cases} 2x - 4y - \ z = 3 \\ \ x - 2y - \ z = 2 \\ 3x - 6y - 2z = 5 \end{cases} \qquad \left[\begin{array}{ccc|c} 2 & -4 & -1 & 3 \\ 1 & -2 & -1 & 2 \\ 3 & -6 & -2 & 5 \end{array}\right]$$

第1式と第2式を入れ換える　　第1行と第2行を入れ換える

$$\begin{cases} \ x - 2y - \ z = 2 \\ 2x - 4y - \ z = 3 \\ 3x - 6y - 2z = 5 \end{cases} \qquad \left[\begin{array}{ccc|c} 1 & -2 & -1 & 2 \\ 2 & -4 & -1 & 3 \\ 3 & -6 & -2 & 5 \end{array}\right]$$

第2式から第1式の2倍を引く　　第2行に第1行の(−2)倍を加える

$$\begin{cases} \ x - 2y - \ z = 2 \\ \quad\quad\quad\quad\ z = -1 \\ 3x - 6y - 2z = 5 \end{cases} \qquad \left[\begin{array}{ccc|c} 1 & -2 & -1 & 2 \\ 0 & 0 & 1 & -1 \\ 3 & -6 & -2 & 5 \end{array}\right]$$

第3式から第1式の3倍を引く　　第3行に第1行の(−3)倍を加える

$$\begin{cases} x - 2y - \ z = 2 \\ \quad\quad\quad\ z = -1 \\ \quad\quad\quad\ z = -1 \end{cases} \qquad \left[\begin{array}{ccc|c} 1 & -2 & -1 & 2 \\ 0 & 0 & 1 & -1 \\ 0 & 0 & 1 & -1 \end{array}\right]$$

第3式から第2式を引く　　第3行に第2行の(−1)倍を加える

$$\begin{cases} x - 2y - z = 2 \\ z = -1 \\ 0 = 0 \end{cases} \qquad \left[\begin{array}{ccc|c} 1 & -2 & -1 & 2 \\ 0 & 0 & 1 & -1 \\ 0 & 0 & 0 & 0 \end{array}\right]$$

第 1 式に第 2 式を加える　　　　第 1 行に第 2 行を加える

$$\begin{cases} x - 2y = 1 \\ z = -1 \\ 0 = 0 \end{cases} \qquad \left[\begin{array}{ccc|c} 1 & -2 & 0 & 1 \\ 0 & 0 & 1 & -1 \\ 0 & 0 & 0 & 0 \end{array}\right].$$

よって，解は t を任意の実数として，$y = t$ とおけば

$$\begin{cases} x = 1 + 2t \\ y = t \\ z = -1 \end{cases}$$

で与えられる．ベクトルで表せば

$$\begin{bmatrix} x \\ y \\ z \end{bmatrix} = \begin{bmatrix} 1 \\ 0 \\ -1 \end{bmatrix} + t \begin{bmatrix} 2 \\ 1 \\ 0 \end{bmatrix} \quad (t \text{ は任意の実数}).$$

例 4.2.3

$$\begin{cases} 2x - 4y - z = 3 \\ x - 2y - z = 2 \\ 3x - 6y - 2z = 4 \end{cases} \qquad \left[\begin{array}{ccc|c} 2 & -4 & -1 & 3 \\ 1 & -2 & -1 & 2 \\ 3 & -6 & -2 & 4 \end{array}\right]$$

第 1 式と第 2 式を入れ換える　　　　第 1 行と第 2 行を入れ換える

$$\begin{cases} x - 2y - z = 2 \\ 2x - 4y - z = 3 \\ 3x - 6y - 2z = 4 \end{cases} \qquad \left[\begin{array}{ccc|c} 1 & -2 & -1 & 2 \\ 2 & -4 & -1 & 3 \\ 3 & -6 & -2 & 4 \end{array}\right]$$

第 2 式から第 1 式の 2 倍を引く　　　　第 2 行に第 1 行の (−2) 倍を加える

$$\begin{cases} x - 2y - z = 2 \\ z = -1 \\ 3x - 6y - 2z = 4 \end{cases} \qquad \left[\begin{array}{ccc|c} 1 & -2 & -1 & 2 \\ 0 & 0 & 1 & -1 \\ 3 & -6 & -2 & 4 \end{array}\right]$$

第 3 式から第 1 式の 3 倍を引く　　　　第 3 行に第 1 行の (−3) 倍を加える

$$\begin{cases} x - 2y - z = 2 \\ z = -1 \\ z = -2 \end{cases} \qquad \left[\begin{array}{ccc|c} 1 & -2 & -1 & 2 \\ 0 & 0 & 1 & -1 \\ 0 & 0 & 1 & -2 \end{array}\right]$$

第 3 式から第 2 式を引く　　　　第 3 行に第 2 行の (−1) 倍を加える

$$\begin{cases} x - 2y - z = 2 \\ z = -1 \\ 0 = -1 \end{cases} \qquad \left[\begin{array}{ccc|c} 1 & -2 & -1 & 2 \\ 0 & 0 & 1 & -1 \\ 0 & 0 & 0 & -1 \end{array}\right].$$

よって，この方程式には解がない．

このように，線形方程式には

(1) 解がただ 1 つ存在する
(2) 解が無数に存在する（パラメーターを用いてきちんと記述できる）
(3) 解が存在しない

の 3 つの場合がある．そこで，連立 1 次方程式についての課題は

(1) 解が存在するための必要十分条件を求めること
(2)（解が存在する場合に）解を求める（解の構造がわかるような記述を与える）こと

である．

今後，**連立 1 次方程式の解はベクトルで書く**．

4.3　係数行列が簡約階段行列である線形方程式

連立 1 次方程式は係数行列が簡単な行列であれば，解は容易に求められる．

例 4.3.1 連立 1 次方程式

$$\begin{cases} x_1 \quad - x_3 \quad - 2x_5 = -1 \\ \quad x_2 - x_3 \quad + x_5 = 1 \\ \quad\quad x_4 - x_5 = 1 \end{cases}$$

を考える．行列とベクトルで書くと

$$\begin{bmatrix} 1 & 0 & -1 & 0 & -2 \\ 0 & 1 & -1 & 0 & 1 \\ 0 & 0 & 0 & 1 & -1 \end{bmatrix} \begin{bmatrix} x_1 \\ x_2 \\ x_3 \\ x_4 \\ x_5 \end{bmatrix} = \begin{bmatrix} -1 \\ 1 \\ 1 \end{bmatrix}$$

である．係数行列は簡約階段行列である．

この連立 1 次方程式では，未知数 x_1, x_2, x_4 は未知数 x_3, x_5 に値を指定すれば，第 1 式，第 2 式，第 3 式によって決定されてしまう．すなわち，$x_3 = s, x_5 = t$ とおくと，第 1 式から $x_1 = s + 2t - 1$ であり，第 2 式から，$x_2 = s - t + 1$ であり，さらに，第 3 式から，$x_4 = 1 + t$ である．解をまとめると

$$\begin{cases} x_1 = -1 + s + 2t \\ x_2 = 1 + s - t \\ x_3 = s \\ x_4 = 1 + t \\ x_5 = t \end{cases}.$$

これをベクトルで表示すると

$$\begin{bmatrix} x_1 \\ x_2 \\ x_3 \\ x_4 \\ x_5 \end{bmatrix} = \begin{bmatrix} -1 \\ 1 \\ 0 \\ 1 \\ 0 \end{bmatrix} + s \begin{bmatrix} 1 \\ 1 \\ 1 \\ 0 \\ 0 \end{bmatrix} + t \begin{bmatrix} 2 \\ -1 \\ 0 \\ 1 \\ 1 \end{bmatrix}$$

となる．

ところで，x_1, x_2, x_4 の番号の $1, 2, 4$ は係数行列では

- 1 は 1 行目の先頭の 1 がある列の番号
- 2 は 2 行目の先頭の 1 がある列の番号
- 4 は 3 行目の先頭の 1 がある列の番号

であり，これ以外の $3, 5$ を番号とする未知数 x_3, x_5 を任意の値とすることで解が得られた．

この例のように簡約階段行列を係数行列とする線形方程式は容易に解くことができる．

定理 4.3.1 n 個の未知数 $x_1, x_2, \ldots, x_n$ に関する連立 1 次方程式の拡大係数行列が簡約階段行列で

$$\left[\begin{array}{cccccccccc|c} 1 & * & 0 & * & 0 & & 0 & & 0 & & d_1 \\ & & 1 & * & 0 & * & \vdots & & \vdots & & d_2 \\ & & & & 1 & & \vdots & * & \vdots & * & d_3 \\ & & & & & \ddots & 0 & & 0 & & \vdots \\ & & & & & & 1 & & 0 & & d_{r-1} \\ & & & & & & & & 1 & & d_r \\ & \mathbf{0} & & & & & & & & & \end{array}\right] \tag{4.3.1}$$

の形であるとする．ここで，$i = 1, \ldots, r$ に対して第 i 行の先頭の 1 は j_i 列目にあるとする．また，行の個数は m 個であるとする．この連立 1 次方程式は

$$\begin{cases} x_{j_1} + c_{1\,j_1+1} x_{j_1+1} + \cdots\cdots\cdots\cdots\cdots + c_{1n} x_n = d_1 \\ \qquad x_{j_2} + c_{2\,j_2+1} x_{j_2+1} + \cdots\cdots\cdots + c_{2\,n} x_n = d_2 \\ \qquad\qquad \ddots \qquad\qquad\qquad\qquad = \vdots \\ \qquad\qquad\qquad x_{j_r} + c_{r\,j_r+1} x_{j_r+1} + \cdots + c_{rn} x_n = d_r \end{cases} \tag{4.3.2}$$

と表される．この方程式は解をもち，次のようにして解く．すなわち，$x_{j_1}, \ldots, x_{j_r}$ 以外の $(n - r)$ 個の未知数 x_j に任意の値を代入し，第 1 番目の方程式から未知数 x_{j_1} を求め，次に第 2 番目の方程式から未知数 x_{j_2} を求める．このようにして，順次、未知数 $x_{j_1}, \ldots, x_{j_r}$ を求める．

例題 4.3.1 次の方程式の解のベクトルを，定理 4.3.1 の方法で求めよ．

(1) $\begin{bmatrix} 1 & -1 & 3 & 0 & -5 \end{bmatrix}\begin{bmatrix} x_1 \\ x_2 \\ x_3 \\ x_4 \\ x_5 \end{bmatrix} = \begin{bmatrix} 2 \end{bmatrix}$　　(2) $\begin{bmatrix} 1 & 0 & 3 & 0 & 0 \\ 0 & 1 & 0 & 0 & 0 \\ 0 & 0 & 0 & 1 & 0 \\ 0 & 0 & 0 & 0 & 1 \end{bmatrix}\begin{bmatrix} x_1 \\ x_2 \\ x_3 \\ x_4 \\ x_5 \end{bmatrix} = \begin{bmatrix} 2 \\ -1 \\ 0 \\ 5 \end{bmatrix}$

(3) $\begin{bmatrix} 1 & -1 & 0 & -3 & 0 \\ 0 & 0 & 1 & 3 & 0 \\ 0 & 0 & 0 & 0 & 1 \\ 0 & 0 & 0 & 0 & 0 \end{bmatrix}\begin{bmatrix} x_1 \\ x_2 \\ x_3 \\ x_4 \\ x_5 \end{bmatrix} = \begin{bmatrix} 1 \\ 0 \\ 3 \\ 5 \end{bmatrix}$

解答　(1) 方程式は $x_1 - x_2 + 3x_3 - 5x_5 = 2$ である．解のベクトルは（$x_2 = s, x_3 = t, x_4 = u, x_5 = v$ とおいて）

$$\begin{bmatrix} x_1 \\ x_2 \\ x_3 \\ x_4 \\ x_5 \end{bmatrix} = \begin{bmatrix} 2 + s - 3t + 5v \\ s \\ t \\ u \\ v \end{bmatrix} = \begin{bmatrix} 2 \\ 0 \\ 0 \\ 0 \\ 0 \end{bmatrix} + s\begin{bmatrix} 1 \\ 1 \\ 0 \\ 0 \\ 0 \end{bmatrix} + t\begin{bmatrix} -3 \\ 0 \\ 1 \\ 0 \\ 0 \end{bmatrix} + u\begin{bmatrix} 0 \\ 0 \\ 0 \\ 1 \\ 0 \end{bmatrix} + v\begin{bmatrix} 5 \\ 0 \\ 0 \\ 0 \\ 1 \end{bmatrix} \quad (s, t, u, v \text{ は任意の実数})$$

(2) 方程式は

$$\begin{cases} x_1 \quad + 3x_3 \quad = 2 \\ \quad x_2 \quad = -1 \\ \quad x_4 \quad = 0 \\ \quad x_5 = 5 \end{cases}$$

である．解のベクトルは（$x_3 = t$ とおいて）

$$\begin{bmatrix} x_1 \\ x_2 \\ x_3 \\ x_4 \\ x_5 \end{bmatrix} = \begin{bmatrix} 2 - 3t \\ -1 \\ t \\ 0 \\ 5 \end{bmatrix} = \begin{bmatrix} 2 \\ -1 \\ 0 \\ 0 \\ 5 \end{bmatrix} + t\begin{bmatrix} -3 \\ 0 \\ 1 \\ 0 \\ 0 \end{bmatrix} \quad (t \text{ は任意の実数}).$$

(3) 方程式は

$$\begin{cases} x_1 - x_2 \quad - 3x_4 \quad = 1 \\ \quad x_3 + 3x_4 \quad = 0 \\ \quad x_5 = 3 \\ 0x_1 + 0x_2 + 0x_3 + 0x_4 + 0x_5 = 5 \end{cases}$$

である．しかし，第 4 式の左辺は x_1, x_2, x_3, x_4, x_5 にどのような値を代入しても 0 にしかならないから，第 4 式には解がない．したがって，もとの方程式にも解がない．

□

問題 4.3.1 次の方程式の解のベクトルを，定理 4.3.1 の方法で求めよ．

(1) $\begin{bmatrix} 1 & 2 & 0 & -5 & 1 \end{bmatrix} \begin{bmatrix} x_1 \\ x_2 \\ x_3 \\ x_4 \\ x_5 \end{bmatrix} = \begin{bmatrix} -3 \end{bmatrix}$

(2) $\begin{bmatrix} 1 & 0 & 0 & 2 & 4 \\ 0 & 1 & 0 & -1 & 2 \\ 0 & 0 & 1 & 1 & -1 \\ 0 & 0 & 0 & 0 & 0 \end{bmatrix} \begin{bmatrix} x_1 \\ x_2 \\ x_3 \\ x_4 \\ x_5 \end{bmatrix} = \begin{bmatrix} 3 \\ 0 \\ 4 \\ -1 \end{bmatrix}$

(3) $\begin{bmatrix} 1 & -1 & 0 & -3 & 0 \\ 0 & 0 & 1 & 3 & 0 \\ 0 & 0 & 0 & 0 & 1 \\ 0 & 0 & 0 & 0 & 0 \end{bmatrix} \begin{bmatrix} x_1 \\ x_2 \\ x_3 \\ x_4 \\ x_5 \end{bmatrix} = \begin{bmatrix} 1 \\ 0 \\ 3 \\ 0 \end{bmatrix}$

(4) $\begin{bmatrix} 1 & 0 & 0 & 0 & 0 \\ 0 & 0 & 0 & 1 & 0 \\ 0 & 0 & 0 & 0 & 1 \\ 0 & 0 & 0 & 0 & 0 \end{bmatrix} \begin{bmatrix} x_1 \\ x_2 \\ x_3 \\ x_4 \\ x_5 \end{bmatrix} = \begin{bmatrix} -1 \\ 2 \\ 3 \\ 0 \end{bmatrix}$

(5) $\begin{bmatrix} 1 & 2 & 0 & 0 & 0 \\ 0 & 0 & 1 & 0 & 0 \\ 0 & 0 & 0 & 1 & 0 \\ 0 & 0 & 0 & 0 & 1 \end{bmatrix} \begin{bmatrix} x_1 \\ x_2 \\ x_3 \\ x_4 \\ x_5 \end{bmatrix} = \begin{bmatrix} 1 \\ 2 \\ -3 \\ 4 \end{bmatrix}$

(6) $\begin{bmatrix} 1 & 0 & 0 & -3 & 5 \\ 0 & 1 & 0 & 4 & 3 \\ 0 & 0 & 1 & 1 & 2 \\ 0 & 0 & 0 & 0 & 0 \end{bmatrix} \begin{bmatrix} x_1 \\ x_2 \\ x_3 \\ x_4 \\ x_5 \end{bmatrix} = \begin{bmatrix} 3 \\ 4 \\ -1 \\ 0 \end{bmatrix}$

4.4　線形方程式の解法

線形方程式 $\boldsymbol{Ax} = \boldsymbol{b}$ を解くためには，これと同じ解をもつ簡約階段行列を係数行列とする線形方程式を求めればよい．

> **命題 4.4.1** A を (m, n) 行列とするとき，線形方程式 $\boldsymbol{Ax} = \boldsymbol{b}$ の解は，任意の m 次正則行列 P に対し，線形方程式 $(PA)\boldsymbol{x} = P\boldsymbol{b}$ の解と一致する．（このことを，「線形方程式 $\boldsymbol{Ax} = \boldsymbol{b}$ と $(PA)\boldsymbol{x} = P\boldsymbol{b}$ は同値である」という）

特に，P が基本行列ならば，$PA\boldsymbol{x}, P\boldsymbol{b}$ は A と $\boldsymbol{b}$ に同じ行基本変形を施して得られる．これは，拡大係数行列 $\left[A \mid \boldsymbol{b}\right]$ に行基本変形を施すことである．このようにして得られた拡大係数行列をもつ連立 1 次方程式はもとの方程式と同値である．よって，拡大係数行列に行基本変形を施して係数行列の部分を簡約階段行列に変形すればよい．

拡大係数行列 $\left[A \mid \boldsymbol{b}\right]$ に行基本変形を施し，係数行列を階段行列に変形して

$$\left[A' \mid \boldsymbol{b}'\right] = \left[\begin{array}{cccccc|c} a'_{1j_1} & & & & & \ast & b'_1 \\ & a'_{2j_2} & & & & & b'_2 \\ & & a'_{3j_3} & & & & b'_3 \\ & & & \ddots & & & \vdots \\ & & & & a'_{r-1\,j_{r-1}} & & \vdots \\ & & & & & a'_{r j_r} & b'_r \\ \hline & & & & & & b'_{r+1} \\ & 0 & & & & & \vdots \\ & & & & & & b'_m \end{array}\right]. \tag{4.4.1}$$

が得られたとしよう．rank $A = r$ である．第 $(r+1)$ 行目以降は連立 1 次方程式

$$\begin{cases} 0x_1 + 0x_2 + \cdots + 0x_n = b'_{r+1} \\ \cdots\cdots\cdots\cdots\cdots\cdots\cdots\cdots \\ 0x_1 + 0x_2 + \cdots + 0x_n = \quad b'_m \end{cases}$$

を意味するから，$b'_{r+1}, \ldots, b'_m$ の中に 0 でないものがあれば，方程式には解がない．

$b'_{r+1} = \cdots = b'_m = 0$ のとき，拡大係数行列をさらに変形し，簡約階段行列をつくると (4.3.1) の形の拡大係数行列が得られる．これを拡大係数行列にもつ連立 1 次方程式は解をもつ．定理 4.3.1 の方法で解く．解は $(n-r)$ 個の任意のスカラーを用いて表される．この意味で，$n-r$ をこの方程式の**解の自由度**とよぶ．

条件「$b'_{r+1} = \cdots = b'_m = 0$」は

$$\operatorname{rank}\left[A \mid \boldsymbol{b}\right] = \operatorname{rank} A$$

が成り立つことと同値である．

注意 変形の仕方により，(4.4.1) の形の行列は異なる．しかし，階数は一定である．

定理 4.4.2 A を (m, n) 行列，$\boldsymbol{x}$ を n 次元数ベクトル，$\boldsymbol{b}$ を m 次元数ベクトルとする．

$$\text{線形方程式 } A\boldsymbol{x} = \boldsymbol{b} \text{ が解をもつ} \iff \operatorname{rank}\left[A \mid \boldsymbol{b}\right] = \operatorname{rank} A. \tag{4.4.2}$$

解をもつとき，すなわち，$\operatorname{rank}\left[A \mid \boldsymbol{b}\right] = \operatorname{rank} A$ が成り立つとき，解の自由度は $n - \operatorname{rank} A$ である．

線形方程式

$$A\boldsymbol{x} = \boldsymbol{b}$$

の解法は次のようにまとめられる．

(1) 拡大係数行列 $\left[A \mid \boldsymbol{b}\right]$ に行基本変形を施し，係数行列が階段行列になるように変形する．((4.4.1))

(2) $b'_{r+1}, \ldots, b'_m$ の中に 0 でないものがあれば（つまり，$\operatorname{rank}\left[A \mid \boldsymbol{b}\right] > \operatorname{rank} A$ ならば），方程式には解がない．

(3) $b'_{r+1} = \cdots = b'_m = 0$ ならば（つまり，$\operatorname{rank}\left[A \mid \boldsymbol{b}\right] = \operatorname{rank} A$ ならば），解をもつ．

(4) さらに，行基本変形し，(4.3.1) のような簡約階段行列にする．

(5) 上の行列を拡大係数行列とする線形方程式を定理 4.3.1 のように解く．

例 4.4.1 連立 1 次方程式

$$\begin{cases} 2x_1 + x_2 - 3x_3 + 2x_4 - 5x_5 = 1 \\ x_1 + 3x_2 - 4x_3 + x_5 = 2 \\ x_1 - x_3 + x_4 - 3x_5 = 0 \\ x_2 - x_3 + 2x_4 - x_5 = 3 \\ x_1 + x_2 - 2x_3 + x_4 - 2x_5 = 1 \end{cases}$$

を考える.

拡大係数行列に行基本変形を施し，係数行列の部分を簡約階段行列にする.

$$\left[\begin{array}{ccccc|c} 2 & 1 & -3 & 2 & -5 & 1 \\ 1 & 3 & -4 & 0 & 1 & 2 \\ 1 & 0 & -1 & 1 & -3 & 0 \\ 0 & 1 & -1 & 2 & -1 & 3 \\ 1 & 1 & -2 & 1 & -2 & 1 \end{array}\right] \xrightarrow{\text{第 1 行と第 2 行を入れ換える}} \left[\begin{array}{ccccc|c} 1 & 3 & -4 & 0 & 1 & 2 \\ 2 & 1 & -3 & 2 & -5 & 1 \\ 1 & 0 & -1 & 1 & -3 & 0 \\ 0 & 1 & -1 & 2 & -1 & 3 \\ 1 & 1 & -2 & 1 & -2 & 1 \end{array}\right]$$

$$\xrightarrow{\text{第 1 列の第 2 行目以下を 0 にする}} \left[\begin{array}{ccccc|c} 1 & 3 & -4 & 0 & 1 & 2 \\ 0 & -5 & 5 & 2 & -7 & -3 \\ 0 & -3 & 3 & 1 & -4 & -2 \\ 0 & 1 & -1 & 2 & -1 & 3 \\ 0 & -2 & 2 & 1 & -3 & -1 \end{array}\right]$$

$$\xrightarrow{\text{第 2 行と第 4 行を入れ換える}} \left[\begin{array}{ccccc|c} 1 & 3 & -4 & 0 & 1 & 2 \\ 0 & 1 & -1 & 2 & -1 & 3 \\ 0 & -3 & 3 & 1 & -4 & -2 \\ 0 & -5 & 5 & 2 & -7 & -3 \\ 0 & -2 & 2 & 1 & -3 & -1 \end{array}\right]$$

$$\xrightarrow{\text{第 2 列の第 3 行目以下を 0 にする}} \left[\begin{array}{ccccc|c} 1 & 3 & -4 & 0 & 1 & 2 \\ 0 & 1 & -1 & 2 & -1 & 3 \\ 0 & 0 & 0 & 7 & -7 & 7 \\ 0 & 0 & 0 & 12 & -12 & 12 \\ 0 & 0 & 0 & 5 & -5 & 5 \end{array}\right]$$

$$\xrightarrow{(3,4)\text{ 成分を 1 にする}} \left[\begin{array}{ccccc|c} 1 & 3 & -4 & 0 & 1 & 2 \\ 0 & 1 & -1 & 2 & -1 & 3 \\ 0 & 0 & 0 & 1 & -1 & 1 \\ 0 & 0 & 0 & 12 & -12 & 12 \\ 0 & 0 & 0 & 5 & -5 & 5 \end{array}\right]$$

$$\xrightarrow{\text{第 4 列の第 4 行目以下を 0 にする}} \left[\begin{array}{ccccc|c} 1 & 3 & -4 & 0 & 1 & 2 \\ 0 & 1 & -1 & 2 & -1 & 3 \\ 0 & 0 & 0 & 1 & -1 & 1 \\ 0 & 0 & 0 & 0 & 0 & 0 \\ 0 & 0 & 0 & 0 & 0 & 0 \end{array}\right]$$

rank 拡大係数行列 = rank 係数行列(= 3) であるから解をもつ．解を求めるために簡約階段行列に変形する．

$$\xrightarrow{\text{第 4 列の第 2 行目以上を 0 にする}} \left[\begin{array}{ccccc|c} 1 & 3 & -4 & 0 & 1 & 2 \\ 0 & 1 & -1 & 0 & 1 & 1 \\ 0 & 0 & 0 & 1 & -1 & 1 \\ 0 & 0 & 0 & 0 & 0 & 0 \\ 0 & 0 & 0 & 0 & 0 & 0 \end{array}\right]$$

$$\xrightarrow{\text{第 2 列の第 1 行目を 0 にする}} \left[\begin{array}{ccccc|c} 1 & 0 & -1 & 0 & -2 & -1 \\ 0 & 1 & -1 & 0 & 1 & 1 \\ 0 & 0 & 0 & 1 & -1 & 1 \\ 0 & 0 & 0 & 0 & 0 & 0 \\ 0 & 0 & 0 & 0 & 0 & 0 \end{array}\right].$$

これは例 4.3.1 で扱った方程式の拡大係数行列である．解の自由度は（未知数の個数）−((拡大) 係数行列の階数) = 5 − 3 = 2 である．

例題 4.4.1 次の連立 1 次方程式について，拡大係数行列に行基本変形を施すことにより，解があるかないかを判定し，解がある場合に，解の自由度を書き，さらに，拡大係数行列を簡約階段行列に変形して解のベクトルを求めよ．

$$(1) \begin{cases} 2x_1 + 3x_2 - 2x_3 + 3x_4 = 5 \\ x_1 + 2x_2 - x_3 + 2x_4 = 3 \\ x_1 - 3x_2 + 2x_3 - 2x_4 = -4 \\ -2x_1 + 2x_2 - x_3 + x_4 = 2 \end{cases} \qquad (2) \begin{cases} -2x_1 - 7x_2 + 3x_3 - 5x_4 = 8 \\ x_1 + 2x_2 + x_4 = 2 \\ 3x_1 + 7x_2 - x_3 + 4x_4 = 2 \\ x_1 + 3x_2 - x_3 + 2x_4 = 3 \end{cases}$$

解答　(1) 係数行列を A，定数項ベクトルを $\boldsymbol{b}$ とする．

$$[A \mid \boldsymbol{b}] = \left[\begin{array}{cccc|c} 2 & 3 & -2 & 3 & 5 \\ 1 & 2 & -1 & 2 & 3 \\ 1 & -3 & 2 & -2 & -4 \\ -2 & 2 & -1 & 1 & 2 \end{array}\right] \xrightarrow{\text{第 1 行と第 2 行を入れ換える}} \left[\begin{array}{cccc|c} 1 & 2 & -1 & 2 & 3 \\ 2 & 3 & -2 & 3 & 5 \\ 1 & -3 & 2 & -2 & -4 \\ -2 & 2 & -1 & 1 & 2 \end{array}\right]$$

$$\xrightarrow{\text{第 1 列の第 2 行目以下を 0 にする}} \left[\begin{array}{cccc|c} 1 & 2 & -1 & 2 & 3 \\ 0 & -1 & 0 & -1 & -1 \\ 0 & -5 & 3 & -4 & -7 \\ 0 & 6 & -3 & 5 & 8 \end{array}\right]$$

$$\xrightarrow{\text{第 2 列の第 3 行目以下を 0 にする}} \left[\begin{array}{cccc|c} 1 & 2 & -1 & 2 & 3 \\ 0 & -1 & 0 & -1 & -1 \\ 0 & 0 & 3 & 1 & -2 \\ 0 & 0 & -3 & -1 & 2 \end{array}\right]$$

$$\xrightarrow[\text{にする}]{\text{第 3 列の第 4 行目以下を 0}} \left[\begin{array}{cccc|c} 1 & 2 & -1 & 2 & 3 \\ 0 & -1 & 0 & -1 & -1 \\ 0 & 0 & 3 & 1 & -2 \\ 0 & 0 & 0 & 0 & 0 \end{array}\right]$$

$\operatorname{rank}\left[A \mid \boldsymbol{b}\right] = \operatorname{rank} A (= 3)$ となったので，解をもつ．解の自由度は（未知数の個数）$-$（(拡大) 係数行列の階数）$= 4 - 3 = 1$ である．簡約階段行列になるように変形を続行する．

$$\xrightarrow[\text{(3, 3) 成分を 1 にする}]{\text{(2, 2) 成分を 1 にする}} \left[\begin{array}{cccc|c} 1 & 2 & -1 & 2 & 3 \\ 0 & 1 & 0 & 1 & 1 \\ 0 & 0 & 1 & \frac{1}{3} & -\frac{2}{3} \\ 0 & 0 & 0 & 0 & 0 \end{array}\right]$$

$$\xrightarrow[\text{にする}]{\text{第 3 列の第 2 行目以上を 0}} \left[\begin{array}{cccc|c} 1 & 2 & 0 & \frac{7}{3} & \frac{7}{3} \\ 0 & 1 & 0 & 1 & 1 \\ 0 & 0 & 1 & \frac{1}{3} & -\frac{2}{3} \\ 0 & 0 & 0 & 0 & 0 \end{array}\right]$$

$$\xrightarrow[\text{する}]{\text{第 2 列の第 1 行目を 0 に}} \left[\begin{array}{cccc|c} 1 & 0 & 0 & \frac{1}{3} & \frac{1}{3} \\ 0 & 1 & 0 & 1 & 1 \\ 0 & 0 & 1 & \frac{1}{3} & -\frac{2}{3} \\ 0 & 0 & 0 & 0 & 0 \end{array}\right].$$

これを拡大係数行列とする連立 1 次方程式は

$$\begin{cases} x_1 \qquad\qquad + \dfrac{x_4}{3} = \dfrac{1}{3} \\ \qquad x_2 \qquad + x_4 = 1 \\ \qquad\qquad x_3 + \dfrac{x_4}{3} = -\dfrac{2}{3} \end{cases}$$

である．解のベクトルは（$x_4 = t$ とおいて）

$$\begin{bmatrix} x_1 \\ x_2 \\ x_3 \\ x_4 \end{bmatrix} = \begin{bmatrix} \frac{1}{3} - \frac{t}{3} \\ 1 - t \\ -\frac{2}{3} - \frac{t}{3} \\ t \end{bmatrix} = \begin{bmatrix} \frac{1}{3} \\ 1 \\ -\frac{2}{3} \\ 0 \end{bmatrix} + t \begin{bmatrix} -\frac{1}{3} \\ -1 \\ -\frac{1}{3} \\ 1 \end{bmatrix} \quad (t \text{ は任意の実数})$$

(2) 係数行列を C，定数項ベクトルを $\boldsymbol{d}$ とおく．

$$\left[C \mid \boldsymbol{d}\right] = \left[\begin{array}{cccc|c} -2 & -7 & 3 & -5 & 8 \\ 1 & 2 & 0 & 1 & 2 \\ 3 & 7 & -1 & 4 & 2 \\ 1 & 3 & -1 & 2 & 3 \end{array}\right] \xrightarrow{\text{第 1 行と第 2 行を入れ換える}} \left[\begin{array}{cccc|c} 1 & 2 & 0 & 1 & 2 \\ -2 & -7 & 3 & -5 & 8 \\ 3 & 7 & -1 & 4 & 2 \\ 1 & 3 & -1 & 2 & 3 \end{array}\right]$$

$$\xrightarrow{\text{第 1 列の第 2 行目以下を 0 にする}} \left[\begin{array}{cccc|c} 1 & 2 & 0 & 1 & 2 \\ 0 & -3 & 3 & -3 & 12 \\ 0 & 1 & -1 & 1 & -4 \\ 0 & 1 & -1 & 1 & 1 \end{array}\right]$$

$$\xrightarrow{\text{第 2 行と第 3 行を入れ換える}} \left[\begin{array}{cccc|c} 1 & 2 & 0 & 1 & 2 \\ 0 & 1 & -1 & 1 & -4 \\ 0 & -3 & 3 & -3 & 12 \\ 0 & 1 & -1 & 1 & 1 \end{array}\right]$$

$$\xrightarrow{\text{第 2 列の第 3 行目以下を 0 にする}} \left[\begin{array}{cccc|c} 1 & 2 & 0 & 1 & 2 \\ 0 & 1 & -1 & 1 & -4 \\ 0 & 0 & 0 & 0 & 0 \\ 0 & 0 & 0 & 0 & 5 \end{array}\right].$$

ゆえに，$\operatorname{rank}\left[C \mid \boldsymbol{d}\right] = 3 > \operatorname{rank} C = 2$ である．したがって，解はない．

□

問題 4.4.1 次の連立 1 次方程式について，拡大係数行列に行基本変形を施すことにより，解があるかないかを判定し，解がある場合に，解の自由度を書き，さらに，拡大係数行列を簡約階段行列に変形して解のベクトルを求めよ．

(1) $\begin{cases} 2x_1 + 3x_2 - x_3 = 3 \\ x_1 + x_2 + x_3 = 2 \end{cases}$

(2) $\begin{cases} x_1 + 2x_2 - 3x_3 = 4 \\ -x_1 + x_2 + x_3 = 0 \\ 4x_1 - 2x_2 + x_3 = 9 \end{cases}$

(3) $\begin{cases} -x_1 + 3x_2 - 3x_3 = 4 \\ -\dfrac{x_1}{2} + \dfrac{3x_2}{2} - \dfrac{3x_3}{2} = 2 \end{cases}$

(4) $\begin{cases} x_1 + 2x_2 - 3x_3 = -1 \\ 3x_1 - x_2 + 2x_3 = 7 \\ 5x_1 + 3x_2 - 4x_3 = 2 \end{cases}$

(5) $\begin{cases} 2x_1 - 4x_2 + 2x_3 + x_4 = -4 \\ -4x_1 + 8x_2 + 2x_3 + 2x_4 = 3 \\ 3x_1 - 6x_2 + x_3 + 2x_4 = -8 \\ -2x_1 + 4x_2 + 4x_3 - x_4 = 7 \end{cases}$

(6) $\begin{cases} 3x_1 + 2x_2 + x_3 - 2x_4 + 2x_5 = 2 \\ 6x_1 + 4x_2 + 2x_3 - 6x_4 + 3x_5 = 6 \\ -6x_1 - 4x_2 - 2x_3 + 2x_4 + 7x_5 = 6 \\ -3x_1 - 2x_2 - x_3 + x_4 + 5x_5 = 4 \\ 3x_1 + 2x_2 + x_3 + 2x_4 + 7x_5 = 0 \end{cases}$

(7) $\begin{cases} 9x_1 + 3x_2 + 3x_3 - x_4 + 5x_5 = 4 \\ 6x_1 + 2x_2 + 4x_3 + x_4 + 2x_5 = 6 \\ -3x_1 - x_2 + x_3 + 3x_4 + 3x_5 = 0 \\ 3x_1 + x_2 - 3x_3 - x_5 = 1 \\ 6x_1 + 2x_2 + x_4 + 2x_5 = 4 \end{cases}$

(8) $\begin{cases} 2x_1 - 3x_2 + x_3 - 6x_4 = 7 \\ 2x_1 + x_2 - 2x_3 + 2x_4 = -2 \\ 2x_1 + x_2 - x_3 - 4x_4 = -3 \\ -x_1 + x_3 - 3x_4 = -1 \end{cases}$

(9) $\begin{cases} -6x_1 - 2x_2 + 2x_3 + 3x_4 = 8 \\ 6x_1 + 2x_2 - 2x_3 + 7x_4 + 4x_5 = 12 \\ 3x_1 + x_2 - x_3 + 6x_4 + 3x_5 = 11 \\ -3x_1 - x_2 + x_3 + 4x_4 + x_5 = 9 \\ 9x_1 + 3x_2 - 3x_3 + 8x_4 + 5x_5 = 13 \end{cases}$ (10) $\begin{cases} 2x_1 + x_2 + 2x_3 + 3x_4 = 2 \\ x_1 + x_2 + 2x_3 + x_4 = -1 \\ 3x_1 + x_2 + 5x_3 + x_4 = 1 \\ x_1 + 2x_2 + x_3 + 4x_4 = 0 \end{cases}$

例題 4.4.2 a を文字定数とする．x_1, x_2, x_3, x_4 に関する次の連立 1 次方程式が解をもつように定数 a の値を定め，解のベクトルを求めよ．

$$\begin{cases} 2x_1 + x_2 - 2x_3 + 4x_4 = 3 \\ 3x_1 + 2x_2 - x_3 + 6x_4 = 6 \\ -3x_1 + x_2 + 3x_3 - x_4 = 8 \\ 2x_1 - 2x_2 + 4x_3 - 5x_4 = a \end{cases}$$

解答 拡大係数行列をつくって行基本変形する．

$$\left[\begin{array}{cccc|c} 2 & 1 & -2 & 4 & 3 \\ 3 & 2 & -1 & 6 & 6 \\ -3 & 1 & 3 & -1 & 8 \\ 2 & -2 & 4 & -5 & a \end{array}\right] \xrightarrow{\text{第 1 列の第 2 行目以下を 0 にする}} \left[\begin{array}{cccc|c} 2 & 1 & -2 & 4 & 3 \\ 0 & \frac{1}{2} & 2 & 0 & \frac{3}{2} \\ 0 & \frac{5}{2} & 0 & 5 & \frac{25}{2} \\ 0 & -3 & 6 & -9 & a-3 \end{array}\right]$$

$$\xrightarrow{\text{第 2 列の第 3 行目以下を 0 にする}} \left[\begin{array}{cccc|c} 2 & 1 & -2 & 4 & 3 \\ 0 & \frac{1}{2} & 2 & 0 & \frac{3}{2} \\ 0 & 0 & -10 & 5 & 5 \\ 0 & 0 & 18 & -9 & a+6 \end{array}\right]$$

$$\xrightarrow{\text{第 3 行の先頭の 0 でない成分を 1 にする}} \left[\begin{array}{cccc|c} 2 & 1 & -2 & 4 & 3 \\ 0 & \frac{1}{2} & 2 & 0 & \frac{3}{2} \\ 0 & 0 & 1 & -\frac{1}{2} & -\frac{1}{2} \\ 0 & 0 & 18 & -9 & a+6 \end{array}\right]$$

$$\xrightarrow{\text{(3, 3) 成分より下を 0 にする}} \left[\begin{array}{cccc|c} 2 & 1 & -2 & 4 & 3 \\ 0 & \frac{1}{2} & 2 & 0 & \frac{3}{2} \\ 0 & 0 & 1 & -\frac{1}{2} & -\frac{1}{2} \\ 0 & 0 & 0 & 0 & a+15 \end{array}\right].$$

したがって，解をもつためには $a=-15$ であることが必要十分である．$a=-15$ として，上の拡大係数行列をさらに変形して簡約階段行列をつくる．

$$\left[\begin{array}{cccc|c} 2 & 1 & -2 & 4 & 3 \\ 0 & \frac{1}{2} & 2 & 0 & \frac{3}{2} \\ 0 & 0 & 1 & -\frac{1}{2} & -\frac{1}{2} \\ 0 & 0 & 0 & 0 & 0 \end{array}\right] \xrightarrow{\text{第 1，2 行の先頭の 0 でない成分を 1 にする}} \left[\begin{array}{cccc|c} 1 & \frac{1}{2} & -1 & 2 & \frac{3}{2} \\ 0 & 1 & 4 & 0 & 3 \\ 0 & 0 & 1 & -\frac{1}{2} & -\frac{1}{2} \\ 0 & 0 & 0 & 0 & 0 \end{array}\right]$$

$$\xrightarrow{\text{第 3 列目の第 2 行以上を 0 にする}} \left[\begin{array}{cccc|c} 1 & \frac{1}{2} & 0 & \frac{3}{2} & 1 \\ 0 & 1 & 0 & 2 & 5 \\ 0 & 0 & 1 & -\frac{1}{2} & -\frac{1}{2} \\ 0 & 0 & 0 & 0 & 0 \end{array}\right]$$

$$\xrightarrow{\text{(2, 2) 成分より上を 0 にする}} \left[\begin{array}{cccc|c} 1 & 0 & 0 & \frac{1}{2} & -\frac{3}{2} \\ 0 & 1 & 0 & 2 & 5 \\ 0 & 0 & 1 & -\frac{1}{2} & -\frac{1}{2} \\ 0 & 0 & 0 & 0 & 0 \end{array}\right].$$

これを拡大係数行列にもつ連立 1 次方程式は

$$\begin{cases} x_1 \qquad\qquad + \frac{1}{2}x_4 = -\frac{3}{2} \\ \qquad x_2 \qquad + 2x_4 = \ \ 5 \\ \qquad\qquad x_3 - \frac{1}{2}x_4 = -\frac{1}{2} \end{cases}$$

である．（$x_4=t$ とおいて）解のベクトルは

$$\begin{bmatrix} x_1 \\ x_2 \\ x_3 \\ x_4 \end{bmatrix} = \begin{bmatrix} -\frac{3}{2}-\frac{1}{2}t \\ 5-2t \\ -\frac{1}{2}+\frac{1}{2}t \\ t \end{bmatrix} = \begin{bmatrix} -\frac{3}{2} \\ 5 \\ -\frac{1}{2} \\ 0 \end{bmatrix} + t \begin{bmatrix} -\frac{1}{2} \\ -2 \\ \frac{1}{2} \\ 1 \end{bmatrix} \quad (t \text{ は任意の実数}).$$

□

問題 4.4.2 a を文字定数とする．次の連立 1 次方程式が解をもつように定数 a の値を定め，解のベクトルを求めよ．

(1) $\begin{cases} 2x_1 + 4x_2 - \ x_3 + 5x_4 = \ a \\ 6x_1 - 3x_2 + 3x_3 - 2x_4 = -3 \\ -x_1 + \ x_2 + 2x_3 \qquad\quad = \ 8 \\ -3x_1 + 3x_2 + 3x_3 + \ x_4 = \ 2 \end{cases}$

(2) $\begin{cases} 3x_1 + 3x_2 + 3x_3 - 2x_4 + 5x_5 = \ 5 \\ 2x_1 - 4x_2 - \ x_3 + 2x_4 - 9x_5 = -3 \\ -2x_1 + 2x_2 \qquad\ + 3x_4 + \ x_5 = \ a \\ -x_1 + 3x_2 + \ x_3 + 3x_4 + 2x_5 = -2 \\ x_1 + 3x_2 + 2x_3 + 3x_4 + \ x_5 = -1 \end{cases}$

(m, n) 行列 A の階数は m, n 以下であるが，階数が m や n のとき，線形方程式 $\boldsymbol{Ax} = \boldsymbol{b}$ については特別なことが成り立つ．定理 4.4.2 により次の命題がわかる．

命題 4.4.3 A を (m, n) 行列とする．

(1) $\mathrm{rank}\, A = n$ ならば，線形方程式 $\boldsymbol{Ax} = \boldsymbol{b}$ は解をもてば，その解は一意的である．

(2) $\mathrm{rank}\, A = m$ ならば，どの m 次元数ベクトル $\boldsymbol{b}$ についても線形方程式 $\boldsymbol{Ax} = \boldsymbol{b}$ は解をもつ．

4.5 斉次線形方程式

定数項ベクトルが零ベクトルである線形方程式を**斉次線形方程式**（または**同次線形方程式**）とよぶ．斉次線形方程式 $\boldsymbol{Ax} = \boldsymbol{0}$ は解 $\boldsymbol{x} = \boldsymbol{0}$ をもつ．この解を**自明な解**とよぶ．したがって

(1) **斉次線形方程式はいつ自明でない解をもつか**

(2) **斉次線形方程式が自明でない解をもつとき，その解をどのようにして求めるか**

ということが課題となる．上の (1) については，命題 4.4.3 (1) により

命題 4.5.1 A を (m, n) 行列とする．

$$\text{斉次線形方程式 } \boldsymbol{Ax} = \boldsymbol{0} \text{ が自明でない解をもつ} \iff \mathrm{rank}\, A < n$$

特に，$m < n$ ならば自明でない解をもつ．

斉次線形方程式 $\boldsymbol{Ax} = \boldsymbol{0}$ の解き方は 4.4 節の解き方を，定数項ベクトルが零ベクトル $\boldsymbol{0}$ であると思って，実行すればよい．ただし，拡大係数行列をつくる必要はない．

例 4.5.1 斉次連立 1 次方程式 $\begin{cases} 2x_1 + x_2 - 3x_3 + 2x_4 - 5x_5 = 0 \\ x_1 + 3x_2 - 4x_3 \qquad + x_5 = 0 \\ x_1 \qquad - x_3 + x_4 - 3x_5 = 0 \\ \qquad x_2 - x_3 + 2x_4 - x_5 = 0 \\ x_1 + x_2 - 2x_3 + x_4 - 2x_5 = 0 \end{cases}$ を考える．これは例 4.4.1 で扱った連立 1 次方程式の定数項をすべて 0 に変えて得られた斉次連立 1 次方程式である．

係数行列に行基本変形を施して，簡約階段行列 $\begin{bmatrix} 1 & 0 & -1 & 0 & -2 \\ 0 & 1 & -1 & 0 & 1 \\ 0 & 0 & 0 & 1 & -1 \\ 0 & 0 & 0 & 0 & 0 \\ 0 & 0 & 0 & 0 & 0 \end{bmatrix}$ が得られる．$\boldsymbol{y}_1 = \begin{bmatrix} 1 \\ 1 \\ 1 \\ 0 \\ 0 \end{bmatrix}, \boldsymbol{y}_2 = \begin{bmatrix} 2 \\ -1 \\ 0 \\ 1 \\ 1 \end{bmatrix}$ とおくと，斉次線形方程式 $A\boldsymbol{x} = \boldsymbol{0}$ のどの解も実数 s, t を用いて $s\boldsymbol{y}_1 + t\boldsymbol{y}_2$ と表される．（しかも，その表し方は 1 通りである．第 6 章 例 6.2.5 参照）

命題 4.5.2 A を (m, n) 行列とする．$\mathrm{rank}\, A = r$ とすると，斉次線形方程式 $A\boldsymbol{x} = \boldsymbol{0}$ は $n - r$ 個の解のベクトル $\boldsymbol{x}_1, \boldsymbol{x}_2, \ldots, \boldsymbol{x}_{n-r}$ で条件

どの解のベクトル $\boldsymbol{x}$ もスカラー $s_1, s_2, \ldots, s_{n-r}$ を用いて $\boldsymbol{x} = s_1\boldsymbol{x}_1 + s_2\boldsymbol{x}_2 + \cdots + s_{n-r}\boldsymbol{x}_{n-r}$ とただ 1 通りに表される

を満たすものがある．このような解の組を**基本解**とよぶ．

定理 4.5.3 斉次線形方程式 $A\boldsymbol{x} = \boldsymbol{0}$ の解の和およびスカラー倍もこの線形方程式の解である．

例題 4.5.1 a を文字定数とする．斉次線形方程式

$$\begin{cases} 2x_1 + 3x_2 + 4x_3 = 0 \\ 6x_1 + 7x_2 + 2x_3 = 0 \\ x_1 + 2x_2 + ax_3 = 0 \end{cases}$$

の解を調べよ．

解答　係数行列に行基本変形を施し，階段行列に変形する．係数行列を A とおく．

$$A = \begin{bmatrix} 2 & 3 & 4 \\ 6 & 7 & 2 \\ 1 & 2 & a \end{bmatrix} \xrightarrow{\text{第 1 行と第 3 行を入れ換える}} \begin{bmatrix} 1 & 2 & a \\ 6 & 7 & 2 \\ 2 & 3 & 4 \end{bmatrix} \xrightarrow{\text{第 1 列の第 2 行目以下を 0 にする}} \begin{bmatrix} 1 & 2 & a \\ 0 & -5 & -6a+2 \\ 0 & -1 & -2a+4 \end{bmatrix}$$

$$\xrightarrow{\text{第 2 行と第 3 行を入れ換える}} \begin{bmatrix} 1 & 2 & a \\ 0 & -1 & -2a+4 \\ 0 & -5 & -6a+2 \end{bmatrix}$$

$$\xrightarrow{\text{第 2 列の第 3 行目を 0 にする}} \begin{bmatrix} 1 & 2 & a \\ 0 & -1 & -2a+4 \\ 0 & 0 & 4a-18 \end{bmatrix}.$$

したがって，$4a-18$ が 0 であるかによって $\operatorname{rank} A$ が分かれる．

(1) $a \neq \dfrac{9}{2}$ のとき，$\operatorname{rank} A = 3 =$（未知数の個数）であるから，解は $\begin{bmatrix} x_1 \\ x_2 \\ x_3 \end{bmatrix} = \begin{bmatrix} 0 \\ 0 \\ 0 \end{bmatrix}$ のみである．

(2) $a = \dfrac{9}{2}$ のとき，上の係数行列は $\begin{bmatrix} 1 & 2 & \frac{9}{2} \\ 0 & -1 & -5 \\ 0 & 0 & 0 \end{bmatrix}$ であるから，さらに変形を続けて，

$$\begin{bmatrix} 1 & 2 & \frac{9}{2} \\ 0 & -1 & -5 \\ 0 & 0 & 0 \end{bmatrix} \xrightarrow{\text{第 2 行を }(-1)\text{ 倍する}} \begin{bmatrix} 1 & 2 & \frac{9}{2} \\ 0 & 1 & 5 \\ 0 & 0 & 0 \end{bmatrix} \xrightarrow{(1,2)\text{ 成分を 0 にする}} \begin{bmatrix} 1 & 0 & -\frac{11}{2} \\ 0 & 1 & 5 \\ 0 & 0 & 0 \end{bmatrix}.$$

よって，解は

$$\begin{bmatrix} x_1 \\ x_2 \\ x_3 \end{bmatrix} = t \begin{bmatrix} \frac{11}{2} \\ -5 \\ 1 \end{bmatrix} \quad (t \text{ は任意の実数})$$

である．

□

問題 4.5.1　a を文字定数とする．次の斉次線形方程式の解を調べよ．

(1) $\begin{cases} 2x_1 + x_2 + 3x_3 + ax_4 = 0 \\ -4x_1 - 3x_2 + 3x_3 + x_4 = 0 \\ 3x_1 + x_2 + 5x_3 - x_4 = 0 \\ -3x_1 - 2x_2 + 2x_3 + 2x_4 = 0 \end{cases}$

(2) $\begin{cases} -3x_1 + 2x_2 + 2x_3 - 2x_4 = 0 \\ x_1 - x_2 - 2x_3 + a\,x_4 = 0 \\ 3x_1 - x_2 + 2x_3 + x_4 = 0 \\ 2x_1 - x_2 + x_4 = 0 \end{cases}$

系 4.5.4 A を n 次正方行列とする．斉次線形方程式 $A\boldsymbol{x} = \boldsymbol{0}$ の解が自明な解のみならば，A は正則である．

問題 4.5.2 系 4.5.4 を証明せよ．

線形方程式 $A\boldsymbol{x} = \boldsymbol{b}$ に対して斉次線形方程式 $A\boldsymbol{x} = \boldsymbol{0}$ を線形方程式 $A\boldsymbol{x} = \boldsymbol{b}$ に**付随した斉次線形方程式**とよぶ．次は線形方程式の「解の構造」を述べる．

定理 4.5.5 線形方程式 $A\boldsymbol{x} = \boldsymbol{b}$ の 1 つの解を $\boldsymbol{x}_0$ とおくと，$A\boldsymbol{x} = \boldsymbol{b}$ のどの解も $A\boldsymbol{x} = \boldsymbol{b}$ に付随する斉次線形方程式 $A\boldsymbol{x} = \boldsymbol{0}$ の解 $\boldsymbol{y}$ と $\boldsymbol{x}_0$ の和として表される．

証明 $A\boldsymbol{x} = \boldsymbol{b}$ とすると，$A(\boldsymbol{x} - \boldsymbol{x}_0) = A\boldsymbol{x} - A\boldsymbol{x}_0 = \boldsymbol{b} - \boldsymbol{b} = \boldsymbol{0}$ である．よって，$\boldsymbol{y} = \boldsymbol{x} - \boldsymbol{x}_0$ とおくと，$\boldsymbol{y}$ は $A\boldsymbol{x} = \boldsymbol{0}$ の解であり，$\boldsymbol{x} = \boldsymbol{x}_0 + \boldsymbol{y}$ である．□

例 4.5.2 例 4.4.1（と例 4.3.1）で扱った方程式を考える．係数行列を A, 定数項ベクトルを $\boldsymbol{b}$ とおく．線形方程式 $A\boldsymbol{x} = \boldsymbol{b}$ の解は $\begin{bmatrix} x_1 \\ x_2 \\ x_3 \\ x_4 \\ x_5 \end{bmatrix} = \begin{bmatrix} -1 \\ 1 \\ 0 \\ 1 \\ 0 \end{bmatrix} + s\begin{bmatrix} 1 \\ 1 \\ 1 \\ 0 \\ 0 \end{bmatrix} + t\begin{bmatrix} 2 \\ -1 \\ 0 \\ 1 \\ 1 \end{bmatrix}$ （s, t は任意の実数）であった．$\boldsymbol{x}_0 = \begin{bmatrix} -1 \\ 1 \\ 0 \\ 1 \\ 0 \end{bmatrix}$ はこの方程式の 1 つの解である．$\boldsymbol{y}_1 = \begin{bmatrix} 1 \\ 1 \\ 1 \\ 0 \\ 0 \end{bmatrix}$, $\boldsymbol{y}_2 = \begin{bmatrix} 2 \\ -1 \\ 0 \\ 1 \\ 1 \end{bmatrix}$ はこの方程式に付随する斉次線形方程式 $A\boldsymbol{x} = \boldsymbol{0}$ の基本解である．

A を (m, n) 行列とし，$\operatorname{rank} A = r$ とする．

(1) $r < n$ のとき．

- 斉次線形方程式 $A\boldsymbol{x} = \boldsymbol{0}$ は自明でない解をもち，解の自由度は $n - r$ である．
- 線形方程式 $A\boldsymbol{x} = \boldsymbol{b}$ は解をもつとき，その解は $A\boldsymbol{x} = \boldsymbol{b}$ の 1 つの解と斉次線形方程式 $A\boldsymbol{x} = \boldsymbol{0}$ の解との和として表される．

(2) $r = n$ のとき．

- 斉次線形方程式 $A\boldsymbol{x} = \boldsymbol{0}$ の解は自明な解のみである．解の自由度は 0 である．
- 線形方程式 $A\boldsymbol{x} = \boldsymbol{b}$ は解をもつとき，解はただ 1 つである．

4.6 演習

演習 4.1 次の線形方程式について，拡大係数行列に行基本変形を施すことにより，解があるかないかを判定し，解がある場合に，解の自由度を書き，拡大係数行列を簡約階段行列に変形して解のベクトルを求めよ．さらに，付随する斉次線形方程式の解のベクトルを書け．

(1) $\begin{cases} 2x_1 + x_2 - 3x_3 + 2x_4 + 5x_5 = 2 \\ x_1 + 2x_2 - 4x_3 + 2x_5 = 2 \\ x_1 - x_3 + x_4 + x_5 = -2 \\ x_2 - x_3 + 2x_4 - 5x_5 = -2 \\ x_1 + x_2 - 2x_3 + x_4 + 2x_5 = 1 \end{cases}$
(2) $\begin{cases} x_1 + 2x_2 + x_3 + x_5 = 0 \\ 2x_1 + 3x_2 + x_3 + x_4 + 2x_5 = 2 \\ x_1 + 2x_2 + 2x_3 - x_4 + x_5 = -2 \\ x_1 + 2x_2 - x_3 + 2x_4 = 3 \\ 3x_1 + 6x_2 + 2x_3 + x_4 + 2x_5 = 1 \end{cases}$

(3) $\begin{cases} -4x_1 + 6x_2 - 4x_3 + 4x_4 + 2x_5 = -2 \\ 2x_1 - 3x_2 + 2x_3 - 2x_4 - x_5 = 1 \\ -6x_1 + 9x_2 - 6x_3 + 5x_4 + 2x_5 = -2 \\ -2x_1 + 3x_2 - 2x_3 - x_5 = 1 \end{cases}$
(4) $\begin{cases} x_1 + x_2 + 2x_3 + 3x_4 + 3x_5 = 1 \\ 2x_1 + 2x_2 + x_3 - x_4 + 3x_5 = 5 \\ x_1 + x_2 + 3x_3 + 4x_4 + 4x_5 = 2 \\ 2x_1 + 2x_2 - 3x_3 - x_4 - x_5 = -5 \end{cases}$

演習 4.2 ベクトル $\boldsymbol{b} = \begin{bmatrix} 3 \\ 2 \\ 3 \\ 2 \end{bmatrix}$ はベクトル $\boldsymbol{a}_1 = \begin{bmatrix} 1 \\ 0 \\ 1 \\ 2 \end{bmatrix}, \boldsymbol{a}_2 = \begin{bmatrix} 1 \\ 1 \\ 2 \\ 0 \end{bmatrix}, \boldsymbol{a}_3 = \begin{bmatrix} 0 \\ 1 \\ 1 \\ -2 \end{bmatrix}, \boldsymbol{a}_4 = \begin{bmatrix} 1 \\ 2 \\ 0 \\ -2 \end{bmatrix}$ の線形結合として表されるか調べよ（表されるならば，その表し方を 1 つ求めよ）．

演習 4.3 空間に $\boldsymbol{0}$ でないベクトル $\boldsymbol{u}, \boldsymbol{v}$ をとる．直線 $\ell : \boldsymbol{x} = \boldsymbol{a} + t\boldsymbol{u}$ (t は実数), $m : \boldsymbol{x} = \boldsymbol{b} + t\boldsymbol{v}$ (t は実数) が交わるためには $\operatorname{rank}\begin{bmatrix}\boldsymbol{u}, \boldsymbol{v}\end{bmatrix} = \operatorname{rank}\begin{bmatrix}\boldsymbol{u}, \boldsymbol{v}, \boldsymbol{a} - \boldsymbol{b}\end{bmatrix} = 2$ であることが必要十分であることを示せ．

演習 4.4 a を文字定数とする．斉次線形方程式 $\begin{bmatrix} 1 & a & a & -a \\ a & 1 & -a & a \\ a & -a & 1 & a \\ -a & a & a & 1 \end{bmatrix} \boldsymbol{x} = \boldsymbol{0}$ を解け．

演習 4.5 $A\,(\neq O)$ を (m, n) 行列とし，$\operatorname{rank} A = r$ とする．適当な m 次正則行列 P と $R_n(*, *)$ 型の基本行列の積である n 次正則行列 Q により $PAQ = \left[\begin{array}{c|c} E_r & C \\ \hline O & O \end{array}\right]$ となることを示せ．

演習 4.6 A を (m, n) 行列，P を m 次正則行列，Q を n 次正則行列とする．$B = PAQ$ とおく．m 次元数ベクトル $\boldsymbol{u}$ に対して $\boldsymbol{v} = P\boldsymbol{u}$ とおく．n 次元数ベクトル $\boldsymbol{w}$ が線形方程式 $B\boldsymbol{x} = \boldsymbol{v}$ の解ならば，$Q\boldsymbol{w}$ は線形方程式 $A\boldsymbol{x} = \boldsymbol{u}$ の解であることを示せ．

演習 4.7 (m, n) 行列 $A = \left[\begin{array}{c|c} E_r & C \\ \hline O & O \end{array}\right]$ を考える．$\operatorname{rank} A = r$ である．

(1) 斉次線形方程式 $A\boldsymbol{x} = \boldsymbol{0}$ の解のベクトルは行列 $X = \left[\begin{array}{c} -C \\ \hline E_{n-r} \end{array}\right]$ の列ベクトルの線形結合として一意的に表されることを示せ.

(2) n 次正方行列 B は条件

$$A\boldsymbol{x} = \boldsymbol{0} \Longrightarrow AB\boldsymbol{x} = \boldsymbol{0}$$

を満たすという. $B = \left[\begin{array}{c|c} B_{11} & B_{12} \\ \hline B_{21} & B_{22} \end{array}\right]$ と区分けする. ただし, B_{11} は r 次正方行列である. このとき, 等式 $B_{12} = B_{11}C + CB_{21}C - CB_{22}$ が成り立つことを示せ.

(3) B は (2) と同様とする. ある m 次正方行列 S により等式 $AB = SA$ が成り立つことを示せ.

演習 4.8 (m, n) 行列 $A\ (\neq O)$ に対して n 次正方行列 B は条件

$$A\boldsymbol{x} = \boldsymbol{0} \Longrightarrow AB\boldsymbol{x} = \boldsymbol{0}$$

を満たすという. ある m 次正方行列 S により, 等式 $AB = SA$ が成り立つことを示せ.

演習 4.9 $A = \begin{bmatrix} 1 & 5 & -2 & -2 \\ -1 & -3 & 2 & 4 \\ 1 & 9 & -2 & 2 \\ -1 & 1 & 2 & 8 \end{bmatrix}, \boldsymbol{b} = \begin{bmatrix} 2 \\ -1 \\ 4 \\ 1 \end{bmatrix}, \boldsymbol{c} = \begin{bmatrix} 2 \\ 0 \\ 1 \\ 3 \end{bmatrix}$ について, 線形方程式 $A\boldsymbol{x} = \boldsymbol{b}, A\boldsymbol{x} = \boldsymbol{c}$ を同時に解け.

演習 4.10 (m, n) 行列 A, (m, k) 行列 B に対して $AX = B$ を満たす (n, k) 行列 X が存在するためには $\operatorname{rank}\left[A \mid B\right] = \operatorname{rank} A$ が成り立つことが必要十分であることを示せ.

演習 4.11 $A = \begin{bmatrix} 2 & 1 & 2 \\ 1 & 2 & 3 \\ -2 & 5 & 6 \end{bmatrix}, B = \begin{bmatrix} 3 & 2 & 3 \\ 2 & 3 & 2 \\ -1 & 6 & -1 \end{bmatrix}$ とする. $AX = B$ を満たす 3 次正方行列 X を求めよ.

演習 4.12 A を (m, n) 行列とする. ある m 次元数ベクトル $\boldsymbol{b}$ について線形方程式 $A\boldsymbol{x} = \boldsymbol{b}$ がただ 1 つの解をもつならば, A の階数は n であることを示せ.

第 5 章

行列式

行列式とは正方行列に対して定義されるスカラーである．正方行列が正則であるためにはその行列式の値が 0 でないことが必要十分である．行列式を用いて正則行列の逆行列を記述することができる．その他，行列式はさまざまに応用される．

5.1 順列とその符号数

n 個の自然数 $1, 2, \ldots, n$ を（任意の順序で）1 列に並べたものをこの n 個の数の**順列**とよぶ．例えば

$$(7, 2, 3, 5, 4, 1, 6)$$

は 7 個の数 $1, 2, 3, 4, 5, 6, 7$ の順列である．

n 個の自然数 $1, 2, \ldots, n$ の順列は全部で $n!(= 1{\cdot}2\cdots n)$ 個ある．

一般に，$n \geqq 2$ のとき，n 個の自然数 $1, 2, \ldots, n$ の順列 $(i_1, i_2, \ldots, i_n)$ において対 (i_k, i_l) $(k < l)$ は全部で $\dfrac{(n-1)n}{2}$ 個あるが

$$k < l \text{ であるが } i_k > i_l$$

である対 (i_k, i_l) を**転倒**とよぶ．上の順列 $(7, 2, 3, 5, 4, 1, 6)$ では，対は

$$\begin{aligned}
&(7, 2), (7, 3), (7, 5), (7, 4), (7, 1), (7, 6),\\
&(2, 3), (2, 5), (2, 4), (2, 1), (2, 6)\\
&\cdots\cdots\cdots\\
&(1, 6)
\end{aligned}$$

であるが，そのうち，転倒は

$(7, 2), (7, 3), (7, 5), (7, 4), (7, 1), (7, 6)$,　（7 より右で 7 より小さい数を調べた）
$(5, 4), (5, 1)$,　（5 より右で 5 より小さい数を調べた）
$(4, 1)$,　（4 より右で 4 より小さい数を調べた）
$(3, 1)$,　（3 より右で 3 より小さい数を調べた）

(2, 1)　(2より右で2より小さい数を調べた)

の11個である.

順列 $\sigma = (i_1, i_2, \ldots, i_n)$ が偶数個の転倒をもつとき, σ を**偶順列**とよび, 奇数個の転倒をもつとき, σ を**奇順列**とよぶ. 順列 σ の**符号数** $\operatorname{sgn}\sigma$ を

$$\operatorname{sgn}\sigma = \begin{cases} 1 & \sigma \text{ が偶順列のとき} \\ -1 & \sigma \text{ が奇順列のとき} \end{cases}$$

と定義する. 符号数 $\operatorname{sgn}\sigma$ は $\varepsilon(\sigma)$ とも書かれる. σ の転倒の個数を**転倒数**とよび, N_σ と記す. 等式

$$\operatorname{sgn}\sigma = (-1)^{N_\sigma}$$

が成り立つ. 実際, $\sigma = (7, 2, 3, 5, 4, 1, 6)$ については

$$N_\sigma = 11, \quad \operatorname{sgn}\sigma = (-1)^{11} = -1$$

である.

順列の2つの数を入れ換えることを**互換**とよぶ.

> **命題 5.1.1** 順列 $\sigma = (i_1, i_2, \ldots, i_n)$ に N_σ 回の互換を施して, 順列 $(1, 2, \ldots, n)$ をつくることができる.

実際に例を見てみよう. $\sigma = (7, 2, 3, 5, 4, 1, 6)$ を11回の互換で $(1, 2, \ldots, 7)$ に変えてみる. 以下, 簡単のため i と j の入れ換えを単に $T(i, j)$ と書くことにする.

$$\begin{aligned}
&(7, 2, 3, 5, 4, 1, 6) \xrightarrow{T(7,2)} (2, 7, 3, 5, 4, 1, 6) \xrightarrow{T(7,3)} (2, 3, 7, 5, 4, 1, 6) \\
&\xrightarrow{T(7,5)} (2, 3, 5, 7, 4, 1, 6) \xrightarrow{T(7,4)} (2, 3, 5, 4, 7, 1, 6) \xrightarrow{T(7,1)} (2, 3, 5, 4, 1, 7, 6) \\
&\xrightarrow{T(7,6)} (2, 3, 5, 4, 1, 6, 7) \\
&\xrightarrow{T(5,4)} (2, 3, 4, 5, 1, 6, 7) \xrightarrow{T(5,1)} (2, 3, 4, 1, 5, 6, 7) \\
&\xrightarrow{T(4,1)} (2, 3, 1, 4, 5, 6, 7) \\
&\xrightarrow{T(3,1)} (2, 1, 3, 4, 5, 6, 7) \\
&\xrightarrow{T(2,1)} (1, 2, 3, 4, 5, 6, 7).
\end{aligned}$$

> **命題 5.1.2** 順列に互換を施せば符号数が変わる.

例えば，順列 $\sigma = (7, 2, 3, 5, 4, 1, 6)$ に互換 $T(2, 6)$ を施してみよう．得られる順列は

$$\tau = (7, 6, 3, 5, 4, 1, 2)$$

である．転倒数がどのように変化するか調べよう．$n = 7$ とし，$\sigma = (7, 2, 3, 5, 4, 1, 6) = (i_1, i_2, \ldots, i_7)$ とおく．（$i_2 = 2$，$i_7 = 6$ である）

対 (i_u, i_v) でこの互換 $T(2, 6)$ によって変わるのは i_u または i_v が 2 または 6 の場合である.

よって，$(i_k, 2)$，$(2, i_l)$，$(i_m, 6)$ という形の対と対 $(2, 6)$ を調べる.

$i_1 = 7$ が現れる対 $(i_1, i_2) = (7, 2)$，$(i_1, i_7) = (7, 6)$ は順列 $\tau = (7, 6, 3, 5, 4, 1, 2)$ においては $(7, 6)$，$(7, 2)$ に変わっているから，これらの対に関わる転倒の個数は変わらない.

i_k，$k = 3, 4, 5, 6$，について対 $(i_2, i_k) = (2, i_k)$，$(i_k, i_7) = (i_k, 6)$ を考える．これらは

$$(2, 3), (3, 6), (2, 5), (5, 6), (2, 4), (4, 6), (2, 1), (1, 6)$$

の 8 個である．このうち転倒は $(2, 1)$ の 1 個である．上の対に互換 $T(2, 6)$ を施すと（τ において）

$$(6, 3), (3, 2), (6, 5), (5, 2), (6, 4), (4, 2), (6, 1), (1, 2)$$

となり，転倒ははじめの 7 個である．すなわち，転倒数は 6 増えた．もう少し理論的に考えると

$$i_2 = 2, \ldots, i_k, \ldots, i_7 = 6$$

と並んでいるのだが，互換 $T(2, 6)$ を施すと

$$6, \ldots, i_k, \ldots, 2$$

となり，$2 < i_k < 6$ のとき，$(6, i_k)$，$(i_k, 2)$ という 2 個の転倒が発生する．このような i_k は $3, 4, 5$ の 3 個である．よって，$3 \cdot 2 = 6$ 個の転倒が発生する．一方，$i_k < 2$ のとき σ における転倒 $(2, i_k) = (2, 1)$ は τ においては転倒 $(6, 1)$ に変わる．まとめると，これら 8 個の対 $(2, 3), (3, 6), (2, 5), (5, 6), (2, 4), (4, 6), (2, 1), (1, 6)$ に関わっては i_k（$k = 3, 4, 5, 6$）で $2 < i_k < 6$ であるもの 3 個から生じる $2 \cdot 3 = 6$ だけ転倒数は増えるのである.

さらに，対 $(i_2, i_7) = (2, 6)$ から

$$(6, 2)$$

という転倒も発生する.

こうして，τ における転倒数 N_τ について

$$N_\tau = N_\sigma + 2 \cdot 3 + 1$$

という等式が得られる.

順列 $\tau = (7, 6, 3, 5, 4, 1, 2)$ に互換 $T(2, 6)$ を施して，σ をつくった場合は逆に，上にあげた 7 つの転倒が解消される．

このように，互換を施すと転倒の個数は奇数だけ変化する．したがって，順列の符号が変わる．

命題 5.1.3 $n \geqq 2$ ならば偶順列の個数と奇順列の個数はともに $\dfrac{n!}{2}$ である．

$n = 2, 3$ の場合の順列とその符号数をまとめておこう．

$n = 2$ の場合

順列	符号数
$(1, 2)$	1
$(2, 1)$	-1

$n = 3$ の場合

順列	符号数	転倒
$(1, 2, 3)$	1	なし
$(2, 3, 1)$	1	$(2, 1), (3, 1)$
$(3, 1, 2)$	1	$(3, 1), (3, 2)$
$(1, 3, 2)$	-1	$(3, 2)$
$(3, 2, 1)$	-1	$(3, 2), (3, 1), (2, 1)$
$(2, 1, 3)$	-1	$(2, 1)$

$n = 1$ のときは順列は (1) のみで，転倒はないので，この順列は偶順列である．

5.2　行列式

定義 5.2.1 n 次正方行列 $A = \left[a_{i\,j}\right]$ に対して，次のようにスカラー $\det A$ をつくる．

$1, 2, \ldots, n$ の順列 $(i_1, i_2, \ldots, i_n)$ に応じて，第 1 行目からは $(1, i_1)$ 成分，第 2 行目からは $(2, i_2)$ 成分,..., 一般に，第 l 行目からは (l, i_l) 成分をとり，これらの積をつくり，この積に符号数 $\mathrm{sgn}(i_1, i_2, \ldots, i_n)$ をかける：

$$\mathrm{sgn}(i_1, i_2, \ldots, i_n)\, a_{1\,i_1} a_{2\,i_2} \cdots a_{n\,i_n}$$

$n!$ 個のすべての順列について，上の積をつくり，これらをすべて加えたものを $\det A$ と書く：

$$\det A = \sum_{(i_1, i_2, \ldots, i_n)} \mathrm{sgn}(i_1, i_2, \ldots, i_n)\, a_{1\,i_1} a_{2\,i_2} \cdots a_{n\,i_n}. \tag{5.2.1}$$

$\det A$ を行列 A の**行列式**とよぶ．$\det A$ は $|A|$ と書かれることが多い．

また，A を列ベクトルや行ベクトルで表示するとき

$$\det\begin{bmatrix}\boldsymbol{a}_1\ \boldsymbol{a}_2\ \cdots\ \boldsymbol{a}_n\end{bmatrix},\quad \det\begin{bmatrix}\boldsymbol{a}'_1\\ \boldsymbol{a}'_2\\ \vdots\\ \boldsymbol{a}'_n\end{bmatrix}$$

と書く．

例 5.2.1 1 次の行列 $\begin{bmatrix}a\end{bmatrix}$ の行列式は a である．すなわち

$$\det\begin{bmatrix}a\end{bmatrix}=a.$$

例 5.2.2

$$\det\begin{bmatrix}a_{11} & a_{12}\\ a_{21} & a_{22}\end{bmatrix}=a_{11}a_{22}-a_{12}a_{21}. \tag{5.2.2}$$

例 5.2.3

$$\det\begin{bmatrix}a_{11} & a_{12} & a_{13}\\ a_{21} & a_{22} & a_{23}\\ a_{31} & a_{32} & a_{33}\end{bmatrix}=a_{11}a_{22}a_{33}+a_{12}a_{23}a_{31}+a_{13}a_{21}a_{32}\\ -a_{11}a_{23}a_{32}-a_{13}a_{22}a_{31}-a_{12}a_{21}a_{33}. \tag{5.2.3}$$

問題 5.2.1 上の公式を用いて次の行列式の値を求めよ．

(1) $\begin{bmatrix}1 & 0 & 0\\ 2 & 3 & 4\\ 1 & 2 & 3\end{bmatrix}$ (2) $\begin{bmatrix}1 & 4 & 7\\ 2 & 5 & 8\\ 3 & 6 & 9\end{bmatrix}$ (3) $\begin{bmatrix}-1 & 2 & 1\\ 3 & 1 & -2\\ 1 & 5 & 2\end{bmatrix}$ (4) $\begin{bmatrix}1 & a & -1\\ 2 & a & 0\\ 3 & a & 1\end{bmatrix}$

例 5.2.4 4 次の行列式を成分で表示してみると

$$\det\begin{bmatrix}a_{11} & a_{12} & a_{13} & a_{14}\\ a_{21} & a_{22} & a_{23} & a_{24}\\ a_{31} & a_{32} & a_{33} & a_{34}\\ a_{41} & a_{42} & a_{43} & a_{44}\end{bmatrix}$$
$$=a_{11}a_{22}a_{33}a_{44}-a_{11}a_{22}a_{34}a_{43}+a_{11}a_{32}a_{43}a_{24}-a_{11}a_{32}a_{23}a_{44}+a_{11}a_{42}a_{23}a_{34}-a_{11}a_{42}a_{33}a_{24}$$
$$-a_{21}a_{12}a_{33}a_{44}+a_{21}a_{12}a_{34}a_{43}-a_{21}a_{32}a_{43}a_{14}+a_{21}a_{32}a_{13}a_{44}-a_{21}a_{42}a_{13}a_{34}+a_{21}a_{42}a_{33}a_{14}$$
$$+a_{31}a_{12}a_{23}a_{44}-a_{31}a_{12}a_{43}a_{24}+a_{31}a_{22}a_{43}a_{14}-a_{31}a_{22}a_{13}a_{44}+a_{31}a_{42}a_{13}a_{24}-a_{31}a_{42}a_{23}a_{14}$$
$$-a_{41}a_{12}a_{23}a_{34}+a_{41}a_{12}a_{33}a_{24}-a_{41}a_{22}a_{33}a_{14}+a_{41}a_{22}a_{13}a_{34}-a_{41}a_{32}a_{13}a_{24}+a_{41}a_{32}a_{23}a_{14}.$$

上の例を見てもわかるように，行列式を定義のみからその値を求めたり，理論的な考察をすることはとても困難である．値を計算するためにも「理論的な考察」が必要である．行列式を考察するときの有力な方法はより簡単な行列式に帰着させることであるが，次の命題はその第一歩である．

命題 5.2.1　(1)

$$\det\begin{bmatrix} a_{11} & a_{12} & \cdots\cdots & & a_{1n} \\ 0 & a_{22} & a_{23} & \cdots & a_{2n} \\ 0 & a_{32} & a_{33} & \cdots & a_{3n} \\ \vdots & \vdots & \vdots & \ddots & \vdots \\ 0 & a_{n2} & a_{n3} & \cdots & a_{nn} \end{bmatrix} = a_{11}\det\begin{bmatrix} a_{22} & a_{23} & \cdots & a_{2n} \\ a_{32} & a_{33} & \cdots & a_{3n} \\ \vdots & \vdots & \ddots & \vdots \\ a_{n2} & a_{n3} & \cdots & a_{nn} \end{bmatrix} \tag{5.2.4}$$

(2)

$$\det\begin{bmatrix} a_{11} & a_{12} & \cdots\cdots & & a_{1n} \\ 0 & a_{22} & \cdots\cdots & & a_{2n} \\ 0 & 0 & a_{33} & \cdots & a_{3n} \\ \vdots & \vdots & \ddots & \ddots & \vdots \\ 0 & 0 & \cdots & 0 & a_{nn} \end{bmatrix} = a_{11}a_{22}\cdots a_{nn}. \tag{5.2.5}$$

特に，$\det E_n = 1$ である．

(3) n 次正方行列 A の 1 つの行が零ベクトルならば，$\det A = 0$ である．

証明 (1) のみ示す．(2)，(3) の証明は問題とする．

左辺の行列式の行列を A とおき，その第 1 列の第 2 行以下の成分を $a_{21}, \ldots, a_{n1}$ とおくと

$$\det A = \sum_{(i_1,i_2,\ldots,i_n)} \operatorname{sgn}(i_1, i_2, \ldots, i_n)\, a_{1\,i_1}a_{2\,i_2}\cdots a_{n\,i_n}$$

であるが，$a_{21} = \cdots = a_{n1} = 0$ であるので，順列 $(i_1, i_2, \ldots, i_n)$ において，$i_2, \ldots, i_n$ のどれかが 1 であれば，$a_{1\,i_1}a_{2\,i_2}\cdots a_{n\,i_n} = 0$ である．したがって，上の和において，順列としては $(1, i_2, \ldots, i_n)$ の形のもののみを考えれば十分である．ゆえに

$$\begin{aligned} \det A &= \sum_{(1,i_2,\ldots,i_n)} \operatorname{sgn}(1, i_2, \ldots, i_n)\, a_{11}a_{2\,i_2}\cdots a_{n\,i_n} \\ &= a_{11}\sum_{(1,i_2,\ldots,i_n)} \operatorname{sgn}(1, i_2, \ldots, i_n)\, a_{2\,i_2}\cdots a_{n\,i_n}. \end{aligned}$$

ところで，順列 $(1, i_2, \ldots, i_n)$ は $2, \ldots, n$ の順列 $(i_2, \ldots, i_n)$ と実質的には同じであり，さらに，$\operatorname{sgn}(1, i_2, \ldots, i_n) = \operatorname{sgn}(i_2, \ldots, i_n)$ であるから

$$\begin{aligned} \sum_{(1,i_2,\ldots,i_n)} \operatorname{sgn}(1, i_2, \ldots, i_n)\, a_{2\,i_2}\cdots a_{n\,i_n} &= \sum_{(i_2,\ldots,i_n)} \operatorname{sgn}(i_2, \ldots, i_n)\, a_{2\,i_2}\cdots a_{n\,i_n} \\ &= \det\begin{bmatrix} a_{22} & a_{23} & \cdots & a_{2n} \\ a_{32} & a_{33} & \cdots & a_{3n} \\ \vdots & \vdots & \ddots & \vdots \\ a_{n2} & a_{n3} & \cdots & a_{nn} \end{bmatrix}. \end{aligned}$$

□

問題 5.2.2　命題 5.2.1 (2)，(3) を証明せよ．

5.3　行列式の性質と計算

この節では行列式の大事な性質を述べ，この性質を用いて行列式の値を求める方法を学ぶ．なお，行列式の性質の証明はこの節の最後にまとめて行う．

定理 5.3.1　n 次正方行列 A の転置行列の行列式は A の行列式に等しい：

$$\det {}^{t}A = \det A. \tag{5.3.1}$$

すなわち，等式

$$\det A = \sum_{(i_1, i_2, \ldots, i_n)} \mathrm{sgn}(i_1, i_2, \ldots, i_n)\, a_{i_1 1} a_{i_2 2} \cdots a_{i_n n}$$

が成り立つ．

この定理と命題 5.2.1 により

系 5.3.2　(1)

$$\det \begin{bmatrix} a_{11} & 0 & \cdots\cdots & & 0 \\ a_{21} & a_{22} & a_{23} & \cdots & a_{2n} \\ a_{31} & a_{32} & a_{33} & \cdots & a_{3n} \\ \vdots & \vdots & \vdots & \ddots & \vdots \\ a_{n1} & a_{n2} & a_{n3} & \cdots & a_{nn} \end{bmatrix} = a_{11} \det \begin{bmatrix} a_{22} & a_{23} & \cdots & a_{2n} \\ a_{32} & a_{33} & \cdots & a_{3n} \\ \vdots & \vdots & \ddots & \vdots \\ a_{n2} & a_{n3} & \cdots & a_{nn} \end{bmatrix}$$

(2)

$$\det \begin{bmatrix} a_{11} & & & \text{\huge 0} \\ a_{21} & a_{22} & & \\ & & \ddots & \\ & * & & a_{nn} \end{bmatrix} = a_{11} a_{22} \cdots a_{nn}$$

(3) n 次正方行列 A の 1 つの列が零ベクトルならば，$\det A = 0$ である．

命題 5.2.1 (3) で述べた，「行」に関する性質が，上の系 (3) では「列」に関する性質になっている．このように，**行列式の性質で行に関する性質は列に関しても成り立ち，その逆も同様である**．

定理 5.3.3 (行に関する多重線形性)　(1) 行列式は行に関して加法的である：

$$\det\begin{bmatrix} \boldsymbol{a}'_1 \\ \vdots \\ \boldsymbol{a}'_i + \boldsymbol{b}'_i \\ \vdots \\ \boldsymbol{a}'_n \end{bmatrix} = \det\begin{bmatrix} \boldsymbol{a}'_1 \\ \vdots \\ \boldsymbol{a}'_i \\ \vdots \\ \boldsymbol{a}'_n \end{bmatrix} + \det\begin{bmatrix} \boldsymbol{a}'_1 \\ \vdots \\ \boldsymbol{b}'_i \\ \vdots \\ \boldsymbol{a}'_n \end{bmatrix}.$$

(2) 1 つの行を c 倍した行列式はもとの行列式の c 倍に等しい：

$$\det\begin{bmatrix} \boldsymbol{a}'_1 \\ \vdots \\ c\boldsymbol{a}'_i \\ \vdots \\ \boldsymbol{a}'_n \end{bmatrix} = c\det\begin{bmatrix} \boldsymbol{a}'_1 \\ \vdots \\ \boldsymbol{a}'_i \\ \vdots \\ \boldsymbol{a}'_n \end{bmatrix}.$$

定理 5.3.4　(1) 行列式において 2 つの行が等しければ，行列式の値は 0 である．

$$\det\begin{bmatrix} \boldsymbol{a}'_1 \\ \vdots \\ \boldsymbol{b}' \\ \vdots \\ \boldsymbol{b}' \\ \vdots \\ \boldsymbol{a}'_n \end{bmatrix} = 0.$$

(2) 行列式において，ある行に他の行の定数倍を加えても行列式の値は変わらない．($i < j$ とし，第 i 行に第 j 行の c 倍を加えると)

$$\det\begin{bmatrix} \boldsymbol{a}'_1 \\ \vdots \\ \boldsymbol{a}'_i + c\boldsymbol{a}'_j \\ \vdots \\ \boldsymbol{a}'_j \\ \vdots \\ \boldsymbol{a}'_n \end{bmatrix} = \det\begin{bmatrix} \boldsymbol{a}'_1 \\ \vdots \\ \boldsymbol{a}'_i \\ \vdots \\ \boldsymbol{a}'_j \\ \vdots \\ \boldsymbol{a}'_n \end{bmatrix}.$$

定理 5.3.5 (行に関する交代性) 行列式において 2 つの行を入れ換えると行列式は (-1) 倍される．（$i < j$ とし，第 i 行と第 j 行を入れ換えると）

$$\det\begin{bmatrix} \boldsymbol{a}'_1 \\ \vdots \\ \boldsymbol{a}'_j \\ \vdots \\ \boldsymbol{a}'_i \\ \vdots \\ \boldsymbol{a}'_n \end{bmatrix} = -\det\begin{bmatrix} \boldsymbol{a}'_1 \\ \vdots \\ \boldsymbol{a}'_i \\ \vdots \\ \boldsymbol{a}'_j \\ \vdots \\ \boldsymbol{a}'_n \end{bmatrix}.$$

系 5.3.6 順列 $(i_1, i_2, \ldots, i_n)$ に対して

$$\det\begin{bmatrix} \boldsymbol{a}'_{i_1} \\ \boldsymbol{a}'_{i_2} \\ \vdots \\ \boldsymbol{a}'_{i_n} \end{bmatrix} = \operatorname{sgn}(i_1, i_2, \ldots, i_n)\det\begin{bmatrix} \boldsymbol{a}'_1 \\ \boldsymbol{a}'_2 \\ \vdots \\ \boldsymbol{a}'_n \end{bmatrix}.$$

問題 5.3.1 $A = \begin{bmatrix} a_{11} & a_{12} & a_{13} \\ a_{21} & a_{22} & a_{23} \\ a_{31} & a_{32} & a_{33} \end{bmatrix} = \begin{bmatrix} \boldsymbol{a}'_1 \\ \boldsymbol{a}'_2 \\ \boldsymbol{a}'_3 \end{bmatrix}$ の行列式について次を確かめよ．

(1) $\det {}^tA = \det A$.

(2) $\det\begin{bmatrix} \boldsymbol{a}'_1 \\ \boldsymbol{a}'_2 \\ c\boldsymbol{a}'_3 \end{bmatrix} = c\det\begin{bmatrix} \boldsymbol{a}'_1 \\ \boldsymbol{a}'_2 \\ \boldsymbol{a}'_3 \end{bmatrix}$

(3) 3 次行ベクトル $\boldsymbol{b}'_2 = [b_{21}, b_{22}, b_{23}]$ について $\det\begin{bmatrix} \boldsymbol{a}'_1 \\ \boldsymbol{a}'_2 + \boldsymbol{b}'_2 \\ \boldsymbol{a}'_3 \end{bmatrix} = \det\begin{bmatrix} \boldsymbol{a}'_1 \\ \boldsymbol{a}'_2 \\ \boldsymbol{a}'_3 \end{bmatrix} + \det\begin{bmatrix} \boldsymbol{a}'_1 \\ \boldsymbol{b}'_2 \\ \boldsymbol{a}'_3 \end{bmatrix}$

(4) $\det\begin{bmatrix} \boldsymbol{a}'_1 \\ \boldsymbol{a}'_3 \\ \boldsymbol{a}'_2 \end{bmatrix} = -\det\begin{bmatrix} \boldsymbol{a}'_1 \\ \boldsymbol{a}'_2 \\ \boldsymbol{a}'_3 \end{bmatrix}$

(5) $\det\begin{bmatrix} \boldsymbol{a}'_1 + c\,\boldsymbol{a}'_3 \\ \boldsymbol{a}'_2 \\ \boldsymbol{a}'_3 \end{bmatrix} = \det\begin{bmatrix} \boldsymbol{a}'_1 \\ \boldsymbol{a}'_2 \\ \boldsymbol{a}'_3 \end{bmatrix}$

これらの性質によれば，**行に関する基本変形を用いて行列式を計算できる**ことがわかる．

例題 5.3.1 次の行列の行列式の値を求めよ．（因数分解できるときは因数分解せよ）

(1) $A = \begin{bmatrix} 0 & 1 & 1 & 3 \\ 1 & 1 & -2 & 4 \\ 2 & -1 & 1 & 0 \\ 3 & 1 & 2 & 5 \end{bmatrix}$　　(2) $B = \begin{bmatrix} a & a & a & a \\ x & b & b & b \\ x & y & c & c \\ x & y & z & d \end{bmatrix}$

解答　(1)

$$
\begin{aligned}
\det \begin{bmatrix} 0 & 1 & 1 & 3 \\ 1 & 1 & -2 & 4 \\ 2 & -1 & 1 & 0 \\ 3 & 1 & 2 & 5 \end{bmatrix} &= -\det \begin{bmatrix} 1 & 1 & -2 & 4 \\ 0 & 1 & 1 & 3 \\ 2 & -1 & 1 & 0 \\ 3 & 1 & 2 & 5 \end{bmatrix} && \left(\text{第 1 行と第 2 行を入れ換える}\right) \\
&= -\det \begin{bmatrix} 1 & 1 & -2 & 4 \\ 0 & 1 & 1 & 3 \\ 0 & -3 & 5 & -8 \\ 0 & -2 & 8 & -7 \end{bmatrix} && \left(\text{第 1 列の第 2 行目以下を 0 にする}\right) \\
&= -\det \begin{bmatrix} 1 & 1 & -2 & 4 \\ 0 & 1 & 1 & 3 \\ 0 & 0 & 8 & 1 \\ 0 & 0 & 10 & -1 \end{bmatrix} && \left(\text{第 2 列の第 3 行目以下を 0 にする}\right) \\
&= -1 \cdot 1 \cdot \det \begin{bmatrix} 8 & 1 \\ 10 & -1 \end{bmatrix} && \left(\text{命題 5.2.1 (1) を 2 回用いる}\right) \\
&= -(-18) \\
&= 18.
\end{aligned}
$$

(2)

$$
\begin{aligned}
\det \begin{bmatrix} a & a & a & a \\ x & b & b & b \\ x & y & c & c \\ x & y & z & d \end{bmatrix} &= a \det \begin{bmatrix} 1 & 1 & 1 & 1 \\ x & b & b & b \\ x & y & c & c \\ x & y & z & d \end{bmatrix} && \left(\text{第 1 行に定理 5.3.3 (2) を適用して } a \text{ を括り出す}\right) \\
&= a \det \begin{bmatrix} 1 & 1 & 1 & 1 \\ 0 & b-x & b-x & b-x \\ 0 & y-x & c-x & c-x \\ 0 & y-x & z-x & d-x \end{bmatrix} && \left(\text{第 1 列の第 2 行目以下を 0 にする}\right) \\
&= a(b-x) \det \begin{bmatrix} 1 & 1 & 1 & 1 \\ 0 & 1 & 1 & 1 \\ 0 & y-x & c-x & c-x \\ 0 & y-x & z-x & d-x \end{bmatrix} && \left(\text{第 2 行に定理 5.3.3 (2) を適用して } b-x \text{ を括り出す}\right)
\end{aligned}
$$

$$= a(b-x)\det\begin{bmatrix} 1 & 1 & 1 & 1 \\ 0 & 1 & 1 & 1 \\ 0 & 0 & c-y & c-y \\ 0 & 0 & z-y & d-y \end{bmatrix}$$ (第 2 列の第 3 行目以下を 0 にする)

$$= a(b-x)(c-y)\det\begin{bmatrix} 1 & 1 & 1 & 1 \\ 0 & 1 & 1 & 1 \\ 0 & 0 & 1 & 1 \\ 0 & 0 & z-y & d-y \end{bmatrix}$$ (第 3 行に定理 5.3.3 (2) を適用して $c-y$ を括り出す)

$$= a(b-x)(c-y)\det\begin{bmatrix} 1 & 1 & 1 & 1 \\ 0 & 1 & 1 & 1 \\ 0 & 0 & 1 & 1 \\ 0 & 0 & 0 & d-z \end{bmatrix}$$ ((4, 3) 成分を 0 にする)

$$= a(b-x)(c-y)(d-z).$$ (命題 5.2.1 (2))

□

問題 5.3.2 次の行列式の値を求めよ．(因数分解できる場合は因数分解すること)

(1) $\begin{bmatrix} 2 & 2 & 4 & 5 \\ -1 & 1 & 2 & 1 \\ 3 & -1 & 1 & 0 \\ 0 & 1 & 2 & 1 \end{bmatrix}$ (2) $\begin{bmatrix} 0 & a & b & c \\ a & 0 & c & b \\ b & c & 0 & a \\ c & b & a & 0 \end{bmatrix}$ (3) $\begin{bmatrix} 1 & 1 & 1 & 1 \\ a & b & c & a+b \\ b & c & a & c \\ c & a & b & 0 \end{bmatrix}$

定理 5.3.1 により，行列式の行に関する性質は「行」を「列」に置き換えて成立する．行に関する性質，定理 5.3.3，5.3.4，5.3.5，系 5.3.6 を列に関する性質に直すと次のようになる．

定理 5.3.7 (列に関する多重線形性) (1) 行列式は列に関して加法的である．

$$\det\left[\boldsymbol{a}_1 \cdots \boldsymbol{a}_j + \boldsymbol{b}_j \cdots \boldsymbol{a}_n\right] = \det\left[\boldsymbol{a}_1 \cdots \boldsymbol{a}_j \cdots \boldsymbol{a}_n\right] + \det\left[\boldsymbol{a}_1 \cdots \boldsymbol{b}_j \cdots \boldsymbol{a}_n\right].$$

(2) 1 つの列を c 倍した行列式はもとの行列式の c 倍に等しい．

$$\det\left[\boldsymbol{a}_1 \cdots c\boldsymbol{a}_j \cdots \boldsymbol{a}_n\right] = c\det\left[\boldsymbol{a}_1 \cdots \boldsymbol{a}_j \cdots \boldsymbol{a}_n\right].$$

定理 5.3.8 (1) 行列式において 2 つの列が等しければ，行列式の値は 0 である．

$$\det\left[\boldsymbol{a}_1 \cdots \boldsymbol{b} \cdots \boldsymbol{b} \cdots \boldsymbol{a}_n\right] = 0.$$

(2) 行列式において，ある列に他の列の定数倍を加えても行列式の値は変わらない．($i < j$ とし，第 i 列に第 j 列の c 倍を加えると)

$$\det\left[\boldsymbol{a}_1 \cdots \boldsymbol{a}_i + c\boldsymbol{a}_j \cdots \boldsymbol{a}_j \cdots \boldsymbol{a}_n\right] = \det\left[\boldsymbol{a}_1 \cdots \boldsymbol{a}_i \cdots \boldsymbol{a}_j \cdots \boldsymbol{a}_n\right].$$

定理 5.3.9 (列に関する交代性) 2 つの列ベクトルを入れ換えると行列式は (-1) 倍される．（$i < j$ とし，第 i 列と第 j 列を入れ換えると）

$$\begin{aligned}&\det\left[\boldsymbol{a}_1 \cdots \boldsymbol{a}_{i-1}\, \boldsymbol{a}_j\, \boldsymbol{a}_{i+1} \cdots \boldsymbol{a}_{j-1}\, \boldsymbol{a}_i\, \boldsymbol{a}_{j+1} \cdots \boldsymbol{a}_n\right]\\ &= -\det\left[\boldsymbol{a}_1 \cdots \boldsymbol{a}_i \cdots \boldsymbol{a}_j \cdots \boldsymbol{a}_n\right].\end{aligned}$$

系 5.3.10 順列 $(i_1, i_2, \ldots, i_n)$ に対して

$$\det\left[\boldsymbol{a}_{i_1}\, \boldsymbol{a}_{i_2} \cdots \boldsymbol{a}_{i_n}\right] = \operatorname{sgn}(i_1, i_2, \ldots, i_n) \det\left[\boldsymbol{a}_1\, \boldsymbol{a}_2 \cdots \boldsymbol{a}_n\right].$$

例題 5.3.2 行列式 $\det\begin{bmatrix}1 & 1 & 1 & 1\\ x & y & z & w\\ x^2 & y^2 & z^2 & w^2\\ x^3 & y^3 & z^3 & w^3\end{bmatrix}$ の値を求めよ．

解答

$$\det\begin{bmatrix}1 & 1 & 1 & 1\\ x & y & z & w\\ x^2 & y^2 & z^2 & w^2\\ x^3 & y^3 & z^3 & w^3\end{bmatrix}$$

$$= \det\begin{bmatrix}1 & 1 & 1 & 1\\ 0 & y-x & z-x & w-x\\ 0 & y^2-yx & z^2-zx & w^2-wx\\ 0 & y^3-y^2x & z^3-z^2x & w^3-w^2x\end{bmatrix}$$

（第 4 行に第 3 行の $(-x)$ 倍を加えた　第 3 行に第 2 行の $(-x)$ 倍を加えた　第 2 行に第 1 行の $(-x)$ 倍を加えた）

$$= \det\begin{bmatrix}y-x & z-x & w-x\\ y^2-yx & z^2-zx & w^2-wx\\ y^3-y^2x & z^3-z^2x & w^3-w^2x\end{bmatrix}$$

（命題 5.2.1 (1) による）

$$= (y-x)(z-x)(w-x)\det\begin{bmatrix}1 & 1 & 1\\ y & z & w\\ y^2 & z^2 & w^2\end{bmatrix}$$

（第 1 列，第 2 列，第 3 列に定理 5.3.7 (2) を適用して $y-x, z-x, w-x$ を括り出した）

$$= (y-x)(z-x)(w-x)\det\begin{bmatrix}1 & 1 & 1\\ 0 & z-y & w-y\\ 0 & z^2-yz & w^2-yw\end{bmatrix}$$

（第 3 行に第 2 行の $(-y)$ 倍を加えた　第 2 行に第 1 行の $(-y)$ 倍を加えた）

$$= (y-x)(z-x)(w-x)\det\begin{bmatrix} z-y & w-y \\ z^2-yz & w^2-yw \end{bmatrix} \quad \text{(命題 5.2.1 (1) による)}$$

$$= (y-x)(z-x)(w-x)(z-y)(w-y)\det\begin{bmatrix} 1 & 1 \\ z & w \end{bmatrix} \quad \left(\begin{array}{l}\text{第 1 列, 第 2 列に定理 5.3.7} \\ \text{(2) を適用して } z-y,\ w-y \\ \text{を括り出した}\end{array}\right)$$

$$= (y-x)(z-x)(w-x)(z-y)(w-y)(w-z).$$

□

例 5.3.1 (1) 次の等式が成り立つ.

$$\det\begin{bmatrix} a_{11} & \dots & a_{1\,n-1} & 0 \\ \vdots & \ddots & \vdots & \vdots \\ a_{n-1\,1} & \dots & a_{n-1\,n-1} & 0 \\ a_{n\,1} & \dots & a_{n-1\,n-1} & a_{n\,n} \end{bmatrix} = a_{n\,n}\det\begin{bmatrix} a_{11} & \dots & a_{1\,n-1} \\ \vdots & \ddots & \vdots \\ a_{n-1\,1} & \dots & a_{n-1\,n-1} \end{bmatrix}.$$

これは，左辺の行列式の第 n 行を順次上の行と入れ換え，さらに，第 n 列を順次左の列と入れ換えると，命題 5.2.1 (1) の型の行列式になることおよび，この行の入れ換えと列の入れ換えは全部で $2(n-1)$ 回であるから，行列式の値は変わらないことからわかる．

(2) 転置行列を考えることにより，(1) から次の等式が成り立つことがわかる．

$$\det\begin{bmatrix} a_{11} & \dots & a_{1\,n-1} & a_{1\,n} \\ \vdots & \ddots & \vdots & \vdots \\ a_{n-1\,1} & \dots & a_{n-1\,n-1} & a_{n-1\,n} \\ 0 & \dots & 0 & a_{n\,n} \end{bmatrix} = a_{n\,n}\det\begin{bmatrix} a_{11} & \dots & a_{1\,n-1} \\ \vdots & \ddots & \vdots \\ a_{n-1\,1} & \dots & a_{n-1\,n-1} \end{bmatrix}.$$

問題 5.3.3 行や列に基本変形を施すことによって，次の行列式の値を求めよ．(因数分解できる場合は因数分解すること)

(1) $\begin{bmatrix} 3 & 2 & 3 & -2 \\ 3 & -3 & 1 & 3 \\ 3 & 3 & 1 & -4 \\ 2 & -2 & 4 & 2 \end{bmatrix}$ (2) $\begin{bmatrix} 1 & 2 & 0 & 2 \\ -1 & 3 & 1 & 3 \\ -1 & 1 & 1 & 4 \\ 2 & 5 & 2 & 4 \end{bmatrix}$ (3) $\begin{bmatrix} a & b & b \\ b & a & b \\ b & b & a \end{bmatrix}$ (4) $\begin{bmatrix} -2a^2 & ab & ca \\ ab & 2b^2 & bc \\ ca & bc & -c^2 \end{bmatrix}$

(5) $\begin{bmatrix} 1 & 1 & 1 & 1 \\ a & b & c & d \\ a^2 & b^2 & c^2 & d^2 \\ a^4 & b^4 & c^4 & d^4 \end{bmatrix}$ (6) $\begin{bmatrix} 1+a & a & a & a \\ b & 1+b & b & b \\ c & c & 1+c & c \\ d & d & d & 1+d \end{bmatrix}$

行列式の意義のひとつは，n 次正方行列が正則であることを行列式の値を調べることによって判定できることである．以下，これを説明しよう．さて，n 次正方行列が正則であることはその行列の階数が n であることと同値であった．n 次正方行列 A に対して

- 2 つの行を入れ換える
- 1 つの行に他の行の定数倍を加える

という操作を繰り返すことによって，階段行列に変形できるのであった．これらの操作を A に施して得られる行列を A_1 とすると，A_1 の行列式の値は次のようになる：

$$\det A_1 = \begin{cases} -\det A & 2\text{ つの行を入れ換えた場合} \\ \det A & 1\text{ つの行に他の行の定数倍を加えた場合} \end{cases}.$$

よって，この 2 つの行基本変形を繰り返すことによって得られた階段行列を S とおくと

$$\det S = \det A \text{ または } \det S = -\det A$$

が成り立つ．

A が正則ならば，A の階数は n である．A の階数が n であるということは，階段行列 S が三角行列

$$\begin{bmatrix} t_{11} & t_{12} & \cdots\cdots & & t_{1n} \\ 0 & t_{22} & \cdots\cdots & & t_{2n} \\ 0 & 0 & t_{33} & \cdots & t_{3n} \\ \vdots & \vdots & \ddots & \ddots & \vdots \\ 0 & 0 & \cdots & 0 & t_{nn} \end{bmatrix}$$

の形であって，どの対角成分も 0 でないということである．命題 5.2.1 (2) により，$\det S \neq 0$ が得られる．ゆえに，$\det A \neq 0$ であることがわかる．

次に，A が正則でないならば，$\operatorname{rank} A < n$ である．したがって，得られた階段行列 S の第 n 行は零ベクトルである．命題 5.2.1 (3) により，$\det S = 0$ である．したがって，$\det A = 0$ であることがわかる．

定理 5.3.11 n 次正方行列 A について

$$\begin{aligned} A \text{ は正則である} &\iff \operatorname{rank} A = n \\ &\iff \det A \neq 0. \end{aligned}$$

この定理により，例えば，例題 5.3.2 の行列は，x, y, z, w のどの 2 つも等しくないときに限り正則であることがわかる．

系 5.3.12 n 次正方行列 A について

$$\begin{aligned} \operatorname{rank} A < n &\iff \det A = 0 \\ &\iff A \text{ を係数行列とする斉次連立 1 次方程式 } A\boldsymbol{x} = \boldsymbol{0} \text{ は自明でない解をもつ}. \end{aligned}$$

例題 5.3.3 a を文字定数とする．斉次連立 1 次方程式

$$\begin{cases} ax_1 + \ \ x_2 + \ \ x_3 = 0 \\ \ \ x_1 + ax_2 - \ \ x_3 = 0 \\ \ \ x_1 - \ \ x_2 + ax_3 = 0 \end{cases}$$

が自明でない解をもつように定数 a の値を定め，a の値に対して自明でない解のベクトルを求めよ．

解答 自明でない解をもつためには係数行列の行列式の値が 0 であることが必要十分である．

$$\det\begin{bmatrix} a & 1 & 1 \\ 1 & a & -1 \\ 1 & -1 & a \end{bmatrix} = -\det\begin{bmatrix} 1 & a & -1 \\ a & 1 & 1 \\ 1 & -1 & a \end{bmatrix} \quad \begin{pmatrix}\text{第 1 行と第 2 行を入} \\ \text{れ換えた}\end{pmatrix}$$

$$= -\det\begin{bmatrix} 1 & a & -1 \\ 0 & 1-a^2 & 1+a \\ 0 & -1-a & 1+a \end{bmatrix} \quad \begin{pmatrix}\text{第 1 列の第 2 行目以} \\ \text{下を 0 にした}\end{pmatrix}$$

$$= -(1+a)^2\det\begin{bmatrix} 1 & a & -1 \\ 0 & 1-a & 1 \\ 0 & -1 & 1 \end{bmatrix} \quad \begin{pmatrix}\text{第 2 行，第 3 行に定} \\ \text{理 5.3.3 (2) を適用し} \\ \text{て } 1+a \text{ を括り出した}\end{pmatrix}$$

$$= (1+a)^2\det\begin{bmatrix} 1 & a & -1 \\ 0 & -1 & 1 \\ 0 & 1-a & 1 \end{bmatrix} \quad \begin{pmatrix}\text{第 2 行と第 3 行を入} \\ \text{れ換えた}\end{pmatrix}$$

$$= (1+a)^2\det\begin{bmatrix} 1 & a & -1 \\ 0 & -1 & 1 \\ 0 & 0 & 2-a \end{bmatrix} \quad (\text{(3, 2) 成分を 0 にした})$$

$$= (1+a)^2\cdot(-1)\cdot(2-a) = (a-2)(a+1)^2$$

であるから，係数行列の行列式が 0 となる a は $a = 2, -1$ である．

これらの a の値に対して，自明でない解を求める．行列式の値を求める上の計算の第 2 行を見れば，行基本形により

$$\begin{bmatrix} a & 1 & 1 \\ 1 & a & -1 \\ 1 & -1 & a \end{bmatrix} \to \begin{bmatrix} 1 & a & -1 \\ 0 & 1-a^2 & 1+a \\ 0 & -1-a & 1+a \end{bmatrix}$$

と変形されることがわかる．この右側の行列を B とおく．

(1) $a = -1$ のとき，$B = \begin{bmatrix} 1 & -1 & -1 \\ 0 & 0 & 0 \\ 0 & 0 & 0 \end{bmatrix}$ である．この行列を係数行列とする斉次連立 1 次方程式は

$$x_1 - x_2 - x_3 = 0$$

である．解のベクトルは（$x_2 = s$，$x_3 = t$ とおいて）

$$\begin{bmatrix} x_1 \\ x_2 \\ x_3 \end{bmatrix} = s\begin{bmatrix} 1 \\ 1 \\ 0 \end{bmatrix} + t\begin{bmatrix} 1 \\ 0 \\ 1 \end{bmatrix} \quad (s, t \text{ は任意の実数}).$$

(2) $a = 2$ のとき，$B = \begin{bmatrix} 1 & 2 & -1 \\ 0 & -3 & 3 \\ 0 & -3 & 3 \end{bmatrix}$ である．B を簡約階段行列に変形すると

$$\begin{bmatrix} 1 & 2 & -1 \\ 0 & -3 & 3 \\ 0 & -3 & 3 \end{bmatrix} \xrightarrow[\text{第 2 行を }\left(-\frac{1}{3}\right)\text{ 倍する}]{\text{第 3 行に第 2 行の }(-1)\text{ 倍を加える}} \begin{bmatrix} 1 & 2 & -1 \\ 0 & 1 & -1 \\ 0 & 0 & 0 \end{bmatrix}$$

$$\xrightarrow{\text{第 1 行に第 2 行の }(-2)\text{ 倍を加える}} \begin{bmatrix} 1 & 0 & 1 \\ 0 & 1 & -1 \\ 0 & 0 & 0 \end{bmatrix}.$$

この行列を係数行列とする斉次連立 1 次方程式は

$$\begin{cases} x_1 \quad + x_3 = 0 \\ \quad x_2 - x_3 = 0 \end{cases}$$

である．解のベクトルは（$x_3 = t$ とおいて）

$$\begin{bmatrix} x_1 \\ x_2 \\ x_3 \end{bmatrix} = t\begin{bmatrix} -1 \\ 1 \\ 1 \end{bmatrix} \quad (t \text{ は任意の実数}).$$

□

問題 5.3.4 次の斉次連立 1 次方程式が自明でない解をもつように定数 a の値を定め，a の値に対して自明でない解のベクトルを求めよ．

(1) $\begin{cases} ax_1 + 2x_2 - x_3 = 0 \\ x_1 + ax_2 - 2x_3 = 0 \\ -x_1 - 2x_2 + ax_3 = 0 \end{cases}$　(2) $\begin{cases} ax_1 + 9x_2 - 3x_3 = 0 \\ 4x_1 + ax_2 + 2x_3 = 0 \\ -12x_1 + 18x_2 + ax_3 = 0 \end{cases}$　(3) $\begin{cases} ax_1 + 2x_2 - x_3 = 0 \\ 2x_1 + ax_2 + x_3 = 0 \\ x_1 - 3x_2 + ax_3 = 0 \end{cases}$

行列の積の行列式は行列式の積である．すなわち

定理 5.3.13 n 次正方行列 A, B について

$$\det(AB) = \det A \det B. \tag{5.3.2}$$

例 5.3.2 r 次正方行列 A と s 次正方行列 B，(s,r) 行列 C について等式

$$\det\left[\begin{array}{c|c} A & O_{r,s} \\ \hline C & B \end{array}\right] = \det A \det B$$

が成り立つことを示そう．行列

$$X = \left[\begin{array}{c|c} A & O_{r,s} \\ \hline O_{s,r} & E_s \end{array}\right], \quad Y = \left[\begin{array}{c|c} E_r & O_{r,s} \\ \hline C & B \end{array}\right]$$

をつくる．X の右上の $O_{r,s}$ は (r,s) 型の零行列であり，左下の $O_{s,r}$ は (s,r) 型の零行列である．$n = r+s$ とおく．例 5.3.1 (1) を繰り返し適用することによって，$\det X = \det A$ であることがわかる．次に，系 5.3.2 (1) を繰り返し適用することによって，$\det Y = \det B$ であることがわかる．さて，等式

$$\left[\begin{array}{c|c} A & O_{r,s} \\ \hline O_{s,r} & E_s \end{array}\right]\left[\begin{array}{c|c} E_r & O_{r,s} \\ \hline C & B \end{array}\right] = \left[\begin{array}{c|c} A & O_{r,s} \\ \hline C & B \end{array}\right]$$

が成り立つから，両辺の行列式をとって所要の等式が得られる．

例 5.3.3 n 次正方行列 A が正則であるとき，等式 $A \cdot A^{-1} = E_n$ の両辺の行列式をとって，$\det A \cdot \det A^{-1} = \det E_n = 1$ を得る．したがって，

$$\det A^{-1} = \frac{1}{\det A}.$$

問題 5.3.5 次の行列 A，B について，行列式 $\det A$，$\det B$，$\det(AB)$，$\det(BA)$ の値を求めよ．

$$A = \begin{bmatrix} 2 & -1 & 4 \\ 1 & 2 & 0 \\ -1 & 3 & 1 \end{bmatrix}, \qquad B = \begin{bmatrix} 1 & 0 & 2 \\ 2 & -2 & 3 \\ 1 & 3 & 5 \end{bmatrix}$$

問題 5.3.6 P を n 次正則行列，A を n 次正方行列とする．等式 $\det(PAP^{-1}) = \det A$ が成り立つことを示せ．

注意 行列としては PAP^{-1} と A は一致するとは限らないが，これらの行列式は等しいのである．

諸性質の証明

以下では $A = \left[a_{ij}\right]$ とおく．

定理 5.3.1 の証明 この証明のため，順列について新しい概念を用意する．順列 $\sigma = (i_1, i_2, \ldots, i_n)$ に対して，$i_k = s$ のとき，s 番目に k をおいて新しい順列をつくる．その順列を σ^* と書く．すなわち，$\sigma^* = (j_1, j_2, \ldots, j_n)$ と表すと

$$i_k = s \Longleftrightarrow j_s = k.$$

5.1 節の例 $\sigma = (7, 2, 3, 5, 4, 1, 6)$ では

$$\sigma^* = (6, 2, 3, 5, 4, 7, 1)$$

である.

また

$$(\sigma^*)^* = \sigma, \quad \sigma \neq \tau \Longrightarrow \sigma^* \neq \tau^*$$

が成り立つ.

命題 5.3.14 σ と σ^* の転倒の個数は等しい. 特に, 符号数は一致する.

実際, 上の例で, σ^* の転倒は

$$\begin{aligned}&(7, 1),\\&(6, 2), (6, 3), (6, 5), (6, 4), (6, 1),\\&(5, 4), (5, 1),\\&(4, 1),\\&(3, 1),\\&(2, 1)\end{aligned}$$

であり, 転倒の個数は 11 個である.

一般論としては, σ における $(i_k, i_l) = (s, t)$ という転倒 $(k < l,\ s > t)$ は σ^* においては $(j_t, j_s) = (l, k)$ という転倒になるのである. したがって, σ と σ^* の転倒の個数は等しい.

$$\det {}^tA = \sum_{(i_1, i_2, \ldots, i_n)} \operatorname{sgn}(i_1, i_2, \ldots, i_n)\, a_{i_1 1} a_{i_2 2} \cdots a_{i_n n}$$

である. 順列 $\sigma = (i_1, i_2, \ldots, i_n)$ に対して $\sigma^* = (j_1, j_2, \ldots, j_n)$ とおき, 積 $a_{i_1 1} a_{i_2 2} \cdots a_{i_n n}$ の各因子を第 1 行の成分, 第 2 行の成分, …, 第 n 行の成分の順に並べ直すと

$$a_{i_1 1} a_{i_2 2} \cdots a_{i_n n} = a_{1 j_1} a_{2 j_2} \cdots a_{n j_n}$$

となる. また, 命題 5.3.14 により, $\operatorname{sgn} \sigma = \operatorname{sgn} \sigma^*$ であるから

$$\begin{aligned}\det {}^tA &= \sum_{(i_1, i_2, \ldots, i_n)} \operatorname{sgn}(i_1, i_2, \ldots, i_n)\, a_{i_1 1} a_{i_2 2} \cdots a_{i_n n}\\&= \sum_{(i_1, i_2, \ldots, i_n)} \operatorname{sgn}(i_1, i_2, \ldots, i_n)^*\, a_{1 j_1} a_{2 j_2} \cdots a_{n\, j_n} a_{i_n n}\\&= \sum_{(j_1, j_2, \ldots, j_n)} \operatorname{sgn}(j_1, j_2, \ldots, j_n)\, a_{1\, j_1} a_{2\, j_2} \cdots a_{n\, j_n} a_{i_n n}\\&= \det A.\end{aligned}$$

□

定理 5.3.3 の証明　(1) $\boldsymbol{b}'_i = (b_{i1}, \dots, b_{in})$ とおくと

$$\det \begin{bmatrix} \boldsymbol{a}'_1 \\ \vdots \\ \boldsymbol{a}'_i + \boldsymbol{b}'_i \\ \vdots \\ \boldsymbol{a}'_n \end{bmatrix} = \sum_{(k_1,k_2,\dots,k_n)} \operatorname{sgn}(k_1, k_2, \dots, k_n)\, a_{1\,k_1} \cdots (a_{i\,k_i} + b_{i\,k_i}) \cdots a_{n\,k_n}$$

$$= \sum_{(k_1,k_2,\dots,k_n)} \operatorname{sgn}(k_1, k_2, \dots, k_n)\, a_{1\,k_1} \cdots a_{i\,k_i} \cdots a_{n\,k_n} + \sum_{(k_1,k_2,\dots,k_n)} \operatorname{sgn}(k_1, k_2, \dots, k_n)\, a_{1\,k_1} \cdots b_{i\,k_i} \cdots a_{n\,k_n}$$

$$= \det \begin{bmatrix} \boldsymbol{a}'_1 \\ \vdots \\ \boldsymbol{a}'_i \\ \vdots \\ \boldsymbol{a}'_n \end{bmatrix} + \det \begin{bmatrix} \boldsymbol{a}'_1 \\ \vdots \\ \boldsymbol{b}'_i \\ \vdots \\ \boldsymbol{a}'_n \end{bmatrix}.$$

(2)

$$\det \begin{bmatrix} \boldsymbol{a}'_1 \\ \vdots \\ c\boldsymbol{a}'_i \\ \vdots \\ \boldsymbol{a}'_n \end{bmatrix} = \sum_{(k_1,k_2,\dots,k_n)} \operatorname{sgn}(k_1, k_2, \dots, k_n)\, a_{1\,k_1} \cdots (ca_{i\,k_i}) \cdots a_{n\,k_n}$$

$$= c\left(\sum_{(k_1,k_2,\dots,k_n)} \operatorname{sgn}(k_1, k_2, \dots, k_n)\, a_{1\,k_1} \cdots a_{i\,k_i} \cdots a_{n\,k_n} \right)$$

$$= c \det \begin{bmatrix} \boldsymbol{a}'_1 \\ \vdots \\ \boldsymbol{a}'_i \\ \vdots \\ \boldsymbol{a}'_n \end{bmatrix}.$$

□

定理 5.3.4 の証明　(1) $\boldsymbol{a}'_k = \boldsymbol{a}'_l$ とする．$\sigma = (i_1, i_2, \dots, i_n)$ が偶順列ならば，これに互換 $T(k, l)$ を施した順列 $\sigma' = (i'_1, i'_2, \dots, i'_n)$ は奇順列である．σ が偶順列のすべてをとるとき，σ' は奇順列のすべてとなる．よって，行列式は

$$\det A = \det {}^t\!A = \sum_{(i_1, i_2, \dots, i_n)\ \text{は順列}} \operatorname{sgn}(i_1, i_2, \dots, i_n) a_{i_1 1} a_{i_2 2} \cdots a_{i_n n}$$

$$= \sum_{(i_1, i_2, \ldots, i_n)\text{ は偶順列}} \left(\operatorname{sgn}(i_1, i_2, \ldots, i_n) a_{i_1 1} a_{i_2 2} \cdots a_{i_n n} + \operatorname{sgn}(i'_1, i'_2, \ldots, i'_n) a_{i'_1 1} a_{i'_2 2} \cdots a_{i'_n n}\right)$$

と書き直される．ところで，順列 σ において $i_s = k, i_t = l$ とおくと $\sigma' = (i'_1, i'_2, \ldots, i'_n)$ は $\sigma = (i_1, i_2, \ldots, i_n)$ の i_s と i_t を入れ換えたものである．よって

$$a_{i'_1 1} a_{i'_2 2} \cdots a_{i'_n n} = a_{i_1 1} \cdots a_{i_t s} \cdots a_{i_s t} \cdots a_{i_n n} = a_{i_1 1} \cdots a_{ls} \cdots a_{kt} \cdots a_{i_n n}$$

いま，$\boldsymbol{a}'_k = \boldsymbol{a}'_l$ と仮定しているから，

$$a_{i_1 1} \cdots a_{ls} \cdots a_{kt} \cdots a_{i_n n} = a_{i_1 1} \cdots a_{ks} \cdots a_{lt} \cdots a_{i_n n} = a_{i_1 1} \cdots a_{i_s s} \cdots a_{i_t t} \cdots a_{i_n n}$$

が得られる．まとめると

$$\operatorname{sgn}(i'_1, i'_2, \ldots, i'_n)\, a_{i'_1 1} a_{i'_2 2} \cdots a_{i'_n n} = -\operatorname{sgn}(i_1, i_2, \ldots, i_n)\, a_{i_1 1} \cdots a_{i_s s} \cdots a_{i_t t} \cdots a_{i_n n}.$$

すなわち

$$\begin{aligned}
&\det A \\
&= \sum_{(i_1, i_2, \ldots, i_n)\text{ は偶順列}} \left(\operatorname{sgn}(i_1, i_2, \ldots, i_n)\, a_{i_1 1} a_{i_2 2} \cdots a_{i_n n} + \operatorname{sgn}(i'_1, i'_2, \ldots, i'_n)\, a_{i'_1 1} a_{i'_2 2} \cdots a_{i'_n n}\right) \\
&= \sum_{(i_1, i_2, \ldots, i_n)\text{ は偶順列}} \left(\operatorname{sgn}(i_1, i_2, \ldots, i_n)\, a_{i_1 1} a_{i_2 2} \cdots a_{i_n n} - \operatorname{sgn}(i_1, i_2, \ldots, i_n)\, a_{i_1 1} a_{i_2 2} \cdots a_{i_n n}\right) \\
&= 0.
\end{aligned}$$

(2) 定理 5.3.3 と (1) による．

□

定理 5.3.5 の証明 定理 5.3.4 により次の等式が成り立つ：

$$0 = \det \begin{bmatrix} \boldsymbol{a}'_1 \\ \vdots \\ \boldsymbol{a}'_i + \boldsymbol{a}'_j \\ \vdots \\ \boldsymbol{a}'_i + \boldsymbol{a}'_j \\ \vdots \\ \boldsymbol{a}'_n \end{bmatrix} = \det \begin{bmatrix} \boldsymbol{a}'_1 \\ \vdots \\ \boldsymbol{a}'_i \\ \vdots \\ \boldsymbol{a}'_i \\ \vdots \\ \boldsymbol{a}'_n \end{bmatrix} + \det \begin{bmatrix} \boldsymbol{a}'_1 \\ \vdots \\ \boldsymbol{a}'_i \\ \vdots \\ \boldsymbol{a}'_j \\ \vdots \\ \boldsymbol{a}'_n \end{bmatrix} + \det \begin{bmatrix} \boldsymbol{a}'_1 \\ \vdots \\ \boldsymbol{a}'_j \\ \vdots \\ \boldsymbol{a}'_i \\ \vdots \\ \boldsymbol{a}'_n \end{bmatrix} + \det \begin{bmatrix} \boldsymbol{a}'_1 \\ \vdots \\ \boldsymbol{a}'_j \\ \vdots \\ \boldsymbol{a}'_j \\ \vdots \\ \boldsymbol{a}'_n \end{bmatrix} = \det \begin{bmatrix} \boldsymbol{a}'_1 \\ \vdots \\ \boldsymbol{a}'_i \\ \vdots \\ \boldsymbol{a}'_j \\ \vdots \\ \boldsymbol{a}'_n \end{bmatrix} + \det \begin{bmatrix} \boldsymbol{a}'_1 \\ \vdots \\ \boldsymbol{a}'_j \\ \vdots \\ \boldsymbol{a}'_i \\ \vdots \\ \boldsymbol{a}'_n \end{bmatrix}.$$

□

系 5.3.6 の証明 命題 5.1.1 により，順列 $\sigma = (i_1, i_2, \ldots, i_n)$ の転倒数を N_σ とおくと，σ に N_σ 回の互換を施して順列 $(1, 2, \ldots, n)$ をつくることができる．したがって，行列 $\begin{bmatrix} \boldsymbol{a}'_{i_1} \\ \boldsymbol{a}'_{i_2} \\ \vdots \\ \boldsymbol{a}'_{i_n} \end{bmatrix}$ の 2 つの行を

入れ換えるという操作を N_σ 回施して，行列 $\begin{bmatrix} \boldsymbol{a}'_1 \\ \boldsymbol{a}'_2 \\ \vdots \\ \boldsymbol{a}'_n \end{bmatrix}$ をつくることができる．2 つの行を入れ換えると行列式は (-1) 倍されるから，等式

$$\mathrm{sgn}(i_1, i_2, \ldots, i_n) \det \begin{bmatrix} \boldsymbol{a}'_{i_1} \\ \boldsymbol{a}'_{i_2} \\ \vdots \\ \boldsymbol{a}'_{i_n} \end{bmatrix} = (-1)^{N_\sigma} \det \begin{bmatrix} \boldsymbol{a}'_{i_1} \\ \boldsymbol{a}'_{i_2} \\ \vdots \\ \boldsymbol{a}'_{i_n} \end{bmatrix} = \det \begin{bmatrix} \boldsymbol{a}'_1 \\ \boldsymbol{a}'_2 \\ \vdots \\ \boldsymbol{a}'_n \end{bmatrix}$$

を得る．両辺に $\mathrm{sgn}(i_1, i_2, \ldots, i_n)$ をかければ，所要の等式を得る． □

定理 5.3.13 の証明 行列 B を行ベクトルで表し $B = \begin{bmatrix} \boldsymbol{b}'_1 \\ \vdots \\ \boldsymbol{b}'_n \end{bmatrix}$ とする．このとき

$$AB = \begin{bmatrix} \boldsymbol{a}'_1 B \\ \vdots \\ \boldsymbol{a}'_i B \\ \vdots \\ \boldsymbol{a}'_n B \end{bmatrix} = \begin{bmatrix} a_{11}\boldsymbol{b}'_1 + \cdots + a_{1n}\boldsymbol{b}'_n \\ \vdots \\ a_{i1}\boldsymbol{b}'_1 + \cdots + a_{in}\boldsymbol{b}'_n \\ \vdots \\ a_{n1}\boldsymbol{b}'_1 + \cdots + a_{nn}\boldsymbol{b}'_n \end{bmatrix}$$

であるから，行列式の行に関する多重線形性により

$$\det(AB) = \sum_{k_1=1}^{n} \cdots \sum_{k_n=1}^{n} a_{1\,k_1} a_{2\,k_2} \cdots a_{n\,k_n} \det \begin{bmatrix} \boldsymbol{b}'_{k_1} \\ \boldsymbol{b}'_{k_2} \\ \vdots \\ \boldsymbol{b}'_{k_n} \end{bmatrix}$$

を得る．行列式 $\det \begin{bmatrix} \boldsymbol{b}'_{k_1} \\ \boldsymbol{b}'_{k_2} \\ \vdots \\ \boldsymbol{b}'_{k_n} \end{bmatrix}$ において，どれか 2 つの行が同じならば，この行列式の値は 0 であるから，上の和は，$k_1, \ldots, k_n$ のどの 2 つも異なるような $k_1, \ldots, k_n$ についての和である．$k_1, \ldots, k_n$ のどの 2 つも異なるとき，$(k_1, \ldots, k_n)$ は $1, 2, \ldots, n$ の順列である．したがって，上の和は

$$\sum_{(k_1,\ldots,k_n)} a_{1\,k_1} a_{2\,k_2} \cdots a_{n\,k_n} \det \begin{bmatrix} \boldsymbol{b}'_{k_1} \\ \boldsymbol{b}'_{k_2} \\ \vdots \\ \boldsymbol{b}'_{k_n} \end{bmatrix}$$

となるが，系 5.3.6 により

$$\det \begin{bmatrix} \boldsymbol{b}'_{k_1} \\ \boldsymbol{b}'_{k_2} \\ \vdots \\ \boldsymbol{b}'_{k_n} \end{bmatrix} = \operatorname{sgn}(k_1, \ldots, k_n) \det \begin{bmatrix} \boldsymbol{b}'_1 \\ \boldsymbol{b}'_2 \\ \vdots \\ \boldsymbol{b}'_n \end{bmatrix} = \operatorname{sgn}(k_1, \ldots, k_n) \det B$$

である．よって

$$\begin{aligned} \det(AB) &= \sum_{(k_1,\ldots,k_n)} a_{1\,k_1} a_{2\,k_2} \cdots a_{n\,k_n} \operatorname{sgn}(k_1, \ldots, k_n) \det B \\ &= \left(\sum_{(k_1,\ldots,k_n)} \operatorname{sgn}(k_1, \ldots, k_n)\, a_{1\,k_1} a_{2\,k_2} \cdots a_{n\,k_n} \right) \det B \\ &= \det A \det B. \end{aligned}$$

□

5.4　余因子行列

n 次正方行列 $A = \left[a_{ij} \right]$ の第 i 行を $\boldsymbol{a}'_i$ とおくと，これは基本ベクトルの線形結合として

$$\boldsymbol{a}'_i = a_{i1} \boldsymbol{e}'_1 + a_{i2} \boldsymbol{e}'_2 + \cdots + a_{in} \boldsymbol{e}'_n$$

と表されるから

$$\det A = a_{i1} \det \begin{bmatrix} \boldsymbol{a}'_1 \\ \vdots \\ \boldsymbol{e}'_1 \\ \vdots \\ \boldsymbol{a}'_n \end{bmatrix} + a_{i2} \det \begin{bmatrix} \boldsymbol{a}'_1 \\ \vdots \\ \boldsymbol{e}'_2 \\ \vdots \\ \boldsymbol{a}'_n \end{bmatrix} + \cdots + a_{in} \det \begin{bmatrix} \boldsymbol{a}'_1 \\ \vdots \\ \boldsymbol{e}'_n \\ \vdots \\ \boldsymbol{a}'_n \end{bmatrix}$$

となる．上で，j 番目の項の行列式は第 i 行目が第 j 行基本ベクトル $\boldsymbol{e}'_j$ である．さらに

$$\det \begin{bmatrix} \boldsymbol{a}'_1 \\ \vdots \\ \boldsymbol{e}'_j \\ \vdots \\ \boldsymbol{a}'_n \end{bmatrix} = \det \begin{bmatrix} a_{11} & \cdots & a_{1j} & \cdots & a_{1n} \\ 0 & \cdots & 1 & \cdots & 0 \\ \multicolumn{5}{c}{\cdots\cdots\cdots\cdots\cdots} \\ a_{n1} & \cdots & a_{nj} & \cdots & a_{nn} \end{bmatrix}$$

（第 j 列を順次，左の列と入れ換えて）

$$= (-1)^{j-1} \det \begin{bmatrix} a_{1j} & a_{11} & \cdots & a_{1j-1} & a_{1j+1} & \cdots & a_{1n} \\ & \multicolumn{6}{c}{\cdots\cdots\cdots\cdots\cdots\cdots\cdots\cdots} \\ 1 & 0 & \cdots & 0 & 0 & \cdots & 0 \\ & \multicolumn{6}{c}{\cdots\cdots\cdots\cdots\cdots\cdots\cdots\cdots} \\ a_{nj} & a_{n1} & \cdots & a_{nj-1} & a_{nj+1} & \cdots & a_{nn} \end{bmatrix}$$

（第 i 行を順次，上の行と入れ換えて）

$$
= (-1)^{i-1+j-1} \det \begin{bmatrix} 1 & 0 & \cdots & 0 & 0 & \cdots & 0 \\ a_{1j} & a_{11} & \cdots & a_{1j-1} & a_{1j+1} & \cdots & a_{1n} \\ & \cdots & \cdots & \cdots & \cdots & \cdots & \\ a_{i-1j} & a_{i-11} & \cdots & a_{i-1j-1} & a_{i-1j+1} & \cdots & a_{i-1n} \\ a_{i+1j} & a_{i+11} & \cdots & a_{1+1j-1} & a_{1+1j+1} & \cdots & a_{i+1n} \\ & \cdots & \cdots & \cdots & \cdots & \cdots & \\ a_{nj} & a_{n1} & \cdots & a_{nj-1} & a_{nj+1} & \cdots & a_{nn} \end{bmatrix}
$$

である．この最後の行列式は，系 5.3.2 (1) により，この行列の第 2 行目以降，第 2 列以降の行列の行列式に等しい．

定義 5.4.1 n 次正方行列 A に対して，その **第 i 行，第 j 列を取り除いて得られる行列式に $(-1)^{i+j}$ をかけたもの**を行列 A の **(i, j) 余因子**とよび，Δ_{ij} と記す：

$$
\Delta_{ij} = (-1)^{i+j} \det \begin{bmatrix} a_{11} & \cdots & a_{1\,j-1} & a_{1\,j+1} & \cdots & a_{1n} \\ \vdots & & \vdots & \vdots & & \vdots \\ a_{i-1\,1} & \cdots & a_{i-1\,j-1} & a_{i-1\,j+1} & \cdots & a_{i-1\,n} \\ a_{i+1\,1} & \cdots & a_{1+1\,j-1} & a_{1+1\,j+1} & \cdots & a_{i+1\,n} \\ \vdots & & \vdots & \vdots & & \vdots \\ a_{n1} & \cdots & a_{n\,j-1} & a_{n\,j+1} & \cdots & a_{nn} \end{bmatrix}.
$$

よって

$$
\det \begin{bmatrix} \boldsymbol{a}'_1 \\ \vdots \\ \boldsymbol{e}'_j \\ \vdots \\ \boldsymbol{a}'_n \end{bmatrix} = \Delta_{ij}
$$

である．以上をまとめると

$$
\det A = a_{i1}\Delta_{i1} + a_{i2}\Delta_{i2} + \cdots + a_{in}\Delta_{in}. \tag{5.4.1}
$$

この公式 (5.4.1) を行列式の **第 i 行における展開公式**とよぶ．また，このように表すことを **第 i 行で展開する**という．

次に，第 i 行が第 k 行と等しい行列の行列式を第 i 行で展開してみると

$$
0 = \det \begin{bmatrix} \vdots \\ \boldsymbol{a}'_k \\ \vdots \\ \boldsymbol{a}'_k \\ \vdots \end{bmatrix} = a_{k1}\Delta_{i1} + a_{k2}\Delta_{i2} + \cdots + a_{kn}\Delta_{in}
$$

である．すなわち，公式

$$a_{k1}\Delta_{i1} + a_{k2}\Delta_{i2} + \cdots + a_{kn}\Delta_{in} = 0 \quad (i \neq k) \tag{5.4.2}$$

を得る．

定義 5.4.2 一般に，n 次正方行列 A に対して，(i, j) 成分に (j, i) 余因子 Δ_{ji} を並べた行列

$$\begin{bmatrix} \Delta_{11} & \Delta_{21} & \cdots & \Delta_{n1} \\ \Delta_{12} & \Delta_{22} & \cdots & \Delta_{n2} \\ \vdots & \vdots & \ddots & \vdots \\ \Delta_{1n} & \Delta_{2n} & \cdots & \Delta_{nn} \end{bmatrix}$$

を行列 A の**余因子行列**とよんで

$$\widetilde{A}$$

と記す．**余因子の並べ方に注意せよ！**

行に関する展開公式 (5.4.1) と公式 (5.4.2) は余因子行列を用いて

$$A\,\widetilde{A} = \det A \cdot E_n$$

と表される．

同様の考察を第 j 列に適用すれば

$$\det A = a_{1j}\Delta_{1j} + a_{2j}\Delta_{2j} + \cdots + a_{nj}\Delta_{nj} \tag{5.4.3}$$

が成り立つ．これを，**第 j 列での展開公式**とよぶ．また

$$a_{1k}\Delta_{1j} + a_{2k}\Delta_{2j} + \cdots + a_{nk}\Delta_{nj} = 0 \quad (k \neq j) \tag{5.4.4}$$

が成り立つ．

これらの等式は余因子行列を用いると

$$\widetilde{A}\,A = \det A \cdot E_n$$

とまとめられる．すなわち

定理 5.4.1 A を n 次正方行列とする．等式

$$A\widetilde{A} = \widetilde{A}A = \det A\cdot E_n \tag{5.4.5}$$

が成り立つ．

系 5.4.2 $\det A \neq 0$ のとき

$$A^{-1} = \frac{1}{\det A}\widetilde{A}.$$

例題 5.4.1 行列 $A = \begin{bmatrix} 2 & -4 & 4 & -3 \\ -2 & 3 & -7 & 4 \\ 7 & -4 & 6 & 2 \\ -4 & 3 & 6 & -7 \end{bmatrix}$ について次の問に答えよ．

(1) $\det A$ を第 2 行で展開せよ．

(2) (1) の展開式を用いて，$\det A$ の値を求めよ．

(3) 行列 A は正則であるか．

(4) 行列 A が正則ならば，逆行列 A^{-1} の $(3, 2)$ 成分および $\det A^{-1}$ の値を求めよ．

解答　(1)

$$\det A = (-2)(-1)^{2+1}\det\begin{bmatrix} -4 & 4 & -3 \\ -4 & 6 & 2 \\ 3 & 6 & -7 \end{bmatrix} + 3(-1)^{2+2}\det\begin{bmatrix} 2 & 4 & -3 \\ 7 & 6 & 2 \\ -4 & 6 & -7 \end{bmatrix}$$
$$+ (-7)(-1)^{2+3}\det\begin{bmatrix} 2 & -4 & -3 \\ 7 & -4 & 2 \\ -4 & 3 & -7 \end{bmatrix} + 4(-1)^{2+4}\det\begin{bmatrix} 2 & -4 & 4 \\ 7 & -4 & 6 \\ -4 & 3 & 6 \end{bmatrix}.$$

(2)

$$\det A = (-2)(-1)\cdot 254 + 3\cdot(-142) + (-7)(-1)\cdot(-135) + 4\cdot 200 = -63.$$

(3) $\det A = -63 \neq 0$ であるから，A は正則である．

(4) A^{-1} の $(3, 2)$ 成分 $= \dfrac{\Delta_{2,3}}{\det A} = \dfrac{(-1)(-135)}{-63} = -\dfrac{15}{7}$．また，$\det A^{-1} = \dfrac{1}{\det A} = -\dfrac{1}{63}$．

□

問題 5.4.1 次の行列 A, B について

(1) 行列式を第 3 列で展開せよ．

(2) (1) の展開式を用いて，行列式の値を求めよ．

(3) 行列は正則であるか．

(4) 行列が正則ならば，逆行列の (3, 1) 成分および逆行列の行列式の値を求めよ．

(a) $A = \begin{bmatrix} 3 & 1 & 2 \\ 4 & 2 & 5 \\ 1 & 2 & 3 \end{bmatrix}$　　(b) $B = \begin{bmatrix} 3 & 2 & 3 \\ -5 & 2 & 1 \\ -1 & 2 & 2 \end{bmatrix}$

問題 5.4.2 行列式 $\begin{bmatrix} \sin\theta \cos\varphi & r \cos\theta \cos\varphi & -r \sin\theta \sin\varphi \\ \sin\theta \sin\varphi & r \cos\theta \sin\varphi & r \sin\theta \cos\varphi \\ \cos\theta & -r \sin\theta & 0 \end{bmatrix}$ の値を第 3 行で展開して求めよ．

問題 5.4.3 n 次正方行列 A について，$\det \widetilde{A} = (\det A)^{n-1}$ であることを示せ．

問題 5.4.4 次の行列の行列式の値を求めることによって，正則であることを確かめよ．

(1) $A = \begin{bmatrix} 1 & 2 & 1 & -1 \\ -1 & 3 & 1 & 1 \\ 0 & 0 & 3 & 1 \\ 0 & 0 & -2 & 1 \end{bmatrix}$　　(2) $B = \begin{bmatrix} 4 & 1 & 1 & 1 \\ 1 & -1 & 2 & -3 \\ 2 & 1 & 3 & 5 \\ 1 & 1 & -1 & 1 \end{bmatrix}$

また，A の逆行列の (2, 3) 成分と，B の逆行列の (4, 3) 成分を求めよ．

定理 5.4.1 の応用として次の有名な公式を紹介しよう．

例 5.4.1 A を n 次正方行列とする．n 次元数ベクトル $\boldsymbol{b} = \begin{bmatrix} b_1 \\ b_2 \\ \vdots \\ b_n \end{bmatrix}$ を定数項ベクトルとする線形方程式 $A\boldsymbol{x} = \boldsymbol{b}$ は A が正則ならば，$\boldsymbol{x} = A^{-1}\boldsymbol{b}$ として解かれる．さて，$A^{-1} = \dfrac{1}{\det A}\widetilde{A}$ であるから，解の第 j 成分の x_j は

$$x_j = \frac{1}{\det A}\left(\Delta_{1j}b_1 + \Delta_{2j}b_2 + \cdots + \Delta_{nj}b_n\right) = \frac{1}{\det A} \det \begin{bmatrix} A\text{ の第 } j \text{ 列} \\ \text{を } \boldsymbol{b} \text{ でおき} \\ \text{かえた行列} \end{bmatrix}$$

と記述される．これをクラメールの公式という．

5.5 ベクトル積

ここでは 3 次元数ベクトルのみに対して定義されるベクトル積を学ぶ．

3 次元数ベクトル $\boldsymbol{a} = \begin{bmatrix} a_1 \\ a_2 \\ a_3 \end{bmatrix}, \boldsymbol{b} = \begin{bmatrix} b_1 \\ b_2 \\ b_3 \end{bmatrix}, \boldsymbol{x} = \begin{bmatrix} x_1 \\ x_2 \\ x_3 \end{bmatrix}$ に対して，行列式 $\det\begin{bmatrix} \boldsymbol{a} \, \boldsymbol{b} \, \boldsymbol{x} \end{bmatrix} = \det\begin{bmatrix} a_1 & b_1 & x_1 \\ a_2 & b_2 & x_2 \\ a_3 & b_3 & x_3 \end{bmatrix}$ を第 3 列で展開すると

$$
\begin{aligned}
&\det\begin{bmatrix} a_1 & b_1 & x_1 \\ a_2 & b_2 & x_2 \\ a_3 & b_3 & x_3 \end{bmatrix} \\
&= x_1 \cdot (-1)^{1+3} \det\begin{bmatrix} a_2 & b_2 \\ a_3 & b_3 \end{bmatrix} + x_2 \cdot (-1)^{2+3} \det\begin{bmatrix} a_1 & b_1 \\ a_3 & b_3 \end{bmatrix} + x_3 \cdot (-1)^{3+3} \det\begin{bmatrix} a_1 & b_1 \\ a_2 & b_2 \end{bmatrix} \\
&= x_1 \det\begin{bmatrix} a_2 & b_2 \\ a_3 & b_3 \end{bmatrix} + x_2 \det\begin{bmatrix} a_3 & b_3 \\ a_1 & b_1 \end{bmatrix} + x_3 \det\begin{bmatrix} a_1 & b_1 \\ a_2 & b_2 \end{bmatrix}
\end{aligned}
$$

となる．そこで

定義 5.5.1 3 次元数ベクトル $\boldsymbol{a} = \begin{bmatrix} a_1 \\ a_2 \\ a_3 \end{bmatrix}, \boldsymbol{b} = \begin{bmatrix} b_1 \\ b_2 \\ b_3 \end{bmatrix}$ に対してベクトル

$$
\boldsymbol{a} \times \boldsymbol{b} = \begin{bmatrix} \det\begin{bmatrix} a_2 & b_2 \\ a_3 & b_3 \end{bmatrix} \\ \det\begin{bmatrix} a_3 & b_3 \\ a_1 & b_1 \end{bmatrix} \\ \det\begin{bmatrix} a_1 & b_1 \\ a_2 & b_2 \end{bmatrix} \end{bmatrix} = \begin{bmatrix} a_2 b_3 - a_3 b_2 \\ a_3 b_1 - a_1 b_3 \\ a_1 b_2 - a_2 b_1 \end{bmatrix}
$$

を $\boldsymbol{a}, \boldsymbol{b}$ の**ベクトル積**または**外積**とよぶ．

注意 ベクトルの内積はスカラーであるのに対して，**ベクトル積（外積）はベクトルである**．

問題 5.5.1 次のベクトル積を求めよ．

(1) $\begin{bmatrix} 1 \\ 2 \\ 1 \end{bmatrix} \times \begin{bmatrix} 0 \\ 3 \\ 2 \end{bmatrix}$ (2) $\begin{bmatrix} 1 \\ 2 \\ 3 \end{bmatrix} \times \begin{bmatrix} 4 \\ 5 \\ 6 \end{bmatrix}$ (3) $\begin{bmatrix} a_1 \\ a_2 \\ a_3 \end{bmatrix} \times \boldsymbol{e}_1$ (4) $\begin{bmatrix} a_1 \\ a_2 \\ a_3 \end{bmatrix} \times \boldsymbol{e}_2$ (5) $\begin{bmatrix} a_1 \\ a_2 \\ a_3 \end{bmatrix} \times \boldsymbol{e}_3$

最初に述べたことから

定理 5.5.1 3 次元数ベクトル $\boldsymbol{a}, \boldsymbol{b}, \boldsymbol{x}$ に対して

$$
\det\begin{bmatrix} \boldsymbol{a} \, \boldsymbol{b} \, \boldsymbol{x} \end{bmatrix} = (\boldsymbol{a} \times \boldsymbol{b}, \boldsymbol{x}) = (\boldsymbol{x}, \boldsymbol{a} \times \boldsymbol{b}) \tag{5.5.1}
$$

が成り立つ．

ベクトル積の性質をまとめておく．

命題 5.5.2 $\boldsymbol{a}, \boldsymbol{b}, \boldsymbol{c}$ を 3 次元数ベクトル，r をスカラーとする．

(1) $\boldsymbol{a} \times (r\boldsymbol{a}) = \boldsymbol{0}$.

(2) $\boldsymbol{b} \times \boldsymbol{a} = -(\boldsymbol{a} \times \boldsymbol{b}) = (-\boldsymbol{a}) \times \boldsymbol{b}$.

(3) $\boldsymbol{a} \times (\boldsymbol{b} + \boldsymbol{c}) = \boldsymbol{a} \times \boldsymbol{b} + \boldsymbol{a} \times \boldsymbol{c}$.

(4) $\boldsymbol{a} \times (r\boldsymbol{b}) = r(\boldsymbol{a} \times \boldsymbol{b}) = (r\boldsymbol{a}) \times \boldsymbol{b}$.

(5) $(\boldsymbol{a}, \boldsymbol{b} \times \boldsymbol{c}) = (\boldsymbol{a} \times \boldsymbol{b}, \boldsymbol{c}) = -(\boldsymbol{b}, \boldsymbol{a} \times \boldsymbol{c})$.

証明 いずれも成分を計算することで確かめられる．しかし，公式 (5.5.1) を用いることもできる．ここでは，(3) を示す．3 次元数ベクトル $\boldsymbol{x}$ について $(\boldsymbol{a} \times (\boldsymbol{b} + \boldsymbol{c}), \boldsymbol{x}) = \det\begin{bmatrix}\boldsymbol{a} & \boldsymbol{b} + \boldsymbol{c} & \boldsymbol{x}\end{bmatrix} = \det\begin{bmatrix}\boldsymbol{a} & \boldsymbol{b} & \boldsymbol{x}\end{bmatrix} + \det\begin{bmatrix}\boldsymbol{a} & \boldsymbol{c} & \boldsymbol{x}\end{bmatrix} = (\boldsymbol{a} \times \boldsymbol{b}, \boldsymbol{x}) + (\boldsymbol{a} \times \boldsymbol{c}, \boldsymbol{x}) = (\boldsymbol{a} \times \boldsymbol{b} + \boldsymbol{a} \times \boldsymbol{c}, \boldsymbol{x})$ が成り立つ．これがどの 3 次元数ベクトル $\boldsymbol{x}$ についても成り立つから，定理 1.1.2 により，$\boldsymbol{a} \times (\boldsymbol{b} + \boldsymbol{c}) = \boldsymbol{a} \times \boldsymbol{b} + \boldsymbol{a} \times \boldsymbol{c}$ が成り立つ． □

問題 5.5.2 命題 5.5.2 の (3) 以外を証明せよ．

命題 5.5.3 零ベクトルでないベクトル $\boldsymbol{a}, \boldsymbol{b}$ のなす角を θ（$0 \leqq \theta \leqq \pi$）とするとき

$$\|\boldsymbol{a} \times \boldsymbol{b}\| = \|\boldsymbol{a}\| \, \|\boldsymbol{b}\| \sin\theta. \tag{5.5.2}$$

この値は点 $\mathrm{A}(\boldsymbol{a}), \mathrm{B}(\boldsymbol{b})$ を考えると線分 OA, OB を隣り合う 2 辺とする平行四辺形の面積である．

証明

$$\begin{aligned}
\|\boldsymbol{a}\|^2 \, \|\boldsymbol{b}\|^2 \sin^2\theta &= \|\boldsymbol{a}\|^2 \, \|\boldsymbol{b}\|^2 (1 - \cos^2\theta) = \|\boldsymbol{a}\|^2 \, \|\boldsymbol{b}\|^2 - \|\boldsymbol{a}\|^2 \, \|\boldsymbol{b}\|^2 \cos^2\theta \\
&= \|\boldsymbol{a}\|^2 \, \|\boldsymbol{b}\|^2 - (\boldsymbol{a}, \boldsymbol{b})^2 \\
&= (a_1^2 + a_2^2 + a_3^2)(b_1^2 + b_2^2 + b_3^2) - (a_1 b_1 + a_2 b_2 + a_3 b_3)^2 \\
&= (a_2 b_3 - a_3 b_2)^2 + (a_3 b_1 - a_1 b_3)^2 + (a_1 b_2 - a_2 b_1)^2 \\
&= \|\boldsymbol{a} \times \boldsymbol{b}\|^2.
\end{aligned}$$

ゆえに，$\|\boldsymbol{a} \times \boldsymbol{b}\| = \|\boldsymbol{a}\| \, \|\boldsymbol{b}\| \, |\sin\theta|$ を得る．ところで，$0 \leqq \theta \leqq \pi$ であるから，$\sin\theta \geqq 0$ である．よって，$\|\boldsymbol{a} \times \boldsymbol{b}\| = \|\boldsymbol{a}\| \, \|\boldsymbol{b}\| \sin\theta$ を得る． □

系 5.5.4 零ベクトルでない 3 次元ベクトル $\boldsymbol{a}, \boldsymbol{b}$ について $\boldsymbol{a} \times \boldsymbol{b} = \boldsymbol{0}$ ならば $\boldsymbol{a}$ と $\boldsymbol{b}$ は平行である．（同じことであるが）$\boldsymbol{a}, \boldsymbol{b}$ が平行でないならば，$\boldsymbol{a} \times \boldsymbol{b} \neq \boldsymbol{0}$ である．

問題 5.5.3 系 5.5.4 を証明せよ．

命題 5.5.5 零ベクトルでない 3 次元数ベクトル $\boldsymbol{a}, \boldsymbol{b}$ が平行でないならば，$\boldsymbol{a}, \boldsymbol{b}$ はベクトル積 $\boldsymbol{a} \times \boldsymbol{b}$ と直交する．特に，$\boldsymbol{a} \times \boldsymbol{b}$ は $\boldsymbol{a}, \boldsymbol{b}$ で張られる平面の法線ベクトルである．

証明 系 5.5.4 により，$\boldsymbol{a} \times \boldsymbol{b} \neq \boldsymbol{0}$ である．公式 (5.5.1) において $\boldsymbol{x}$ に $\boldsymbol{a}, \boldsymbol{b}$ を代入すると，$(\boldsymbol{a} \times \boldsymbol{b}, \boldsymbol{a}) = \det\begin{bmatrix}\boldsymbol{a}\,\boldsymbol{b}\,\boldsymbol{a}\end{bmatrix} = 0$,　$(\boldsymbol{a} \times \boldsymbol{b}, \boldsymbol{b}) = \det\begin{bmatrix}\boldsymbol{a}\,\boldsymbol{b}\,\boldsymbol{b}\end{bmatrix} = 0$. □

問題 5.5.4 零ベクトルでないベクトル $\boldsymbol{a}, \boldsymbol{b}$ が平行でないとする．ベクトル $\boldsymbol{c}$ が $\boldsymbol{a}, \boldsymbol{b}$ と直交するならば，$\boldsymbol{c}$ は $\boldsymbol{a} \times \boldsymbol{b}$ のスカラー倍であることを示せ．

零ベクトルでないベクトル $\boldsymbol{a}, \boldsymbol{b}$ が平行でないとする．そのなす角を θ（$0 < \theta < \pi$）とするとき，ベクトル積 $\boldsymbol{a} \times \boldsymbol{b}$ の向きは $\boldsymbol{a}, \boldsymbol{b}$ を含む平面上で $\boldsymbol{a}$ をその始点の周りに（θ だけ）回転させて $\boldsymbol{b}$ に重ねるとき，右ねじの進む向きである．

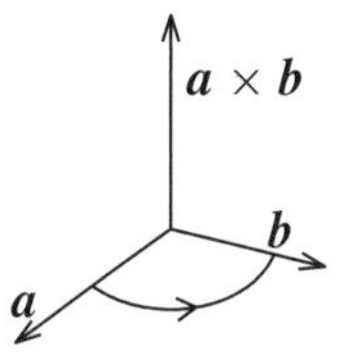

基本ベクトルのベクトル積は次のようになる：

$$\boldsymbol{e}_1 \times \boldsymbol{e}_2 = \boldsymbol{e}_3, \boldsymbol{e}_2 \times \boldsymbol{e}_3 = \boldsymbol{e}_1, \boldsymbol{e}_3 \times \boldsymbol{e}_1 = \boldsymbol{e}_2.$$

例 5.5.1 ベクトル積 $\boldsymbol{u} \times \boldsymbol{v}$ はベクトル $\boldsymbol{u}, \boldsymbol{v}$ で張られる平面の法線ベクトルであるから，点 A($\boldsymbol{a}$) を含み $\boldsymbol{u}, \boldsymbol{v}$ で張られる平面は方程式 $(\boldsymbol{u} \times \boldsymbol{v}, \boldsymbol{x} - \boldsymbol{a}) = 0$ で表される．

例題 5.5.1 3 点 A(1, 2, −4), B(3, −1, −2), C(−1, 3, 2) を含む平面 π の法線ベクトルを 1 つ求め，平面 π の方程式を求めよ．

解答 3 点 A, B, C の位置ベクトルをそれぞれ $\boldsymbol{a}, \boldsymbol{b}, \boldsymbol{c}$ とする．平面 π は $\overrightarrow{\mathrm{AB}} = \boldsymbol{b} - \boldsymbol{a} = \begin{bmatrix} 2 \\ -3 \\ 2 \end{bmatrix}, \overrightarrow{\mathrm{AC}} =$

$\boldsymbol{c}-\boldsymbol{a}=\begin{bmatrix}-2\\1\\6\end{bmatrix}$ で張られる．ゆえに，ベクトル積 $\begin{bmatrix}2\\-3\\2\end{bmatrix}\times\begin{bmatrix}-2\\1\\6\end{bmatrix}=\begin{bmatrix}-20\\-16\\-4\end{bmatrix}$ は平面 π の法線ベクトルである．したがって，平面 π の方程式は

$$-20(x-1)-16(y-2)-4(z+4)=0$$

である．展開して整理すると $-20x-16y-4z+36=0$ であるが，両辺を (-4) で割って

$$5x+4y+z-9=0.$$

□

注意 この例題の解答ではベクトル積を用いたが，第 1.4 節のように，$\boldsymbol{n}=\begin{bmatrix}n_1\\n_2\\n_3\end{bmatrix}$ を法線ベクトルとして，n_1, n_2, n_3 に関する斉次連立 1 次方程式を解いてもよい．

問題 5.5.5 3 点 $\mathrm{A}(1,2,-4), \mathrm{B}(3,-1,-1), \mathrm{C}(-1,6,3)$ を含む平面の方程式を求めよ．

例題 5.5.2 空間に 2 直線 $\ell : \boldsymbol{x}=\boldsymbol{a}+t\boldsymbol{u}$（$t$ は実数），$m : \boldsymbol{x}=\boldsymbol{b}+t\boldsymbol{v}$（$t$ は実数）を考える．方向ベクトルの $\boldsymbol{u}, \boldsymbol{v}$ は平行でないとする．直線 ℓ と m との距離は

$$\frac{|\,(\boldsymbol{u}\times\boldsymbol{v}, \boldsymbol{b}-\boldsymbol{a})\,|}{\|\boldsymbol{u}\times\boldsymbol{v}\|}$$

で与えられることを示せ．

解答 点 $\mathrm{A}(\boldsymbol{a})$ を含みベクトル $\boldsymbol{u}, \boldsymbol{v}$ で張られる平面を π とおく．求める距離は点 $\mathrm{B}(\boldsymbol{b})$ と平面 π との距離に等しい．

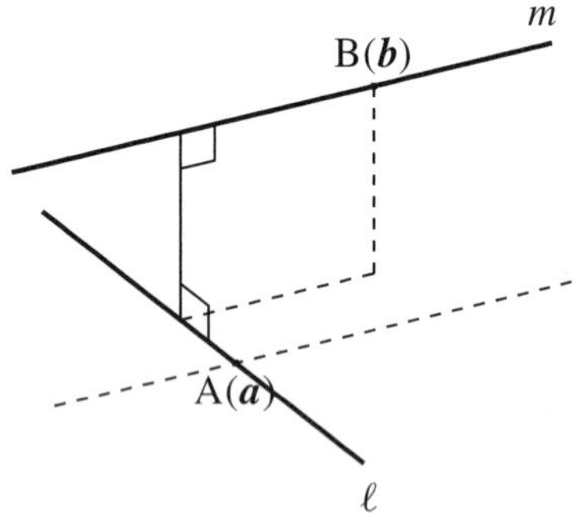

$\boldsymbol{u}\times\boldsymbol{v}$ は平面 π の法線ベクトルであるから，π の方程式は $(\boldsymbol{u}\times\boldsymbol{v}, \boldsymbol{x}-\boldsymbol{a})=0$ である．求める距離は公式 (1.4.5) により

$$\frac{|(\boldsymbol{u}\times\boldsymbol{v}, \boldsymbol{b}-\boldsymbol{a})|}{\|\boldsymbol{u}\times\boldsymbol{v}\|}$$

である．□

例 5.5.2 命題 5.5.3 により，ベクトル積の長さはある平行四辺形の面積であるが，その応用として立体の体積を求めよう．同一平面上にない 3 点 $\mathrm{A}(\boldsymbol{a}), \mathrm{B}(\boldsymbol{b}), \mathrm{C}(\boldsymbol{c})$ をとる．線分 OA, OB, OC を隣り合う 3 辺とする平行六面体ができるが，その体積は

$$\left|\det\left[\boldsymbol{a}\ \boldsymbol{b}\ \boldsymbol{c}\right]\right|$$

で与えられる．四面体 OABC の体積は $\dfrac{1}{6}\left|\det\begin{bmatrix}\boldsymbol{a}\,\boldsymbol{b}\,\boldsymbol{c}\end{bmatrix}\right|$ で与えられる．

線分 OA, OB を隣り合う 2 辺とする平行四辺形 R の面積を S とおくと，$S = \|\boldsymbol{a}\times\boldsymbol{b}\|$ である．ベクトル積 $\boldsymbol{a}\times\boldsymbol{b}$ と平面 π は垂直であるから，$\boldsymbol{a}\times\boldsymbol{b}$ と $\boldsymbol{c}$ とのなす角を φ（$0 \leqq \varphi \leqq \pi$）とすると，点 C($\boldsymbol{c}$) から底面 R を含む平面 π への垂線の長さは $\|\boldsymbol{c}\|\,|\cos\varphi|$ となる．よって，考えている平行六面体の体積は

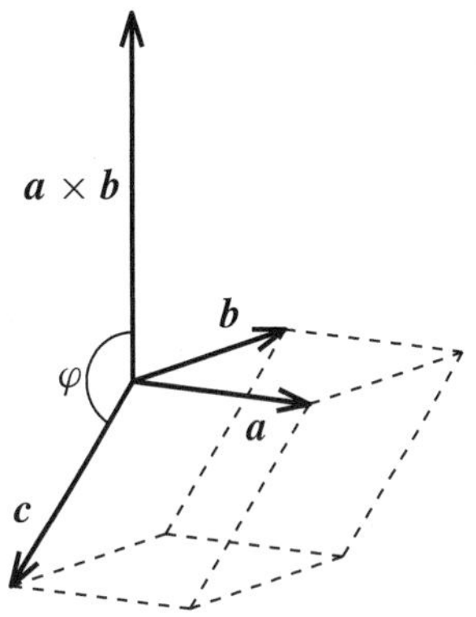

$$\|\boldsymbol{a}\times\boldsymbol{b}\|\,\|\boldsymbol{c}\|\,|\cos\varphi| = |(\boldsymbol{a}\times\boldsymbol{b},\boldsymbol{c})| = \left|\det\begin{bmatrix}\boldsymbol{a}\,\boldsymbol{b}\,\boldsymbol{c}\end{bmatrix}\right|$$

である．四面体 OABC の体積は平行六面体の体積の $\dfrac{1}{6}$ である．

例題 5.5.3 3 点 A(1, 2, −4), B(3, −1, −1), C(−1, 6, 3) をとる．

(1) 線分 OA, OB, OC を隣り合う 3 辺とする平行六面体および四面体 OABC の体積を求めよ．

(2) 三角形 ABC の面積を求めよ．

解答 (1) 求める平行六面体の体積を V，四面体の体積を V_1 とすると

$$V = \left|\det\begin{bmatrix}1 & 3 & -1\\ 2 & -1 & 6\\ -4 & -1 & 3\end{bmatrix}\right| = |-81| = 81, \qquad V_1 = \frac{81}{6} = \frac{27}{2}.$$

(2) 求める面積を S とすると

$$\begin{aligned}S &= \frac{1}{2}(\text{線分 AB, AC を隣り合う 2 辺とする平行四辺形の面積})\\ &= \frac{1}{2}\|(\boldsymbol{b}-\boldsymbol{a})\times(\boldsymbol{c}-\boldsymbol{a})\|\\ &= \frac{1}{2}\left\|\begin{bmatrix}2\\-3\\3\end{bmatrix}\times\begin{bmatrix}-2\\4\\7\end{bmatrix}\right\| = \frac{1}{2}\left\|\begin{bmatrix}-33\\-20\\2\end{bmatrix}\right\| = \frac{\sqrt{1493}}{2}.\end{aligned}$$

□

問題 5.5.6 3 点 A(1, 2, −4), B(3, −1, −2), C(−1, 3, 2) をとる．

(1) 線分 OA, OB, OC を隣り合う 3 辺とする平行六面体および四面体 OABC の体積を求めよ．

(2) 三角形 ABC の面積を求めよ．

5.6 演習

演習 5.1 次の行列の行列式の値を求めよ．

(1) $\begin{bmatrix} 1 & -2 & 3 & 2 \\ -2 & 3 & -4 & 3 \\ 3 & 2 & 1 & -3 \\ 3 & 1 & 2 & 3 \end{bmatrix}$ (2) $\begin{bmatrix} 0 & 1 & -2 & -3 \\ -3 & 0 & 1 & -2 \\ -2 & -3 & 0 & 1 \\ 1 & -2 & -3 & 0 \end{bmatrix}$ (3) $\begin{bmatrix} 0 & 1 & -2 & -3 \\ 1 & -3 & 0 & -2 \\ -2 & 0 & -3 & 1 \\ -3 & -2 & 1 & 0 \end{bmatrix}$

(4) $\begin{bmatrix} 3 & -5 & 4 & 2 \\ 0 & 1 & 6 & 1 \\ 2 & 3 & 4 & -3 \\ -1 & 2 & 5 & 1 \end{bmatrix}$ (5) $\begin{bmatrix} 0 & 1 & -2 & 3 \\ 3 & 0 & 1 & -2 \\ -2 & 3 & 0 & 1 \\ 1 & -2 & 3 & 0 \end{bmatrix}$ (6) $\begin{bmatrix} 0 & 3 & 2 & 1 \\ 2 & 5 & 0 & -2 \\ -2 & 0 & 3 & 4 \\ 1 & -7 & 3 & 0 \end{bmatrix}$

演習 5.2 $A = \begin{bmatrix} b^2+c^2 & ab & ac \\ ab & c^2+a^2 & bc \\ ac & bc & a^2+b^2 \end{bmatrix}$ を 2 つの行列の積として表すことにより，行列式 $\det A$ の値を求めよ．

演習 5.3 (1) $\det \begin{bmatrix} a & b & c \\ c & a & b \\ b & c & a \end{bmatrix} = a^3+b^3+c^3-3abc$ であることを示せ．

(2) $(a^3+b^3+c^3-3abc)(s^3+t^3+u^3-3stu)$ を $X^3+Y^3+Z^3-3XYZ$ の形で表せ．

演習 5.4 A, B を n 次正方行列とする．次の等式が成り立つことを示せ．

(1) $\det \left[\begin{array}{c|c} A & B \\ \hline B & A \end{array}\right] = \det(A+B)\det(A-B)$

(2) $\det \left[\begin{array}{c|c} A & -B \\ \hline B & A \end{array}\right] = \det(A+iB)\det(A-iB)$ （i は虚数単位である．複素数を成分とする行列も実数を成分とする行列と同様に定義され，行列の和，積，行列の複素数倍，行列式なども同様に定義される）

演習 5.5 次の行列の行列式の値を因数分解した形で求めよ．

(1) $\begin{bmatrix} a & b & c & d \\ b & a & d & c \\ c & d & a & b \\ d & c & b & a \end{bmatrix}$ (2) $\begin{bmatrix} a & b & c & d \\ d & a & b & c \\ c & d & a & b \\ b & c & d & a \end{bmatrix}$ (3) $\begin{bmatrix} a & -b & -c & -d \\ b & a & -d & c \\ c & d & a & -b \\ d & -c & b & a \end{bmatrix}$

演習 5.6 (1) A を m 次正方行列，B を n 次正方行列とする．行列式 $\det \left[\begin{array}{c|c} O & A \\ \hline B & O \end{array}\right]$ を $\det A, \det B$ を用いて表せ．

(2) A, B を n 次正方行列とする．行列式 $\det \left[\begin{array}{c|c} A & -B \\ \hline A & B \end{array}\right]$ を $\det A, \det B$ を用いて表せ．

演習 5.7 次の行列の行列式の値を求めよ．((2)，(3) は因数分解せよ)

(1) $\begin{bmatrix} 0 & 0 & 0 & 1 & 2 & 3 \\ 0 & 0 & 0 & 4 & 3 & 1 \\ 0 & 0 & 0 & 3 & 4 & 2 \\ 2 & 1 & 3 & 0 & 0 & 0 \\ 2 & 0 & 1 & 0 & 0 & 0 \\ 4 & -1 & 2 & 0 & 0 & 0 \end{bmatrix}$ (2) $\begin{bmatrix} a & -b & -c & d \\ b & a & -d & -c \\ a & -b & c & -d \\ b & a & d & c \end{bmatrix}$ (3) $\begin{bmatrix} a^3 & a^2b & ab^2 & b^3 \\ a^2c & a^2d & b^2c & b^2d \\ ac^2 & bc^2 & ad^2 & bd^2 \\ c^3 & c^2d & cd^2 & d^3 \end{bmatrix}$

演習 5.8 n を自然数とする．次の等式が成り立つことを示せ．

(1) $\det \begin{bmatrix} x & -1 & & & \\ & x & -1 & & \mathbf{0} \\ & & \ddots & \ddots & \\ & \mathbf{0} & & 0 & -1 \\ a_0 & a_1 & \dots & a_{n-2} & x + a_{n-1} \end{bmatrix} = x^n + a_{n-1}x^{n-1} + \cdots + a_1 x + a_0$

(2) $\det \begin{bmatrix} 1 & 1 & \cdots\cdots & 1 \\ x_1 & x_2 & \cdots\cdots & x_n \\ x_1^2 & x_2^2 & \cdots\cdots & x_n^2 \\ \cdots & \cdots & \cdots & \cdots \\ x_1^{n-1} & x_2^{n-1} & \cdots\cdots & x_n^{n-1} \end{bmatrix} = \prod_{i<j} (x_j - x_i)$

演習 5.9 演習 5.1 (1)，(2)，(3) の行列の余因子行列を求めよ．考える行列が正則ならばその逆行列を書け．

演習 5.10 (1) n 次正方行列 A に対して $\widetilde{{}^tA} = {}^t(\widetilde{A})$ であることを示せ．

(2) n 次正方行列 A が正則ならば，$\widetilde{A}$ も正則で，$(\widetilde{A})^{-1} = \widetilde{A^{-1}}$ であることを示せ．

演習 5.11 3 次元ベクトル $\boldsymbol{a}, \boldsymbol{b}, \boldsymbol{c}$ について次の等式が成り立つことを示せ．

(1) $(\boldsymbol{a} \times \boldsymbol{b}) \times \boldsymbol{c} = -(\boldsymbol{b}, \boldsymbol{c})\,\boldsymbol{a} + (\boldsymbol{a}, \boldsymbol{c})\,\boldsymbol{b}$.

(2) $(\boldsymbol{a} \times \boldsymbol{b}) \times \boldsymbol{c} + (\boldsymbol{b} \times \boldsymbol{c}) \times \boldsymbol{a} + (\boldsymbol{c} \times \boldsymbol{a}) \times \boldsymbol{b} = \boldsymbol{0}$.

(3) $(\boldsymbol{a} \times \boldsymbol{b}) \times \boldsymbol{c} = \boldsymbol{a} \times (\boldsymbol{b} \times \boldsymbol{c}) - \boldsymbol{b} \times (\boldsymbol{a} \times \boldsymbol{c})$.

演習 5.12 平面上の相異なる 2 点 $\mathrm{A}(a_1, a_2), \mathrm{B}(b_1, b_2)$ を通る直線の方程式は $\det \begin{bmatrix} x & y & 1 \\ a_1 & b_1 & 1 \\ a_2 & b_2 & 1 \end{bmatrix} = 0$ で与えられることを示せ．

演習 5.13 空間の同一直線上にない 3 点 $\mathrm{A}(a_1, a_2, a_3), \mathrm{B}(b_1, b_2, b_3), \mathrm{C}(c_1, c_2, c_3)$ を含む平面の方程式は $\det \begin{bmatrix} x & y & z & 1 \\ a_1 & b_1 & c_1 & 1 \\ a_2 & b_2 & c_2 & 1 \\ a_3 & b_3 & c_3 & 1 \end{bmatrix} = 0$ で与えられることを示せ．

第6章

数ベクトル空間

いままでは，数といえば「実数」であった．これからは複素数も扱うことにする．実数を成分とするベクトルや行列を第2章で学んだが，本章以降では複素数を成分とするベクトルや行列も扱う．ベクトルや行列の演算はまったく同様に定義される．したがって，前章までに学んだことは複素数を成分とするベクトルや行列にもそのまま適用できる．

数ベクトル空間とは数ベクトル全部の集合のことである．線形代数学はベクトルの演算に注目して，後の章で述べる線形空間の構造を調べるのが目的であるが，数ベクトル空間はもっとも典型的で重要な線形空間である．

6.1 ベクトルの線形独立性

記号 $\mathbf{R}$ は実数全部の集合を表し，記号 $\mathbf{C}$ は複素数全部の集合を表す．扱う数の範囲を実数のみで考えることもあれば，複素数で考えることもある．そこで，記号 $\mathbf{K}$ は $\mathbf{R}$ または $\mathbf{C}$ を表すことにする．ただし，ひとつのまとまった議論においては，$\mathbf{K}$ は $\mathbf{R}$ または $\mathbf{C}$ の一方のみを表す．

また，a が実数であるということは a が実数全部の集合 $\mathbf{R}$ に属するということと同じ意味であり，a が $\mathbf{R}$ に属するということは記号では「$a \in \mathbf{R}$」とか「$\mathbf{R} \ni a$」と書く．以後，「a は実数である」ということを「$a \in \mathbf{R}$」とか「$\mathbf{R} \ni a$」と表す．$\mathbf{C}$ や $\mathbf{K}$ についても同様である．

本章以降，行列やベクトルの成分は $\mathbf{K}$ の数である．

定義 6.1.1 n を自然数とする．集合

$$\mathbf{K}^n = \left\{ \begin{bmatrix} a_1 \\ a_2 \\ \vdots \\ a_n \end{bmatrix} \middle| a_1, a_2, \ldots, a_n \in \mathbf{K} \right\}$$

を（ベクトルの加法やスカラー倍という演算が定義されているということも考えて）***n* 次元数ベクトル空間**とよぶ．

k を自然数とする．k 個のベクトル $\boldsymbol{a}_1, \boldsymbol{a}_2, \ldots, \boldsymbol{a}_k \in \mathbf{K}^n$ のそれぞれのスカラー倍の和の形の式を

線形結合（1 次結合）とよぶのであった．しかし，ベクトル $\boldsymbol{a}_1, \boldsymbol{a}_2, \ldots, \boldsymbol{a}_k$ によっては，他のベクトルをこれらの線形結合として表すとき，その表し方は 1 通りであるとは限らない．

例 6.1.1 $\boldsymbol{a}_1 = \begin{bmatrix} 1 \\ 1 \\ -1 \\ 2 \end{bmatrix}$，$\boldsymbol{a}_2 = \begin{bmatrix} -1 \\ 3 \\ -2 \\ 1 \end{bmatrix}$，$\boldsymbol{a}_3 = \begin{bmatrix} 1 \\ 9 \\ -7 \\ 8 \end{bmatrix}$ とおく．このとき，

$$-2\boldsymbol{a}_1 - 3\boldsymbol{a}_2 + \boldsymbol{a}_3 = 4\boldsymbol{a}_1 + \boldsymbol{a}_2 - \boldsymbol{a}_3 = \begin{bmatrix} 2 \\ -2 \\ 1 \\ 1 \end{bmatrix}.$$

問題 6.1.1 上の線形結合を計算して確かめよ．

一方

例 6.1.2 $\boldsymbol{b}_1 = \begin{bmatrix} 1 \\ 1 \\ -1 \\ 2 \end{bmatrix}$，$\boldsymbol{b}_2 = \begin{bmatrix} -1 \\ 3 \\ -2 \\ 1 \end{bmatrix}$，$\boldsymbol{b}_3 = \begin{bmatrix} 1 \\ 9 \\ -4 \\ 8 \end{bmatrix}$ については，あるベクトルが $y_1\boldsymbol{b}_1 + y_2\boldsymbol{b}_2 + y_3\boldsymbol{b}_3$ と表されるとき，その表し方，つまり，係数 y_1, y_2, y_3 は一意的である．

上の 2 つの例については後に例 6.1.4 で再検討する．

定義 6.1.2 ベクトル $\boldsymbol{a}_1, \boldsymbol{a}_2, \ldots, \boldsymbol{a}_k \in \mathbf{K}^n$ に対して

$$\lambda_1\boldsymbol{a}_1 + \lambda_2\boldsymbol{a}_2 + \cdots + \lambda_k\boldsymbol{a}_k = \boldsymbol{0}$$

を $\boldsymbol{a}_1, \boldsymbol{a}_2, \ldots, \boldsymbol{a}_k$ の**線形関係式**とよぶ．係数 $\lambda_1, \lambda_2, \ldots, \lambda_k$ がすべて 0 である線形関係式を**自明な線形関係式**とよぶ．一方，係数 $\lambda_1, \lambda_2, \ldots, \lambda_k$ のどれかは 0 でないとき**自明でない線形関係式**とよぶ．

定義 6.1.3 ベクトル $\boldsymbol{a}_1, \boldsymbol{a}_2, \ldots, \boldsymbol{a}_k \in \mathbf{K}^n$ の線形関係式が自明なものに限るとき，$\boldsymbol{a}_1, \boldsymbol{a}_2, \ldots, \boldsymbol{a}_k$ は**線形独立である**（または **1 次独立**）という．

線形独立でないとき，すなわち，自明でない線形関係式があるとき（つまり，ある $\begin{bmatrix} \lambda_1 \\ \lambda_2 \\ \vdots \\ \lambda_k \end{bmatrix} \neq \begin{bmatrix} 0 \\ 0 \\ \vdots \\ 0 \end{bmatrix}$ により $\lambda_1\boldsymbol{a}_1 + \lambda_2\boldsymbol{a}_2 + \cdots + \lambda_k\boldsymbol{a}_k = \boldsymbol{0}$ が成り立つとき），$\boldsymbol{a}_1, \boldsymbol{a}_2, \ldots, \boldsymbol{a}_k \in \mathbf{K}^n$ は**線形従属である**（または **1 次従属である**）という．

なお，$\boldsymbol{a}_1, \boldsymbol{a}_2, \ldots, \boldsymbol{a}_k$ が線形独立であるということを，ベクトルの集合を考えて，「$\{\boldsymbol{a}_1, \boldsymbol{a}_2, \ldots, \boldsymbol{a}_k\}$ が線形独立である」と表現することも多い．また，$\boldsymbol{a}_1, \boldsymbol{a}_2, \ldots, \boldsymbol{a}_k$ が線形従属であるということを「$\{\boldsymbol{a}_1, \boldsymbol{a}_2, \ldots, \boldsymbol{a}_k\}$ が線形従属である」と表現することも多い．

次の命題に示すように，線形独立なベクトルはベクトルのいわば「規準」となることができるという性質をもつ．このような性質をもつベクトルとして基本ベクトルがあるが，扱う対象や課題により適切な規準が必要である．以下，本節のテーマはベクトルが線形独立であることをどのようにして判定するかということである．

命題 6.1.1 ベクトル $\boldsymbol{a}_1, \boldsymbol{a}_2, \ldots, \boldsymbol{a}_k \in \mathbf{K}^n$ について

$\boldsymbol{a}_1, \boldsymbol{a}_2, \ldots, \boldsymbol{a}_k$ は線形独立である
$\iff \boldsymbol{a}_1, \boldsymbol{a}_2, \ldots, \boldsymbol{a}_k$ の線形結合として表されるベクトルの $\boldsymbol{a}_1, \boldsymbol{a}_2, \ldots, \boldsymbol{a}_k$ の係数は一意的である

証明 まず，命題の下の条件が成り立つと仮定しよう．$\boldsymbol{a}_1, \boldsymbol{a}_2, \ldots, \boldsymbol{a}_k \in \mathbf{K}^n$ の線形関係式 $\lambda_1\boldsymbol{a}_1 + \lambda_2\boldsymbol{a}_2 + \cdots + \lambda_k\boldsymbol{a}_k = \mathbf{0}$ を考えると，$\mathbf{0} = 0\boldsymbol{a}_1 + 0\boldsymbol{a}_2 + \cdots + 0\boldsymbol{a}_k$ であるから，条件により，$\lambda_1 = 0, \lambda_2 = 0, \ldots \lambda_k = 0$ である．すなわち，$\boldsymbol{a}_1, \boldsymbol{a}_2, \ldots, \boldsymbol{a}_k$ は線形独立である．

逆に，$\boldsymbol{a}_1, \boldsymbol{a}_2, \ldots, \boldsymbol{a}_k$ が線形独立であると仮定する．$\lambda_1\boldsymbol{a}_1 + \lambda_2\boldsymbol{a}_2 + \cdots + \lambda_k\boldsymbol{a}_k = \mu_1\boldsymbol{a}_1 + \mu_2\boldsymbol{a}_2 + \cdots + \mu_k\boldsymbol{a}_k$ ならば $(\lambda_1 - \mu_1)\boldsymbol{a}_1 + (\lambda_2 - \mu_2)\boldsymbol{a}_2 + \cdots + (\lambda_k - \mu_k)\boldsymbol{a}_k = \mathbf{0}$ であるから，$\lambda_1 - \mu_1 = \lambda_2 - \mu_2 = \cdots = \lambda_k - \mu_k = 0$ である．すなわち $\lambda_1 = \mu_1, \lambda_2 = \mu_2, \ldots, \lambda_k = \mu_k$. □

命題 6.1.2 ベクトル $\boldsymbol{a}_1, \boldsymbol{a}_2, \ldots, \boldsymbol{a}_k \in \mathbf{K}^n$ について

$\boldsymbol{a}_1, \boldsymbol{a}_2, \ldots, \boldsymbol{a}_k$ は線形独立である
$\iff \boldsymbol{a}_1, \boldsymbol{a}_2, \ldots, \boldsymbol{a}_k$ のどのベクトルも他のベクトルの線形結合としては表されない．

$\boldsymbol{a}_1, \boldsymbol{a}_2, \ldots, \boldsymbol{a}_k$ は線形従属である
$\iff \boldsymbol{a}_1, \boldsymbol{a}_2, \ldots, \boldsymbol{a}_k$ のあるベクトルが他のベクトルの線形結合として表される．

証明 まず，後半を証明する．$\boldsymbol{a}_1, \boldsymbol{a}_2, \ldots, \boldsymbol{a}_k$ が線形従属ならば，自明でない線形関係式

$$\lambda_1\boldsymbol{a}_1 + \lambda_2\boldsymbol{a}_2 + \cdots + \lambda_k\boldsymbol{a}_k = \mathbf{0}$$

が存在する．係数 $\lambda_1, \lambda_2, \ldots, \lambda_k$ のどれかは 0 でない．例えば，$\lambda_1 \neq 0$ とすると，上の線形関係式の両辺を λ_1 で割って，$\boldsymbol{a}_1$ を移項すれば，$\boldsymbol{a}_1 = \left(-\dfrac{\lambda_2}{\lambda_1}\right)\boldsymbol{a}_2 + \cdots + \left(-\dfrac{\lambda_k}{\lambda_1}\right)\boldsymbol{a}_k$ が得られる．すなわち，$\boldsymbol{a}_1$ は他の $\boldsymbol{a}_2, \ldots, \boldsymbol{a}_k$ の線形結合で表される．他の場合も同様である．

逆に，例えば，$\boldsymbol{a}_1$ が他の $\boldsymbol{a}_2, \ldots, \boldsymbol{a}_k$ の線形結合として $\boldsymbol{a}_1 = \mu_1\boldsymbol{a}_2 + \cdots + \mu_k\boldsymbol{a}_k$ と表されるならば，$\boldsymbol{a}_1 - \mu_1\boldsymbol{a}_2 - \cdots - \mu_k\boldsymbol{a}_k = \mathbf{0}$ という自明でない線形関係式が得られるから，$\boldsymbol{a}_1, \boldsymbol{a}_2, \ldots, \boldsymbol{a}_k$ は線形従属である．他の場合も同様である．

前半を示す．

$\boldsymbol{a}_1, \boldsymbol{a}_2, \ldots, \boldsymbol{a}_k$ が線形独立である $\Longleftrightarrow$ $\boldsymbol{a}_1, \boldsymbol{a}_2, \ldots, \boldsymbol{a}_k$ が線形従属でない

$\Longleftrightarrow$「あるベクトルが他のベクトルの線形結合として表される」は成り立たない

$\Longleftrightarrow$ どのベクトルも他のベクトルの線形結合としては表されない．

□

例 6.1.3 (1) ベクトル $\boldsymbol{a}$ が線形独立であるのは $\boldsymbol{a} \neq \boldsymbol{0}$ のときに限る．

(2) ベクトル $\boldsymbol{a}_1, \boldsymbol{a}_2, \ldots, \boldsymbol{a}_k$ の中に $\boldsymbol{0}$ があれば，$\boldsymbol{a}_1, \boldsymbol{a}_2, \ldots, \boldsymbol{a}_k$ は線形従属である．

(3) ベクトル $\boldsymbol{a}, \boldsymbol{b}$ が線形従属であるのは一方が他方のスカラー倍として表されるときに限る．

(4) O-xyz 座標空間において空間の点とその点の原点 O に関する位置ベクトルを同一視する．ベクトルの成分表示を考えて，空間を 3 次元数ベクトル空間 $\mathbf{R}^3$ と同一視する．このとき

(a) $\boldsymbol{0}$ でないベクトル $\boldsymbol{a}, \boldsymbol{b}$ が線形独立であるのはこれらが平行でないときに限る．

(b) $\boldsymbol{0}$ でないベクトル $\boldsymbol{a}, \boldsymbol{b}, \boldsymbol{c}$ が線形独立であることは，これらのどの 2 つも平行でないということであり，3 点 A$(\boldsymbol{a})$, B$(\boldsymbol{b})$, C$(\boldsymbol{c})$ をとれば四面体 OABC ができるということである．

ベクトル $\boldsymbol{a}_1, \boldsymbol{a}_2, \ldots, \boldsymbol{a}_k \in \mathbf{K}^n$ の線形結合は行列とベクトルの積を用いて

$$\lambda_1\boldsymbol{a}_1 + \lambda_2\boldsymbol{a}_2 + \cdots + \lambda_k\boldsymbol{a}_k = \begin{bmatrix}\boldsymbol{a}_1\ \boldsymbol{a}_2\ \cdots\ \boldsymbol{a}_k\end{bmatrix}\begin{bmatrix}\lambda_1\\ \lambda_2\\ \vdots\\ \lambda_k\end{bmatrix}$$

と表されるのであった．したがって，次の基本原理が得られる．

定理 6.1.3 k 個の n 次元数ベクトル $\boldsymbol{a}_1, \boldsymbol{a}_2, \ldots, \boldsymbol{a}_k \in \mathbf{K}^n$ を並べてできる (n, k) 行列 $A = \begin{bmatrix}\boldsymbol{a}_1\ \boldsymbol{a}_2\ \cdots\ \boldsymbol{a}_k\end{bmatrix}$ を考える．

$\boldsymbol{a}_1, \boldsymbol{a}_2, \ldots, \boldsymbol{a}_k$ が線形独立 $\Longleftrightarrow$ 斉次線形方程式 $A\boldsymbol{x} = \boldsymbol{0}$ が自明な解しかもたない．

$\Longleftrightarrow$ $\operatorname{rank} A = k$.

$\boldsymbol{a}_1, \boldsymbol{a}_2, \ldots, \boldsymbol{a}_k \in \mathbf{K}^n$ が線形従属のとき，斉次線形方程式 $\begin{bmatrix}\boldsymbol{a}_1\ \boldsymbol{a}_2\ \cdots\ \boldsymbol{a}_k\end{bmatrix}\boldsymbol{x} = \boldsymbol{0}$ の自明でない解 $\begin{bmatrix}\lambda_1\\ \lambda_2\\ \vdots\\ \lambda_k\end{bmatrix} \neq \begin{bmatrix}0\\ 0\\ \vdots\\ 0\end{bmatrix}$ は $\boldsymbol{a}_1, \boldsymbol{a}_2, \ldots, \boldsymbol{a}_k$ の自明でない線形関係式 $\lambda_1\boldsymbol{a}_1 + \lambda_2\boldsymbol{a}_2 + \cdots + \lambda_k\boldsymbol{a}_k = \boldsymbol{0}$ を与える．

例 6.1.4 例 6.1.1，6.1.2 を定理 6.1.3 の観点から見直してみよう．

$A = \begin{bmatrix} \boldsymbol{a}_1 \, \boldsymbol{a}_2 \, \boldsymbol{a}_3 \end{bmatrix}$ とおき，斉次線形方程式 $A\boldsymbol{x} = \boldsymbol{0}$ を解いてみる．行列 A に行基本変形を施して簡約階段行列をつくる．以下では，変形の具体的な説明は省略する．

$$A = \begin{bmatrix} 1 & -1 & 1 \\ 1 & 3 & 9 \\ -1 & -2 & -7 \\ 2 & 1 & 8 \end{bmatrix} \longrightarrow \begin{bmatrix} 1 & -1 & 1 \\ 0 & 4 & 8 \\ 0 & -3 & -6 \\ 0 & 3 & 6 \end{bmatrix} \longrightarrow \begin{bmatrix} 1 & -1 & 1 \\ 0 & 4 & 8 \\ 0 & 0 & 0 \\ 0 & 0 & 0 \end{bmatrix}$$

と階段行列に変形され，$\operatorname{rank} A = 2 < 3 =$（ベクトルの個数）であることがわかった．定理 6.1.3 により，$\boldsymbol{a}_1, \boldsymbol{a}_2, \boldsymbol{a}_3$ は線形従属である．自明でない線形関係式を求めるために，簡約階段行列に変形すると

$$\longrightarrow \begin{bmatrix} 1 & -1 & 1 \\ 0 & 1 & 2 \\ 0 & 0 & 0 \\ 0 & 0 & 0 \end{bmatrix} \longrightarrow \begin{bmatrix} 1 & 0 & 3 \\ 0 & 1 & 2 \\ 0 & 0 & 0 \\ 0 & 0 & 0 \end{bmatrix}$$

となる．よって，$A\boldsymbol{x} = \boldsymbol{0}$ の解として $\begin{bmatrix} -3 \\ -2 \\ 1 \end{bmatrix}$ が得られ，線形関係式 $-3\boldsymbol{a}_1 - 2\boldsymbol{a}_2 + \boldsymbol{a}_3 = \boldsymbol{0}$ を得る．

$B = \begin{bmatrix} \boldsymbol{b}_1 \, \boldsymbol{b}_2 \, \boldsymbol{b}_3 \end{bmatrix}$ とおく．

$$B = \begin{bmatrix} 1 & -1 & 1 \\ 1 & 3 & 9 \\ -1 & -2 & -4 \\ 2 & 1 & 8 \end{bmatrix} \longrightarrow \begin{bmatrix} 1 & -1 & 1 \\ 0 & 4 & 8 \\ 0 & -3 & -3 \\ 0 & 3 & 6 \end{bmatrix} \longrightarrow \begin{bmatrix} 1 & -1 & 1 \\ 0 & 4 & 8 \\ 0 & 0 & 3 \\ 0 & 0 & 0 \end{bmatrix}.$$

ゆえに，$\operatorname{rank} B = 3 =$（ベクトルの個数）である．定理 6.1.3 により，$\boldsymbol{b}_1, \boldsymbol{b}_2, \boldsymbol{b}_3$ は線形独立である．

例題 6.1.1 次のベクトルが線形独立かどうかを調べ，線形次従属ならば自明でない線形関係式を（1 つ）求めよ．

(1) $\boldsymbol{a}_1 = \begin{bmatrix} 2 \\ 1 \\ 1 \\ 2 \end{bmatrix}, \boldsymbol{a}_2 = \begin{bmatrix} 3 \\ 2 \\ -3 \\ 2 \end{bmatrix}, \boldsymbol{a}_3 = \begin{bmatrix} -2 \\ -1 \\ 2 \\ -1 \end{bmatrix}$　　(2) $\boldsymbol{b}_1 = \begin{bmatrix} -2 \\ -4 \\ 4 \\ -2 \end{bmatrix}, \boldsymbol{b}_2 = \begin{bmatrix} 2 \\ 3 \\ -2 \\ 1 \end{bmatrix}, \boldsymbol{b}_3 = \begin{bmatrix} 3 \\ 5 \\ -4 \\ 2 \end{bmatrix}$

考え方 与えられたベクトルを並べて行列をつくり，その行列を係数行列とする斉次線形方程式を解く．（行列を基本変形するのであるが，以下では，変形の具体的な説明は省く）

解答　(1) $A = \begin{bmatrix} \boldsymbol{a}_1 \, \boldsymbol{a}_2 \, \boldsymbol{a}_3 \end{bmatrix}$ とおく．

$$A = \begin{bmatrix} 2 & 3 & -2 \\ 1 & 2 & -1 \\ 1 & -3 & 2 \\ 2 & 2 & -1 \end{bmatrix} \longrightarrow \begin{bmatrix} 1 & 2 & -1 \\ 2 & 3 & -2 \\ 1 & -3 & 2 \\ 2 & 2 & -1 \end{bmatrix} \longrightarrow \begin{bmatrix} 1 & 2 & -1 \\ 0 & -1 & 0 \\ 0 & -5 & 3 \\ 0 & -2 & 1 \end{bmatrix} \longrightarrow \begin{bmatrix} 1 & 2 & -1 \\ 0 & -1 & 0 \\ 0 & 0 & 3 \\ 0 & 0 & 0 \end{bmatrix}$$

と変形され，rank $A=3=$（ベクトルの個数）であるから，$\boldsymbol{a}_1, \boldsymbol{a}_2, \boldsymbol{a}_3$ は線形独立である．

(2) $B=\begin{bmatrix}\boldsymbol{b}_1\,\boldsymbol{b}_2\,\boldsymbol{b}_3\end{bmatrix}$ とおく．

$$B=\begin{bmatrix}-2&2&3\\-4&3&5\\4&-2&-4\\-2&1&2\end{bmatrix}\longrightarrow\begin{bmatrix}-2&2&3\\0&-1&-1\\0&2&2\\0&-1&-1\end{bmatrix}\longrightarrow\begin{bmatrix}-2&2&3\\0&-1&-1\\0&0&0\\0&0&0\end{bmatrix}$$

rank $B=2<3=$（ベクトルの個数）であるから，$\boldsymbol{b}_1, \boldsymbol{b}_2, \boldsymbol{b}_3$ は線形従属である．自明でない線形関係式を求めるため，簡約階段行列へ変形すると

$$\longrightarrow\begin{bmatrix}1&-1&-\frac{3}{2}\\0&1&1\\0&0&0\\0&0&0\end{bmatrix}\longrightarrow\begin{bmatrix}1&0&-\frac{1}{2}\\0&1&1\\0&0&0\\0&0&0\end{bmatrix}.$$

よって，（この行列を係数行列とする斉次線形方程式を解いて）$\frac{1}{2}\boldsymbol{b}_1-\boldsymbol{b}_2+\boldsymbol{b}_3=\boldsymbol{0}$ である．

□

問題 6.1.2 次のベクトルが線形独立かどうかを調べ，線形従属ならば自明でない線形関係式を求めよ．

(1) $\boldsymbol{a}_1=\begin{bmatrix}1\\-1\\1\end{bmatrix}, \boldsymbol{a}_2=\begin{bmatrix}1\\1\\2\end{bmatrix}, \boldsymbol{a}_3=\begin{bmatrix}-2\\4\\-1\end{bmatrix}$　　(2) $\boldsymbol{b}_1=\begin{bmatrix}1\\2\\-1\end{bmatrix}, \boldsymbol{b}_2=\begin{bmatrix}2\\-2\\-1\end{bmatrix}, \boldsymbol{b}_3=\begin{bmatrix}-1\\-3\\2\end{bmatrix}$

l 個の n 次元数ベクトル $\boldsymbol{a}_1, \boldsymbol{a}_2, \ldots, \boldsymbol{a}_l \in \mathbf{K}^n$ については，$l>n$ ならば，rank $\begin{bmatrix}\boldsymbol{a}_1\,\boldsymbol{a}_2\,\cdots\,\boldsymbol{a}_l\end{bmatrix} \leqq n < l$ となり，定理 6.1.3 により，$\boldsymbol{a}_1, \boldsymbol{a}_2, \ldots, \boldsymbol{a}_l \in \mathbf{K}^n$ は線形従属である．よって

系 6.1.4 l 個の n 次元数ベクトル $\boldsymbol{a}_1, \boldsymbol{a}_2, \ldots, \boldsymbol{a}_l \in \mathbf{K}^n$ が線形独立ならば $l \leqq n$ である．

この事実を次のように一般化しよう．k 個の n 次元数ベクトル $\boldsymbol{u}_1, \boldsymbol{u}_2, \ldots, \boldsymbol{u}_k \in \mathbf{K}^n$ の線形結合である l 個のベクトル $\boldsymbol{v}_1, \boldsymbol{v}_2, \ldots, \boldsymbol{v}_l$ を考える．このとき，$j=1,2,\ldots,l$ について，スカラー $p_{1j}, p_{2j}, \ldots, p_{kj}$ を用いて $\boldsymbol{v}_j = p_{1j}\boldsymbol{u}_1 + p_{2j}\boldsymbol{u}_2 + \cdots + p_{kj}\boldsymbol{u}_k$ と表すことができる．$\boldsymbol{v}_1, \boldsymbol{v}_2, \ldots, \boldsymbol{v}_l$ を並べて行列をつくると，等式

$$\begin{bmatrix}\boldsymbol{v}_1\,\boldsymbol{v}_2\,\cdots\,\boldsymbol{v}_l\end{bmatrix}=\begin{bmatrix}\boldsymbol{u}_1\,\boldsymbol{u}_2\,\cdots\,\boldsymbol{u}_k\end{bmatrix}\begin{bmatrix}p_{11}&p_{12}&\cdots&p_{1l}\\p_{21}&p_{22}&\cdots&p_{2l}\\\vdots&\vdots&\vdots&\vdots\\p_{k1}&p_{k2}&\cdots&p_{kl}\end{bmatrix} \tag{6.1.1}$$

が得られる．このような考え方は非常に大切であり，今後頻繁に遭遇する．

例 6.1.5 ベクトル $\boldsymbol{u}_1, \boldsymbol{u}_2, \boldsymbol{u}_3$ の線形結合

$$\boldsymbol{v}_1 = 2\boldsymbol{u}_1 + 3\boldsymbol{u}_2 + \boldsymbol{u}_3,\ \boldsymbol{v}_2 = -\boldsymbol{u}_1 + 2\boldsymbol{u}_2 + 3\boldsymbol{u}_3,\ \boldsymbol{v}_3 = 3\boldsymbol{u}_1 - \boldsymbol{u}_2 - 4\boldsymbol{u}_3$$

を考えると

$$\begin{bmatrix}\boldsymbol{v}_1\ \boldsymbol{v}_2\ \boldsymbol{v}_3\end{bmatrix} = \begin{bmatrix}\boldsymbol{u}_1\ \boldsymbol{u}_2\ \boldsymbol{u}_3\end{bmatrix}\begin{bmatrix}2 & -1 & 3\\ 3 & 2 & -1\\ 1 & 3 & -4\end{bmatrix}$$

である．さらに，ベクトル $\boldsymbol{v}_1, \boldsymbol{v}_2, \boldsymbol{v}_3$ の線形結合は，例えば

$$3\boldsymbol{v}_1 + 4\boldsymbol{v}_2 - 2\boldsymbol{v}_3 = \begin{bmatrix}\boldsymbol{v}_1\ \boldsymbol{v}_2\ \boldsymbol{v}_3\end{bmatrix}\begin{bmatrix}3\\ 4\\ -2\end{bmatrix} = \begin{bmatrix}\boldsymbol{u}_1\ \boldsymbol{u}_2\ \boldsymbol{u}_3\end{bmatrix}\begin{bmatrix}2 & -1 & 3\\ 3 & 2 & -1\\ 1 & 3 & -4\end{bmatrix}\begin{bmatrix}3\\ 4\\ -2\end{bmatrix} = \begin{bmatrix}\boldsymbol{u}_1\ \boldsymbol{u}_2\ \boldsymbol{u}_3\end{bmatrix}\begin{bmatrix}-4\\ 19\\ 23\end{bmatrix}$$

のように，$\boldsymbol{u}_1, \boldsymbol{u}_2, \boldsymbol{u}_3$ の線形結合であり，その係数は行列とベクトルの積として得られる．

定理 6.1.5 k 個の n 次元数ベクトル $\boldsymbol{u}_1, \boldsymbol{u}_2, \ldots, \boldsymbol{u}_k \in \mathbf{K}^n$ をとる．$\boldsymbol{u}_1, \boldsymbol{u}_2, \ldots, \boldsymbol{u}_k$ の線形結合として表される l 個のベクトル $\boldsymbol{v}_1, \boldsymbol{v}_2, \ldots, \boldsymbol{v}_l$ が線形独立ならば，$l \leqq \operatorname{rank}\begin{bmatrix}\boldsymbol{u}_1\ \boldsymbol{u}_2\ \cdots\ \boldsymbol{u}_k\end{bmatrix} (\leqq k)$ である．（同じことであるが）$l > \operatorname{rank}\begin{bmatrix}\boldsymbol{u}_1\ \boldsymbol{u}_2\ \cdots\ \boldsymbol{u}_k\end{bmatrix}$ ならば $\boldsymbol{v}_1, \boldsymbol{v}_2, \ldots, \boldsymbol{v}_l$ は線形従属である．

証明 等式 (6.1.1) の行列 $\begin{bmatrix}p_{ij}\end{bmatrix}$ を P とおくと，$\begin{bmatrix}\boldsymbol{v}_1\ \boldsymbol{v}_2\ \cdots\ \boldsymbol{v}_l\end{bmatrix} = \begin{bmatrix}\boldsymbol{u}_1\ \boldsymbol{u}_2\ \cdots\ \boldsymbol{u}_k\end{bmatrix}P$ であるから，定理 3.2.7 により，$\operatorname{rank}\begin{bmatrix}\boldsymbol{v}_1\ \boldsymbol{v}_2\ \cdots\ \boldsymbol{v}_l\end{bmatrix} = \operatorname{rank}\left(\begin{bmatrix}\boldsymbol{u}_1\ \boldsymbol{u}_2\ \cdots\ \boldsymbol{u}_k\end{bmatrix} P\right) \leqq \operatorname{rank}\begin{bmatrix}\boldsymbol{u}_1\ \boldsymbol{u}_2\ \cdots\ \boldsymbol{u}_k\end{bmatrix}$ が得られる．$\boldsymbol{v}_1, \boldsymbol{v}_2, \ldots, \boldsymbol{v}_l$ が線形独立ならば，定理 6.1.3 により，$\operatorname{rank}\begin{bmatrix}\boldsymbol{v}_1\ \boldsymbol{v}_2\ \cdots\ \boldsymbol{v}_l\end{bmatrix} = l$ であるから，$l \leqq \operatorname{rank}\begin{bmatrix}\boldsymbol{u}_1\ \boldsymbol{u}_2\ \cdots\ \boldsymbol{u}_k\end{bmatrix} \leqq k$ である． □

定理 6.1.6 k 個の n 次元数ベクトル $\boldsymbol{u}_1, \boldsymbol{u}_2, \ldots, \boldsymbol{u}_k \in \mathbf{K}^n$ の線形結合として表される l 個のベクトル $\boldsymbol{v}_1, \boldsymbol{v}_2, \ldots, \boldsymbol{v}_l$ を等式 (6.1.1) のように表し，$P = \begin{bmatrix}p_{ij}\end{bmatrix}$ とおく．

(1) $\operatorname{rank} P < l$ ならば $\boldsymbol{v}_1, \boldsymbol{v}_2, \ldots, \boldsymbol{v}_l$ は線形従属である．（同じことであるが）$\boldsymbol{v}_1, \boldsymbol{v}_2, \ldots, \boldsymbol{v}_l$ が線形独立ならば $\operatorname{rank} P = l$ である．

(2) $\boldsymbol{u}_1, \boldsymbol{u}_2, \ldots, \boldsymbol{u}_k$ が線形独立とする．$\operatorname{rank} P = l$ ならば $\boldsymbol{v}_1, \boldsymbol{v}_2, \ldots, \boldsymbol{v}_l$ は線形独立である．

証明 (1) $\operatorname{rank} P < l$ ならば，斉次線形方程式 $P\boldsymbol{x} = \boldsymbol{0}$ は自明でない解 $\begin{bmatrix}\lambda_1\\ \lambda_2\\ \vdots\\ \lambda_l\end{bmatrix}$ をもつ．このとき

$$\begin{bmatrix}\boldsymbol{v}_1\ \boldsymbol{v}_2\ \cdots\ \boldsymbol{v}_l\end{bmatrix}\begin{bmatrix}\lambda_1\\ \lambda_2\\ \vdots\\ \lambda_l\end{bmatrix}=\begin{bmatrix}\boldsymbol{u}_1\ \boldsymbol{u}_2\ \cdots\ \boldsymbol{u}_k\end{bmatrix}P\begin{bmatrix}\lambda_1\\ \lambda_2\\ \vdots\\ \lambda_l\end{bmatrix}=\boldsymbol{0}$$ を得る．ゆえに，$\boldsymbol{v}_1, \boldsymbol{v}_2, \ldots, \boldsymbol{v}_l$ は線形従属である．

(2) $\boldsymbol{u}_1, \boldsymbol{u}_2, \ldots, \boldsymbol{u}_k$ が線形独立であると仮定する．線形関係式 $\begin{bmatrix}\boldsymbol{v}_1\ \boldsymbol{v}_2\ \cdots\ \boldsymbol{v}_l\end{bmatrix}\begin{bmatrix}\mu_1\\ \mu_2\\ \vdots\\ \mu_l\end{bmatrix}=\boldsymbol{0}$ が自明なものに限ることを示す．さて，$\boldsymbol{0}=\begin{bmatrix}\boldsymbol{v}_1\ \boldsymbol{v}_2\ \cdots\ \boldsymbol{v}_l\end{bmatrix}\begin{bmatrix}\mu_1\\ \mu_2\\ \vdots\\ \mu_l\end{bmatrix}=\begin{bmatrix}\boldsymbol{u}_1\ \boldsymbol{u}_2\ \cdots\ \boldsymbol{u}_k\end{bmatrix}P\begin{bmatrix}\mu_1\\ \mu_2\\ \vdots\\ \mu_l\end{bmatrix}$ を得るが，$\boldsymbol{u}_1, \boldsymbol{u}_2, \ldots, \boldsymbol{u}_k$ は線形独立であるから，$P\begin{bmatrix}\mu_1\\ \mu_2\\ \vdots\\ \mu_l\end{bmatrix}=\boldsymbol{0}$ である．$\operatorname{rank} P = l$ ならば，$\begin{bmatrix}\mu_1\\ \mu_2\\ \vdots\\ \mu_l\end{bmatrix}=\boldsymbol{0}$ である．すなわち，$\boldsymbol{v}_1, \boldsymbol{v}_2, \ldots, \boldsymbol{v}_l$ は線形独立である．

□

注意 6.1.1 定理 6.1.6 においてベクトル $\boldsymbol{u}_1, \boldsymbol{u}_2, \ldots, \boldsymbol{u}_k$ が線形従属のときは，たとえ，$\operatorname{rank} P = l$ であっても，$\boldsymbol{v}_1, \boldsymbol{v}_2, \ldots, \boldsymbol{v}_l$ は線形独立であるとは限らない．

例 6.1.6 ベクトル $\boldsymbol{u}_1, \boldsymbol{u}_2, \boldsymbol{u}_3$ の線形結合について考える．

(1) 線形結合

$$\boldsymbol{v}_1 = 2\boldsymbol{u}_1 + 3\boldsymbol{u}_2 + \boldsymbol{u}_3,\ \boldsymbol{v}_2 = -\boldsymbol{u}_1 + 2\boldsymbol{u}_2 + 3\boldsymbol{u}_3,\ \boldsymbol{v}_3 = 3\boldsymbol{u}_1 - \boldsymbol{u}_2 - 4\boldsymbol{u}_3$$

は線形従属である．

(2) ベクトル $\boldsymbol{u}_1, \boldsymbol{u}_2, \boldsymbol{u}_3$ は線形独立であるとする．線形結合

$$\boldsymbol{w}_1 = 2\boldsymbol{u}_1 + 2\boldsymbol{u}_2 + \boldsymbol{u}_3,\ \boldsymbol{w}_2 = -\boldsymbol{u}_1 + 2\boldsymbol{u}_2 + 3\boldsymbol{u}_3,\ \boldsymbol{w}_3 = 3\boldsymbol{u}_1 - \boldsymbol{u}_2 - 4\boldsymbol{u}_3$$

は線形独立である．

問題 6.1.3 (1) 例 6.1.6 を確かめよ．

(2) ベクトル $\boldsymbol{u}_1, \boldsymbol{u}_2, \boldsymbol{u}_3$ が線形従属のとき，例 6.1.6 (2) のように定められたベクトル $\boldsymbol{w}_1, \boldsymbol{w}_2, \boldsymbol{w}_3$ は線形従属になることもある．このようなベクトル $\boldsymbol{u}_1, \boldsymbol{u}_2, \boldsymbol{u}_3$ の例をあげよ．

(3) ベクトル $\boldsymbol{u}_1, \boldsymbol{u}_2, \ldots, \boldsymbol{u}_k$ は線形従属とする．これらの線形結合で線形独立になる例をあげよ．

命題 6.1.7 ベクトル $\boldsymbol{a}_1, \boldsymbol{a}_2, \ldots, \boldsymbol{a}_k \in \mathbf{K}^n$ は線形独立であるとする．ベクトル $\boldsymbol{b} \in \mathbf{K}^n$ について

$\boldsymbol{a}_1, \boldsymbol{a}_2, \ldots, \boldsymbol{a}_k, \boldsymbol{b}$ が線形独立である $\Longleftrightarrow$ $\boldsymbol{b}$ が $\boldsymbol{a}_1, \boldsymbol{a}_2, \ldots, \boldsymbol{a}_k$ の線形結合としては表されない．

$\boldsymbol{a}_1, \boldsymbol{a}_2, \ldots, \boldsymbol{a}_k, \boldsymbol{b}$ が線形従属である $\Longleftrightarrow$ $\boldsymbol{b}$ が $\boldsymbol{a}_1, \boldsymbol{a}_2, \ldots, \boldsymbol{a}_k$ の線形結合として表される．

証明 $\boldsymbol{a}_1, \boldsymbol{a}_2, \ldots, \boldsymbol{a}_k, \boldsymbol{b}$ が線形独立ならば，命題 6.1.2 により，$\boldsymbol{b}$ は $\boldsymbol{a}_1, \boldsymbol{a}_2, \ldots, \boldsymbol{a}_k$ の線形結合としては表されない．

よって，$\boldsymbol{b}$ が $\boldsymbol{a}_1, \boldsymbol{a}_2, \ldots, \boldsymbol{a}_k$ の線形結合として表されるならば，$\boldsymbol{a}_1, \boldsymbol{a}_2, \ldots, \boldsymbol{a}_k, \boldsymbol{b}$ は線形独立でない．すなわち，線形従属である．

$\boldsymbol{a}_1, \boldsymbol{a}_2, \ldots, \boldsymbol{a}_k, \boldsymbol{b}$ が線形従属ならば，$\boldsymbol{b}$ が $\boldsymbol{a}_1, \boldsymbol{a}_2, \ldots, \boldsymbol{a}_k$ の線形結合として表されることを示す．さて，$\boldsymbol{a}_1, \boldsymbol{a}_2, \ldots, \boldsymbol{a}_k, \boldsymbol{b}$ が線形従属とすれば，適当なスカラー $\lambda_1, \lambda_2, \ldots, \lambda_k, \mu$ により自明でない線形関係式 $\lambda_1\boldsymbol{a}_1+\lambda_2\boldsymbol{a}_2+\cdots+\lambda_k\boldsymbol{a}_k+\mu\boldsymbol{b}=\boldsymbol{0}$ が得られる．$\mu=0$ ならば，$\lambda_1\boldsymbol{a}_1+\lambda_2\boldsymbol{a}_2+\cdots+\lambda_k\boldsymbol{a}_k=\boldsymbol{0}$ となり，$\boldsymbol{a}_1, \boldsymbol{a}_2, \ldots, \boldsymbol{a}_k \in \mathbf{K}^n$ は線形独立であったから，$\lambda_1=\lambda_2=\cdots=\lambda_k=0$ となる．結局，上の関係式は自明な線形関係式になり，矛盾である．ゆえに，$\mu \neq 0$ である．よって，

$$\boldsymbol{b}=\left(-\frac{\lambda_1}{\mu}\right)\boldsymbol{a}_1+\left(-\frac{\lambda_2}{\mu}\right)\boldsymbol{a}_2+\cdots+\left(-\frac{\lambda_k}{\mu}\right)\boldsymbol{a}_k.$$

$\boldsymbol{b}$ が $\boldsymbol{a}_1, \boldsymbol{a}_2, \ldots, \boldsymbol{a}_k$ の線形結合として表されないならば，$\boldsymbol{a}_1, \boldsymbol{a}_2, \ldots, \boldsymbol{a}_k, \boldsymbol{b}$ は線形従属でない．すなわち，線形独立である． □

6.2 部分空間とその基底

定義 6.2.1 $\mathbf{K}^n$ の空でない部分集合 U について条件

(1) 任意の $\boldsymbol{a}, \boldsymbol{b} \in U$ に対して和 $\boldsymbol{a}+\boldsymbol{b}$ も U に属し，

(2) 任意の $\boldsymbol{a} \in U$ と任意のスカラー $\lambda \in \mathbf{K}$ に対してスカラー倍 $\lambda\boldsymbol{a}$ も U に属する

が成り立つとき，U を $\mathbf{K}^n$ の**部分空間**とよぶ．

例 6.2.1 A を $\mathbf{K}$ の数を成分とする (m, n) 行列とする．斉次線形方程式 $A\boldsymbol{x}=\boldsymbol{0}$ の解全体の集合

$$V=\{\boldsymbol{x} \in \mathbf{K}^n \mid A\boldsymbol{x}=\boldsymbol{0}\}$$

を考える．V に属する任意のベクトル $\boldsymbol{x}, \boldsymbol{y}$ の和 $\boldsymbol{x}+\boldsymbol{y}$ も V に属する．また，V に属する任意のベクトル $\boldsymbol{x}$ の任意のスカラー倍 $\lambda\boldsymbol{x}$ も V に属する．よって，集合 V は $\mathbf{K}^n$ の部分空間である．これを $A\boldsymbol{x}=\boldsymbol{0}$ の**解空間**とよぶ．この解空間を本書では $\operatorname{Ker} A$ と書くことにする．

定義 6.2.2 ベクトル $\boldsymbol{a}_1, \boldsymbol{a}_2, \ldots, \boldsymbol{a}_k \in \mathbf{K}^n$ の線形結合全体のなす集合

$$\{\lambda_1\boldsymbol{a}_1 + \lambda_2\boldsymbol{a}_2 + \cdots + \lambda_k\boldsymbol{a}_k \mid \lambda_1, \lambda_2, \ldots, \lambda_k \in \mathbf{K}\}$$

は $\mathbf{K}^n$ の部分空間である．これを $\boldsymbol{a}_1, \boldsymbol{a}_2, \ldots, \boldsymbol{a}_k$ で**生成される部分空間**とよび，$\langle \boldsymbol{a}_1, \boldsymbol{a}_2, \ldots, \boldsymbol{a}_k \rangle$ と記す：$\langle \boldsymbol{a}_1, \boldsymbol{a}_2, \ldots, \boldsymbol{a}_k \rangle = \{\lambda_1\boldsymbol{a}_1 + \lambda_2\boldsymbol{a}_2 + \cdots + \lambda_k\boldsymbol{a}_k \mid \lambda_1, \lambda_2, \ldots, \lambda_k \in \mathbf{K}\}$.

> **問題 6.2.1** ベクトル $\boldsymbol{a}_1, \boldsymbol{a}_2, \ldots, \boldsymbol{a}_k \in \mathbf{K}^n$ に対して $\langle \boldsymbol{a}_1, \boldsymbol{a}_2, \ldots, \boldsymbol{a}_k \rangle$ は部分空間であることを確かめよ．

例 6.2.2 O-xyz 座標空間を 3 次元数ベクトル空間 $\mathbf{R}^3$ と同一視する．

(1) ベクトル $\boldsymbol{a}\ (\neq \boldsymbol{0})$ で生成される部分空間 $\langle \boldsymbol{a} \rangle$ は原点 O と点 A($\boldsymbol{a}$) を通る直線である．

(2) ベクトル $\boldsymbol{a}, \boldsymbol{b}$ が線形独立のとき，これらで生成される部分空間 $\langle \boldsymbol{a}, \boldsymbol{b} \rangle$ は原点 O，点 A($\boldsymbol{a}$)，点 B($\boldsymbol{b}$) を含む平面（原点を含みベクトル $\boldsymbol{a}, \boldsymbol{b}$ で張られる平面）である．

(3) 空間の線形独立なベクトル $\boldsymbol{a}, \boldsymbol{b}, \boldsymbol{c}$ で生成される部分空間は $\mathbf{R}^3$ に一致する．

命題 6.2.1 U を $\mathbf{K}^n$ の部分空間とする．

(1) 零ベクトル $\boldsymbol{0}$ は U に属する．

(2) $\boldsymbol{a} \in U$ の逆ベクトル $-\boldsymbol{a}$ も U に属する．

証明 (1) U は空集合ではないから，なにかベクトルを含む．その 1 つを $\boldsymbol{a}_0$ と表す．零ベクトルは $\boldsymbol{0} = 0\boldsymbol{a}_0$ と表されるから，部分空間の公理 (2) により，$\boldsymbol{0} \in U$ である．

(2) $-\boldsymbol{a} = (-1)\boldsymbol{a}$ であるから，やはり，部分空間の公理 (2) により，$-\boldsymbol{a} \in U$ である．

□

命題 6.2.2 U を $\mathbf{K}^n$ の部分空間とする．U に属するベクトル $\boldsymbol{a}_1, \boldsymbol{a}_2, \ldots, \boldsymbol{a}_k$ で生成される部分空間 $\langle \boldsymbol{a}_1, \boldsymbol{a}_2, \ldots, \boldsymbol{a}_k \rangle$ は U に含まれる．

定義 6.2.3 $\mathbf{K}^n$ の部分空間 U に属するベクトル $\boldsymbol{a}_1, \boldsymbol{a}_2, \ldots, \boldsymbol{a}_k$ で生成される部分空間 $\langle \boldsymbol{a}_1, \boldsymbol{a}_2, \ldots, \boldsymbol{a}_k \rangle$ が U に一致するとき，集合 $\{\boldsymbol{a}_1, \boldsymbol{a}_2, \ldots, \boldsymbol{a}_k\}$ を U の**生成系**とよぶ．

定義 6.2.4 U を $\mathbf{K}^n$ の部分空間とする．ただし，$U \neq \{\boldsymbol{0}\}$ とする．ベクトル $\boldsymbol{u}_1, \boldsymbol{u}_2, \ldots, \boldsymbol{u}_k \in U$ について条件

(1) 線形独立であり，

(2) U を生成する（つまり，U のどのベクトルも $\boldsymbol{u}_1, \boldsymbol{u}_2, \ldots, \boldsymbol{u}_k$ の線形結合として表される）

が成り立つとき，列 $(\boldsymbol{u}_1, \boldsymbol{u}_2, \ldots, \boldsymbol{u}_k)$ を U の**基底**とよぶ．

注意 6.2.1 列 $(\boldsymbol{u}_1, \boldsymbol{u}_2, \ldots, \boldsymbol{u}_k)$ が基底であるとき，ベクトルを並べ換えた列 $(\boldsymbol{u}_{i_1}, \boldsymbol{u}_{i_2}, \ldots, \boldsymbol{u}_{i_k})$ も基底である．しかし，この 2 つの基底は異なるものと考える．

定理 6.2.3 U を $\mathbf{K}^n$ の $\{\mathbf{0}\}$ でない部分空間とする．U のベクトルの列 $(\boldsymbol{u}_1, \boldsymbol{u}_2, \ldots, \boldsymbol{u}_k)$ が U の基底であるためには次の条件が成り立つことが必要十分である．

U のどのベクトルも $\boldsymbol{u}_1, \boldsymbol{u}_2, \ldots, \boldsymbol{u}_k$ の線形結合としてただ 1 通りに表される．

問題 6.2.2 定理 6.2.3 を証明せよ．

例 6.2.3 O-xyz 座標空間を 3 次元数ベクトル空間 $\mathbf{R}^3$ と同一視する．

(1) 原点 O を通りベクトル $\boldsymbol{a}\,(\neq \mathbf{0})$ に平行な直線を $\mathbf{R}^3$ の部分空間とみて，$(\boldsymbol{a})$ はその基底である．

(2) 原点 O を含み線形独立なベクトル $\boldsymbol{a}, \boldsymbol{b}$ で張られる平面を $\mathbf{R}^3$ の部分空間とみて，$(\boldsymbol{a}, \boldsymbol{b})$ はその基底である．

(3) 空間のベクトル $\boldsymbol{a}, \boldsymbol{b}, \boldsymbol{c}$ が線形独立であるとき，$(\boldsymbol{a}, \boldsymbol{b}, \boldsymbol{c})$ は $\mathbf{R}^3$ の基底である．

例 6.2.4 数ベクトル空間 $\mathbf{K}^n$ において，基本ベクトルの列 $(\boldsymbol{e}_1, \boldsymbol{e}_2, \ldots, \boldsymbol{e}_n)$ は $\mathbf{K}^n$ の基底である．これを $\mathbf{K}^n$ の**自然基底**または**標準基底**とよぶ．

例 6.2.5 第 4 章 例 4.5.1 の斉次線形方程式の解空間を V とおく．例 4.5.1 で調べたように，ベクトル $\boldsymbol{y}_1 = \begin{bmatrix} 1 \\ 1 \\ 1 \\ 0 \\ 0 \end{bmatrix}, \boldsymbol{y}_2 = \begin{bmatrix} 2 \\ -1 \\ 0 \\ 1 \\ 1 \end{bmatrix}$ は解空間 V に属し，どの解のベクトル $\boldsymbol{x}$ も実数 s, t を用いて $\boldsymbol{x} = s\boldsymbol{y}_1 + t\boldsymbol{y}_2$ と表される．すなわち，解空間 V はベクトルで生成される．

これらのベクトルが線形独立であるか調べる．スカラー λ, μ について $\lambda\boldsymbol{y}_1 + \mu\boldsymbol{y}_2 = \begin{bmatrix} \lambda + 2\mu \\ \lambda - \mu \\ \lambda \\ \mu \\ \mu \end{bmatrix}$ であるから，$\lambda\boldsymbol{y}_1 + \mu\boldsymbol{y}_2 = \mathbf{0}$ ならば第 3 成分と第 4 成分により $\lambda = \mu = 0$ である．すなわち，$\boldsymbol{y}_1, \boldsymbol{y}_2$ は線形独立である．（もちろん，行列 $\begin{bmatrix} \boldsymbol{y}_1 \ \boldsymbol{y}_2 \end{bmatrix}$ の階数が 2 であることを確かめてもよい．）

よって，列 $(\boldsymbol{y}_1, \boldsymbol{y}_2)$ は V の基底である．（つまり，斉次線形方程式の基本解とは解空間の基底のことである．）

問題 6.2.3 演習問題 4.1 で考察した (2), (3), (4) の線形方程式に付随する斉次線形方程式の解空間の基底を 1 つずつ求めよ.

問題 6.2.4 解空間 $V = \left\{ \begin{bmatrix} x_1 \\ x_2 \\ x_3 \\ x_4 \end{bmatrix} \in \mathbf{K}^4 \mid x_1 + x_2 + x_3 + x_4 = 0 \right\}$ の基底を（1 組）求めよ.

定理 6.2.4 $\mathbf{K}^n$ の $\{\mathbf{0}\}$ でない部分空間には基底が存在する.

証明 $U \neq \{\mathbf{0}\}$ を $\mathbf{K}^n$ の部分空間とする. U に属する零ベクトルでないベクトルを 1 つとり, $\boldsymbol{u}_1$ とおく. もし, $\langle \boldsymbol{u}_1 \rangle = U$ ならば, $\boldsymbol{u}_1$ は線形独立であるから, $(\boldsymbol{u}_1)$ は U の基底である. $\langle \boldsymbol{u}_1 \rangle \neq U$ ならば, U に属するベクトルで $\langle \boldsymbol{u}_1 \rangle$ に属さないものがある. その 1 つを $\boldsymbol{u}_2$ とおく. $\boldsymbol{u}_2$ は $\boldsymbol{u}_1$ の線形結合ではないから, 命題 6.1.7 により, $\boldsymbol{u}_1, \boldsymbol{u}_2$ は線形独立である. したがって, もし, $\langle \boldsymbol{u}_1, \boldsymbol{u}_2 \rangle = U$ ならば, $(\boldsymbol{u}_1, \boldsymbol{u}_2)$ は U の基底である. $\langle \boldsymbol{u}_1, \boldsymbol{u}_2 \rangle \neq U$ ならば, U に属するベクトルで $\langle \boldsymbol{u}_1, \boldsymbol{u}_2 \rangle$ に属さないものがある. その 1 つを $\boldsymbol{u}_3$ とおく. $\boldsymbol{u}_3$ は $\boldsymbol{u}_1, \boldsymbol{u}_2$ の線形結合ではないから, やはり, 命題 6.1.7 により, $\boldsymbol{u}_1, \boldsymbol{u}_2, \boldsymbol{u}_3$ は線形独立である. もし, $\langle \boldsymbol{u}_1, \boldsymbol{u}_2, \boldsymbol{u}_3 \rangle = U$ ならば, $(\boldsymbol{u}_1, \boldsymbol{u}_2, \boldsymbol{u}_3)$ は U の基底である. 以下, 同様の操作を繰り返すと, 系 6.1.4 により, いつかは（最大でも n 回で）, U に属する線形独立なベクトル $\boldsymbol{u}_1, \boldsymbol{u}_2, \ldots, \boldsymbol{u}_k$ で $U = \langle \boldsymbol{u}_1, \boldsymbol{u}_2, \ldots, \boldsymbol{u}_k \rangle$ となるものが得られる. このとき, $(\boldsymbol{u}_1, \boldsymbol{u}_2, \ldots, \boldsymbol{u}_k)$ は U の基底である. □

定理 6.2.5 U を $\mathbf{K}^n$ の $\{\mathbf{0}\}$ でない部分空間とする. U の基底に含まれるベクトルの個数は一定である.

証明 $(\boldsymbol{u}_1, \boldsymbol{u}_2, \ldots, \boldsymbol{u}_k)$, $(\boldsymbol{v}_1, \boldsymbol{v}_2, \ldots, \boldsymbol{v}_l)$ をともに U の基底とする. $k = l$ であることを示す.

$\boldsymbol{v}_1, \boldsymbol{v}_2, \ldots, \boldsymbol{v}_l$ は線形独立であり, $\boldsymbol{u}_1, \boldsymbol{u}_2, \ldots, \boldsymbol{u}_k$ の線形結合として表されるから, 定理 6.1.5 により, 不等式 $l \leqq k$ が成り立つ.

$\boldsymbol{u}_1, \boldsymbol{u}_2, \ldots, \boldsymbol{u}_k$ も $\boldsymbol{v}_1, \boldsymbol{v}_2, \ldots, \boldsymbol{v}_l$ の線形結合として表されるから, やはり, 定理 6.1.5 により, 不等式 $k \leqq l$ が成り立つ. ゆえに, $k = l$ である. □

定義 6.2.5 $\mathbf{K}^n$ の $\{\mathbf{0}\}$ でない部分空間 U の基底に含まれるベクトルの個数を U の**次元**とよんで, $\dim U$ と記す.

零ベクトルのみからなる部分空間 $\{\mathbf{0}\}$ の次元は 0 であると定める.

例 6.2.6 (1) $\dim \mathbf{K}^n = n$.

(2) 例 6.2.5 の解空間 V について, $\dim V = 2$ である.

命題 6.2.6 A を (m,n) 行列とする．斉次線形方程式 $A\boldsymbol{x}=\boldsymbol{0}$ の解の自由度は解空間 $\operatorname{Ker} A$ の次元である．すなわち，$\dim \operatorname{Ker} A = n - \operatorname{rank} A$．

定理 6.2.7 $U\ (\neq \{\boldsymbol{0}\})$ を $\mathbf{K}^n$ の k 次元部分空間とする．

(1) U に属する $(k+1)$ 個以上のベクトルは常に線形従属である．（同じことであるが）l 個のベクトルが線形独立ならば $l \leqq k$ である．

(2) k 個のベクトル $\boldsymbol{v}_1, \boldsymbol{v}_2, \ldots, \boldsymbol{v}_k \in U$ が線形独立ならば，列 $(\boldsymbol{v}_1, \boldsymbol{v}_2, \ldots, \boldsymbol{v}_k)$ は U の基底である．

(3) ベクトル $\boldsymbol{a}_1, \ldots, \boldsymbol{a}_m \in U$ が U を生成するならば，$k \leqq \operatorname{rank}\big[\boldsymbol{a}_1 \cdots \boldsymbol{a}_m\big]\ (\leqq m)$ である．

(4) k 個のベクトル $\boldsymbol{v}_1, \boldsymbol{v}_2, \ldots, \boldsymbol{v}_k \in U$ が U を生成するならば，列 $(\boldsymbol{v}_1, \boldsymbol{v}_2, \ldots, \boldsymbol{v}_k)$ は U の基底である．

(5) ベクトル $\boldsymbol{a}_1, \ldots, \boldsymbol{a}_m \in U$ が線形独立ならば，$m \leqq k$ であり，これにいくつかのベクトルを付け加えて，U の基底 $(\boldsymbol{a}_1, \ldots, \boldsymbol{a}_m, \boldsymbol{a}_{m+1}, \ldots, \boldsymbol{a}_k)$ をつくることができる．

証明 $(\boldsymbol{u}_1, \boldsymbol{u}_2, \ldots, \boldsymbol{u}_k)$ を U の基底とする．

(1) l 個のベクトル $\boldsymbol{a}_1, \boldsymbol{a}_2, \ldots, \boldsymbol{a}_l \in U$ を考える．これらのどのベクトルも $\boldsymbol{u}_1, \boldsymbol{u}_2, \ldots, \boldsymbol{u}_k$ の線形結合であるから，定理 6.1.5 により，$\boldsymbol{a}_1, \boldsymbol{a}_2, \ldots, \boldsymbol{a}_l$ が線形独立ならば $l \leqq k$ である．すなわち，U に属する $(k+1)$ 個以上のベクトルは常に線形従属である．対偶をとって，l 個のベクトルが線形独立ならば $l \leqq k$ である．

(2) $\boldsymbol{v}_1, \boldsymbol{v}_2, \ldots, \boldsymbol{v}_k \in U$ が線形独立であると仮定する．$U = \langle\, \boldsymbol{v}_1, \boldsymbol{v}_2, \ldots, \boldsymbol{v}_k \,\rangle$ であることを示せば，$(\boldsymbol{v}_1, \boldsymbol{v}_2, \ldots, \boldsymbol{v}_k)$ は U の基底であることがわかる．さて，$\boldsymbol{u}$ を U に属する任意のベクトルとする．$\boldsymbol{u}$ が $\langle\, \boldsymbol{v}_1, \boldsymbol{v}_2, \ldots, \boldsymbol{v}_k \,\rangle$ に属していなければ，命題 6.1.7 により，$\boldsymbol{v}_1, \boldsymbol{v}_2, \ldots, \boldsymbol{v}_k, \boldsymbol{u}$ は線形独立である．一方，(1) により，$\boldsymbol{v}_1, \boldsymbol{v}_2, \ldots, \boldsymbol{v}_k, \boldsymbol{u}$ は線形従属である．これは矛盾であるから，$\boldsymbol{u}$ は $\langle\, \boldsymbol{v}_1, \boldsymbol{v}_2, \ldots, \boldsymbol{v}_k \,\rangle$ に属する．すなわち，$U = \langle\, \boldsymbol{v}_1, \boldsymbol{v}_2, \ldots, \boldsymbol{v}_k \,\rangle$ が成り立つ．

(3) $\langle\, \boldsymbol{a}_1, \ldots, \boldsymbol{a}_m \,\rangle = U$ と仮定する．このとき，$\boldsymbol{u}_1, \boldsymbol{u}_2, \ldots, \boldsymbol{u}_k$ のどのベクトルも $\boldsymbol{a}_1, \ldots, \boldsymbol{a}_m$ の線形結合であり，$\boldsymbol{u}_1, \boldsymbol{u}_2, \ldots, \boldsymbol{u}_k$ は線形独立であるから，やはり，定理 6.1.5 により，$k \leqq \operatorname{rank}\big[\boldsymbol{a}_1 \cdots \boldsymbol{a}_m\big]$ を得る．

(4) $U = \langle\, \boldsymbol{v}_1, \boldsymbol{v}_2, \ldots, \boldsymbol{v}_k \,\rangle$ と仮定する．(3) により，$k \leqq \operatorname{rank}\big[\boldsymbol{v}_1\, \boldsymbol{v}_2 \cdots \boldsymbol{v}_k\big]$ である．一方，$\operatorname{rank}\big[\boldsymbol{v}_1\, \boldsymbol{v}_2 \cdots \boldsymbol{v}_k\big] \leqq k$ であるから，$\operatorname{rank}\big[\boldsymbol{v}_1\, \boldsymbol{v}_2 \cdots \boldsymbol{v}_k\big] = k$ である．よって，定理 6.1.3 により，$\boldsymbol{v}_1, \boldsymbol{v}_2, \ldots, \boldsymbol{v}_k$ は線形独立である．したがって，列 $(\boldsymbol{v}_1, \boldsymbol{v}_2, \ldots, \boldsymbol{v}_k)$ は U の基底をなす．

(5) (1) により，$m \leqq k$ である．$\langle \boldsymbol{a}_1, \ldots, \boldsymbol{a}_m \rangle$ は U に含まれる．$m = k$ ならば (2) により，$(\boldsymbol{a}_1, \boldsymbol{a}_2, \ldots, \boldsymbol{a}_m)$ は U の基底である．$m < k$ とする．$\mathrm{rank}\left[\boldsymbol{a}_1 \cdots \boldsymbol{a}_m\right] \leqq m < k$ となるから，(3) により $\langle \boldsymbol{a}_1, \ldots, \boldsymbol{a}_m \rangle \neq U$ である．U に属するベクトルで $\langle \boldsymbol{a}_1, \ldots, \boldsymbol{a}_m \rangle$ には属さないベクトルを 1 つとり，それを $\boldsymbol{a}_{m+1}$ とする．$\boldsymbol{a}_{m+1}$ は $\boldsymbol{a}_1, \ldots, \boldsymbol{a}_m$ の線形結合ではないから，命題 6.1.7 により，$\boldsymbol{a}_1, \ldots, \boldsymbol{a}_m, \boldsymbol{a}_{m+1}$ は線形独立である．$m + 1 < k$ ならば，やはり，(3) により $\langle \boldsymbol{a}_1, \ldots, \boldsymbol{a}_m, \boldsymbol{a}_{m+1} \rangle \neq U$ である．U に属するベクトルで $\langle \boldsymbol{a}_1, \ldots, \boldsymbol{a}_m, \boldsymbol{a}_{m+1} \rangle$ には属さないベクトルを 1 つとり，それを $\boldsymbol{a}_{m+2}$ とする．ベクトル $\boldsymbol{a}_1, \ldots, \boldsymbol{a}_m, \boldsymbol{a}_{m+1}, \boldsymbol{a}_{m+2}$ は線形独立である．以下，同様に線形独立なベクトル $\boldsymbol{a}_1, \ldots, \boldsymbol{a}_m, \boldsymbol{a}_{m+1}, \ldots, \boldsymbol{a}_k$ が得られる．(2) により $(\boldsymbol{a}_1, \ldots, \boldsymbol{a}_m, \boldsymbol{a}_{m+1}, \ldots, \boldsymbol{a}_k)$ は U の基底である．

□

系 6.2.8 U, V を $\mathbf{K}^n$ の部分空間とする．V が U に含まれるならば，$\dim V \leqq \dim U$ であり，等号が成立するのは $V = U$ のときに限る．

問題 6.2.5 系 6.2.8 を証明せよ．

$\mathbf{K}^n$ の部分空間 U について

- $\mathbf{K}^n$ のベクトルが U に属するかどうかを判定すること
- U の基底を求めること
- U の次元を求めること

は重要な課題である．

まず，n 次元数ベクトル空間 $\mathbf{K}^n$ の基底について思い出す．基底は n 個のベクトルからなる．

命題 6.2.9 $\mathbf{K}^n$ の n 個のベクトル $\boldsymbol{a}_1, \boldsymbol{a}_2, \ldots, \boldsymbol{a}_n$ について次は同値である．

(1) $(\boldsymbol{a}_1, \boldsymbol{a}_2, \ldots, \boldsymbol{a}_n)$ は $\mathbf{K}^n$ の基底である．

(2) $\boldsymbol{a}_1, \boldsymbol{a}_2, \ldots, \boldsymbol{a}_n$ は線形独立である．

(3) $\{\boldsymbol{a}_1, \boldsymbol{a}_2, \ldots, \boldsymbol{a}_n\}$ は $\mathbf{K}^n$ を生成する．

(4) 行列 $\left[\boldsymbol{a}_1\, \boldsymbol{a}_2\, \cdots \boldsymbol{a}_n\right]$ は正則である．

証明 定理 6.2.7 により，(1)，(2)，(3) は同値である．$A = \left[\boldsymbol{a}_1\, \boldsymbol{a}_2\, \cdots \boldsymbol{a}_n\right]$ とおく．定理 6.1.3 と定理 3.2.8 により，(2) と (4) は同値である． □

次に

課題 (1) 任意の $\boldsymbol{b} \in \mathbf{K}^n$ について，$\boldsymbol{b}$ が $\boldsymbol{a}_1, \boldsymbol{a}_2, \ldots, \boldsymbol{a}_l \in \mathbf{K}^n$ で生成される部分空間 $\langle \boldsymbol{a}_1, \boldsymbol{a}_2, \ldots, \boldsymbol{a}_l \rangle$ に属するかどうかを判定すること

課題 (2) ベクトル $\boldsymbol{a}_1, \boldsymbol{a}_2, \ldots, \boldsymbol{a}_l$ で生成される部分空間 $\langle \boldsymbol{a}_1, \boldsymbol{a}_2, \ldots, \boldsymbol{a}_l \rangle$ の基底を選ぶこと

を考えたい．実は，これらの課題を解決する方法は，我々はすでに獲得しているのである．

課題 (1)

(n, l) 行列 $A = \begin{bmatrix} \boldsymbol{a}_1 \, \boldsymbol{a}_2 \, \cdots \boldsymbol{a}_l \end{bmatrix}$ を考えると

$\boldsymbol{b}$ が $\langle \boldsymbol{a}_1, \boldsymbol{a}_2, \ldots, \boldsymbol{a}_l \rangle$ に属する $\iff$ あるスカラー $\lambda_1, \lambda_2, \ldots, \lambda_l \in \mathbf{K}$ により $\boldsymbol{b} = \lambda_1 \boldsymbol{a}_1 + \lambda_2 \boldsymbol{a}_2 + \cdots + \lambda_l \boldsymbol{a}_l$ と表される

$\iff$ あるベクトル $\begin{bmatrix} \lambda_1 \\ \lambda_2 \\ \vdots \\ \lambda_l \end{bmatrix} \in \mathbf{K}^l$ により $A \begin{bmatrix} \lambda_1 \\ \lambda_2 \\ \vdots \\ \lambda_l \end{bmatrix} = \boldsymbol{b}$ となる

$\iff$ 線形方程式 $A\boldsymbol{x} = \boldsymbol{b}$ には解がある

$\iff \operatorname{rank} \begin{bmatrix} A \mid \boldsymbol{b} \end{bmatrix} = \operatorname{rank} A$

であり，線形方程式 $A\boldsymbol{x} = \boldsymbol{b}$ には解があるかどうかは，拡大係数行列 $\begin{bmatrix} A \mid \boldsymbol{b} \end{bmatrix}$ と係数行列 A の階数を調べれば判定でき，階数を調べるには行基本変形を施して，階段行列に変形するのであった．

例題 6.2.1 数ベクトル $\boldsymbol{b} = \begin{bmatrix} b_1 \\ b_2 \\ b_3 \\ b_4 \end{bmatrix} \in \mathbf{K}^4$ がベクトル

$$\boldsymbol{a}_1 = \begin{bmatrix} 1 \\ 2 \\ -1 \\ -2 \end{bmatrix}, \ \boldsymbol{a}_2 = \begin{bmatrix} -2 \\ 1 \\ -1 \\ 2 \end{bmatrix}, \ \boldsymbol{a}_3 = \begin{bmatrix} 1 \\ -3 \\ 2 \\ 0 \end{bmatrix}, \ \boldsymbol{a}_4 = \begin{bmatrix} 0 \\ -5 \\ 3 \\ 2 \end{bmatrix} \in \mathbf{K}^4$$

で生成される $\mathbf{K}^4$ の部分空間 $\langle \boldsymbol{a}_1, \boldsymbol{a}_2, \boldsymbol{a}_3, \boldsymbol{a}_4 \rangle$ に属するためには, $\boldsymbol{b}$ の成分にはどのような関係があることが必要十分か調べよ．

考え方 行列 $\begin{bmatrix} \boldsymbol{a}_1 \, \boldsymbol{a}_2 \, \boldsymbol{a}_3 \, \boldsymbol{a}_4 \mid \boldsymbol{b} \end{bmatrix}$ を階段行列に変形する．

解答

$$\left[\begin{array}{cccc|c} 1 & -2 & 1 & 0 & b_1 \\ 2 & 1 & -3 & -5 & b_2 \\ -1 & -1 & 2 & 3 & b_3 \\ -2 & 2 & 0 & 2 & b_4 \end{array}\right] \longrightarrow \left[\begin{array}{cccc|c} 1 & -2 & 1 & 0 & b_1 \\ 0 & 5 & -5 & -5 & b_2-2b_1 \\ 0 & -3 & 3 & 3 & b_3+b_1 \\ 0 & -2 & 2 & 2 & b_4+2b_1 \end{array}\right]$$

$$\longrightarrow \left[\begin{array}{cccc|c} 1 & -2 & 1 & 0 & b_1 \\ 0 & 1 & -1 & -1 & \dfrac{b_2-2b_1}{5} \\ 0 & -3 & 3 & 3 & b_3+b_1 \\ 0 & -2 & 2 & 2 & b_4+2b_1 \end{array}\right] \longrightarrow \left[\begin{array}{cccc|c} 1 & -2 & 1 & 0 & b_1 \\ 0 & 1 & -1 & -1 & \dfrac{b_2-2b_1}{5} \\ 0 & 0 & 0 & 0 & b_3-\dfrac{b_1-3b_2}{5} \\ 0 & 0 & 0 & 0 & b_4+\dfrac{6b_1+2b_2}{5} \end{array}\right].$$

したがって

$$\begin{aligned} \boldsymbol{b} \text{ が } \langle \boldsymbol{a}_1, \boldsymbol{a}_2, \boldsymbol{a}_3, \boldsymbol{a}_4 \rangle \text{ に属する} &\iff \operatorname{rank}\left[\boldsymbol{a}_1\,\boldsymbol{a}_2\,\boldsymbol{a}_3\,\boldsymbol{a}_4 \mid \boldsymbol{b}\right] = \operatorname{rank}\left[\boldsymbol{a}_1\,\boldsymbol{a}_2\,\boldsymbol{a}_3\,\boldsymbol{a}_4\right] \\ &\iff \operatorname{rank}\left[\boldsymbol{a}_1\,\boldsymbol{a}_2\,\boldsymbol{a}_3\,\boldsymbol{a}_4 \mid \boldsymbol{b}\right] = 2 \\ &\iff \begin{cases} b_3-\dfrac{b_1-3b_2}{5}=0 \\ b_4+\dfrac{6b_1+2b_2}{5}=0 \end{cases} \iff \begin{cases} -b_1+3b_2+5b_3=0 \\ 6b_1+2b_2+5b_4=0 \end{cases}. \end{aligned}$$

□

注意 6.2.2 $B = \begin{bmatrix} -1 & 3 & 5 & 0 \\ 6 & 2 & 0 & 5 \end{bmatrix}$ とおくと，$\langle \boldsymbol{a}_1, \boldsymbol{a}_2, \boldsymbol{a}_3, \boldsymbol{a}_4 \rangle = \operatorname{Ker} B$ であることがわかる．

課題 (2)

$\boldsymbol{a}_1, \boldsymbol{a}_2, \dots, \boldsymbol{a}_l \in \mathbf{K}^n$ で生成される部分空間 $\langle \boldsymbol{a}_1, \boldsymbol{a}_2, \dots, \boldsymbol{a}_l \rangle$ の基底の選び方はいろいろあるが，$\boldsymbol{a}_1, \boldsymbol{a}_2, \dots, \boldsymbol{a}_l$ からとることができる．以下で，これを説明するが，**行基本変形によって階段行列に変形することによって得られる**ことが重要である．

命題 6.2.10 P を n 次正則行列とする．n 次元数ベクトル $\boldsymbol{u}_1, \boldsymbol{u}_2, \dots, \boldsymbol{u}_l \in \mathbf{K}^n$ とスカラー $\lambda_1, \lambda_2, \dots, \lambda_l$ について

(1) $\boldsymbol{x} = \lambda_1\boldsymbol{u}_1 + \lambda_2\boldsymbol{u}_2 + \cdots + \lambda_l\boldsymbol{u}_l \iff P\boldsymbol{x} = \lambda_1 P\boldsymbol{u}_1 + \lambda_2 P\boldsymbol{u}_2 + \cdots + \lambda_l P\boldsymbol{u}_l$.

(2) $\boldsymbol{u}_1, \boldsymbol{u}_2, \dots, \boldsymbol{u}_l$ は線形独立である $\iff P\boldsymbol{u}_1, P\boldsymbol{u}_2, \dots, P\boldsymbol{u}_l$ は線形独立である．

(3) $\boldsymbol{u}_1, \boldsymbol{u}_2, \dots, \boldsymbol{u}_l$ は線形従属である $\iff P\boldsymbol{u}_1, P\boldsymbol{u}_2, \dots, P\boldsymbol{u}_l$ は線形従属である．

証明 (1) $\boldsymbol{x} = \lambda_1\boldsymbol{u}_1 + \lambda_2\boldsymbol{u}_2 + \cdots + \lambda_l\boldsymbol{u}_l$ ならば $P\boldsymbol{x} = P(\lambda_1\boldsymbol{u}_1 + \lambda_2\boldsymbol{u}_2 + \cdots + \lambda_l\boldsymbol{u}_l) = \lambda_1 P\boldsymbol{u}_1 + \lambda_2 P\boldsymbol{u}_2 + \cdots + \lambda_l P\boldsymbol{u}_l$．逆に，$P\boldsymbol{x} = \lambda_1 P\boldsymbol{u}_1 + \lambda_2 P\boldsymbol{u}_2 + \cdots + \lambda_l P\boldsymbol{u}_l$ ならば，P は正則であ

るから，$\boldsymbol{x} = P^{-1}P\boldsymbol{x} = P^{-1}(\lambda_1 P\boldsymbol{u}_1 + \lambda_2 P\boldsymbol{u}_2 + \cdots + \lambda_l P\boldsymbol{u}_l) = \lambda_1 P^{-1}P\boldsymbol{u}_1 + \lambda_2 P^{-1}P\boldsymbol{u}_2 + \cdots + \lambda_l P^{-1}P\boldsymbol{u}_l = \lambda_1\boldsymbol{u}_1 + \lambda_2\boldsymbol{u}_2 + \cdots + \lambda_l\boldsymbol{u}_l$.

(2) $\boldsymbol{u}_1, \boldsymbol{u}_2, \ldots, \boldsymbol{u}_l$ が線形独立であると仮定する．$\lambda_1 P\boldsymbol{u}_1 + \lambda_2 P\boldsymbol{u}_2 + \cdots + \lambda_l P\boldsymbol{u}_l = \boldsymbol{0}$ ならば (1) において，$\boldsymbol{x} = \boldsymbol{0}$ とすると，$\lambda_1\boldsymbol{u}_1 + \lambda_2\boldsymbol{u}_2 + \cdots + \lambda_l\boldsymbol{u}_l = \boldsymbol{0}$ が得られる．$\boldsymbol{u}_1, \boldsymbol{u}_2, \ldots, \boldsymbol{u}_l$ は線形独立であるから，$\lambda_1 = 0, \lambda_2 = 0, \ldots, \lambda_l = 0$ である．すなわち，$P\boldsymbol{u}_1, P\boldsymbol{u}_2, \ldots, P\boldsymbol{u}_l$ は線形独立である．

P^{-1} も正則であり，$\boldsymbol{u}_j = P^{-1}(P\boldsymbol{u}_j)$, $j = 1, \ldots, l$ であるから，上の議論により，$P\boldsymbol{u}_1, P\boldsymbol{u}_2, \ldots, P\boldsymbol{u}_l$ が線形独立ならば，$\boldsymbol{u}_1, \ldots, \boldsymbol{u}_l$ も線形独立である．

(3) 線形従属であるとは「線形独立でない」ということであるから，(2) により (3) が成り立つ．

□

例 6.2.7 ベクトル $\boldsymbol{a}_1 = \begin{bmatrix} 2 \\ 1 \\ 1 \\ 0 \\ 1 \end{bmatrix}, \boldsymbol{a}_2 = \begin{bmatrix} 1 \\ 3 \\ 0 \\ 1 \\ 1 \end{bmatrix}, \boldsymbol{a}_3 = \begin{bmatrix} -3 \\ -4 \\ -1 \\ -1 \\ -2 \end{bmatrix}, \boldsymbol{a}_4 = \begin{bmatrix} 2 \\ 0 \\ 1 \\ 2 \\ 1 \end{bmatrix}, \boldsymbol{a}_5 = \begin{bmatrix} -5 \\ 1 \\ -3 \\ -1 \\ -2 \end{bmatrix}$ で生成される部分空間 $V = \langle \boldsymbol{a}_1, \boldsymbol{a}_2, \boldsymbol{a}_3, \boldsymbol{a}_4, \boldsymbol{a}_5 \rangle$ について考えよう．

$A = \begin{bmatrix} \boldsymbol{a}_1\, \boldsymbol{a}_2\, \boldsymbol{a}_3\, \boldsymbol{a}_4\, \boldsymbol{a}_5 \end{bmatrix}$ とおき，A を階段行列，さらに簡約階段行列に変形する．（この行列は例 4.4.1 で扱った線形方程式の係数行列である）

$$A = \begin{bmatrix} 2 & 1 & -3 & 2 & -5 \\ 1 & 3 & -4 & 0 & 1 \\ 1 & 0 & -1 & 1 & -3 \\ 0 & 1 & -1 & 2 & -1 \\ 1 & 1 & -2 & 1 & -2 \end{bmatrix} \longrightarrow \begin{bmatrix} 1 & 3 & -4 & 0 & 1 \\ 0 & 1 & -1 & 2 & -1 \\ 0 & 0 & 0 & 1 & -1 \\ 0 & 0 & 0 & 0 & 0 \\ 0 & 0 & 0 & 0 & 0 \end{bmatrix} \left(= S = \begin{bmatrix} \boldsymbol{s}_1\, \boldsymbol{s}_2\, \boldsymbol{s}_3\, \boldsymbol{s}_4\, \boldsymbol{s}_5 \end{bmatrix} \text{とおく}\right)$$

$$\longrightarrow \begin{bmatrix} 1 & 0 & -1 & 0 & -2 \\ 0 & 1 & -1 & 0 & 1 \\ 0 & 0 & 0 & 1 & -1 \\ 0 & 0 & 0 & 0 & 0 \\ 0 & 0 & 0 & 0 & 0 \end{bmatrix} (= T \text{ とおく})$$

$\operatorname{rank} S = 3$ であり，第 1 行から第 3 行までの先頭の 0 でない成分は第 1 列，第 2 列，第 4 列目にある．そこで，ベクトル $\boldsymbol{s}_1, \boldsymbol{s}_2, \boldsymbol{s}_4$ を並べて行列をつくると $\begin{bmatrix} \boldsymbol{s}_1\, \boldsymbol{s}_2\, \boldsymbol{s}_4 \end{bmatrix} = \begin{bmatrix} 1 & 3 & 0 \\ 0 & 1 & 2 \\ 0 & 0 & 1 \\ 0 & 0 & 0 \\ 0 & 0 & 0 \end{bmatrix}$ であり，$\operatorname{rank} \begin{bmatrix} \boldsymbol{s}_1\, \boldsymbol{s}_2\, \boldsymbol{s}_4 \end{bmatrix} = 3$ である．よって，ベクトル $\boldsymbol{s}_1, \boldsymbol{s}_2, \boldsymbol{s}_4$ は線形独立である．さて，行基本変形は適当な正則行列を左からかけるということであったから，ある正則行列 P により $S = PA$ となる．すなわち，$\begin{bmatrix} \boldsymbol{s}_1\, \boldsymbol{s}_2 \cdots \boldsymbol{s}_5 \end{bmatrix} = \begin{bmatrix} P\boldsymbol{a}_1\, P\boldsymbol{a}_2 \cdots P\boldsymbol{a}_5 \end{bmatrix}$ である．ベクトル $\boldsymbol{s}_1, \boldsymbol{s}_2, \boldsymbol{s}_4$ は線形独立であるから，命題 6.2.10 (2) により，ベクトル $\boldsymbol{a}_1, \boldsymbol{a}_2, \boldsymbol{a}_4$ は線形独立である．

次に簡約階段行列 T を見てみると，斉次線形方程式の $A\boldsymbol{x} = \boldsymbol{0}$ の基本解として $\begin{bmatrix} 1 \\ 1 \\ 1 \\ 0 \\ 0 \end{bmatrix}, \begin{bmatrix} 2 \\ -1 \\ 0 \\ 1 \\ 1 \end{bmatrix}$ が得られることがわかる．すなわち，自明でない線形関係式

$$\boldsymbol{a}_1 + \boldsymbol{a}_2 + \boldsymbol{a}_3 = \boldsymbol{0}, \quad 2\boldsymbol{a}_1 - \boldsymbol{a}_2 + \boldsymbol{a}_4 + \boldsymbol{a}_5 = \boldsymbol{0}$$

が得られる．よって，$\boldsymbol{a}_3 = -\boldsymbol{a}_1 - \boldsymbol{a}_2$，$\boldsymbol{a}_5 = -2\boldsymbol{a}_1 + \boldsymbol{a}_2 - \boldsymbol{a}_4$ であることがわかる．部分空間 $V = \langle \boldsymbol{a}_1, \boldsymbol{a}_2, \boldsymbol{a}_3, \boldsymbol{a}_4, \boldsymbol{a}_5 \rangle$ とは $\boldsymbol{a}_1, \boldsymbol{a}_2, \boldsymbol{a}_3, \boldsymbol{a}_4, \boldsymbol{a}_5$ の線形結合の全部のなす集合のことであったが，上で見たように，$\boldsymbol{a}_3, \boldsymbol{a}_5$ は $\boldsymbol{a}_1, \boldsymbol{a}_2, \boldsymbol{a}_4$ の線形結合なのであるから，$\boldsymbol{a}_1, \boldsymbol{a}_2, \boldsymbol{a}_3, \boldsymbol{a}_4, \boldsymbol{a}_5$ の線形結合は $\boldsymbol{a}_1, \boldsymbol{a}_2, \boldsymbol{a}_4$ の線形結合として表される．したがって，V は $\boldsymbol{a}_1, \boldsymbol{a}_2, \boldsymbol{a}_4$ で生成される．

まとめると

(1) $\boldsymbol{a}_1, \boldsymbol{a}_2, \boldsymbol{a}_4$ は線形独立であり，

(2) $\boldsymbol{a}_1, \boldsymbol{a}_2, \boldsymbol{a}_4$ は V を生成する．

すなわち，$(\boldsymbol{a}_1, \boldsymbol{a}_2, \boldsymbol{a}_4)$ は V の基底であり，$\dim V = 3$ である．

この例とまったく同様の理由で次の定理が成り立つ．

定理 6.2.11 ベクトル $\boldsymbol{a}_1, \boldsymbol{a}_2, \ldots, \boldsymbol{a}_l \in \mathbf{K}^n$ を並べてできる (n, l) 行列 $A = \begin{bmatrix} \boldsymbol{a}_1 \, \boldsymbol{a}_2 \, \cdots \boldsymbol{a}_l \end{bmatrix}$ を行基本変形によって次の階段行列に変形する：

$$S = \left[\begin{array}{cccccc} \multicolumn{1}{|c}{s_{1j_1}} & & & & \ast & \\ \hline & \multicolumn{1}{|c}{s_{2j_2}} & & & & \\ \cline{2-2} & & \multicolumn{1}{|c}{s_{3j_3}} & & & \\ \cline{3-3} & & & \ddots & & \\ & & & & \multicolumn{1}{|c}{s_{r-1\,j_{r-1}}} & \\ \cline{5-5} & & & & & \multicolumn{1}{|c}{s_{rj_r}} \\ \cline{6-6} & \mathbf{0} & & & & \end{array} \right]. \qquad (6.2.1)$$

この行列において，$s_{1j_1}, \ldots, s_{rj_r}$ はどれも 0 ではなく，$\operatorname{rank} A = r$ である．このとき

(1) ベクトル $\boldsymbol{a}_{j_1}, \boldsymbol{a}_{j_2}, \ldots, \boldsymbol{a}_{j_r}$ は線形独立であり，

(2) $\boldsymbol{a}_{j_1}, \boldsymbol{a}_{j_2}, \ldots, \boldsymbol{a}_{j_r}$ 以外のベクトル $\boldsymbol{a}_j$ は $\{\boldsymbol{a}_{j_1}, \ldots, \boldsymbol{a}_{j_r}\}$ の線形結合である．

ゆえに，$(\boldsymbol{a}_{j_1}, \boldsymbol{a}_{j_2}, \ldots, \boldsymbol{a}_{j_r})$ は $\mathbf{K}^n$ の部分空間 $\langle \boldsymbol{a}_1, \boldsymbol{a}_2, \ldots, \boldsymbol{a}_l \rangle$ の基底である．特に

$$\operatorname{rank} A = \dim\langle \boldsymbol{a}_1, \boldsymbol{a}_2, \ldots, \boldsymbol{a}_l \rangle.$$

行列の階数はその列ベクトルが生成する部分空間の次元に等しいということはとても重要である．この事実を用いて次が示される．

定理 6.2.12 A を (m,n) 行列，B を (n,p) 行列とする．

(1) $\mathrm{rank}\,(AB) \leqq \mathrm{rank}\,A$ が成り立つ．

(2) $\mathrm{rank}\,(AB) \leqq \mathrm{rank}\,B$ が成り立つ．

(3) P を m 次正則行列とすると $\mathrm{rank}\,(PA) = \mathrm{rank}\,A$ である．

(4) Q を n 次正則行列とすると $\mathrm{rank}\,(AQ) = \mathrm{rank}\,A$ である．

証明 (1) 定理 3.2.7.

(2) $B = \begin{bmatrix} \boldsymbol{b}_1\, \boldsymbol{b}_2 \cdots \boldsymbol{b}_p \end{bmatrix}$ と列ベクトル表示する．$AB = \begin{bmatrix} A\boldsymbol{b}_1\, A\boldsymbol{b}_2 \cdots A\boldsymbol{b}_p \end{bmatrix}$ である．$\mathrm{rank}\ B = s$ とし，$(\boldsymbol{b}_{k_1}, \boldsymbol{b}_{k_2}, \ldots, \boldsymbol{b}_{k_s})$ を $\langle \boldsymbol{b}_1, \boldsymbol{b}_2, \ldots, \boldsymbol{b}_p \rangle$ の基底とする．このとき，$\langle \boldsymbol{b}_1, \boldsymbol{b}_2, \ldots, \boldsymbol{b}_p \rangle = \langle \boldsymbol{b}_{k_1}, \boldsymbol{b}_{k_2}, \ldots, \boldsymbol{b}_{k_s} \rangle$ であるから $\langle A\boldsymbol{b}_1, A\boldsymbol{b}_2, \ldots, A\boldsymbol{b}_p \rangle = \langle A\boldsymbol{b}_{k_1}, A\boldsymbol{b}_{k_2}, \ldots, A\boldsymbol{b}_{k_s} \rangle$ である．したがって，$\mathrm{rank}\,(AB) = \dim\langle A\boldsymbol{b}_1, A\boldsymbol{b}_2, \ldots, A\boldsymbol{b}_p \rangle \leqq s$ である．

(3) (2) により，$\mathrm{rank}\,(PA) \leqq \mathrm{rank}\ A$ である．$A = P^{-1}(PA)$ であるから，(2) により $\mathrm{rank}\ A = \mathrm{rank}\ P^{-1}(PA) \leqq \mathrm{rank}\,(PA)$ が成り立つ．よって，$\mathrm{rank}\,(PA) = \mathrm{rank}\ A$.

(4) (1) により，$\mathrm{rank}\,(AQ) \leqq \mathrm{rank}\ A$ である．$A = (AQ)Q^{-1}$ であるから，(1) により $\mathrm{rank}\ A = \mathrm{rank}\,(AQ)Q^{-1} \leqq \mathrm{rank}\,(AQ)$ が成り立つ．よって，$\mathrm{rank}\,(AQ) = \mathrm{rank}\ A$.

□

例題 6.2.2 例題 6.2.1 の部分空間 $\langle \boldsymbol{a}_1, \boldsymbol{a}_2, \boldsymbol{a}_3, \boldsymbol{a}_4 \rangle$ の基底を $\{\boldsymbol{a}_1, \boldsymbol{a}_2, \boldsymbol{a}_3, \boldsymbol{a}_4\}$ からベクトルを選び出してつくれ．その基底を $\mathscr{B}$ とおく．$\mathscr{B}$ に含まれるベクトル以外の $\{\boldsymbol{a}_1, \boldsymbol{a}_2, \boldsymbol{a}_3, \boldsymbol{a}_4\}$ のベクトルを $\mathscr{B}$ のベクトルの線形結合として表せ．また，$\langle \boldsymbol{a}_1, \boldsymbol{a}_2, \boldsymbol{a}_3, \boldsymbol{a}_4 \rangle$ の次元を書け．

解答 例題 6.2.1 の解答で示した変形に続けて簡約階段行列に変形する：

$$\begin{bmatrix} 1 & -2 & 1 & 0 \\ 2 & 1 & -3 & -5 \\ -1 & -1 & 2 & 3 \\ -2 & 2 & 0 & 2 \end{bmatrix} \longrightarrow \begin{bmatrix} 1 & -2 & 1 & 0 \\ 0 & 1 & -1 & -1 \\ 0 & 0 & 0 & 0 \\ 0 & 0 & 0 & 0 \end{bmatrix} \longrightarrow \begin{bmatrix} 1 & 0 & -1 & -2 \\ 0 & 1 & -1 & -1 \\ 0 & 0 & 0 & 0 \\ 0 & 0 & 0 & 0 \end{bmatrix}.$$

ゆえに，$(\boldsymbol{a}_1, \boldsymbol{a}_2)$ は $\langle \boldsymbol{a}_1, \boldsymbol{a}_2, \boldsymbol{a}_3, \boldsymbol{a}_4 \rangle$ の基底であり，$\boldsymbol{a}_3 = -\boldsymbol{a}_1 - \boldsymbol{a}_2, \boldsymbol{a}_4 = -2\boldsymbol{a}_1 - \boldsymbol{a}_2$. また，$\dim\langle \boldsymbol{a}_1, \boldsymbol{a}_2, \boldsymbol{a}_3, \boldsymbol{a}_4 \rangle = 2$. □

問題 6.2.6 $\boldsymbol{a}_1 = \begin{bmatrix} 1 \\ 4 \\ 2 \\ 2 \\ -1 \end{bmatrix}, \boldsymbol{a}_2 = \begin{bmatrix} 2 \\ 8 \\ 16 \\ 4 \\ 4 \end{bmatrix}, \boldsymbol{a}_3 = \begin{bmatrix} 1 \\ 4 \\ 14 \\ 2 \\ 5 \end{bmatrix}, \boldsymbol{a}_4 = \begin{bmatrix} -1 \\ -4 \\ 10 \\ -2 \\ 7 \end{bmatrix}, \boldsymbol{a}_5 = \begin{bmatrix} -3 \\ 5 \\ 11 \\ 11 \\ 3 \end{bmatrix}$ とおく．$\mathbf{K}^5$ の部分空間 $V = \langle \boldsymbol{a}_1, \boldsymbol{a}_2, \boldsymbol{a}_3, \boldsymbol{a}_4, \boldsymbol{a}_5 \rangle$ の基底を $\{\boldsymbol{a}_1, \boldsymbol{a}_2, \boldsymbol{a}_3, \boldsymbol{a}_4, \boldsymbol{a}_5\}$ からベクトルを選び出してつくれ．その基底を $\mathscr{B}$ とおく．$\mathscr{B}$ に含まれるベクトル以外の $\{\boldsymbol{a}_1, \boldsymbol{a}_2, \boldsymbol{a}_3, \boldsymbol{a}_4, \boldsymbol{a}_5\}$ のベクトルを $\mathscr{B}$ のベクトルの線形結合として表せ．また，$\langle \boldsymbol{a}_1, \boldsymbol{a}_2, \boldsymbol{a}_3, \boldsymbol{a}_4, \boldsymbol{a}_5 \rangle$ の次元を書け．

これまで行列の基本変形を道具として用いてきたが，ここでまとめておこう．

$A = [\boldsymbol{a}_1\, \boldsymbol{a}_2\, \cdots \boldsymbol{a}_n]$ を $\mathbf{K}$ の数を成分とする (m, n) 行列とする．A を行基本変形で簡約階段行列に変形することにより次のことがわかる．

- 解空間 $\operatorname{Ker} A = \{\boldsymbol{x} \in \mathbf{K}^n \mid A\boldsymbol{x} = \mathbf{0}\}$ の基底を求めることができる．$\dim \operatorname{Ker} A = n - \operatorname{rank} A$ である．$\operatorname{rank} A < n$ のとき，$\operatorname{Ker} A$ の基底から $\boldsymbol{a}_1, \boldsymbol{a}_2, \ldots, \boldsymbol{a}_n$ の自明でない線形関係式が $n - r$ 個得られる．
- m 次元数ベクトル空間 $\mathbf{K}^m$ の部分空間 $\langle \boldsymbol{a}_1, \boldsymbol{a}_2, \ldots, \boldsymbol{a}_n \rangle$ の基底を $\boldsymbol{a}_1, \boldsymbol{a}_2, \ldots, \boldsymbol{a}_n$ の中から選ぶことができる．$\dim\langle \boldsymbol{a}_1, \boldsymbol{a}_2, \ldots, \boldsymbol{a}_n \rangle = \operatorname{rank} A$ である．

6.3　基底に関する成分表示，基底の変換

定義 6.3.1 $V\ (\neq \{\mathbf{0}\})$ を $\mathbf{K}^n$ の k 次元部分空間とする．$(\boldsymbol{u}_1, \boldsymbol{u}_2, \ldots, \boldsymbol{u}_k)$ を V の基底とする．V の任意のベクトル $\boldsymbol{a}$ は $\boldsymbol{u}_1, \boldsymbol{u}_2, \ldots, \boldsymbol{u}_k$ の線形結合として**一意的に**表される：

$$\boldsymbol{a} = \lambda_1 \boldsymbol{u}_1 + \lambda_2 \boldsymbol{u}_2 + \cdots + \lambda_k \boldsymbol{u}_k = [\boldsymbol{u}_1\, \boldsymbol{u}_2\, \cdots \boldsymbol{u}_k] \begin{bmatrix} \lambda_1 \\ \lambda_2 \\ \vdots \\ \lambda_k \end{bmatrix}.$$

これをベクトル $\boldsymbol{a}$ の **基底 $(\boldsymbol{u}_1, \boldsymbol{u}_2, \ldots, \boldsymbol{u}_k)$ に関する成分表示**という．また，数ベクトル $\begin{bmatrix} \lambda_1 \\ \lambda_2 \\ \vdots \\ \lambda_k \end{bmatrix}$ を **基底 $(\boldsymbol{u}_1, \boldsymbol{u}_2, \ldots, \boldsymbol{u}_k)$ に関する座標ベクトル**ともいう．

例 6.3.1 例 6.2.7 の V の基底として $(\boldsymbol{a}_1, \boldsymbol{a}_2, \boldsymbol{a}_4)$ を選んだ．$\boldsymbol{a}_3 = -\boldsymbol{a}_1 - \boldsymbol{a}_2$，$\boldsymbol{a}_5 = -2\boldsymbol{a}_1 + \boldsymbol{a}_2 - \boldsymbol{a}_4$ であった．これを行列とベクトルの積の形に表すと $\boldsymbol{a}_3 = [\boldsymbol{a}_1\, \boldsymbol{a}_2\, \boldsymbol{a}_4] \begin{bmatrix} -1 \\ -1 \\ 0 \end{bmatrix}, \boldsymbol{a}_5 = [\boldsymbol{a}_1\, \boldsymbol{a}_2\, \boldsymbol{a}_4] \begin{bmatrix} -2 \\ 1 \\ -1 \end{bmatrix}$

であるから，$\boldsymbol{a}_3, \boldsymbol{a}_5$ の $(\boldsymbol{a}_1, \boldsymbol{a}_2, \boldsymbol{a}_4)$ に関する座標ベクトルはそれぞれ $\begin{bmatrix} -1 \\ -1 \\ 0 \end{bmatrix}, \begin{bmatrix} -2 \\ 1 \\ -1 \end{bmatrix}$ である．

例題 6.3.1 $\boldsymbol{a}_1 = \begin{bmatrix} 2 \\ 1 \\ 1 \\ 0 \\ 1 \end{bmatrix}, \boldsymbol{a}_2 = \begin{bmatrix} 1 \\ 3 \\ 0 \\ 1 \\ 1 \end{bmatrix}, \boldsymbol{a}_3 = \begin{bmatrix} 2 \\ 1 \\ 1 \\ 2 \\ 0 \end{bmatrix}, \boldsymbol{b} = \begin{bmatrix} -1 \\ 7 \\ -2 \\ 1 \\ 2 \end{bmatrix}, \boldsymbol{c} = \begin{bmatrix} -2 \\ 6 \\ -3 \\ 2 \\ 2 \end{bmatrix}$ とする．$\boldsymbol{a}_1, \boldsymbol{a}_2, \boldsymbol{a}_3$ は線形独立である．$V = \langle \boldsymbol{a}_1, \boldsymbol{a}_2, \boldsymbol{a}_3 \rangle$ とおく．$(\boldsymbol{a}_1, \boldsymbol{a}_2, \boldsymbol{a}_3)$ は V の基底である．ベクトル $\boldsymbol{b}, \boldsymbol{c}$ が V に属するかどうかを調べ，属するならば $(\boldsymbol{a}_1, \boldsymbol{a}_2, \boldsymbol{a}_3)$ に関する座標ベクトルを求めよ．

考え方 $A = \begin{bmatrix} \boldsymbol{a}_1 \, \boldsymbol{a}_2 \, \boldsymbol{a}_3 \end{bmatrix}$ とおく．線形方程式 $A\boldsymbol{x} = \boldsymbol{b}$, $A\boldsymbol{x} = \boldsymbol{c}$ のそれぞれについて解が存在すれば，V に属するし，その解が求める座標ベクトルである．解がなければ V に属さない．さて，この2つの線形方程式を同時に考察する．すなわち，拡大係数行列として $\begin{bmatrix} A \mid \boldsymbol{b} \, \boldsymbol{c} \end{bmatrix}$ を考え，これを行基本変形により簡約階段行列に変形する．

解答 $A = \begin{bmatrix} \boldsymbol{a}_1 \, \boldsymbol{a}_2 \, \boldsymbol{a}_3 \end{bmatrix}$ とおく．

$$\begin{bmatrix} A \mid \boldsymbol{b} \, \boldsymbol{c} \end{bmatrix} = \left[\begin{array}{ccc|cc} 2 & 1 & 2 & -1 & -2 \\ 1 & 3 & 1 & 7 & 6 \\ 1 & 0 & 1 & -2 & -3 \\ 0 & 1 & 2 & 1 & 2 \\ 1 & 1 & 0 & 2 & 2 \end{array}\right] \longrightarrow \left[\begin{array}{ccc|cc} 1 & 0 & 1 & -2 & -3 \\ 1 & 3 & 1 & 7 & 6 \\ 2 & 1 & 2 & -1 & -2 \\ 0 & 1 & 2 & 1 & 2 \\ 1 & 1 & 0 & 2 & 2 \end{array}\right] \longrightarrow \left[\begin{array}{ccc|cc} 1 & 0 & 1 & -2 & -3 \\ 0 & 3 & 0 & 9 & 9 \\ 0 & 1 & 0 & 3 & 4 \\ 0 & 1 & 2 & 1 & 2 \\ 0 & 1 & -1 & 4 & 5 \end{array}\right]$$

$$\longrightarrow \left[\begin{array}{ccc|cc} 1 & 0 & 1 & -2 & -3 \\ 0 & 1 & 0 & 3 & 4 \\ 0 & 3 & 0 & 9 & 9 \\ 0 & 1 & 2 & 1 & 2 \\ 0 & 1 & -1 & 4 & 5 \end{array}\right] \longrightarrow \left[\begin{array}{ccc|cc} 1 & 0 & 1 & -2 & -3 \\ 0 & 1 & 0 & 3 & 4 \\ 0 & 0 & 0 & 0 & -3 \\ 0 & 0 & 2 & -2 & -2 \\ 0 & 0 & -1 & 1 & 1 \end{array}\right] \longrightarrow \left[\begin{array}{ccc|cc} 1 & 0 & 1 & -2 & -3 \\ 0 & 1 & 0 & 3 & 4 \\ 0 & 0 & -1 & 1 & 1 \\ 0 & 0 & 2 & -2 & -2 \\ 0 & 0 & 0 & 0 & -3 \end{array}\right]$$

$$\longrightarrow \left[\begin{array}{ccc|cc} 1 & 0 & 1 & -2 & -3 \\ 0 & 1 & 0 & 3 & 4 \\ 0 & 0 & -1 & 1 & 1 \\ 0 & 0 & 0 & 0 & 0 \\ 0 & 0 & 0 & 0 & -3 \end{array}\right]$$

と変形される．ゆえに

(1) $\text{rank} \begin{bmatrix} A \mid \boldsymbol{b} \end{bmatrix} = \text{rank}\, A = 3$ であるから，$\boldsymbol{b}$ は V に属する．

(2) $\text{rank} \begin{bmatrix} A \mid \boldsymbol{c} \end{bmatrix} = 4 > \text{rank}\, A = 3$ であるから，$\boldsymbol{c}$ は V に属さない．

$\boldsymbol{b}$ の $(\boldsymbol{a}_1, \boldsymbol{a}_2, \boldsymbol{a}_3)$ に関する座標ベクトルを求めるために，上の最後の行列から第5列を除いた行列

を簡約階段行列に変形する：

$$\left[\begin{array}{ccc|c} 1 & 0 & 1 & -2 \\ 0 & 1 & 0 & 3 \\ 0 & 0 & -1 & 1 \\ 0 & 0 & 0 & 0 \\ 0 & 0 & 0 & 0 \end{array}\right] \longrightarrow \left[\begin{array}{ccc|c} 1 & 0 & 0 & -1 \\ 0 & 1 & 0 & 3 \\ 0 & 0 & 1 & -1 \\ 0 & 0 & 0 & 0 \\ 0 & 0 & 0 & 0 \end{array}\right].$$

よって，求める座標ベクトルは $\begin{bmatrix} -1 \\ 3 \\ -1 \end{bmatrix}$ である． □

注意 6.3.1 解答における最初の変形により，$\operatorname{rank} A = 3$ であることがわかるから，ベクトル $\boldsymbol{a}_1, \boldsymbol{a}_2, \boldsymbol{a}_3$ が線形独立であることもわかることに注意せよ．

問題 6.3.1 $\boldsymbol{a}_1 = \begin{bmatrix} 1 \\ 2 \\ -2 \\ -1 \\ 1 \end{bmatrix}, \boldsymbol{a}_2 = \begin{bmatrix} -2 \\ -6 \\ 2 \\ 1 \\ 2 \end{bmatrix}, \boldsymbol{a}_3 = \begin{bmatrix} 2 \\ 3 \\ 7 \\ 5 \\ 7 \end{bmatrix}, \boldsymbol{b} = \begin{bmatrix} 1 \\ 3 \\ 3 \\ 2 \\ 0 \end{bmatrix}, \boldsymbol{c} = \begin{bmatrix} 1 \\ -4 \\ 0 \\ 1 \\ 4 \end{bmatrix}$ とする．$\boldsymbol{a}_1, \boldsymbol{a}_2, \boldsymbol{a}_3$ は線形独立である．$V = \langle \boldsymbol{a}_1, \boldsymbol{a}_2, \boldsymbol{a}_3 \rangle$ とおく．$(\boldsymbol{a}_1, \boldsymbol{a}_2, \boldsymbol{a}_3)$ は V の基底である．ベクトル $\boldsymbol{b}, \boldsymbol{c}$ が V に属するかどうかを調べ，属するならば $(\boldsymbol{a}_1, \boldsymbol{a}_2, \boldsymbol{a}_3)$ に関する座標ベクトルを求めよ．

$\mathbf{K}^n$ の基底のとり方については命題 6.2.9 で学んだ．V を $\mathbf{K}^n$ の部分空間とし，V の基底を 1 つ指定して，例えば $(\boldsymbol{u}_1, \boldsymbol{u}_2, \ldots, \boldsymbol{u}_k)$ とする．このとき，$\dim V = k$ であるから，定理 6.2.5 により，V のどの基底も k 個のベクトルからなる．V の k 個のベクトル $\boldsymbol{v}_1, \boldsymbol{v}_2, \ldots, \boldsymbol{v}_k$ が V の基底を構成するための条件を考えよう．$\boldsymbol{v}_1, \boldsymbol{v}_2, \ldots, \boldsymbol{v}_k$ は $\boldsymbol{u}_1, \boldsymbol{u}_2, \ldots, \boldsymbol{u}_k$ の線形結合として表されるから，等式 (6.1.1) の形の等式が得られる．

定理 6.3.1 $V\ (\neq \{\mathbf{0}\})$ を $\mathbf{K}^n$ の k 次元部分空間とする．$(\boldsymbol{u}_1, \boldsymbol{u}_2, \ldots, \boldsymbol{u}_k)$ を V の基底とする．V の k 個のベクトル $\boldsymbol{v}_1, \boldsymbol{v}_2, \ldots, \boldsymbol{v}_k$ を $\boldsymbol{u}_1, \boldsymbol{u}_2, \ldots, \boldsymbol{u}_k$ の線形結合として

$$\begin{bmatrix} \boldsymbol{v}_1 \ \boldsymbol{v}_2 \ \cdots \ \boldsymbol{v}_k \end{bmatrix} = \begin{bmatrix} \boldsymbol{u}_1 \ \boldsymbol{u}_2 \ \cdots \ \boldsymbol{u}_k \end{bmatrix} \begin{bmatrix} p_{11} & p_{12} & \cdots & p_{1k} \\ p_{21} & p_{22} & \cdots & p_{2k} \\ \vdots & \vdots & \ddots & \vdots \\ p_{k1} & p_{k2} & \cdots & p_{kk} \end{bmatrix} \tag{6.3.1}$$

と表す．このとき

$$(\boldsymbol{v}_1, \boldsymbol{v}_2, \ldots, \boldsymbol{v}_k) \text{ は } V \text{ の基底である} \iff \text{行列} \begin{bmatrix} p_{11} & p_{12} & \cdots & p_{1k} \\ p_{21} & p_{22} & \cdots & p_{2k} \\ \vdots & \vdots & \ddots & \vdots \\ p_{k1} & p_{k2} & \cdots & p_{kk} \end{bmatrix} \text{ は正則．}$$

証明 $P = \begin{bmatrix} p_{ij} \end{bmatrix}$ とおく.

$$
\begin{aligned}
(\boldsymbol{v}_1, \boldsymbol{v}_2, \ldots, \boldsymbol{v}_k) \text{ は } V \text{ の基底である} &\Longleftrightarrow \boldsymbol{v}_1, \boldsymbol{v}_2, \ldots, \boldsymbol{v}_k \text{ は線形独立である （定理 6.2.7 (2) による）} \\
&\Longleftrightarrow \operatorname{rank} P = k \text{ （定理 6.1.6 による）} \\
&\Longleftrightarrow \text{行列 } P \text{ は正則. （} P \text{ は } k \text{ 次正方行列である）}
\end{aligned}
$$

□

定義 6.3.2 $\mathbf{K}^n$ の部分空間 $V\,(\neq \{\mathbf{0}\})$ の基底 $(\boldsymbol{u}_1, \boldsymbol{u}_2, \ldots, \boldsymbol{u}_k), (\boldsymbol{v}_1, \boldsymbol{v}_2, \ldots, \boldsymbol{v}_k)$ を考える. $j = 1, 2, \ldots, k$ に対してベクトル $\boldsymbol{v}_j$ の $(\boldsymbol{u}_1, \ldots, \boldsymbol{u}_n)$ に関する成分表示を考えて, 等式 (6.3.1) が得られるが, 行列 $\begin{bmatrix} p_{11} & p_{12} & \cdots & p_{1k} \\ p_{21} & p_{22} & \cdots & p_{2k} \\ \vdots & \vdots & \ddots & \vdots \\ p_{k1} & p_{k2} & \cdots & p_{kk} \end{bmatrix}$ を $(\boldsymbol{u}_1, \boldsymbol{u}_2, \ldots, \boldsymbol{u}_k)$ **から** $(\boldsymbol{v}_1, \boldsymbol{v}_2, \ldots, \boldsymbol{v}_k)$ **への基底の変換行列**とよぶ.

定理 6.3.1 により

> **定理 6.3.2** 基底の変換行列は正則である.

例 6.3.2 $(\boldsymbol{a}_1, \boldsymbol{a}_2, \ldots, \boldsymbol{a}_n)$ を $\mathbf{K}^n$ の基底とする. 行列 $A = \begin{bmatrix} \boldsymbol{a}_1\, \boldsymbol{a}_2 \cdots \boldsymbol{a}_n \end{bmatrix}$ は標準基底 $(\boldsymbol{e}_1, \boldsymbol{e}_2, \ldots, \boldsymbol{e}_n)$ から $(\boldsymbol{a}_1, \boldsymbol{a}_2, \ldots, \boldsymbol{a}_n)$ への変換行列である.

逆に, 行列 $A = \begin{bmatrix} \boldsymbol{a}_1\, \boldsymbol{a}_2 \cdots \boldsymbol{a}_n \end{bmatrix}$ が正則ならば, $(\boldsymbol{a}_1, \boldsymbol{a}_2, \ldots, \boldsymbol{a}_n)$ は $\mathbf{K}^n$ の基底であり, A は標準基底 $(\boldsymbol{e}_1, \boldsymbol{e}_2, \ldots, \boldsymbol{e}_n)$ から $(\boldsymbol{a}_1, \boldsymbol{a}_2, \ldots, \boldsymbol{a}_n)$ への変換行列である.

基底 $(\boldsymbol{u}_1, \boldsymbol{u}_2, \ldots, \boldsymbol{u}_k)$ から $(\boldsymbol{v}_1, \boldsymbol{v}_2, \ldots, \boldsymbol{v}_k)$ への変換行列とは $\begin{bmatrix} \boldsymbol{v}_1\, \boldsymbol{v}_2 \cdots \boldsymbol{v}_k \end{bmatrix} = \begin{bmatrix} \boldsymbol{u}_1\, \boldsymbol{u}_2 \cdots \boldsymbol{u}_k \end{bmatrix} P$ を満たす正則行列 $P = \begin{bmatrix} \boldsymbol{p}_1\, \boldsymbol{p}_2 \cdots \boldsymbol{p}_k \end{bmatrix}$ のことであるが, P の第 j 列ベクトル $\boldsymbol{p}_j$ は $\begin{bmatrix} \boldsymbol{u}_1\, \boldsymbol{u}_2 \cdots \boldsymbol{u}_k \end{bmatrix} \boldsymbol{p}_j = \boldsymbol{v}_j$ となるベクトルである. すなわち, 線形方程式 $\begin{bmatrix} \boldsymbol{u}_1\, \boldsymbol{u}_2 \cdots \boldsymbol{u}_k \end{bmatrix} \boldsymbol{x} = \boldsymbol{v}_j$ の解である. これを求めるには拡大係数行列 $\begin{bmatrix} \boldsymbol{u}_1\, \boldsymbol{u}_2 \cdots \boldsymbol{u}_k \mid \boldsymbol{v}_j \end{bmatrix}$ を簡約階段行列に行基本変形するのだった. したがって, 基底の変換行列を求めるためには, この計算を $j = 1, 2, \ldots, k$ まで繰り返せばよい. しかし, この k 個の線形方程式 $\begin{bmatrix} \boldsymbol{u}_1\, \boldsymbol{u}_2 \cdots \boldsymbol{u}_k \end{bmatrix} \boldsymbol{x} = \boldsymbol{v}_j$ を同時に解くことができる. すなわち, 拡大係数行列として $\begin{bmatrix} \boldsymbol{u}_1\, \boldsymbol{u}_2 \cdots \boldsymbol{u}_k \mid \boldsymbol{v}_1\, \boldsymbol{v}_2 \cdots \boldsymbol{v}_k \end{bmatrix}$ をつくって左側を簡約階段行列に変形すればよい. この場合, $\operatorname{rank} \begin{bmatrix} \boldsymbol{u}_1\, \boldsymbol{u}_2 \cdots \boldsymbol{u}_k \end{bmatrix} = k$ であるから, 各 j に対して, 線形方程式 $\begin{bmatrix} \boldsymbol{u}_1\, \boldsymbol{u}_2 \cdots \boldsymbol{u}_k \end{bmatrix} \boldsymbol{x} = \boldsymbol{v}_j$ の解は一意的であることに注意しよう.

例題 6.3.2 次のベクトルを考える：

$$
\boldsymbol{u}_1 = \begin{bmatrix} 1 \\ 1 \\ 1 \end{bmatrix},\ \boldsymbol{u}_2 = \begin{bmatrix} 1 \\ 2 \\ -1 \end{bmatrix},\ \boldsymbol{u}_3 = \begin{bmatrix} 1 \\ 0 \\ 2 \end{bmatrix},\ \boldsymbol{v}_1 = \begin{bmatrix} 0 \\ -1 \\ 1 \end{bmatrix},\ \boldsymbol{v}_2 = \begin{bmatrix} 1 \\ 1 \\ 0 \end{bmatrix},\ \boldsymbol{v}_3 = \begin{bmatrix} -2 \\ 1 \\ 1 \end{bmatrix}
$$

$(\boldsymbol{u}_1, \boldsymbol{u}_2, \boldsymbol{u}_3)$，$(\boldsymbol{v}_1, \boldsymbol{v}_2, \boldsymbol{v}_3)$ はいずれも $\mathbf{K}^3$ の基底である．

(1) $(\boldsymbol{u}_1, \boldsymbol{u}_2, \boldsymbol{u}_3)$ から $(\boldsymbol{v}_1, \boldsymbol{v}_2, \boldsymbol{v}_3)$ への基底の変換行列 P を求めよ．

(2) $(\boldsymbol{v}_1, \boldsymbol{v}_2, \boldsymbol{v}_3)$ から $(\boldsymbol{u}_1, \boldsymbol{u}_2, \boldsymbol{u}_3)$ への基底の変換行列 Q を求めよ．

考え方 $A = \begin{bmatrix}\boldsymbol{u}_1\ \boldsymbol{u}_2\ \boldsymbol{u}_3\end{bmatrix}, B = \begin{bmatrix}\boldsymbol{v}_1\ \boldsymbol{v}_2\ \boldsymbol{v}_3\end{bmatrix}$ とおく．これらを並べて行列 $\begin{bmatrix}A \mid B\end{bmatrix}$ および $\begin{bmatrix}B \mid A\end{bmatrix}$ をつくり行基本変形により左の部分を単位行列に変形する．

解答 (1) $A = \begin{bmatrix}\boldsymbol{u}_1\ \boldsymbol{u}_2\ \boldsymbol{u}_3\end{bmatrix}, B = \begin{bmatrix}\boldsymbol{v}_1\ \boldsymbol{v}_2\ \boldsymbol{v}_3\end{bmatrix}$ とおく．

$$\begin{bmatrix}A \mid B\end{bmatrix} = \left[\begin{array}{ccc|ccc} 1 & 1 & 1 & 0 & 1 & -2 \\ 1 & 2 & 0 & -1 & 1 & 1 \\ 1 & -1 & 2 & 1 & 0 & 1 \end{array}\right] \longrightarrow \left[\begin{array}{ccc|ccc} 1 & 1 & 1 & 0 & 1 & -2 \\ 0 & 1 & -1 & -1 & 0 & 3 \\ 0 & -2 & 1 & 1 & -1 & 3 \end{array}\right]$$

$$\longrightarrow \left[\begin{array}{ccc|ccc} 1 & 1 & 1 & 0 & 1 & -2 \\ 0 & 1 & -1 & -1 & 0 & 3 \\ 0 & 0 & 1 & 1 & 1 & -9 \end{array}\right] \longrightarrow \left[\begin{array}{ccc|ccc} 1 & 1 & 0 & -1 & 0 & 7 \\ 0 & 1 & 0 & 0 & 1 & -6 \\ 0 & 0 & 1 & 1 & 1 & -9 \end{array}\right]$$

$$\longrightarrow \left[\begin{array}{ccc|ccc} 1 & 0 & 0 & -1 & -1 & 13 \\ 0 & 1 & 0 & 0 & 1 & -6 \\ 0 & 0 & 1 & 1 & 1 & -9 \end{array}\right]. \tag{*1}$$

ゆえに，$P = \begin{bmatrix} -1 & -1 & 13 \\ 0 & 1 & -6 \\ 1 & 1 & -9 \end{bmatrix}$.

(2)

$$\begin{bmatrix}B \mid A\end{bmatrix} = \left[\begin{array}{ccc|ccc} 0 & 1 & -2 & 1 & 1 & 1 \\ -1 & 1 & 1 & 1 & 2 & 0 \\ 1 & 0 & 1 & 1 & -1 & 2 \end{array}\right] \longrightarrow \left[\begin{array}{ccc|ccc} 1 & 0 & 1 & 1 & -1 & 2 \\ -1 & 1 & 1 & 1 & 2 & 0 \\ 0 & 1 & -2 & 1 & 1 & 1 \end{array}\right]$$

$$\longrightarrow \left[\begin{array}{ccc|ccc} 1 & 0 & 1 & 1 & -1 & 2 \\ 0 & 1 & 2 & 2 & 1 & 2 \\ 0 & 1 & -2 & 1 & 1 & 1 \end{array}\right] \longrightarrow \left[\begin{array}{ccc|ccc} 1 & 0 & 1 & 1 & -1 & 2 \\ 0 & 1 & 2 & 2 & 1 & 2 \\ 0 & 0 & 1 & \frac{1}{4} & 0 & \frac{1}{4} \end{array}\right]$$

$$\longrightarrow \left[\begin{array}{ccc|ccc} 1 & 0 & 0 & \frac{3}{4} & -1 & \frac{7}{4} \\ 0 & 1 & 0 & \frac{3}{2} & 1 & \frac{3}{2} \\ 0 & 0 & 1 & \frac{1}{4} & 0 & \frac{1}{4} \end{array}\right]. \tag{*2}$$

$$\text{ゆえに，}Q = \begin{bmatrix} \frac{3}{4} & -1 & \frac{7}{4} \\ \frac{3}{2} & 1 & \frac{3}{2} \\ \frac{1}{4} & 0 & \frac{1}{4} \end{bmatrix}.$$

□

注意 6.3.2 実は，$(\boldsymbol{u}_1, \boldsymbol{u}_2, \boldsymbol{u}_3)$ が $\mathbf{K}^3$ の基底であることも上の変形からわかるのである．変形 (*1) により左側が単位行列に変形されたから，rank $A = 3$ であり，$\boldsymbol{u}_1, \boldsymbol{u}_2, \boldsymbol{u}_3$ は線形独立であることが確かめられる．さらに，$\dim \mathbf{K}^3 = 3$ であることから，$(\boldsymbol{u}_1, \boldsymbol{u}_2, \boldsymbol{u}_3)$ は $\mathbf{K}^3$ の基底なのである．同様に，変形 (*2) により左側が単位行列に変形されたから，rank $B = 3$ であり，rank $B = 3$ であるから，$\boldsymbol{v}_1, \boldsymbol{v}_2, \boldsymbol{v}_3$ は線形独立である．$\dim \mathbf{K}^3 = 3$ であるから，$(\boldsymbol{v}_1, \boldsymbol{v}_2, \boldsymbol{v}_3)$ は $\mathbf{K}^3$ の基底である．

問題 6.3.2 ベクトル

$$\boldsymbol{u}_1 = \begin{bmatrix} -1 \\ 2 \\ 1 \end{bmatrix}, \boldsymbol{u}_2 = \begin{bmatrix} 1 \\ -1 \\ -1 \end{bmatrix}, \boldsymbol{u}_3 = \begin{bmatrix} 1 \\ 0 \\ 2 \end{bmatrix}, \boldsymbol{v}_1 = \begin{bmatrix} 3 \\ -1 \\ 1 \end{bmatrix}, \boldsymbol{v}_2 = \begin{bmatrix} 1 \\ 1 \\ 5 \end{bmatrix}, \boldsymbol{v}_3 = \begin{bmatrix} -2 \\ 1 \\ 1 \end{bmatrix}$$

を考える．$(\boldsymbol{u}_1, \boldsymbol{u}_2, \boldsymbol{u}_3)$，$(\boldsymbol{v}_1, \boldsymbol{v}_2, \boldsymbol{v}_3)$ はいずれも $\mathbf{K}^3$ の基底である．

(1) $(\boldsymbol{u}_1, \boldsymbol{u}_2, \boldsymbol{u}_3)$ から $(\boldsymbol{v}_1, \boldsymbol{v}_2, \boldsymbol{v}_3)$ への基底の変換行列 P を求めよ．

(2) $(\boldsymbol{v}_1, \boldsymbol{v}_2, \boldsymbol{v}_3)$ から $(\boldsymbol{u}_1, \boldsymbol{u}_2, \boldsymbol{u}_3)$ への基底の変換行列 Q を求めよ．

基底を取り替えると，当然，成分表示も変わる．どのように変わるのかといえば

命題 6.3.3 定義 6.3.2 の記号の下で，V のベクトル $\boldsymbol{a}$ の $(\boldsymbol{u}_1, \boldsymbol{u}_2, \dots, \boldsymbol{u}_k), (\boldsymbol{v}_1, \boldsymbol{v}_2, \dots, \boldsymbol{v}_k)$ に関する成分表示（座標ベクトル）をそれぞれ $\begin{bmatrix} \lambda_1 \\ \lambda_2 \\ \vdots \\ \lambda_k \end{bmatrix}, \begin{bmatrix} \mu_1 \\ \mu_2 \\ \vdots \\ \mu_k \end{bmatrix}$ とおく：

$$\boldsymbol{a} = \begin{bmatrix} \boldsymbol{u}_1 \, \boldsymbol{u}_2 \cdots \boldsymbol{u}_k \end{bmatrix} \begin{bmatrix} \lambda_1 \\ \lambda_2 \\ \vdots \\ \lambda_k \end{bmatrix} = \begin{bmatrix} \boldsymbol{v}_1 \, \boldsymbol{v}_2 \cdots \boldsymbol{v}_k \end{bmatrix} \begin{bmatrix} \mu_1 \\ \mu_2 \\ \vdots \\ \mu_k \end{bmatrix}.$$

このとき

$$\begin{bmatrix} \lambda_1 \\ \lambda_2 \\ \vdots \\ \lambda_k \end{bmatrix} = \begin{bmatrix} p_{11} & p_{12} & \dots & p_{1k} \\ p_{21} & p_{22} & \dots & p_{2k} \\ \vdots & \vdots & \ddots & \vdots \\ p_{k1} & p_{k2} & \dots & p_{kk} \end{bmatrix} \begin{bmatrix} \mu_1 \\ \mu_2 \\ \vdots \\ \mu_k \end{bmatrix}. \tag{6.3.2}$$

証明 $P = [p_{ij}]$ とおく．$[\boldsymbol{v}_1\ \boldsymbol{v}_2\ \cdots\ \boldsymbol{v}_k] = [\boldsymbol{u}_1\ \boldsymbol{u}_2\ \cdots\ \boldsymbol{u}_k]\,P$ であるから，

$$\boldsymbol{a} = [\boldsymbol{v}_1\ \boldsymbol{v}_2\ \cdots\ \boldsymbol{v}_k]\begin{bmatrix}\mu_1\\ \mu_2\\ \vdots\\ \mu_k\end{bmatrix} = \left([\boldsymbol{u}_1\ \boldsymbol{u}_2\ \cdots\ \boldsymbol{u}_k]\,P\right)\begin{bmatrix}\mu_1\\ \mu_2\\ \vdots\\ \mu_k\end{bmatrix} = [\boldsymbol{u}_1\ \boldsymbol{u}_2\ \cdots\ \boldsymbol{u}_k]\left(P\begin{bmatrix}\mu_1\\ \mu_2\\ \vdots\\ \mu_k\end{bmatrix}\right)$$

である．すなわち，$P\begin{bmatrix}\mu_1\\ \mu_2\\ \vdots\\ \mu_k\end{bmatrix}$ はベクトル $\boldsymbol{a}$ の $(\boldsymbol{u}_1, \boldsymbol{u}_2, \ldots, \boldsymbol{u}_k)$ に関する座標ベクトルである．よって，命題の等式が成り立つ．□

いま，仮に標語的に V の基底 $(\boldsymbol{u}_1, \boldsymbol{u}_2, \ldots, \boldsymbol{u}_k)$ を「旧基底」，これに関する座標ベクトルを「旧座標」とよび，$(\boldsymbol{v}_1, \boldsymbol{v}_2, \ldots, \boldsymbol{v}_k)$ を「新基底」，これに関する座標ベクトルを「新座標」とよび，さらに $(\boldsymbol{u}_1, \boldsymbol{u}_2, \ldots, \boldsymbol{u}_k)$ から $(\boldsymbol{v}_1, \boldsymbol{v}_2, \ldots, \boldsymbol{v}_k)$ への「基底変換の行列」を考えると，いわば

$$[\text{新基底}] = [\text{旧基底}]\begin{bmatrix}\text{基底変換}\\ \text{の行列}\end{bmatrix}$$

$$\begin{bmatrix}\text{旧}\\ \text{座}\\ \text{標}\end{bmatrix} = \begin{bmatrix}\text{基底変換}\\ \text{の行列}\end{bmatrix}\begin{bmatrix}\text{新}\\ \text{座}\\ \text{標}\end{bmatrix}$$

と表現できる．

例題 6.3.3 例題 6.3.2 で考察した $\mathbf{K}^3$ の基底 $(\boldsymbol{u}_1, \boldsymbol{u}_2, \boldsymbol{u}_3)$，$(\boldsymbol{v}_1, \boldsymbol{v}_2, \boldsymbol{v}_3)$ を考える．ベクトル $\boldsymbol{a} \in \mathbf{K}^3$ の $(\boldsymbol{u}_1, \boldsymbol{u}_2, \boldsymbol{u}_3)$ に関する座標ベクトルが $\begin{bmatrix}4\\ 1\\ -4\end{bmatrix}$ であるという．ベクトル $\boldsymbol{a}$ の $(\boldsymbol{v}_1, \boldsymbol{v}_2, \boldsymbol{v}_3)$ 関する座標ベクトルを求めよ．

考え方 座標変換の公式（命題 6.3.3）を用いる．

解答 命題 6.3.3 により，$(\boldsymbol{v}_1, \boldsymbol{v}_2, \boldsymbol{v}_3)$ に関する座標ベクトルは $Q\begin{bmatrix}4\\ 1\\ -4\end{bmatrix} = \begin{bmatrix}-5\\ 1\\ 0\end{bmatrix}$ である．□

問題 6.3.3 問題 6.3.2 で考察した $\mathbf{K}^3$ の基底 $(\boldsymbol{u}_1, \boldsymbol{u}_2, \boldsymbol{u}_3)$，$(\boldsymbol{v}_1, \boldsymbol{v}_2, \boldsymbol{v}_3)$ を考える．ベクトル $\boldsymbol{p} \in \mathbf{K}^3$ の $(\boldsymbol{u}_1, \boldsymbol{u}_2, \boldsymbol{u}_3)$ に関する座標ベクトルが $\begin{bmatrix} -1 \\ -1 \\ 2 \end{bmatrix}$ であるという．ベクトル $\boldsymbol{p}$ の $(\boldsymbol{v}_1, \boldsymbol{v}_2, \boldsymbol{v}_3)$ に関する座標ベクトルを求めよ．

例題 6.3.4 次のベクトルを考える：

$$\boldsymbol{u}_1 = \begin{bmatrix} 1 \\ 1 \\ 0 \\ 1 \end{bmatrix},\ \boldsymbol{u}_2 = \begin{bmatrix} 0 \\ 1 \\ 1 \\ -1 \end{bmatrix},\ \boldsymbol{u}_3 = \begin{bmatrix} 0 \\ -1 \\ 1 \\ -2 \end{bmatrix},\ \boldsymbol{v}_1 = \begin{bmatrix} 1 \\ 1 \\ 2 \\ -2 \end{bmatrix},\ \boldsymbol{v}_2 = \begin{bmatrix} -1 \\ 1 \\ -2 \\ 3 \end{bmatrix},\ \boldsymbol{v}_3 = \begin{bmatrix} 1 \\ -1 \\ -2 \\ 3 \end{bmatrix}$$

(1) ベクトル $\boldsymbol{u}_1, \boldsymbol{u}_2, \boldsymbol{u}_3$ は線形独立であることを示せ．$V = \langle \boldsymbol{u}_1, \boldsymbol{u}_2, \boldsymbol{u}_3 \rangle$ とおく．$(\boldsymbol{u}_1, \boldsymbol{u}_2, \boldsymbol{u}_3)$ は V の基底である．V の次元をいえ．

(2) ベクトル $\boldsymbol{v}_1, \boldsymbol{v}_2, \boldsymbol{v}_3$ は V に属し，$(\boldsymbol{v}_1, \boldsymbol{v}_2, \boldsymbol{v}_3)$ は V の基底であることを示せ．

(3) $(\boldsymbol{u}_1, \boldsymbol{u}_2, \boldsymbol{u}_3)$ から $(\boldsymbol{v}_1, \boldsymbol{v}_2, \boldsymbol{v}_3)$ への基底の変換行列を求めよ．

(4) V に属するベクトル $\boldsymbol{p}$ の $(\boldsymbol{v}_1, \boldsymbol{v}_2, \boldsymbol{v}_3)$ に関する座標ベクトルが $\begin{bmatrix} 2 \\ -4 \\ 3 \end{bmatrix}$ であるという．ベクトル $\boldsymbol{p}$ の $(\boldsymbol{u}_1, \boldsymbol{u}_2, \boldsymbol{u}_3)$ に関する座標ベクトルを求めよ．

考え方 効率よくするために以下のように行う．ベクトルをすべて並べて行列 $[\boldsymbol{u}_1\ \boldsymbol{u}_2\ \boldsymbol{u}_3 \mid \boldsymbol{v}_1\ \boldsymbol{v}_2\ \boldsymbol{v}_3]$ をつくり，左側が簡約階段行列になるように基本変形する．

解答

$$[\boldsymbol{u}_1\ \boldsymbol{u}_2\ \boldsymbol{u}_3 \mid \boldsymbol{v}_1\ \boldsymbol{v}_2\ \boldsymbol{v}_3] = \left[\begin{array}{ccc|ccc} 1 & 0 & 0 & 1 & -1 & 1 \\ 1 & 1 & -1 & 1 & 1 & -1 \\ 0 & 1 & 1 & 2 & -2 & -2 \\ 1 & -1 & -2 & -2 & 3 & 3 \end{array}\right] \longrightarrow \left[\begin{array}{ccc|ccc} 1 & 0 & 0 & 1 & -1 & 1 \\ 0 & 1 & -1 & 0 & 2 & -2 \\ 0 & 1 & 1 & 2 & -2 & -2 \\ 0 & -1 & -2 & -3 & 4 & 2 \end{array}\right]$$

$$\to \left[\begin{array}{ccc|ccc} 1 & 0 & 0 & 1 & -1 & 1 \\ 0 & 1 & -1 & 0 & 2 & -2 \\ 0 & 0 & 2 & 2 & -4 & 0 \\ 0 & 0 & -3 & -3 & 6 & 0 \end{array}\right] \to \left[\begin{array}{ccc|ccc} 1 & 0 & 0 & 1 & -1 & 1 \\ 0 & 1 & -1 & 0 & 2 & -2 \\ 0 & 0 & 1 & 1 & -2 & 0 \\ 0 & 0 & -3 & -3 & 6 & 0 \end{array}\right] \to \left[\begin{array}{ccc|ccc} 1 & 0 & 0 & 1 & -1 & 1 \\ 0 & 1 & 0 & 1 & 0 & -2 \\ 0 & 0 & 1 & 1 & -2 & 0 \\ 0 & 0 & 0 & 0 & 0 & 0 \end{array}\right]$$

と変形される．

(1) 左側が階数 3 になったから，$\boldsymbol{u}_1, \boldsymbol{u}_2, \boldsymbol{u}_3$ は線形独立である．$\dim V = 3$ である．

(2) (a) 全体の行列が階数 3 の階段行列になったので，ベクトル $\boldsymbol{v}_1, \boldsymbol{v}_2, \boldsymbol{v}_3$ は $\boldsymbol{u}_1, \boldsymbol{u}_2, \boldsymbol{u}_3$ の線形結合である．すなわち，$\boldsymbol{v}_1, \boldsymbol{v}_2, \boldsymbol{v}_3$ は V に属する．

(b) 変形の結果得られた階段行列の右 3 列の 3 行目までの行列を P とおく：$P =$

$\begin{bmatrix} 1 & -1 & 1 \\ 1 & 0 & -2 \\ 1 & -2 & 0 \end{bmatrix}$. 上の変形により $\begin{bmatrix} \boldsymbol{v}_1 \, \boldsymbol{v}_2 \, \boldsymbol{v}_3 \end{bmatrix} = \begin{bmatrix} \boldsymbol{u}_1 \, \boldsymbol{u}_2 \, \boldsymbol{u}_3 \end{bmatrix} P$ である．また

$$P \longrightarrow \begin{bmatrix} 1 & -1 & 1 \\ 0 & 1 & -3 \\ 0 & -1 & -1 \end{bmatrix} \longrightarrow \begin{bmatrix} 1 & -1 & 1 \\ 0 & 1 & -3 \\ 0 & 0 & -4 \end{bmatrix}$$

と変形でき，rank $P = 3$ であるから，定理 6.1.6 (2) により，$\{\boldsymbol{v}_1, \boldsymbol{v}_2, \boldsymbol{v}_3\}$ は線形独立である．$\dim V = 3$ であるから，定理 6.2.7 (2) により，$(\boldsymbol{v}_1, \boldsymbol{v}_2, \boldsymbol{v}_3)$ は V の基底である．

(3) $\begin{bmatrix} \boldsymbol{v}_1 \, \boldsymbol{v}_2 \, \boldsymbol{v}_3 \end{bmatrix} = \begin{bmatrix} \boldsymbol{u}_1 \, \boldsymbol{u}_2 \, \boldsymbol{u}_3 \end{bmatrix} P$ であるから，P は $(\boldsymbol{u}_1, \boldsymbol{u}_2, \boldsymbol{u}_3)$ から $(\boldsymbol{v}_1, \boldsymbol{v}_2, \boldsymbol{v}_3)$ への基底の変換行列である．

(4) 命題 6.3.3 により，$(\boldsymbol{u}_1, \boldsymbol{u}_2, \boldsymbol{u}_3)$ に関する座標ベクトルは $P \begin{bmatrix} 2 \\ -4 \\ 3 \end{bmatrix} = \begin{bmatrix} 9 \\ -4 \\ 10 \end{bmatrix}$ である．

□

問題 6.3.4 例題 6.3.1 のベクトル $\boldsymbol{a}_1, \boldsymbol{a}_2, \boldsymbol{a}_3$ で生成される部分空間 $V = \langle \boldsymbol{a}_1, \boldsymbol{a}_2, \boldsymbol{a}_3 \rangle$ を考える．$(\boldsymbol{a}_1, \boldsymbol{a}_2, \boldsymbol{a}_3)$ は V の基底である．ベクトル $\boldsymbol{b}_1 = \begin{bmatrix} -5 \\ -10 \\ -1 \\ -7 \\ -2 \end{bmatrix}, \boldsymbol{b}_2 = \begin{bmatrix} 1 \\ 3 \\ 0 \\ -3 \\ 3 \end{bmatrix}, \boldsymbol{b}_3 = \begin{bmatrix} 2 \\ 6 \\ 0 \\ 4 \\ 1 \end{bmatrix}$ は V に属し，$(\boldsymbol{b}_1, \boldsymbol{b}_2, \boldsymbol{b}_3)$ は V の基底である．

(1) $(\boldsymbol{a}_1, \boldsymbol{a}_2, \boldsymbol{a}_3)$ から $(\boldsymbol{b}_1, \boldsymbol{b}_2, \boldsymbol{b}_3)$ への基底の変換行列を求めよ．

(2) 例題 6.3.1 のベクトル $\boldsymbol{b}$ は V に属し，$(\boldsymbol{a}_1, \boldsymbol{a}_2, \boldsymbol{a}_3)$ に関する座標ベクトルは $\begin{bmatrix} -1 \\ 3 \\ -1 \end{bmatrix}$ であった．$\boldsymbol{b}$ の $(\boldsymbol{b}_1, \boldsymbol{b}_2, \boldsymbol{b}_3)$ に関する座標ベクトルを公式 (6.3.2) を用いて求めよ．

問題 6.3.5 $\mathbf{K}^4$ の部分空間 $V = \left\{ \begin{bmatrix} x_1 \\ x_2 \\ x_3 \\ x_4 \end{bmatrix} \in \mathbf{K}^4 \;\middle|\; x_1 + x_2 + x_3 + x_4 = 0 \right\}$ について考える．ベクトル $\boldsymbol{u}_1 = \begin{bmatrix} 1 \\ 1 \\ -1 \\ -1 \end{bmatrix}, \boldsymbol{u}_2 = \begin{bmatrix} 2 \\ 1 \\ -1 \\ -2 \end{bmatrix}, \boldsymbol{u}_3 = \begin{bmatrix} 0 \\ 1 \\ 0 \\ -1 \end{bmatrix}, \boldsymbol{v}_1 = \begin{bmatrix} 2 \\ 1 \\ 0 \\ -3 \end{bmatrix}, \boldsymbol{v}_2 = \begin{bmatrix} 1 \\ 0 \\ 0 \\ -1 \end{bmatrix}, \boldsymbol{v}_3 = \begin{bmatrix} 1 \\ -2 \\ -1 \\ 2 \end{bmatrix}$ はどれも V のベクトルである．

(1) $\mathscr{E} = (\boldsymbol{u}_1, \boldsymbol{u}_2, \boldsymbol{u}_3)$, $\mathscr{F} = (\boldsymbol{v}_1, \boldsymbol{v}_2, \boldsymbol{v}_3)$ はいずれも，V の基底であることを示せ．

(2) V の基底 $\mathscr{E}$ から $\mathscr{F}$ への変換行列を求めよ．

(3) $\boldsymbol{a} = \begin{bmatrix} -2 \\ 1 \\ 0 \\ 1 \end{bmatrix} \in V$ の $\mathscr{E}$ に関する座標ベクトルを求めよ．

(4) (3) の $\boldsymbol{a}$ の $\mathscr{F}$ に関する座標ベクトルを求めよ．

注意 6.3.3 A を (n, l) 行列とする．一般に，(n, p) 型の行列 B に対して，(l, p) 型の行列 X で $AX = B$ を満たすものを求めるときは行列 $\left[A \mid B\right]$ をつくって，行に関する基本変形により，簡約階段行列に変形すれば，その簡約階段行列から簡単な計算や考察によって，X が求められる．

特に $\operatorname{rank} A = l$（つまり，$A$ の列ベクトルが線形独立）のときは，方程式 $A\boldsymbol{x} = \boldsymbol{b}$ の解は，存在すれば，ただ 1 つであり，A を変形して得られる簡約階段行列は上に l 次単位行列があり，下の $(l+1)$ 行目以下の成分はすべて 0 という行列になるから，変形の結果得られた簡約階段行列から，解は直ちに求められる．

A が n 次正則行列のとき，$AX = B$ を満たす X は $X = A^{-1}B$ であることに注意せよ．つまり上の計算は $A^{-1}B$ を求めていることにほかならない．

6.4 演習

演習 6.1 $(\boldsymbol{a}_1, \boldsymbol{a}_2, \ldots, \boldsymbol{a}_n)$ を $\mathbf{K}^n$ の基底とする．次は $\mathbf{K}^n$ の基底であるか調べよ．

(1) $(\boldsymbol{a}_1 + \boldsymbol{a}_2, \boldsymbol{a}_1 - \boldsymbol{a}_2, \boldsymbol{a}_3, \ldots, \boldsymbol{a}_n)$

(2) $(\boldsymbol{a}_1, \boldsymbol{a}_1 + \boldsymbol{a}_2, \boldsymbol{a}_1 + \boldsymbol{a}_2 + \boldsymbol{a}_3, \ldots, \boldsymbol{a}_1 + \boldsymbol{a}_2 + \cdots + \boldsymbol{a}_n)$

(3) $(\boldsymbol{a}_1 + \boldsymbol{a}_2, \boldsymbol{a}_2 + \boldsymbol{a}_3, \ldots, \boldsymbol{a}_{n-1} + \boldsymbol{a}_n, \boldsymbol{a}_n + \boldsymbol{a}_1)$

演習 6.2 $\boldsymbol{a}_1 = \begin{bmatrix} 2 \\ 2 \\ 0 \\ 1 \\ -1 \end{bmatrix}, \boldsymbol{a}_2 = \begin{bmatrix} 0 \\ -4 \\ 0 \\ -2 \\ 2 \end{bmatrix}, \boldsymbol{a}_3 = \begin{bmatrix} -1 \\ 2 \\ 1 \\ -1 \\ 1 \end{bmatrix}$ とおく．

(1) $\boldsymbol{a}_1, \boldsymbol{a}_2, \boldsymbol{a}_3$ は線形独立であることを示せ．

(2) $\boldsymbol{a}_1, \boldsymbol{a}_2, \boldsymbol{a}_3$ を延長して $\mathbf{K}^5$ の基底をつくれ．

演習 6.3 $\mathbf{K}^4$ の部分空間 $V_1 = \left\langle \begin{bmatrix} 2 \\ -1 \\ -2 \\ -1 \end{bmatrix}, \begin{bmatrix} 4 \\ 3 \\ 4 \\ 5 \end{bmatrix}, \begin{bmatrix} 7 \\ 9 \\ 13 \\ 14 \end{bmatrix} \right\rangle, V_2 = \left\langle \begin{bmatrix} 6 \\ 7 \\ 10 \\ 11 \end{bmatrix}, \begin{bmatrix} 1 \\ 2 \\ 3 \\ 3 \end{bmatrix}, \begin{bmatrix} 3 \\ 1 \\ 1 \\ 2 \end{bmatrix} \right\rangle$ は等しいことを示せ．

演習 6.4 $A = \begin{bmatrix} 2 & 1 & -3 & -1 & 3 \\ 4 & 4 & 2 & 2 & 3 \end{bmatrix}$ とおく．解空間 $V = \{\boldsymbol{x} \in \mathbf{K}^5 \mid A\boldsymbol{x} = \mathbf{0}\}$ を考える．

(1) $\dim V = 3$ である．（基底を求めずに）理由を述べよ．

(2) $\boldsymbol{u}_1 = \begin{bmatrix} -\frac{1}{4} \\ -\frac{1}{2} \\ 1 \\ -1 \\ 1 \end{bmatrix}, \boldsymbol{u}_2 = \begin{bmatrix} -4 \\ 3 \\ 1 \\ -2 \\ 2 \end{bmatrix}, \boldsymbol{u}_3 = \begin{bmatrix} 5 \\ -2 \\ -2 \\ 2 \\ -4 \end{bmatrix}, \boldsymbol{v}_1 = \begin{bmatrix} \frac{21}{4} \\ -\frac{19}{2} \\ 3 \\ 1 \\ 3 \end{bmatrix}, \boldsymbol{v}_2 = \begin{bmatrix} \frac{13}{4} \\ -\frac{9}{2} \\ 2 \\ -1 \\ 1 \end{bmatrix}, \boldsymbol{v}_3 = \begin{bmatrix} \frac{11}{4} \\ -\frac{15}{2} \\ 1 \\ 4 \\ 3 \end{bmatrix}$ はす

べて V に属することを示せ.

(3) $(\boldsymbol{u}_1, \boldsymbol{u}_2, \boldsymbol{u}_3)$, $(\boldsymbol{v}_1, \boldsymbol{v}_2, \boldsymbol{v}_3)$ は V の基底であることを示し, $(\boldsymbol{u}_1, \boldsymbol{u}_2, \boldsymbol{u}_3)$ から $(\boldsymbol{v}_1, \boldsymbol{v}_2, \boldsymbol{v}_3)$ への基底の変換行列および $(\boldsymbol{v}_1, \boldsymbol{v}_2, \boldsymbol{v}_3)$ から $(\boldsymbol{u}_1, \boldsymbol{u}_2, \boldsymbol{u}_3)$ への基底の変換行列を求めよ.

演習 6.5 A を (m, n) 行列, B を (n, p) 行列とする. $AB = O$ ならば不等式 $\mathrm{rank}\, A + \mathrm{rank}\, B \leqq n$ が成り立つことを示せ.

演習 6.6 問題 6.2.6 で考察した部分空間 $V = \langle \boldsymbol{a}_1, \boldsymbol{a}_2, \boldsymbol{a}_3, \boldsymbol{a}_4, \boldsymbol{a}_5 \rangle$ について考察する.

(1) 行列 $C = {}^t\big[\boldsymbol{a}_1\, \boldsymbol{a}_2\, \boldsymbol{a}_3\, \boldsymbol{a}_4\, \boldsymbol{a}_5\big]$ を考える. 解空間 $W = \{\boldsymbol{x} \in \mathbf{K}^5 \mid C\boldsymbol{x} = \mathbf{0}\}$ の基底を（1 つ）求めよ.

(2) (1) で求めた基底のベクトルを並べた行列の転置行列を G とおく. 解空間 $U = \{\boldsymbol{x} \in \mathbf{K}^5 \mid G\boldsymbol{x} = \mathbf{0}\}$ の基底を（1 つ）求めよ. その基底を $\mathscr{F}$ とおく. U の次元を書け.

(3) $U = V$ であることを示せ.

(4) $\mathscr{B}$ から $\mathscr{F}$ への基底変換の行列を求めよ. （$\mathscr{B}$ は問題 6.2.6 で選んだ V の基底である）

(5) $\mathscr{F}$ から $\mathscr{B}$ への基底変換の行列を求めよ.

(6) $\mathscr{B}$ に含まれるベクトル以外の $\{\boldsymbol{a}_1, \boldsymbol{a}_2, \boldsymbol{a}_3, \boldsymbol{a}_4, \boldsymbol{a}_5\}$ のベクトルの $\mathscr{F}$ に関する座標ベクトルを求めよ.

演習 6.7 U を K^n の部分空間とする. ある行列 A により, $U = \{\boldsymbol{x} \in \mathbf{K}^n \mid A\boldsymbol{x} = \mathbf{0}\}$ と表されることを示せ.

演習 6.8 U を $\mathbf{K}^n$ の部分空間とする. $\mathscr{E}, \mathscr{F}$ をともに U の基底とする. $\mathscr{E}$ から $\mathscr{F}$ への基底変換の行列を P とする.

(1) $\mathscr{G}$ も U の基底であるとする. $\mathscr{F}$ から $\mathscr{G}$ への基底変換の行列を Q とする. $\mathscr{E}$ から $\mathscr{G}$ への基底変換の行列を P, Q を用いて表せ.

(2) $\mathscr{F}$ から $\mathscr{E}$ への基底変換の行列を P を用いて表せ.

演習 6.9 A, B を (m, n) 行列とする. A, B を左右に並べてつくった行列 $\big[A \mid B\big]$ の階数について不等式 $\mathrm{rank}\,(A + B) \leqq \mathrm{rank}\big[A \mid B\big] \leqq \mathrm{rank}\, A + \mathrm{rank}\, B$ が成り立つことを示せ.

演習 6.10 A を $(n, n-1)$ 行列とし, $i = 1, 2, \ldots, n$ に対して A の第 i 行を除いて得られる $(n-1)$ 次正方行列を A_i とする. $\mathrm{rank}\, A = n - 1$ ならばある A_i は正則であることを示せ.

第 7 章

固有空間

正方行列の固有値と固有ベクトルとは，その行列がスカラー倍として作用するベクトルのことである．この固有値と固有ベクトルを用いて行列（とベクトルへの作用）を解析することができる．本章は線形代数学の中心の位置にある．この考え方は，ベクトル空間を与えられた行列に関する「構造」に注目して考察することでもある．

7.1　正方行列の固有値と固有空間

定義 7.1.1 A を n 次正方行列とする．

スカラー $\lambda \in \mathbf{K}$ に対してベクトル $\boldsymbol{x} \neq \mathbf{0}$ で

$$A\boldsymbol{x} = \lambda \boldsymbol{x}$$

を満たすものがあるとき，$\lambda \in \mathbf{K}$ を **A の固有値**とよぶ．固有値 λ について上の条件を満たすベクトルを **固有値 λ に属する固有ベクトル**とよぶ．

定理 7.1.1 A を n 次正方行列とする．

$$\text{スカラー } \lambda \in \mathbf{K} \text{ が } A \text{ の固有値である} \iff \operatorname{rank}(\lambda E - A) < n \iff \det(\lambda E - A) = 0.$$

証明

$$\begin{aligned}
\text{スカラー } \lambda \in \mathbf{K} \text{ が } A \text{ の固有値である} &\iff A\boldsymbol{x} = \lambda\boldsymbol{x} \text{ が } \boldsymbol{x} = \mathbf{0} \text{ 以外の解をもつ} \\
&\iff (\lambda E - A)\boldsymbol{x} = \mathbf{0} \text{ が } \boldsymbol{x} = \mathbf{0} \text{ 以外の解をもつ} \\
&\iff \operatorname{rank}(\lambda E - A) < n \\
&\iff \det(\lambda E - A) = 0.
\end{aligned}$$

□

定義 7.1.2　A を n 次正方行列とする．変数 t の多項式

$$\phi_A(t) = \det(tE - A)$$

を **A の特性多項式**とよぶ．（**固有多項式**ともいう）$\phi_A(t)$ は t の n 次多項式である．

t の n 次方程式 $\phi_A(t) = 0$ を**特性方程式**（または，**固有方程式**）とよび特性方程式の解を**特性解**とよぶ．

定理 7.1.2　A を n 次正方行列とする．スカラー $\lambda \in \mathbf{K}$ について

$$\lambda \text{ が } A \text{ の固有値である} \iff \lambda \text{ が } A \text{ の特性方程式の解である}$$

注意　$\mathbf{K} = \mathbf{R}$ のとき，**特性解は実数とは限らない**から，特性解と固有値というのは一般には一致しない．つまり，固有値は特性解であるが，特性解は実数でなければ固有値にはならない．一方，$\mathbf{K} = \mathbf{C}$ のとき，特性解は固有値である．

定義 7.1.3　A を n 次正方行列とする．スカラー $\lambda \in \mathbf{K}$ を A の固有値とする．

$$V(\lambda) = \{\boldsymbol{x} \in \mathbf{K}^n \mid (\lambda E - A)\boldsymbol{x} = \mathbf{0}\}$$

を **A の固有値 λ に対する固有空間**とよぶ．

$V(\lambda)$ は斉次線形方程式 $(\lambda E - A)\boldsymbol{x} = \mathbf{0}$ の解の空間であるから，解の自由度を考えて

命題 7.1.3　定義 7.1.3 と同じ記号の下で，$\dim V(\lambda) = n - \operatorname{rank}(\lambda E - A)$．

例題 7.1.1　$A = \begin{bmatrix} 1 & 2 & -1 \\ 1 & 0 & 1 \\ 0 & 2 & 0 \end{bmatrix}$ の固有値，固有空間の（1 つの）基底，固有空間の次元を求めよ．

解答　$\lambda \in \mathbf{K}$ として，方程式 $(\lambda E - A)\boldsymbol{x} = \mathbf{0}$ が自明でない解をもつように λ の値を定める．$\lambda E - A$ に行基本変形を施し，階段行列をつくる．

$$\lambda E - A = \begin{bmatrix} \lambda - 1 & -2 & 1 \\ -1 & \lambda & -1 \\ 0 & -2 & \lambda \end{bmatrix} \longrightarrow \begin{bmatrix} -1 & \lambda & -1 \\ \lambda - 1 & -2 & 1 \\ 0 & -2 & \lambda \end{bmatrix} \longrightarrow \begin{bmatrix} -1 & \lambda & -1 \\ 0 & (\lambda+1)(\lambda-2) & 2-\lambda \\ 0 & -2 & \lambda \end{bmatrix}$$

$$\longrightarrow \begin{bmatrix} -1 & \lambda & -1 \\ 0 & -2 & \lambda \\ 0 & (\lambda+1)(\lambda-2) & 2-\lambda \end{bmatrix} \longrightarrow \begin{bmatrix} -1 & \lambda & -1 \\ 0 & -2 & \lambda \\ 0 & 0 & \frac{1}{2}(\lambda-1)(\lambda-2)(\lambda+2). \end{bmatrix}$$

この最後の行列を $S(\lambda)$ とおくと

$$\operatorname{rank}(\lambda E - A) < 3 \iff \operatorname{rank} S(\lambda) < 3 \iff (\lambda-1)(\lambda-2)(\lambda+2) = 0.$$

よって，固有値は $\lambda = 1,\ 2,\ -2$ である．

さて，行列 $S(\lambda)$ に固有値 $\lambda = 1,\ 2,\ -2$ の各値を代入すると，それぞれ階数 2 の階段行列になるから，固有値 $\lambda = 1,\ 2,\ -2$ の各値について，$\operatorname{rank}(\lambda E - A) = 2$ である．したがって，固有値 $\lambda = 1,\ 2,\ -2$ の各値について，$\dim V(\lambda) = 3 - 2 = 1$ である．

(1) 固有値 $\lambda = 1$ に対する固有空間 $V(1)$ を調べる．行列 $S(1)$ を変形すると

$$S(1) = \begin{bmatrix} -1 & 1 & -1 \\ 0 & -2 & 1 \\ 0 & 0 & 0 \end{bmatrix} \longrightarrow \begin{bmatrix} 1 & -1 & 1 \\ 0 & 1 & -\frac{1}{2} \\ 0 & 0 & 0 \end{bmatrix} \longrightarrow \begin{bmatrix} 1 & 0 & \frac{1}{2} \\ 0 & 1 & -\frac{1}{2} \\ 0 & 0 & 0 \end{bmatrix}.$$

この最後の行列により，固有ベクトルを $\boldsymbol{x} = \begin{bmatrix} x_1 \\ x_2 \\ x_3 \end{bmatrix}$ とおくと，$\boldsymbol{x}$ は斉次線形方程式

$$\begin{cases} x_1 \phantom{{}+x_2} + \frac{1}{2}x_3 = 0 \\ \phantom{x_1+{}} x_2 - \frac{1}{2}x_3 = 0 \end{cases}$$

の解のベクトルであることがわかる．($x_3 = t$ とおいて) 方程式を解いて $\begin{bmatrix} x_1 \\ x_2 \\ x_3 \end{bmatrix} = t\begin{bmatrix} -\frac{1}{2} \\ \frac{1}{2} \\ 1 \end{bmatrix}$ $(t \in \mathbf{K})$ と表される．ゆえに，$V(1) = \left\langle \begin{bmatrix} -\frac{1}{2} \\ \frac{1}{2} \\ 1 \end{bmatrix} \right\rangle$ であり，$\left(\begin{bmatrix} -\frac{1}{2} \\ \frac{1}{2} \\ 1 \end{bmatrix} \right)$ は $V(1)$ の基底である．

(2) 固有値 $\lambda = 2$ に対する固有空間 $V(2)$ を調べる．行列 $S(2)$ を変形すると

$$S(2) = \begin{bmatrix} -1 & 2 & -1 \\ 0 & -2 & 2 \\ 0 & 0 & 0 \end{bmatrix} \longrightarrow \begin{bmatrix} 1 & -2 & 1 \\ 0 & 1 & -1 \\ 0 & 0 & 0 \end{bmatrix} \longrightarrow \begin{bmatrix} 1 & 0 & -1 \\ 0 & 1 & -1 \\ 0 & 0 & 0 \end{bmatrix}.$$

$V(1)$ を調べたのと同様にして，$V(2) = \left\langle \begin{bmatrix} 1 \\ 1 \\ 1 \end{bmatrix} \right\rangle$ であり，$\left(\begin{bmatrix} 1 \\ 1 \\ 1 \end{bmatrix} \right)$ は $V(2)$ の基底である．

(3) 固有値 $\lambda = -2$ に対する固有空間 $V(-2)$ を調べる．行列 $S(-2)$ を変形すると

$$S(-2) = \begin{bmatrix} -1 & -2 & -1 \\ 0 & 2 & 2 \\ 0 & 0 & 0 \end{bmatrix} \longrightarrow \begin{bmatrix} 1 & 2 & 1 \\ 0 & 1 & -1 \\ 0 & 0 & 0 \end{bmatrix} \longrightarrow \begin{bmatrix} 1 & 0 & -1 \\ 0 & 1 & 1 \\ 0 & 0 & 0 \end{bmatrix}.$$

$V(1)$ を求めたのと同様にして，$V(-2) = \left\langle \begin{bmatrix} 1 \\ -1 \\ 1 \end{bmatrix} \right\rangle$ であり，$\left(\begin{bmatrix} 1 \\ -1 \\ 1 \end{bmatrix} \right)$ は $V(-2)$ の基底である．

□

この例では，特性多項式は（上の $S(\lambda)$ までの変形をたどると）

$$\phi_A(t) = \det(tE - A) = (t-1)(t-2)(t+2)$$

であることがわかる．各固有値 $\lambda = 1,\ 2,\ -2$ について $t - \lambda$ の重複度は 1 であり，固有空間 $V(\lambda)$ の次元と一致している．上で求めた固有空間の基底のベクトルを順に $\boldsymbol{u}_1,\ \boldsymbol{u}_2,\ \boldsymbol{u}_3$ とおく．これらを並べて行列 P をつくると $P = \begin{bmatrix} -\frac{1}{2} & 1 & 1 \\ \frac{1}{2} & 1 & -1 \\ 1 & 1 & 1 \end{bmatrix}$ であるが，この行列の階数は 3 である（確かめよ）から $(\boldsymbol{u}_1, \boldsymbol{u}_2, \boldsymbol{u}_3)$ は $\mathbf{K}^3$ の基底である．

$$A\boldsymbol{u}_1 = \boldsymbol{u}_1,\ A\boldsymbol{u}_2 = 2\boldsymbol{u}_2,\ A\boldsymbol{u}_3 = -2\boldsymbol{u}_3$$

であるが，これを行列の積の形で書くと

$$A\begin{bmatrix}\boldsymbol{u}_1\ \boldsymbol{u}_2\ \boldsymbol{u}_3\end{bmatrix} = \begin{bmatrix}\boldsymbol{u}_1, 2\boldsymbol{u}_2, -2\boldsymbol{u}_3\end{bmatrix} = \begin{bmatrix}\boldsymbol{u}_1\ \boldsymbol{u}_2\ \boldsymbol{u}_3\end{bmatrix}\begin{bmatrix} 1 & 0 & 0 \\ 0 & 2 & 0 \\ 0 & 0 & -2 \end{bmatrix}.$$

$(\boldsymbol{u}_1, \boldsymbol{u}_2, \boldsymbol{u}_3)$ は $\mathbf{K}^3$ の基底であるから，$P = \begin{bmatrix}\boldsymbol{u}_1\ \boldsymbol{u}_2\ \boldsymbol{u}_3\end{bmatrix}$ は正則である．よって，次の等式が成り立つ：

$$P^{-1}AP = \begin{bmatrix} 1 & 0 & 0 \\ 0 & 2 & 0 \\ 0 & 0 & -2 \end{bmatrix}.$$

問題 7.1.1 上の行列 P が正則であることを確かめよ．

定義 7.1.4 A を n 次正方行列とする．P を n 次正則行列とするとき，行列 $P^{-1}AP$ を **A の（P による）相似行列**という．

$P = \begin{bmatrix}\boldsymbol{p}_1\ \boldsymbol{p}_2\ \cdots\ \boldsymbol{p}_n\end{bmatrix}$ と列ベクトル表示すると，P が正則であるということは命題 6.2.9 により $(\boldsymbol{p}_1, \boldsymbol{p}_2, \ldots, \boldsymbol{p}_n)$ は $\mathbf{K}^n$ の基底であるということである．

正方行列 A を n 次元数ベクトル $\boldsymbol{x}$ にかけると n 次元数ベクトル $A\boldsymbol{x}$ が得られるのであるが，このベクトルを，$\boldsymbol{y} = A\boldsymbol{x}$ とおいて，「行列 A はベクトル $\boldsymbol{x}$ にベクトル $\boldsymbol{y}$ を対応させる」あるいは，「ベクトル $\boldsymbol{x}$ に作用してベクトル $\boldsymbol{y}$ に変える」と思うこともできる．行列のもつ「ベクトルに作用して新しいベクトルをつくる」という機能を「行列のベクトルへの作用」とよぶことにしよう．このベクトルへの作用を基底 $(\boldsymbol{p}_1, \boldsymbol{p}_2, \ldots, \boldsymbol{p}_n)$ を規準に考えてみよう．ベクトル $\boldsymbol{x}$ の $(\boldsymbol{p}_1, \boldsymbol{p}_2, \ldots, \boldsymbol{p}_n)$ に関する座標ベクトルを考えて $\boldsymbol{x} = \begin{bmatrix}\boldsymbol{p}_1\ \boldsymbol{p}_2\ \cdots\ \boldsymbol{p}_n\end{bmatrix}\begin{bmatrix}\lambda_1\\ \lambda_2\\ \vdots\\ \lambda_n\end{bmatrix}$ とする．$\begin{bmatrix}\boldsymbol{p}_1\ \boldsymbol{p}_2\ \cdots\ \boldsymbol{p}_n\end{bmatrix} = P$ であることに注意しよう．$A\boldsymbol{x}$ の $(\boldsymbol{p}_1, \boldsymbol{p}_2, \ldots, \boldsymbol{p}_n)$ に関する座標ベクトルとは

$$A\boldsymbol{x} = \begin{bmatrix}\boldsymbol{p}_1\ \boldsymbol{p}_2\ \cdots\ \boldsymbol{p}_n\end{bmatrix}\begin{bmatrix}\mu_1\\ \mu_2\\ \vdots\\ \mu_n\end{bmatrix}$$

を満たすベクトル $\begin{bmatrix}\mu_1\\ \mu_2\\ \vdots\\ \mu_n\end{bmatrix}$ のことである．$\boldsymbol{x} = P\begin{bmatrix}\lambda_1\\ \lambda_2\\ \vdots\\ \lambda_n\end{bmatrix}$ を代入すると

$$AP\begin{bmatrix}\lambda_1\\ \lambda_2\\ \vdots\\ \lambda_n\end{bmatrix} = P\begin{bmatrix}\mu_1\\ \mu_2\\ \vdots\\ \mu_n\end{bmatrix}$$

となる．すなわち

$$\begin{bmatrix}\mu_1\\ \mu_2\\ \vdots\\ \mu_n\end{bmatrix} = P^{-1}AP\begin{bmatrix}\lambda_1\\ \lambda_2\\ \vdots\\ \lambda_n\end{bmatrix}$$

これはいわば

> 行列 A のベクトルへの作用は，正則行列 $P = \begin{bmatrix}\boldsymbol{p}_1\ \boldsymbol{p}_2\ \cdots\ \boldsymbol{p}_n\end{bmatrix}$ により，標準基底のかわりに基底 $(\boldsymbol{p}_1\ \boldsymbol{p}_2\ \cdots\ \boldsymbol{p}_n)$ を規準にして考えたら，$P^{-1}AP$ の $(\boldsymbol{p}_1\ \boldsymbol{p}_2\ \cdots\ \boldsymbol{p}_n)$ に関する座標ベクトルへの作用で与えられる

ということを意味している．

例題 7.1.1 の行列 A については $P^{-1}AP = \begin{bmatrix}1 & 0 & 0\\ 0 & 2 & 0\\ 0 & 0 & -2\end{bmatrix}$ となる正則行列 P を A の固有ベクトルから構成できたのである．

例題 7.1.2 $B=\begin{bmatrix}2 & -2 & 4\\ -1 & 3 & -1\\ -1 & 2 & -1\end{bmatrix}$ の固有値，固有空間の基底，固有空間の次元を求めよ．

解答

$$\lambda E - B = \begin{bmatrix}\lambda-2 & 2 & -4\\ 1 & \lambda-3 & 1\\ 1 & -2 & \lambda+1\end{bmatrix} \longrightarrow \begin{bmatrix}1 & \lambda-3 & 1\\ \lambda-2 & 2 & -4\\ 1 & -2 & \lambda+1\end{bmatrix}$$

$$\longrightarrow \begin{bmatrix}1 & \lambda-3 & 1\\ 0 & -(\lambda-4)(\lambda-1) & -\lambda-2\\ 0 & -\lambda+1 & \lambda\end{bmatrix} \longrightarrow \begin{bmatrix}1 & \lambda-3 & 1\\ 0 & -\lambda+1 & \lambda\\ 0 & -(\lambda-4)(\lambda-1) & -\lambda-2\end{bmatrix}$$

$$\longrightarrow \begin{bmatrix}1 & \lambda-3 & 1\\ 0 & -\lambda+1 & \lambda\\ 0 & 0 & -(\lambda-2)(\lambda-1)\end{bmatrix}.$$

この最後の行列を $T(\lambda)$ とおくと，

$$\mathrm{rank}\,(\lambda E - B) < 3 \Longleftrightarrow \mathrm{rank}\,T(\lambda) < 3 \Longleftrightarrow -\lambda+1=0 \text{ または } (\lambda-1)(\lambda-2)=0.$$

よって，固有値は $\lambda = 1,\ 2$ である．

(1) 固有値 $\lambda = 1$ に対する固有空間 $V(1)$ を調べる．行列 $T(\lambda)$ に $\lambda = 1$ を代入すると $T(1)=\begin{bmatrix}1 & -2 & 1\\ 0 & 0 & 1\\ 0 & 0 & 0\end{bmatrix}$ であるから，$\mathrm{rank}\,T(1)=2$．よって，$\mathrm{rank}\,(E-B)=2$ である．したがって，$\dim V(1) = 3-2 = 1$．行列 $T(1)$ を変形すると

$$T(1)=\begin{bmatrix}1 & -2 & 1\\ 0 & 0 & 1\\ 0 & 0 & 0\end{bmatrix} \longrightarrow \begin{bmatrix}1 & -2 & 0\\ 0 & 0 & 1\\ 0 & 0 & 0\end{bmatrix}.$$

この最後の行列により，固有ベクトルを $\boldsymbol{x}=\begin{bmatrix}x_1\\ x_2\\ x_3\end{bmatrix}$ とおくと，$\boldsymbol{x}$ は斉次線形方程式

$$\begin{cases} x_1 - 2x_2 = 0 \\ x_3 = 0 \end{cases}$$

の解のベクトルである．（$x_2 = t$ とおいて）方程式を解いて，$\begin{bmatrix}x_1\\ x_2\\ x_3\end{bmatrix} = t\begin{bmatrix}2\\ 1\\ 0\end{bmatrix}$ $(t \in \mathbf{K})$ と表される．ゆえに，$V(1)=\left\langle \begin{bmatrix}2\\ 1\\ 0\end{bmatrix} \right\rangle$ であり，$\left(\begin{bmatrix}2\\ 1\\ 0\end{bmatrix}\right)$ は $V(1)$ の基底である．

(2) 固有値 $\lambda = 2$ に対する固有空間 $V(2)$ を調べる．行列 $T(\lambda)$ に $\lambda = 2$ を代入すると $T(2) = \begin{bmatrix} 1 & -1 & 1 \\ 0 & -1 & 2 \\ 0 & 0 & 0 \end{bmatrix}$ であるから，$\operatorname{rank} T(2) = 2$．よって，$\operatorname{rank}(2E - B) = 2$ である．したがって，$\dim V(2) = 3 - 2 = 1$．行列 $T(2)$ を変形すると

$$T(2) = \begin{bmatrix} 1 & -1 & 1 \\ 0 & -1 & 2 \\ 0 & 0 & 0 \end{bmatrix} \longrightarrow \begin{bmatrix} 1 & -1 & 1 \\ 0 & 1 & -2 \\ 0 & 0 & 0 \end{bmatrix} \longrightarrow \begin{bmatrix} 1 & 0 & -1 \\ 0 & 1 & -2 \\ 0 & 0 & 0 \end{bmatrix}.$$

したがって，（最後の行列を係数行列とする斉次線形方程式を解いて）$V(2) = \left\langle \begin{bmatrix} 1 \\ 2 \\ 1 \end{bmatrix} \right\rangle$ であり，$\left(\begin{bmatrix} 1 \\ 2 \\ 1 \end{bmatrix} \right)$ は $V(2)$ の基底である．

□

この例では特性多項式は

$$\phi_B(t) = (t-1)^2(t-2)$$

である．固有値 $\lambda = 1$ については $t - 1$ の重複度は 2 であるが，固有空間の次元は 1 であることに注意せよ．$\boldsymbol{v}_1 = \begin{bmatrix} 2 \\ 1 \\ 0 \end{bmatrix}$（固有値 1 に属する固有ベクトル），$\boldsymbol{v}_2 = \begin{bmatrix} -2 \\ 0 \\ 1 \end{bmatrix}$（これは固有値ベクトルではない），$\boldsymbol{v}_3 = \begin{bmatrix} 1 \\ 2 \\ 1 \end{bmatrix}$（固有値 2 に属する固有ベクトル）とおく．これらを並べて行列をつくり Q とおく．$Q = \begin{bmatrix} 2 & -2 & 1 \\ 1 & 0 & 2 \\ 0 & 1 & 1 \end{bmatrix}$ の階数は 3 である（確かめよ）から，$(\boldsymbol{v}_1, \boldsymbol{v}_2, \boldsymbol{v}_3)$ は $\mathbf{K}^3$ の基底である．

$B\boldsymbol{v}_1 = \boldsymbol{v}_1$，$B\boldsymbol{v}_3 = 2\boldsymbol{v}_3$ である．$\boldsymbol{v}_2$ は固有ベクトルではないので，$B\boldsymbol{v}_2$ は計算しなければわからない．計算すると

$$B\boldsymbol{v}_2 = \begin{bmatrix} 2 & -2 & 4 \\ -1 & 3 & -1 \\ -1 & 2 & -1 \end{bmatrix} \begin{bmatrix} -2 \\ 0 \\ 1 \end{bmatrix} = \begin{bmatrix} 0 \\ 1 \\ 1 \end{bmatrix} = \boldsymbol{v}_1 + \boldsymbol{v}_2.$$

これを行列の積の形で表すと

$$BQ = B\left[\boldsymbol{v}_1\ \boldsymbol{v}_2\ \boldsymbol{v}_3\right] = \left[\boldsymbol{v}_1, \boldsymbol{v}_1 + \boldsymbol{v}_2, 2\boldsymbol{v}_3\right] = \left[\boldsymbol{v}_1\ \boldsymbol{v}_2\ \boldsymbol{v}_3\right] \begin{bmatrix} 1 & 1 & 0 \\ 0 & 1 & 0 \\ 0 & 0 & 2 \end{bmatrix} = Q \begin{bmatrix} 1 & 1 & 0 \\ 0 & 1 & 0 \\ 0 & 0 & 2 \end{bmatrix}$$

となる．したがって，次の等式が成り立つ：

$$Q^{-1}BQ = \begin{bmatrix} 1 & 1 & 0 \\ 0 & 1 & 0 \\ 0 & 0 & 2 \end{bmatrix}.$$

注意「どうして，また，どのようにして，ベクトル $\boldsymbol{v}_2$ を選んだのか」という疑問にはいまは答えられない．上の行列は Jordan の標準形とよばれるものである．

例題 7.1.3 $C = \begin{bmatrix} -2 & 2 & -1 \\ -1 & 1 & -1 \\ 2 & -4 & 1 \end{bmatrix}$ の固有値，固有空間の基底，固有空間の次元を求めよ．

解答

$$\lambda E - C = \begin{bmatrix} \lambda+2 & -2 & 1 \\ 1 & \lambda-1 & 1 \\ -2 & 4 & \lambda-1 \end{bmatrix} \longrightarrow \begin{bmatrix} 1 & \lambda-1 & 1 \\ \lambda+2 & -2 & 1 \\ -2 & 4 & \lambda-1 \end{bmatrix}$$
$$\longrightarrow \begin{bmatrix} 1 & \lambda-1 & 1 \\ 0 & -\lambda(\lambda+1) & -\lambda-1 \\ 0 & 2\lambda+2 & \lambda+1 \end{bmatrix} \longrightarrow \begin{bmatrix} 1 & \lambda-1 & 1 \\ 0 & 2\lambda+2 & \lambda+1 \\ 0 & -\lambda(\lambda+1) & -\lambda-1 \end{bmatrix}$$
$$\longrightarrow \begin{bmatrix} 1 & \lambda-1 & 1 \\ 0 & 2\lambda+2 & \lambda+1 \\ 0 & 0 & \frac{1}{2}(\lambda-2)(\lambda+1) \end{bmatrix}.$$

この最後の行列を $U(\lambda)$ とおくと，

$$\mathrm{rank}\,(\lambda E - C) < 3 \iff \mathrm{rank}\,U(\lambda) < 3 \iff \lambda + 1 = 0 \text{ または } (\lambda+1)(\lambda-2) = 0.$$

よって，固有値は $\lambda = -1, 2$ である．

(1) 固有値 $\lambda = -1$ に対する固有空間 $V(-1)$ を調べる．行列 $U(\lambda)$ に $\lambda = -1$ を代入すると $U(-1) = \begin{bmatrix} 1 & -2 & 1 \\ 0 & 0 & 0 \\ 0 & 0 & 0 \end{bmatrix}$ である．よって，$\mathrm{rank}\,(-E - C) = 1$ である．したがって，$\dim V(-1) = 3 - 1 = 2$．固有ベクトルを $\boldsymbol{x} = \begin{bmatrix} x_1 \\ x_2 \\ x_3 \end{bmatrix}$ とおくと，$\boldsymbol{x}$ は 1 次方程式 $x_1 - 2x_2 + x_3 = 0$ の解のベクトルである．よって，$\boldsymbol{x}$ は（$x_2 = s$，$x_3 = t$ とおいて）$\begin{bmatrix} x_1 \\ x_2 \\ x_3 \end{bmatrix} = s\begin{bmatrix} 2 \\ 1 \\ 0 \end{bmatrix} + t\begin{bmatrix} -1 \\ 0 \\ 1 \end{bmatrix}$ $(s, t \in \mathbf{K})$ と表される．ゆえに，$V(-1) = \left\langle \begin{bmatrix} 2 \\ 1 \\ 0 \end{bmatrix}, \begin{bmatrix} -1 \\ 0 \\ 1 \end{bmatrix} \right\rangle$ であり，$V(-1)$ は 2 次元であるから $\left(\begin{bmatrix} 2 \\ 1 \\ 0 \end{bmatrix}, \begin{bmatrix} -1 \\ 0 \\ 1 \end{bmatrix} \right)$ は $V(-1)$ の基底である．

(2) 固有値 $\lambda = 2$ に対する固有空間 $V(2)$ を調べる．行列 $U(\lambda)$ に $\lambda = 2$ を代入すると $U(2) = \begin{bmatrix} 1 & 1 & 1 \\ 0 & 6 & 3 \\ 0 & 0 & 0 \end{bmatrix}$ である．よって，$\mathrm{rank}\,(2E - C) = \mathrm{rank}\,U(2) = 2$ である．したがっ

て，$\dim V(2)=3-2=1$．行列 $U(2)$ を変形すると

$$U(2)=\begin{bmatrix}1&1&1\\0&6&3\\0&0&0\end{bmatrix}\longrightarrow\begin{bmatrix}1&1&1\\0&1&\frac{1}{2}\\0&0&0\end{bmatrix}\longrightarrow\begin{bmatrix}1&0&\frac{1}{2}\\0&1&\frac{1}{2}\\0&0&0\end{bmatrix}.$$

したがって，（最後の行列を係数行列とする斉次線形方程式を解いて）$V(2)=\left\langle\begin{bmatrix}-\frac{1}{2}\\-\frac{1}{2}\\1\end{bmatrix}\right\rangle$ で

あり，$\left(\begin{bmatrix}-\frac{1}{2}\\-\frac{1}{2}\\1\end{bmatrix}\right)$ は $V(2)$ の基底である．

□

この例では特性多項式は

$$\phi_C(t)=(t+1)^2(t-2)$$

である．例題の解答で選んだ $V(-1)$ の基底のベクトルを順に $\boldsymbol{w}_1$, $\boldsymbol{w}_2$ とおき，$V(2)$ の基底のベクトルを $\boldsymbol{w}_3$ とおくと，$(\boldsymbol{w}_1,\boldsymbol{w}_2,\boldsymbol{w}_3)$ は $\mathbf{K}^3$ の基底である（確かめよ）．$\boldsymbol{w}_1,\boldsymbol{w}_2,\boldsymbol{w}_3$ は C の固有ベクトルであるから

$$C\boldsymbol{w}_1=-\boldsymbol{w}_1,\ C\boldsymbol{w}_2=-\boldsymbol{w}_2,\ C\boldsymbol{w}_3=2\boldsymbol{w}_3.$$

$R=\begin{bmatrix}\boldsymbol{w}_1\ \boldsymbol{w}_2\ \boldsymbol{w}_3\end{bmatrix}$ とおく．上の等式を行列の積の形で書くと

$$CR=C\begin{bmatrix}\boldsymbol{w}_1\ \boldsymbol{w}_2\ \boldsymbol{w}_3\end{bmatrix}=\begin{bmatrix}-\boldsymbol{w}_1,-\boldsymbol{w}_2,2\boldsymbol{w}_3\end{bmatrix}=\begin{bmatrix}\boldsymbol{w}_1\ \boldsymbol{w}_2\ \boldsymbol{w}_3\end{bmatrix}\begin{bmatrix}-1&0&0\\0&-1&0\\0&0&2\end{bmatrix}$$

となるから

$$R^{-1}CR=\begin{bmatrix}-1&0&0\\0&-1&0\\0&0&2\end{bmatrix}$$

となる．

例題 7.1.4 $D=\begin{bmatrix}0&1&0\\0&0&1\\-1&-1&-1\end{bmatrix}$ の固有値，固有空間の基底，固有空間の次元を，$\mathbf{K}=\mathbf{R}$ として求めよ．

解答

$$\lambda E - D = \begin{bmatrix} \lambda & -1 & 0 \\ 0 & \lambda & -1 \\ 1 & 1 & \lambda+1 \end{bmatrix} \longrightarrow \begin{bmatrix} 1 & 1 & \lambda+1 \\ 0 & \lambda & -1 \\ \lambda & -1 & 0 \end{bmatrix} \longrightarrow \begin{bmatrix} 1 & 1 & \lambda+1 \\ 0 & \lambda & -1 \\ 0 & -\lambda-1 & -\lambda^2-\lambda \end{bmatrix}$$

$$\longrightarrow \begin{bmatrix} 1 & 1 & \lambda+1 \\ 0 & -\lambda-1 & -\lambda^2-\lambda \\ 0 & \lambda & -1 \end{bmatrix}.$$

この最後の行列を $P(\lambda)$ とおくと

$$\det(\lambda E - D) = \det P(\lambda) = (-\lambda-1)\det \begin{bmatrix} 1 & 1 & \lambda+1 \\ 0 & 1 & \lambda \\ 0 & \lambda & -1 \end{bmatrix} = (-\lambda-1)\det \begin{bmatrix} 1 & 1 & \lambda+1 \\ 0 & 1 & \lambda \\ 0 & 0 & -\lambda^2-1 \end{bmatrix}$$

$$= (\lambda+1)(\lambda^2+1).$$

したがって，D の固有値は $\lambda = -1$ である．

固有値 $\lambda = -1$ に対する固有空間 $V(-1)$ を調べる．$P(\lambda)$ に $\lambda = -1$ を代入して変形すると

$$\begin{bmatrix} 1 & 1 & 0 \\ 0 & 0 & 0 \\ 0 & -1 & -1 \end{bmatrix} \longrightarrow \begin{bmatrix} 1 & 1 & 0 \\ 0 & -1 & -1 \\ 0 & 0 & 0 \end{bmatrix} \longrightarrow \begin{bmatrix} 1 & 0 & -1 \\ 0 & 1 & 1 \\ 0 & 0 & 0 \end{bmatrix}$$

となる．したがって，$\dim V(-1) = 3 - \operatorname{rank}(-E - D) = 3 - 2 = 1$．（上の最後の行列を係数行列とする斉次線形方程式を解いて）$V(-1) = \left\langle \begin{bmatrix} 1 \\ -1 \\ 1 \end{bmatrix} \right\rangle$ であり，$\left(\begin{bmatrix} 1 \\ -1 \\ 1 \end{bmatrix} \right)$ は $V(-1)$ の基底である．□

注意　この例題の行列 D の特性多項式は $\phi_D(t) = (t+1)(t^2+1)$ であるから，特性解としては，$t = -1, i, -i$ が得られる．ここで，i は虚数単位である．したがって，D を複素数成分の行列と思うと，その固有値は $-1, i, -i$ の 3 個である．この場合，固有値 $\lambda = i,\ -i$ の固有空間はそれぞれ 1 次元であり，$\boldsymbol{u}_2 = \begin{bmatrix} -1 \\ -i \\ 1 \end{bmatrix}, \boldsymbol{u}_3 = \begin{bmatrix} -1 \\ i \\ 1 \end{bmatrix}$ とおくと $V(i) = \langle \boldsymbol{u}_2 \rangle$，$V(-i) = \langle \boldsymbol{u}_3 \rangle$ である．$\boldsymbol{u}_1 = \begin{bmatrix} 1 \\ -1 \\ 1 \end{bmatrix}$ おくと，$(\boldsymbol{u}_1, \boldsymbol{u}_2, \boldsymbol{u}_3)$ は $\mathbf{C}^3$ の基底である（確かめよ）．$S = \begin{bmatrix} \boldsymbol{u}_1 \, \boldsymbol{u}_2 \, \boldsymbol{u}_3 \end{bmatrix}$ とおくと

$S^{-1}DS = \begin{bmatrix} -1 & 0 & 0 \\ 0 & i & 0 \\ 0 & 0 & -i \end{bmatrix}$ となる．

問題 7.1.2　$\mathbf{K} = \mathbf{R}$ として，次の行列について，固有値，固有空間の次元，固有空間の（1 つの）基底を求めよ．次に，$\mathbf{K} = \mathbf{C}$ として同様の考察をせよ．

(1) $A = \begin{bmatrix} 1 & -3 & -3 \\ 3 & -5 & -3 \\ -3 & 3 & 1 \end{bmatrix}$　　(2) $B = \begin{bmatrix} -5 & -5 & 4 \\ 6 & 6 & -4 \\ 3 & 4 & -4 \end{bmatrix}$

(3) $C = \begin{bmatrix} 0 & 5 & -3 \\ -2 & 2 & -2 \\ -2 & -1 & 1 \end{bmatrix}$　　(4) $D = \begin{bmatrix} 7 & 4 & -4 \\ -6 & -4 & 6 \\ 2 & 1 & 1 \end{bmatrix}$

7.2　正方行列の対角化

前節で見たように，固有値のありようはそれこそさまざまであり，また，標準基底の代わりに別の基底をとれば，その基底を並べて得られる行列による相似な行列が対角行列になったり，対角行列ではなくても，より扱いやすい相似な行列が得られるのである．課題は

- **対角行列（これがもっとも扱いやすい）である相似な行列が得られるための必要十分条件を求めること**
- **実際に相似な対角行列を求める方法をさがすこと**

である．

定義 7.2.1 A を n 次正方行列とし，$\lambda \in \mathbf{K}$ を A の固有値とする．特性多項式 $\phi_A(t)$ は

$$\phi_A(t) = (t-\lambda)^k p(t),\ p(t) \text{ は } t-\lambda \text{ では割り切れない}$$

と因数分解される．このとき，k を **λ の重複度**とよぶ．しばしば，n_λ と書かれる．

いままで調べた行列について，固有値の重複度，固有空間の次元をまとめておく．

行列	固有値	重複度	固有空間の次元
A	1	1	1
	2	1	1
	−2	1	1
B	1	2	1
	2	1	1
C	−1	2	2
	2	1	1
D	−1	1	1

命題 7.2.1 A を n 次正方行列，P を n 次正則行列とする．A の特性多項式と $P^{-1}AP$ の特性多項式は一致する．すなわち，$\phi_A(t) = \phi_{P^{-1}AP}(t)$.

したがって，A の固有値と $P^{-1}AP$ の固有値は，重複度も含めて一致する．

証明 $\phi_{P^{-1}AP}(t) = \det(tE - P^{-1}AP) = \det P^{-1}(tE - A)P = \phi_A(t)$．固有値は特性方程式の解であり，重複度の定義により，A の固有値と $P^{-1}AP$ の固有値は，重複度も含めて一致する． □

定理 7.2.2 A を n 次正方行列とする．$\lambda_1, \lambda_2, \ldots, \lambda_k$ を A の固有値とし，どの 2 つも相異なるとする（A のすべての相異なる固有値でなくともよい）．$j = 1, 2, \ldots, k$ に対して $\boldsymbol{u}_j$ を固有値 λ_j に属する固有ベクトルとする．このとき，$\boldsymbol{u}_1, \boldsymbol{u}_2, \ldots, \boldsymbol{u}_k$ は線形独立である．

証明 部分空間 $\langle \boldsymbol{u}_1, \boldsymbol{u}_2, \ldots, \boldsymbol{u}_k \rangle$ の次元を r とする．$\boldsymbol{u}_1, \boldsymbol{u}_2, \ldots, \boldsymbol{u}_k$ が線形独立であることは $r = k$ であることと同値である．

$r < k$ と仮定して矛盾を導く．

定理 6.2.11 により，$\langle \boldsymbol{u}_1, \boldsymbol{u}_2, \ldots, \boldsymbol{u}_k \rangle$ の基底を $\boldsymbol{u}_1, \boldsymbol{u}_2, \ldots, \boldsymbol{u}_k$ から選び取ることができる．その 1 つを $(\boldsymbol{u}_{j_1}, \boldsymbol{u}_{j_2}, \ldots, \boldsymbol{u}_{j_r})$ とする．記述を簡単にするために，ベクトルの番号を付けかえて $(\boldsymbol{u}_1, \boldsymbol{u}_2, \ldots, \boldsymbol{u}_r)$ が基底であるとする．ベクトル $\boldsymbol{u}_{r+1}$ は $\boldsymbol{u}_1, \boldsymbol{u}_2, \ldots, \boldsymbol{u}_r$ の線形結合であり，次のように表すことができる：

$$\boldsymbol{u}_{r+1} = c_1\boldsymbol{u}_1 + c_2\boldsymbol{u}_2 + \cdots + c_r\boldsymbol{u}_r. \qquad (*1)$$

(*1) の両辺に A を（左から）かけると，$j = 1, 2, \ldots, k$ について $A\boldsymbol{u}_j = \lambda_j\boldsymbol{u}_j$ であるから

$$\lambda_{r+1}\boldsymbol{u}_{r+1} = c_1\lambda_1\boldsymbol{u}_1 + c_2\lambda_2\boldsymbol{u}_2 + \cdots + c_r\lambda_r\boldsymbol{u}_r \qquad (*2)$$

が得られる．一方，(*1) の両辺を λ_{r+1} 倍すると

$$\lambda_{r+1}\boldsymbol{u}_j = c_1\lambda_{r+1}\boldsymbol{u}_1 + c_2\lambda_{r+1}\boldsymbol{u}_2 + \cdots + c_r\lambda_{r+1}\boldsymbol{u}_r \qquad (*3)$$

を得る．この 2 式の辺々を引いて

$$\mathbf{0} = c_1(\lambda_1 - \lambda_{r+1})\boldsymbol{u}_1 + c_2(\lambda_2 - \lambda_{r+1})\boldsymbol{u}_2 + \cdots + c_r(\lambda_r - \lambda_{r+1})\boldsymbol{u}_r$$

を得るが，$\boldsymbol{u}_1, \boldsymbol{u}_2, \ldots, \boldsymbol{u}_r$ は線形独立であるから，

$$c_1(\lambda_1 - \lambda_{r+1}) = 0,\ c_2(\lambda_2 - \lambda_{r+1}) = 0,\ \ldots,\ c_r(\lambda_r - \lambda_{r+1}) = 0.$$

ところが，$\lambda_1, \lambda_2, \ldots, \lambda_k$ は相異なるから

$$c_1 = c_2 \cdots = c_r = 0$$

である．よって，(*1) より，$\boldsymbol{u}_{r+1} = \mathbf{0}$ となり，$\boldsymbol{u}_{r+1} \neq \mathbf{0}$ であることに矛盾する．すなわち，$r = k$ が得られる． □

系 7.2.3 n 次正方行列 A の相異なる固有値を $\lambda_1, \lambda_2, \ldots, \lambda_k$ とする．ベクトル $\boldsymbol{u}_j \in V(\lambda_j)\,(j = 1, \ldots, k)$ について，$\boldsymbol{u}_1 + \boldsymbol{u}_2 + \cdots + \boldsymbol{u}_k = \boldsymbol{0}$ ならば，どの $j = 1, \ldots, k$ についても $\boldsymbol{u}_j = \boldsymbol{0}$ である．

定義 7.2.2 n 次正方行列 A の相異なる固有値を $\lambda_1, \lambda_2, \ldots, \lambda_k$ とする．固有空間 $V(\lambda_j)$ のベクトルの和のなす集合

$$\{\boldsymbol{u}_1 + \boldsymbol{u}_2 + \cdots + \boldsymbol{u}_k \mid \boldsymbol{u}_j \in V(\lambda_j),\ j = 1, \ldots, k\}$$

を $\mathrm{ES}(A)$ と書く．これは $\mathbf{K}^n$ の部分空間である．本書では，これを**全固有空間**とよぶことにする．

定理 7.2.4 定義 7.2.2 と同じ記号の下で次が成り立つ．$\dim V(\lambda_j) = d_j$ とおく．

(1) 各 $j = 1, \ldots, k$ について $V(\lambda_j)$ は $\mathrm{ES}(A)$ に含まれる．

(2) $\mathrm{ES}(A)$ のベクトルを $V(\lambda_j)$ のベクトルの和としての表し方は一意的である．

(3) 各固有空間 $V(\lambda_j)$ の基底を 1 つずつとり，それを $(\boldsymbol{u}_1^{(j)}, \ldots, \boldsymbol{u}_{d_j}^{(j)})$ と書く．これらを並べた $(\boldsymbol{u}_1^{(1)}, \ldots, \boldsymbol{u}_{d_1}^{(1)}, \boldsymbol{u}_1^{(2)}, \ldots, \boldsymbol{u}_{d_2}^{(2)}, \ldots, \boldsymbol{u}_1^{(k)}, \ldots, \boldsymbol{u}_{d_k}^{(k)})$ は $\mathrm{ES}(A)$ の基底である．したがって，$\dim \mathrm{ES}(A) = \displaystyle\sum_{j=1}^{k} \dim V(\lambda_j)$ である．

証明　(1) 例えば，ベクトル $\boldsymbol{u} \in V(\lambda_1)$ は $\boldsymbol{u} = \boldsymbol{u} + \boldsymbol{0} + \cdots + \boldsymbol{0}$ と表されるから，$V(\lambda_1)$ は $\mathrm{ES}(A)$ に含まれる．他も同様である．

(2) $\boldsymbol{u}_1 + \boldsymbol{u}_2 + \cdots + \boldsymbol{u}_k = \boldsymbol{v}_1 + \boldsymbol{v}_2 + \cdots + \boldsymbol{v}_k$, $(\boldsymbol{u}_j, \boldsymbol{v}_j \in V(\lambda_j),\ j = 1, \ldots, k)$ とすると $(\boldsymbol{u}_1 - \boldsymbol{v}_1) + (\boldsymbol{u}_2 - \boldsymbol{v}_2) + \cdots + (\boldsymbol{u}_k - \boldsymbol{v}_k) = \boldsymbol{0}$ を得るが，各 $j = 1, \ldots, k$ について $\boldsymbol{u}_j - \boldsymbol{v}_j$ は $V(\lambda_j)$ に属する．系 7.2.3 により，各 $j = 1, \ldots, k$ について $\boldsymbol{u}_j - \boldsymbol{v}_j = \boldsymbol{0}$ である．

(3) $\mathrm{ES}(A)$ のベクトルは $\boldsymbol{u}_1 + \boldsymbol{u}_2 + \cdots + \boldsymbol{u}_k$, $(\boldsymbol{u}_j \in V(\lambda_j),\ j = 1, \ldots, k)$ と表される．各 $\boldsymbol{u}_j \in V(\lambda_j)$ は $\boldsymbol{u}_1^{(j)}, \ldots, \boldsymbol{u}_{d_j}^{(j)}$ の線形結合として表されるのだから，これらの和 $\boldsymbol{u}_1 + \boldsymbol{u}_2 + \cdots + \boldsymbol{u}_k$ はベクトル $\boldsymbol{u}_1^{(1)}, \ldots, \boldsymbol{u}_{d_1}^{(1)}, \boldsymbol{u}_1^{(2)}, \ldots, \boldsymbol{u}_{d_2}^{(2)}, \ldots, \boldsymbol{u}_1^{(k)}, \ldots, \boldsymbol{u}_{d_k}^{(k)}$ の線形結合として表される．すなわち，これらのベクトルは $\mathrm{ES}(A)$ を生成する．次に，これらのベクトルが線形独立であることを示す．これらのベクトルの線形関係式において，$\boldsymbol{u}_1^{(j)}, \ldots, \boldsymbol{u}_{d_j}^{(j)}$ の線形結合の部分を $\boldsymbol{u}_j$ と表すと，$\boldsymbol{u}_j$ は $V(\lambda_j)$ に属し，線形関係式 $\boldsymbol{u}_1 + \boldsymbol{u}_2 + \cdots + \boldsymbol{u}_k = \boldsymbol{0}$ が得られる．系 7.2.3 により，各 $j = 1, \ldots, k$ について $\boldsymbol{u}_j = \boldsymbol{0}$ である．したがって，$\boldsymbol{u}_1^{(j)}, \ldots, \boldsymbol{u}_{d_j}^{(j)}$ の線形結合の部分の係数はすべて 0 である．これが，各 $j = 1, \ldots, k$ について成り立つのであるから，$\boldsymbol{u}_1^{(1)}, \ldots, \boldsymbol{u}_{d_1}^{(1)}, \boldsymbol{u}_1^{(2)}, \ldots, \boldsymbol{u}_{d_2}^{(2)}, \ldots, \boldsymbol{u}_1^{(k)}, \ldots, \boldsymbol{u}_{d_k}^{(k)}$ は線形独立である．

□

例 7.2.1　(1) 例題 7.1.1 の行列 A については $\mathrm{ES}(A)$ の基底として $\left(\begin{bmatrix} -\frac{1}{2} \\ \frac{1}{2} \\ 1 \end{bmatrix}, \begin{bmatrix} 1 \\ 1 \\ 1 \end{bmatrix}, \begin{bmatrix} 1 \\ -1 \\ 1 \end{bmatrix}\right)$ をとることができる．よって，$\mathrm{ES}(A) = \mathbf{K}^3$ である．

(2) 例題 7.1.2 の行列 B については $\mathrm{ES}(B)$ の基底として $\left(\begin{bmatrix} 2 \\ 1 \\ 0 \end{bmatrix}, \begin{bmatrix} 1 \\ 2 \\ 1 \end{bmatrix}\right)$ をとることができる．よって，$\mathrm{ES}(B) \neq \mathbf{K}^3$ である．

(3) 例題 7.1.3 の行列 C については $\mathrm{ES}(C)$ の基底として $\left(\begin{bmatrix} 2 \\ 1 \\ 0 \end{bmatrix}, \begin{bmatrix} -1 \\ 0 \\ 1 \end{bmatrix}, \begin{bmatrix} -\frac{1}{2} \\ \frac{1}{2} \\ -\frac{1}{2} \\ 1 \end{bmatrix}\right)$ をとることができる．よって，$\mathrm{ES}(C) = \mathbf{K}^3$ である．

定理 7.2.5 n 次正方行列 A の固有値 $\lambda \in \mathbf{K}$ の固有空間 $V(\lambda)$ の次元は λ の重複度以下である：$\dim V(\lambda) \leqq n_\lambda$.

証明 $\dim V(\lambda) = k$ とし，$(\boldsymbol{p}_1, \boldsymbol{p}_2, \ldots, \boldsymbol{p}_k)$ を $V(\lambda)$ の基底とする．これを延長して $\mathbf{K}^n$ の基底 $(\boldsymbol{p}_1, \ldots, \boldsymbol{p}_k, \boldsymbol{p}_{k+1}, \ldots, \boldsymbol{p}_n)$ をつくり，$P = \begin{bmatrix}\boldsymbol{p}_1\ \boldsymbol{p}_2\ \cdots\ \boldsymbol{p}_n\end{bmatrix}$ とおく．$j = 1, 2, \ldots, k$ については $A\boldsymbol{p}_j = \lambda\boldsymbol{p}_j$ であるから $AP = \begin{bmatrix}A\boldsymbol{p}_1, A\boldsymbol{p}_2, \ldots, A\boldsymbol{p}_n\end{bmatrix} = \begin{bmatrix}\lambda\boldsymbol{p}_1, \lambda\boldsymbol{p}_2, \ldots, \lambda\boldsymbol{p}_k, A\boldsymbol{p}_{k+1}, \ldots, A\boldsymbol{p}_n\end{bmatrix}$ となる．よって，$P^{-1}AP$ は

$$P^{-1}AP = \left[\begin{array}{cccc|ccc} \lambda & & & & c_{1\,k+1} & \cdots & c_{1\,n} \\ & \lambda & & & c_{2\,k+1} & \cdots & c_{2\,n} \\ & & \ddots & & \vdots & \vdots & \vdots \\ & & & \lambda & c_{k\,k+1} & \cdots & c_{k\,n} \\ \hline & & & & c_{k+1\,k+1} & \cdots & c_{k+1\,n} \\ & & \mathbf{0} & & \vdots & \ddots & \vdots \\ & & & & c_{n\,k+1} & \cdots & c_{n\,n} \end{array}\right].$$

の形となる．右下の部分を C とおくと，特性多項式について

$$\phi_A(t) = \phi_{P^{-1}AP}(t) = (t - \lambda)^k \phi_C(t)$$

を得る．よって，$k \leqq n_\lambda$.　□

定義 7.2.3 A を n 次正方行列とする．ある n 次正則行列 P により，$P^{-1}AP$ が対角行列となるとき，**A は対角化可能である**という．A が対角化可能のとき，適当な正則行列 P により対角行列 $P^{-1}AP$ を求めることを **A を対角化する**という．

n 次正方行列 A が対角化可能であるとき，A についてわかることを調べておく．いま，ある正則行列 $P' = \begin{bmatrix} \boldsymbol{p}'_1 & \cdots & \boldsymbol{p}'_n \end{bmatrix}$ により

$$P'^{-1}AP' = \begin{bmatrix} \lambda'_1 & & & \text{\huge 0} \\ & \lambda'_2 & & \\ & & \ddots & \\ \text{\huge 0} & & & \lambda'_n \end{bmatrix}$$

となったとしよう．右辺の行列を D とおく．このとき

$$AP' = P'D = \begin{bmatrix} \lambda'_1 \boldsymbol{p}'_1 & \lambda'_2 \boldsymbol{p}'_2 & \cdots & \lambda'_n \boldsymbol{p}'_n \end{bmatrix}$$

であるから，$j = 1, 2, \ldots, n$ について $\boldsymbol{p}'_j \neq \boldsymbol{0}$ であり

$$A\boldsymbol{p}'_j = \lambda'_j \boldsymbol{p}'_j$$

が成り立つ．すなわち，**対角成分 λ'_j は A の固有値であり，正則行列 P' の第 j 列ベクトル $\boldsymbol{p}'_j$ は固有値 λ_j に属する固有ベクトルである**．P' は正則であるから，$(\boldsymbol{p}'_1, \boldsymbol{p}'_2, \ldots, \boldsymbol{p}'_n)$ は $\mathbf{K}^n$ の基底である．したがって，**$\mathrm{ES}(A) = \mathbf{K}^n$ が成り立つ**．

逆に，$\mathrm{ES}(A) = \mathbf{K}^n$ であると仮定しよう．$\mathrm{ES}(A)$ の基底は $\mathbf{K}^n$ の基底である．A の相異なる固有値を $\lambda_1, \lambda_2, \ldots, \lambda_k$ とし，定理 7.2.4 (3) のような $\mathrm{ES}(A)$ の基底 $(\boldsymbol{u}_1^{(1)}, \ldots, \boldsymbol{u}_{d_1}^{(1)}, \boldsymbol{u}_1^{(2)}, \ldots, \boldsymbol{u}_{d_2}^{(2)}, \ldots, \boldsymbol{u}_1^{(k)}, \ldots, \boldsymbol{u}_{d_k}^{(k)})$ をとり，このベクトルを並べて行列 P をつくると

$$P^{-1}AP = \begin{bmatrix} \lambda_1 & & & & & & \\ & \ddots & & & & \text{\huge 0} & \\ & & \lambda_1 & & & & \\ & & & \ddots & & & \\ & & & & \lambda_k & & \\ & \text{\huge 0} & & & & \ddots & \\ & & & & & & \lambda_k \end{bmatrix}.$$

ここで，固有値 λ_j は対角線上に連続して d_j 個並んでいる．

定理 7.2.6 n 次正方行列 A について次は同値である．

(1) A は対角化可能である．

(2) $\mathbf{K}^n = \mathrm{ES}(A)$ である．（これは $\mathbf{K}^n$ が A の固有ベクトルからなる基底をもつということと同値である．）

(3) A は $\mathbf{K}$ に n 個の固有値（重複度 n_λ の固有値 λ は n_λ 個と数える）をもち，どの固有値 λ についても固有空間の次元と重複度が一致する：$\dim V(\lambda) = n_\lambda$.

特に，A が相異なる n 個の固有値をもつならば，A は対角化可能である．

証明 A の相異なる固有値を $\lambda_1, \lambda_2, \ldots, \lambda_k$ とし，その重複度を $m_1, m_2, \ldots, m_k$ とする．

条件 (1) と (2) が同値であることは定理の直前に示した．

条件 (2) が成り立つと仮定して，条件 (3) が成り立つことを示す．$\mathbf{K}^n = \mathrm{ES}(A)$ であるから，定理 7.2.4 (3) により

$$n = \dim \mathrm{ES}(A) = \sum_{j=1}^{k} \dim V(\lambda_j)$$

であるが，一方，$n = \sum_{j=1}^{k} m_j$ であり，定理 7.2.5 により $\dim V(\lambda_j) \leqq m_j$ なのであるから，各 $j = 1, \ldots, k$ について $\dim V(\lambda_j) = m_j$ が成り立たなければならない．

条件 (3) が成り立つと仮定する．条件 (2) が成り立つことを示す．条件 (3) が成り立っているのだから

$$\dim \mathrm{ES}(A) = \sum_{j=1}^{k} \dim V(\lambda_j) = \sum_{j=1}^{k} m_j = n$$

である．よって，$\mathrm{ES}(A) = \mathbf{K}^n$ である． □

例題 7.1.1，7.1.3 は対角化可能の例であり，例題 7.1.2 は対角化できない例であった．例題 7.1.4 は実数の範囲では対角化できないが，複素数の範囲では対角化可能な例であった．

例題 7.2.1 次の行列が対角化可能か調べ，対角化可能ならば，正則行列を求めて対角化せよ．

(1) $A = \begin{bmatrix} 2 & 1 & 2 \\ -2 & -1 & -4 \\ -1 & -1 & -1 \end{bmatrix}$ (2) $B = \begin{bmatrix} 3 & 2 & -3 \\ -2 & -1 & 3 \\ 3 & 3 & -2 \end{bmatrix}$

考え方 固有値，固有値の重複度，固有空間の基底，固有空間の次元を求めて，対角化できるか調べる．以下では計算の詳細を省略する．

解答 (1)

$$\lambda E - A = \begin{bmatrix} \lambda-2 & -1 & -2 \\ 2 & \lambda+1 & 4 \\ 1 & 1 & \lambda+1 \end{bmatrix} \longrightarrow \begin{bmatrix} 1 & 1 & \lambda+1 \\ 0 & \lambda-1 & -2\lambda+2 \\ 0 & 0 & -(\lambda+2)(\lambda-1) \end{bmatrix} \quad (= S(\lambda) \text{ とおく})$$

と変形される．特性多項式は $\phi_A(t) = (t-1)^2(t+2)$ である．固有値は $\lambda = 1$（重複度 2），-2（重複度 1）である．

$S(1) = \begin{bmatrix} 1 & 1 & 2 \\ 0 & 0 & 0 \\ 0 & 0 & 0 \end{bmatrix}$ であるから，$\dim V(1) = 3 - \mathrm{rank}\,(E - A) = 3 - 1 = 2 =$ 重複度．ま

た，$S(-2) = \begin{bmatrix} 1 & 1 & -1 \\ 0 & -3 & 6 \\ 0 & 0 & 0 \end{bmatrix}$ であるから，$\dim V(-2) = 3 - \operatorname{rank}(-2E - A) = 3 - 2 = 1 =$ 重複度．したがって，各固有値について固有空間の次元と重複度が一致するから，A は対角化可能である．

行列 $S(1)$ を係数行列とする斉次線形方程式を解いて $V(1) = \left\langle \begin{bmatrix} -1 \\ 1 \\ 0 \end{bmatrix}, \begin{bmatrix} -2 \\ 0 \\ 1 \end{bmatrix} \right\rangle$ である．

$\dim V(1) = 2$ であるから，$\left(\begin{bmatrix} -1 \\ 1 \\ 0 \end{bmatrix}, \begin{bmatrix} -2 \\ 0 \\ 1 \end{bmatrix} \right)$ は $V(1)$ の基底である．

行列 $S(-2)$ を係数行列とする斉次線形方程式を解いて $V(-2) = \left\langle \begin{bmatrix} -1 \\ 2 \\ 1 \end{bmatrix} \right\rangle$ である．

$\dim V(-2) = 1$ であるから，$\left(\begin{bmatrix} -1 \\ 2 \\ 1 \end{bmatrix} \right)$ は $V(-2)$ の基底である．したがって

$$P = \begin{bmatrix} -1 & -2 & -1 \\ 1 & 0 & 2 \\ 0 & 1 & 1 \end{bmatrix} \text{により } P^{-1}AP = \begin{bmatrix} 1 & 0 & 0 \\ 0 & 1 & 0 \\ 0 & 0 & -2 \end{bmatrix}.$$

(2)

$$\lambda E - B = \begin{bmatrix} \lambda - 3 & -2 & 3 \\ 2 & \lambda + 1 & -3 \\ -3 & -3 & \lambda + 2 \end{bmatrix} \longrightarrow \begin{bmatrix} 2 & \lambda + 1 & -3 \\ 0 & \frac{3}{2}(\lambda - 1) & \lambda - \frac{5}{2} \\ 0 & 0 & \frac{1}{3}(\lambda - 1)(\lambda + 2) \end{bmatrix} \quad (= T(\lambda) \text{ とおく})$$

と変形される．特性多項式は $\phi_B(t) = (t-1)^2(t+2)$ である．固有値は $\lambda = 1$（重複度 2），-2（重複度 1）である．

$T(1) = \begin{bmatrix} 2 & 2 & -3 \\ 0 & 0 & -\frac{3}{2} \\ 0 & 0 & 0 \end{bmatrix}$ であるから，$\dim V(1) = 3 - \operatorname{rank}(E - B) = 3 - 2 = 1 \neq$ 重複度．

したがって，B は対角化できない．

□

注意 例題 7.2.1 の A と B の特性方程式は同一である．A は対角可能であるが B は対角化できない．

問題 7.2.1 次の行列が対角化可能か調べ，対角化可能ならば，正則行列を求めて対角化せよ．

(1) $A = \begin{bmatrix} -1 & 2 & -2 \\ 8 & 5 & -3 \\ 10 & 10 & -8 \end{bmatrix}$　　(2) $B = \begin{bmatrix} -5 & -3 & 1 \\ 4 & 3 & -2 \\ -2 & -3 & -2 \end{bmatrix}$

(3) $C = \begin{bmatrix} 6 & 5 & -3 & -7 \\ 1 & 1 & -3 & -1 \\ 2 & 1 & -1 & -2 \\ 3 & 3 & -3 & -4 \end{bmatrix}$　　(4) $D = \begin{bmatrix} 4 & 3 & -1 & -5 \\ 2 & 2 & -4 & -2 \\ 1 & 0 & 0 & -1 \\ 3 & 3 & -3 & -4 \end{bmatrix}$

7.3　三角化

対角化できない場合でも三角行列に相似である場合がある．まず，三角行列に相似な場合を考えよう．n 次正方行列 A がある正則行列 P により上三角行列に相似であると仮定しよう：

$$P^{-1}AP = B = \begin{bmatrix} \lambda_1 & & & * \\ & \lambda_2 & & \\ & & \ddots & \\ \mathbf{0} & & & \lambda_n \end{bmatrix}.$$

このとき，

$$\phi_A(t) = \phi_B(t) = \det \begin{bmatrix} t-\lambda_1 & & & * \\ & t-\lambda_2 & & \\ & & \ddots & \\ \mathbf{0} & & & t-\lambda_n \end{bmatrix} = (t-\lambda_1)(t-\lambda_2)\cdots(t-\lambda_n)$$

となるから，$\lambda_1, \lambda_2, \ldots, \lambda_n$ は A の固有値である．逆に次の定理が成り立つ．

> **定理 7.3.1** n 次正方行列 A が（重複も含めて）n 個の固有値 $\lambda_1, \lambda_2, \ldots, \lambda_n$ をもつとき，適当な基底 $(\boldsymbol{p}_1, \boldsymbol{p}_2, \ldots, \boldsymbol{p}_n)$ について，$P = \begin{bmatrix} \boldsymbol{p}_1 \, \boldsymbol{p}_2 \cdots \boldsymbol{p}_n \end{bmatrix}$ により，$P^{-1}AP$ は対角成分が $(1,1)$ 成分から順に $\lambda_1, \lambda_2, \ldots, \lambda_n$ である上三角行列になる．

注意 $\mathbf{K} = \mathbf{C}$ のとき，定理の仮定はどの正方行列に対しても成り立つ．しかし，考える数の範囲を実数に限定しているとき（つまり，$\mathbf{K} = \mathbf{R}$ としているとき）は，特性解はすべて実数のときもあれば，そうでないこともあるのだから，必ずしも成立しない．例題 7.1.4 の行列 D がこのような場合である．

証明 $\boldsymbol{p}_1$ を固有値 λ_1 に属する固有ベクトルとし，これを延長して $\mathbf{K}^n$ の基底 $(\boldsymbol{p}_1, \boldsymbol{v}_2, \ldots, \boldsymbol{v}_n)$ をつくる．標準基底からこの基底への変換行列を P_1 とする：$P_1 = \begin{bmatrix} \boldsymbol{p}_1 \, \boldsymbol{v}_2 \cdots \boldsymbol{v}_n \end{bmatrix}$．$A\boldsymbol{p}_1 = \lambda_1 \boldsymbol{p}_1$ であるから，

$$P_1^{-1}AP_1 = \left[\begin{array}{c|ccc} \lambda_1 & b_{12} & \cdots & b_{1n} \\ \hline 0 & b_{22} & \cdots & b_{2n} \\ \vdots & \vdots & \ddots & \vdots \\ 0 & b_{n2} & \cdots & b_{nn} \end{array}\right]$$

の形となる．右辺の行列の右下部の $(n-1)$ 次正方行列を B_1 とおくと $\phi_A(t) = \phi_{P_1^{-1}AP_1}(t) = (t-\lambda_1)\phi_{B_1}(t)$ であるから

$$\phi_{B_1}(t) = (t-\lambda_2)\cdots(t-\lambda_n)$$

である．すなわち，$\lambda_2, \ldots, \lambda_n$ は B_1 の固有値でもある．B_1 の固有値 λ_2 に属する固有ベクトルを $\boldsymbol{w}_2 \in \mathbf{K}^{n-1}$ とし，これを延長して $\mathbf{K}^{n-1}$ の基底 $(\boldsymbol{w}_2, \ldots, \boldsymbol{w}_n)$ をつくる．$\mathbf{K}^{n-1}$ の標準基底からこの基底への変換行列を $Q_1 = \begin{bmatrix}\boldsymbol{w}_2 & \cdots & \boldsymbol{w}_n\end{bmatrix}$ とおく．$B_1\boldsymbol{w}_2 = \lambda_2\boldsymbol{w}_2$ であるから

$$Q_1^{-1}B_1Q_1 = \left[\begin{array}{c|ccc} \lambda_2 & c_{23} & \cdots & c_{2n} \\ \hline 0 & c_{33} & \cdots & c_{3n} \\ \vdots & \vdots & \ddots & \vdots \\ 0 & c_{n3} & \cdots & c_{nn} \end{array}\right]$$

の形となる．行列

$$P_2 = \left[\begin{array}{c|ccc} 1 & 0 & \cdots & 0 \\ \hline 0 & & & \\ \vdots & & Q_1 & \\ 0 & & & \end{array}\right]$$

を考えると，行列 Q_1 は正則であるから，行列 P_2 も正則であり，その逆行列は P_2 の Q_1 の部分を Q_1^{-1} に置き替えた行列である．ゆえに

$$\begin{aligned}(P_1P_2)^{-1}A(P_1P_2) &= (P_2^{-1}P_1^{-1})A(P_1P_2) = P_2^{-1}(P_1^{-1}AP_1)P_2 \\ &= \left[\begin{array}{c|ccc} 1 & 0 & \cdots & 0 \\ \hline 0 & & & \\ \vdots & & Q_1^{-1} & \\ 0 & & & \end{array}\right]\left[\begin{array}{c|ccc} \lambda_1 & b_{12} & \cdots & b_{1n} \\ \hline 0 & b_{22} & \cdots & b_{2n} \\ \vdots & \vdots & \ddots & \vdots \\ 0 & b_{n2} & \cdots & b_{nn} \end{array}\right]\left[\begin{array}{c|ccc} 1 & 0 & \cdots & 0 \\ \hline 0 & & & \\ \vdots & & Q_1 & \\ 0 & & & \end{array}\right] \\ &= \left[\begin{array}{c|c} \lambda_1 & * \\ \hline 0 & \\ \vdots & Q_1^{-1}B_1Q_1 \\ 0 & \end{array}\right] = \left[\begin{array}{cc|c} \lambda_1 & * & * \\ 0 & \lambda_2 & \\ \hline \multicolumn{2}{c|}{\mathbf{0}} & * \end{array}\right]\end{aligned}$$

となる．以下，この操作を繰り返せばよい． □

多項式 $f(t) = a_mt^m + a_{m-1}t^{m-1} + \cdots + a_1t + a_0$ に対して，t に正方行列 A を代入して得られる行列を $f(A)$ と書く．すなわち

$$f(A) = a_mA^m + a_{m-1}A^{m-1} + \cdots + a_1A + a_0E.$$

正則行列 P と任意の自然数 k について

$$\left(P^{-1}AP\right)^k = P^{-1}A^kP$$

が成り立つ．したがって，$P^{-1}f(A)P = f(P^{-1}AP)$ である．

定理 7.3.2 (フロベニウスの定理) n 次正方行列 A が（重複も含めて）n 個の固有値 $\lambda_1, \lambda_2, \ldots, \lambda_n$ をもつとき，多項式 $f(t)$ について行列 $f(A)$ は（重複も含めて）n 個の固有値 $f(\lambda_1), f(\lambda_2), \ldots, f(\lambda_n)$ をもつ．

証明 適当な正則行列 P により

$$P^{-1}AP = \begin{bmatrix} \lambda_1 & & & * \\ & \lambda_2 & & \\ & & \ddots & \\ \mathbf{0} & & & \lambda_n \end{bmatrix}$$

となる．したがって

$$P^{-1}f(A)P = f(P^{-1}AP) = \begin{bmatrix} f(\lambda_1) & & & * \\ & f(\lambda_2) & & \\ & & \ddots & \\ \mathbf{0} & & & f(\lambda_n) \end{bmatrix}$$

を得る． □

注意 たとえ，$\lambda_i \neq \lambda_j$ であっても $f(\lambda_i) = f(\lambda_j)$ となることがある．簡単のために，$f(\lambda_1) = \rho$ とし，$f(\lambda_j) = \rho$ となるのは λ_1 から λ_k までとし，重複度を $m_1, m_2, \ldots, m_k$ とする．このとき，$f(A)$ の固有値 ρ の重複度は $m_1 + m_2 + \cdots + m_k$ である．

定理 7.3.3 (ケーリー・ハミルトンの定理) n 次正方行列 A の特性多項式に A を代入して得られる行列は零行列である：$\phi_A(A) = O$.

証明 フロベニウスの定理の証明のように正則行列 P により $P^{-1}AP$ を上三角行列とする．この上三角行列を B とおくと，$\phi_B(t) = (t - \lambda_1)(t - \lambda_2) \cdots (t - \lambda_n)$ であるから

$$\begin{aligned} \phi_A(A) = \phi_B(A) &= (B - \lambda_1 E)(B - \lambda_2 E) \cdots (B - \lambda_n E) \\ &= \begin{bmatrix} 0 & & & * \\ & * & & \\ & & \ddots & \\ \mathbf{0} & & & * \end{bmatrix} \begin{bmatrix} * & & & * \\ & 0 & & \\ & & \ddots & \\ \mathbf{0} & & & * \end{bmatrix} \cdots \begin{bmatrix} * & & & * \\ & * & & \\ & & \ddots & \\ \mathbf{0} & & & 0 \end{bmatrix} \end{aligned}$$

となるが，最初の 2 つの積の第 1 列と第 2 列は零ベクトルとなる．これを $B - \lambda_3 E$ に左からかけると第 1 列から第 3 列まで零ベクトルとなる．以後，順に積をとると零行列になる． □

定義 7.3.1 n 次正方行列 A の対角成分の和を A の**トレース**といって $\mathrm{tr}\,A$ と記す.

命題 7.3.4 n 次正方行列 A, B に対して $\mathrm{tr}\,AB = \mathrm{tr}\,BA$ が成り立つ. 特に, 正則行列 P について, $\mathrm{tr}\,P^{-1}AP = \mathrm{tr}\,A$ が成り立つ.

証明 $A = \left[a_{ij}\right]$, $B = \left[b_{ij}\right]$ と表すと, AB と BA の対角成分の和はともに $\displaystyle\sum_{i=1}^{n}\sum_{j=1}^{n} a_{ij}b_{ji}$ である.
$\mathrm{tr}\,A = \mathrm{tr}\,(AP)P^{-1} = \mathrm{tr}\,P^{-1}(AP) = \mathrm{tr}\,P^{-1}AP$. □

注意 7.3.1 たとえ $AB \neq BA$ であっても $\mathrm{tr}\,AB = \mathrm{tr}\,BA$ が成り立つのである.

命題 7.3.5 A を n 次正方行列とする.

(1) $\mathrm{tr}\,A = A$ の特性解の和 $= -($ 特性方程式の $(n-1)$ 次の項の係数 $)$.
(2) $\det A = A$ の特性解の積 $= (-1)^n($ 特性方程式の定数項 $)$.

証明 $\lambda_1, \lambda_2, \ldots, \lambda_n$ を A の特性解とする. 正則行列 P により $P^{-1}AP$ を上三角行列とする. この上三角行列を B とおくと, 対角成分は $\lambda_1, \lambda_2, \ldots, \lambda_n$ である. また, $\phi_A(t) = \phi_B(t) = (t-\lambda_1)(t-\lambda_2)\cdots(t-\lambda_n)$ である.

(1) $\mathrm{tr}\,A = \mathrm{tr}\,B = \lambda_1 + \lambda_2 + \cdots + \lambda_n$ であり, $\phi_A(t)$ の t^{n-1} の係数は $-(\lambda_1 + \lambda_2 + \cdots + \lambda_n)$ である.
(2) $\det A = \det B = \lambda_1\lambda_2\cdots\lambda_n$ であり, $\phi_A(t)$ の定数項は $(-1)^n\lambda_1\lambda_2\cdots\lambda_n$ である.

□

7.4 演習

演習 7.1 次の行列の固有値, 固有空間を調べよ (次元, 基底を明示せよ). 対角化可能ならば対角化せよ. 数の範囲は複素数として考えよ.

(1) $\begin{bmatrix} 5 & -2 & -4 \\ -4 & 7 & 8 \\ 4 & -4 & -5 \end{bmatrix}$ (2) $\begin{bmatrix} -3 & 1 & -5 \\ 4 & 2 & 3 \\ 6 & -1 & 8 \end{bmatrix}$ (3) $\begin{bmatrix} 2 & -5 & 5 & -4 \\ -2 & 9 & -6 & 8 \\ 1 & 5 & -2 & 4 \\ 2 & -6 & 6 & -5 \end{bmatrix}$

(4) $\begin{bmatrix} -2 & 2 & -1 \\ -6 & 5 & -2 \\ -6 & 4 & -1 \end{bmatrix}$ (5) $\begin{bmatrix} 1 & -4 & 2 & -3 \\ 4 & -7 & 2 & -9 \\ 5 & -11 & 4 & -12 \\ -2 & 2 & 0 & 4 \end{bmatrix}$ (6) $\begin{bmatrix} 14 & -10 & 1 & 14 \\ 15 & -10 & -2 & 11 \\ 9 & -7 & 3 & 12 \\ -5 & 4 & -2 & -7 \end{bmatrix}$

(7) $\begin{bmatrix} 0 & 1 & 0 \\ 0 & 0 & 1 \\ 1 & 0 & 0 \end{bmatrix}$　(8) $\begin{bmatrix} 0 & 1 & 0 & 0 \\ 0 & 0 & 1 & 0 \\ 0 & 0 & 0 & 1 \\ 1 & 0 & 0 & 0 \end{bmatrix}$　(9) $\begin{bmatrix} -7 & 0 & 4 & 0 \\ 0 & 0 & 0 & 1 \\ -12 & 0 & 7 & 0 \\ 0 & -1 & 0 & 0 \end{bmatrix}$

(10) $\begin{bmatrix} 0 & 0 & 0 & 1 \\ 0 & 0 & 1 & 0 \\ 0 & 1 & 0 & 0 \\ 1 & 0 & 0 & 0 \end{bmatrix}$　(11) $\begin{bmatrix} 0 & 0 & 0 & 0 & 1 \\ 0 & 0 & 0 & 1 & 0 \\ 0 & 0 & 1 & 0 & 0 \\ 0 & 1 & 0 & 0 & 0 \\ 1 & 0 & 0 & 0 & 0 \end{bmatrix}$

演習 7.2 a, b, c を文字定数とする．3 次正方行列 $A = \begin{bmatrix} 1+a & a & a \\ b & 1+b & b \\ c & c & 1+c \end{bmatrix}$ の固有値，固有空間を調べ，対角化可能な場合には対角化せよ．

演習 7.3 行列 $A = \begin{bmatrix} 2 & 4 & -4 \\ -1 & 7 & -4 \\ -1 & 9 & -6 \end{bmatrix}$ について考える．

(1) A の固有値と各固有値についてその固有空間の基底を（1 つ）求めよ．

(2) 自然数 n に対して A^n を求めよ．

(3) A は正則であることを示し，A^{-1} を単位行列と A, A^2 を用いて表せ．

(4) $f(t) = t^2 - t - 6$ とする．$f(A)$ の固有値と各固有値の固有空間の基底を（1 つ）求めよ．

演習 7.4　(1) n 次正方行列 A が正則であるためにはどの特性解も 0 でないことが必要十分であることを示せ．

(2) n 次正方行列 A が正則のとき，A^{-1} の固有値と固有ベクトルを A の固有値と固有ベクトルを用いて表せ．

演習 7.5 A を n 次正方行列とする．

(1) A の転置行列 ${}^tA$ の固有値は A の固有値と一致することを示せ．

(2) λ を A の固有値とする．$\boldsymbol{u} \in \mathbf{K}^n$ が A の固有値 λ に属する固有ベクトルのとき，$\boldsymbol{u}$ は ${}^tA$ の固有値 λ に属する固有ベクトルであるか．

演習 7.6 n 次正方行列 A が $A^2 = A$ を満たすとき A を**べき等行列**とよぶ．

(1) べき等行列の固有値は 0 か 1 であることを示せ．

(2) ベクトル $\boldsymbol{x}$ について $A\boldsymbol{x} \neq \mathbf{0}$ ならば $A\boldsymbol{x}$ は固有値 1 に属する固有ベクトルであることを示せ．

(3) べき等行列は対角化可能であることを示せ．

演習 7.7 例題 7.2.1 (2) の行列 $B = \begin{bmatrix} 3 & 2 & -3 \\ -2 & -1 & 3 \\ 3 & 3 & -2 \end{bmatrix}$ の固有値は $\lambda = 1$（重複度 2），-2（重複度 1）

であった．固有値 1 の固有空間は 1 次元で，対角化不可能なのであるが，定理 7.3.1 により，三角行列化することができる．固有値 1 から始めて，定理 7.3.1 の証明方法にならって，B を三角化せよ．

演習 7.8　(1) $A \neq O$ は上三角行列でその固有値は λ のみで，0 でないとする．A が対角化可能ならば $A = \lambda E$ であることを示せ．

(2) $A \neq O$ は上三角行列で，その相異なる固有値は λ, μ で，いずれも 0 でないとする．固有値 λ の重複度は l，μ の重複度は m であるとし，さらに，固有値は対角線に λ が l 個，μ が m 個並んでいるとする．A が対角化可能であるためには，A が対角線上にスカラー行列 $\lambda E_l, \mu E_m$ と並んでいる上三角行列であることが必要十分であることを示せ．

演習 7.9 n 次正方行列 A がある自然数 k に対して $A^k = O$ となるとき A を**べき零行列**とよぶ．

(1) べき零行列の固有値は 0 のみであることを示せ．

(2) n 次正方行列 A がべき零行列ならば $A^n = O$ であることを示せ．

演習 7.10 ここでは数の範囲は複素数とする．n 次正方行列 A がある自然数 k に対して $A^k = E$ となるとき A を**べき単行列**とよぶ．べき単行列の固有値は 1 の累乗根であることを示せ．

演習 7.11　(1) 2 次上三角行列 A の固有値は 1 個のみで，その固有値は 0 でないとする．ある自然数 k に対して A^k が対角行列になるならば，A は対角行列であることを示せ．

(2) n 次上三角行列 A の固有値は 1 個のみで，その固有値は 0 でないとする．ある自然数 k に対して A^k が対角行列になるならば，A は対角行列であることを示せ．

演習 7.12 n 次正方行列 A の異なる固有値は λ, μ のみであるとする．A がべき単行列ならば A は対角化可能であることを示せ．（**注意** 実はどのべき単行列も対角化可能である．）

演習 7.13 A, B を n 次正方行列とする．

(1) $\lambda \in \mathbf{K}$ が積 AB の固有値ならば，λ は積 BA の固有値でもあることを示せ．

(2) $\lambda \neq 0$ が積 AB の固有値ならば，AB の固有値 λ の固有空間の次元と BA の固有値 λ の固有空間の次元は等しいことを示せ．

（**注意** 実は，AB と BA の特性多項式は一致する．）

第 8 章

計量数ベクトル空間

前章まではベクトルの内積や長さを考えてこなかったが，本章ではベクトルに内積とベクトルの長さを定義し，内積について特別な性質をもつ行列の対角化可能性を調べる．本章で扱う，エルミート行列，ユニタリ行列，正規行列は理論上でも応用上でも特に重要な働きをもっている．前章で学んだ対角化可能性の理論が応用される．

8.1 数ベクトル空間と内積

定義 8.1.1 ベクトル $\boldsymbol{a} = \begin{bmatrix} a_1 \\ a_2 \\ \vdots \\ a_n \end{bmatrix}, \boldsymbol{b} = \begin{bmatrix} b_1 \\ b_2 \\ \vdots \\ b_n \end{bmatrix} \in \mathbf{C}^n$ に対して

$$(\boldsymbol{a}, \boldsymbol{b}) = a_1 \overline{b_1} + a_2 \overline{b_2} + \cdots + a_n \overline{b_n} \tag{8.1.1}$$

を $\boldsymbol{a}$ と $\boldsymbol{b}$ の**内積**とよぶ．ベクトル $\boldsymbol{a}, \boldsymbol{b}$ に対して内積 $(\boldsymbol{a}, \boldsymbol{b})$ をとるという演算を $\mathbf{C}^n$ の**標準内積**とよぶ．実は，内積とよぶべきものは他にも定義可能である．だから，わざわざ「標準」内積とよぶわけであるが，この講義では，以後，標準内積をただ単に内積とよぶ．$\mathbf{C}^n$ に内積が定義されていることに注目するとき，$\mathbf{C}^n$ を**ユニタリ空間**とよぶ．

ベクトル $\boldsymbol{b}$ の各成分の複素共役を成分とするベクトルを $\overline{\boldsymbol{b}}$ と書く: $\overline{\boldsymbol{b}} = \begin{bmatrix} \overline{b_1} \\ \overline{b_2} \\ \vdots \\ \overline{b_n} \end{bmatrix}$. ベクトルの内積は行列の積を用いて

$$(\boldsymbol{a}, \boldsymbol{b}) = {}^t\boldsymbol{a}\,\overline{\boldsymbol{b}}$$

とも表される．

実数 a に対して $\overline{a} = a$ であるから，$\mathbf{R}^n$ においても式 (8.1.1) で内積が定義される．内積が定義されていることに注目するとき，$\mathbf{R}^n$ を**ユークリッド空間**とよぶ．

両方を合わせて，$\mathbf{K} = \mathbf{R}$ または $\mathbf{K} = \mathbf{C}$ として，数ベクトル空間 $\mathbf{K}^n$ を内積も含めて考えるのであるが，これを**計量数ベクトル空間**とよぶ．以下では，特に断らない限り $\mathbf{K} = \mathbf{C}$ として述べるが，

例えば，命題 8.1.1，定理 8.1.2 は $\mathbf{K} = \mathbf{R}$ と考えるときは（実数 a に対して $\overline{a} = a$ であることを使って）$\mathbf{R}^n$ の内積や長さの定義や性質であると理解する．

命題 8.1.1 $\boldsymbol{x}, \boldsymbol{y}, \boldsymbol{z} \in \mathbf{C}^n$，$\lambda \in \mathbf{C}$ とする．

(1) $(\boldsymbol{x}, \boldsymbol{x})$ は実数で，$(\boldsymbol{x}, \boldsymbol{x}) \geqq 0$．$(\boldsymbol{x}, \boldsymbol{x}) = 0$ は $\boldsymbol{x} = \mathbf{0}$ のときに限り成り立つ．

(2) $(\boldsymbol{x}, \boldsymbol{y}) = \overline{(\boldsymbol{y}, \boldsymbol{x})}$．

(3) $(\boldsymbol{x} + \boldsymbol{y}, \boldsymbol{z}) = (\boldsymbol{x}, \boldsymbol{z}) + (\boldsymbol{y}, \boldsymbol{z})$．$(\boldsymbol{x}, \boldsymbol{y} + \boldsymbol{z}) = (\boldsymbol{x}, \boldsymbol{y}) + (\boldsymbol{x}, \boldsymbol{z})$．

(4) $(\lambda \boldsymbol{x}, \boldsymbol{y}) = \lambda(\boldsymbol{x}, \boldsymbol{y})$．$(\boldsymbol{x}, \lambda \boldsymbol{y}) = \overline{\lambda}(\boldsymbol{x}, \boldsymbol{y})$．

$\boldsymbol{x} \in \mathbf{C}^n$ に対し $\sqrt{(\boldsymbol{x}, \boldsymbol{x})}$ を $\boldsymbol{x}$ の**長さ**といい，$\|\boldsymbol{x}\|$ と書く．$\boldsymbol{x}, \boldsymbol{y} \in \mathbf{C}^n$ に対し $\|\boldsymbol{x} - \boldsymbol{y}\|$ を $\boldsymbol{x}, \boldsymbol{y}$ の**距離**という．

定理 8.1.2 $\boldsymbol{x}, \boldsymbol{y} \in \mathbf{C}^n$，$\lambda \in \mathbf{C}$ とする．

(1) $\|\boldsymbol{x}\| \geqq 0$．$\|\boldsymbol{x}\| = 0 \Longleftrightarrow \boldsymbol{x} = \mathbf{0}$．

(2) $\|\lambda \boldsymbol{x}\| = |\lambda| \|\boldsymbol{x}\|$

(3) $|(\boldsymbol{x}, \boldsymbol{y})| \leqq \|\boldsymbol{x}\| \|\boldsymbol{y}\|$．（シュワルツの不等式）

(4) $\|\boldsymbol{x} + \boldsymbol{y}\| \leqq \|\boldsymbol{x}\| + \|\boldsymbol{y}\|$．（三角不等式）

証明 (3) のみ示す．$(\boldsymbol{x}, \boldsymbol{y}) = 0$ ならば証明するべき不等式は自明に成り立つ．$(\boldsymbol{x}, \boldsymbol{y}) \neq 0$ とする．$\boldsymbol{x} \neq \mathbf{0}$ である．0 以上の実数 t と絶対値 1 の複素数 λ に対して，次の不等式が成り立つ：

$$\begin{aligned} 0 &\leqq (t\lambda \boldsymbol{x} - \boldsymbol{y}, t\lambda \boldsymbol{x} - \boldsymbol{y}) = t^2 |\lambda|^2 \|\boldsymbol{x}\|^2 - t\big(\lambda(\boldsymbol{x}, \boldsymbol{y}) + \overline{\lambda(\boldsymbol{x}, \boldsymbol{y})}\big) + \|\boldsymbol{y}\|^2 \\ &= \|\boldsymbol{x}\|^2 t^2 - \big(\lambda(\boldsymbol{x}, \boldsymbol{y}) + \overline{\lambda(\boldsymbol{x}, \boldsymbol{y})}\big)t + \|\boldsymbol{y}\|^2. \end{aligned}$$

$\lambda = \dfrac{\overline{(\boldsymbol{x}, \boldsymbol{y})}}{|(\boldsymbol{x}, \boldsymbol{y})|}$ とおくと，$|\lambda| = 1$ であり，$\lambda(\boldsymbol{x}, \boldsymbol{y}) = |(\boldsymbol{x}, \boldsymbol{y})|$ であるから，上の不等式は

$$0 \leqq \|\boldsymbol{x}\|^2 t^2 - 2|(\boldsymbol{x}, \boldsymbol{y})|\, t + \|\boldsymbol{y}\|^2$$

となる．右辺を平方完成すると

$$\|\boldsymbol{x}\|^2 t^2 - 2|(\boldsymbol{x}, \boldsymbol{y})|\, t + \|\boldsymbol{y}\|^2 = \|\boldsymbol{x}\|^2 \left(t - \frac{|(\boldsymbol{x}, \boldsymbol{y})|}{\|\boldsymbol{x}\|^2}\right)^2 + \frac{-|(\boldsymbol{x}, \boldsymbol{y})|^2 + \|\boldsymbol{x}\|^2 \|\boldsymbol{y}\|^2}{\|\boldsymbol{x}\|^2}$$

となる．すなわち，任意の実数 $t \geqq 0$ に対し不等式

$$\|\boldsymbol{x}\|^2 \left(t - \frac{|(\boldsymbol{x}, \boldsymbol{y})|}{\|\boldsymbol{x}\|^2}\right)^2 + \frac{-|(\boldsymbol{x}, \boldsymbol{y})|^2 + \|\boldsymbol{x}\|^2 \|\boldsymbol{y}\|^2}{\|\boldsymbol{x}\|^2} \geqq 0$$

が成り立つ．よって

$$-|(\boldsymbol{x}, \boldsymbol{y})|^2 + \|\boldsymbol{x}\|^2\|\boldsymbol{y}\|^2 \geqq 0$$

が成り立ち，$|(\boldsymbol{x}, \boldsymbol{y})|^2 \leqq \|\boldsymbol{x}\|^2\|\boldsymbol{y}\|^2$ となる．両辺の 0 以上の平方根をとれば，所要の不等式を得る． □

問題 8.1.1 定理 8.1.2 (4) を証明せよ．

シュワルツの不等式により，不等式 $\left|\dfrac{(\boldsymbol{x}, \boldsymbol{y})}{\|\boldsymbol{x}\|\|\boldsymbol{y}\|}\right| \leqq 1$ が成り立つ．

この絶対値の中の数は実数とは限らないから，「$-1 \leqq \dfrac{(\boldsymbol{x}, \boldsymbol{y})}{\|\boldsymbol{x}\|\|\boldsymbol{y}\|} \leqq 1$」という不等式が成り立つわけではない．しかし，ベクトル $\boldsymbol{x}, \boldsymbol{y}$ がともに実数成分のときは上の不等式 $-1 \leqq \dfrac{(\boldsymbol{x}, \boldsymbol{y})}{\|\boldsymbol{x}\|\|\boldsymbol{y}\|} \leqq 1$ が成り立ち，実数 θ $(0 \leqq \theta \leqq \pi)$ で $\cos\theta = \dfrac{(\boldsymbol{x}, \boldsymbol{y})}{\|\boldsymbol{x}\|\|\boldsymbol{y}\|}$ を満たすものがただ 1 つ存在する．この θ を $\boldsymbol{x}, \boldsymbol{y}$ のなす**角**とよぶ．

一方，ベクトルの成分が複素数でも実数であっても，$(\boldsymbol{x}, \boldsymbol{y}) = 0$ のとき，ベクトル $\boldsymbol{x}, \boldsymbol{y} \in \mathbf{C}^n$ は**直交する**という．

例題 8.1.1 $\boldsymbol{a} = \begin{bmatrix} 2 \\ 3 \\ 1 \\ -1 \end{bmatrix}$, $\boldsymbol{b} = \begin{bmatrix} -1 \\ -2 \\ 4 \\ 2 \end{bmatrix}$, $\boldsymbol{c} = \begin{bmatrix} 2i \\ 3 \\ 1 \\ -1+i \end{bmatrix}$, $\boldsymbol{d} = \begin{bmatrix} -2+i \\ 2 \\ 4i \\ 2 \end{bmatrix}$ とする．ただし，i は虚数単位である．

(1) $\boldsymbol{a}, \boldsymbol{b}, \boldsymbol{c}, \boldsymbol{d}$ の長さを求めよ．

(2) 内積 $(\boldsymbol{a}, \boldsymbol{b})$，$(\boldsymbol{c}, \boldsymbol{d})$，$(\boldsymbol{d}, \boldsymbol{c})$ の値を求めよ．

(3) $\boldsymbol{a}, \boldsymbol{b}$ のなす角を θ とする．θ は $\dfrac{\pi}{2}$ より大きいか．$\cos\theta$ の値を求めよ．

(4) $\dfrac{(\boldsymbol{c}, \boldsymbol{d})}{\|\boldsymbol{c}\|\|\boldsymbol{d}\|}$ の値およびその絶対値を求めよ．

解答 (1) $\|\boldsymbol{a}\| = \sqrt{15}$, $\|\boldsymbol{b}\| = 5$. $\|\boldsymbol{c}\| = \sqrt{2i\cdot(-2i) + 3^2 + 1^2 + (-1+i)(-1-i)} = 4$, $\|\boldsymbol{d}\| = \sqrt{(-2+i)(-2-i) + 2^2 + 4i\cdot(-4i) + 2^2} = \sqrt{29}$.

(2) $(\boldsymbol{a}, \boldsymbol{b}) = 2\cdot(-1) + 3\cdot(-2) + 4 + (-1)\cdot 2 = -6$. $(\boldsymbol{c}, \boldsymbol{d}) = 2i\cdot(-2-i) + 3\cdot 2 + 1\cdot(-4i) + (-1+i)\cdot 2 = 6 - 6i$. $(\boldsymbol{d}, \boldsymbol{c}) = \overline{(\boldsymbol{c}, \boldsymbol{d})} = 6 + 6i$.

(3) $(\boldsymbol{a}, \boldsymbol{b}) = -6 < 0$ であるから，$\cos\theta = \dfrac{(\boldsymbol{a}, \boldsymbol{b})}{\|\boldsymbol{a}\|\|\boldsymbol{b}\|} < 0$ である．ゆえに，$\theta > \dfrac{\pi}{2}$. $\cos\theta = \dfrac{(\boldsymbol{a}, \boldsymbol{b})}{\|\boldsymbol{a}\|\|\boldsymbol{b}\|} = -\dfrac{6}{5\sqrt{15}}$.

(4) $\dfrac{(\boldsymbol{c},\boldsymbol{d})}{\|\boldsymbol{c}\|\|\boldsymbol{d}\|}=\dfrac{6-6i}{4\sqrt{29}}$. $\left|\dfrac{(\boldsymbol{c},\boldsymbol{d})}{\|\boldsymbol{c}\|\|\boldsymbol{d}\|}\right|=\left|\dfrac{6-6i}{4\sqrt{29}}\right|=\dfrac{6\sqrt{2}}{4\sqrt{29}}=\dfrac{3\sqrt{2}}{2\sqrt{29}}$.

□

問題 8.1.2 $\boldsymbol{a}=\begin{bmatrix}4\\2\\1\\-1\end{bmatrix}$, $\boldsymbol{b}=\begin{bmatrix}1\\2\\-3\\-1\end{bmatrix}$, $\boldsymbol{c}=\begin{bmatrix}1+2i\\2\\2\\-2+i\end{bmatrix}$, $\boldsymbol{d}=\begin{bmatrix}i\\s\\-3i\\2\end{bmatrix}$ とする．ただし，s は（複素数）定数である．

(1) $\boldsymbol{a},\boldsymbol{b},\boldsymbol{c}$ の長さを求めよ．

(2) 内積 $(\boldsymbol{a},\boldsymbol{b})$，$(\boldsymbol{c},\boldsymbol{d})$，$(\boldsymbol{d},\boldsymbol{c})$ の値を求めよ．

(3) $\boldsymbol{a},\boldsymbol{b}$ のなす角を θ とする．θ は $\dfrac{\pi}{2}$ より大きいか．$\cos\theta$ の値を求めよ．

(4) $\boldsymbol{c},\boldsymbol{d}$ が直交するように定数 s の値を定めよ，

問題 8.1.3 (1) $\mathbf{K}^n$ の任意のベクトル $\boldsymbol{x},\boldsymbol{y}$ について等式 $\|\boldsymbol{x}+\boldsymbol{y}\|^2+\|\boldsymbol{x}-\boldsymbol{y}\|^2=2(\|\boldsymbol{x}\|^2+\|\boldsymbol{y}\|^2)$ が成り立つことを示せ．

(2) $\mathbf{K}^n$ のベクトル $\boldsymbol{x},\boldsymbol{y}$ が直交すれば，等式 $\|\boldsymbol{x}+\boldsymbol{y}\|^2=\|\boldsymbol{x}\|^2+\|\boldsymbol{y}\|^2$ が成り立つことを示せ．

定義 8.1.2 $\mathbf{0}$ でないベクトル $\boldsymbol{x}_1,\boldsymbol{x}_2,\ldots,\boldsymbol{x}_k$ のどの 2 つも直交しているとき，すなわち

$$j\neq j' \text{ ならば } (\boldsymbol{x}_j,\boldsymbol{x}_{j'})=0$$

のとき，$\boldsymbol{x}_1,\boldsymbol{x}_2,\ldots,\boldsymbol{x}_k$ は**直交系**であるという．

さらに，どの $\boldsymbol{x}_j$ も長さが 1 であるとき，すなわち

$$(\boldsymbol{x}_j,\boldsymbol{x}_j)=1,\ j=1,2,\ldots,k$$

のとき，$\boldsymbol{x}_1,\boldsymbol{x}_2,\ldots,\boldsymbol{x}_k$ は**正規直交系**であるという．

$\boldsymbol{x}_1,\boldsymbol{x}_2,\ldots,\boldsymbol{x}_k$ が直交系ならば，これらの線形結合 $\lambda_1\boldsymbol{x}_1+\lambda_2\boldsymbol{x}_2+\cdots+\lambda_k\boldsymbol{x}_k$ と $\boldsymbol{x}_j$ との内積をとると，$j\neq j'$ のとき $(\boldsymbol{x}_j,\boldsymbol{x}_{j'})=0$ であるから

$$(\lambda_1\boldsymbol{x}_1+\lambda_2\boldsymbol{x}_2+\cdots+\lambda_k\boldsymbol{x}_k,\boldsymbol{x}_j)=\lambda_j(\boldsymbol{x}_j,\boldsymbol{x}_j)$$

となる．特に，$\boldsymbol{x}_1,\boldsymbol{x}_2,\ldots,\boldsymbol{x}_k$ が正規直交系ならば

$$(\lambda_1\boldsymbol{x}_1+\lambda_2\boldsymbol{x}_2+\cdots+\lambda_k\boldsymbol{x}_k,\boldsymbol{x}_j)=\lambda_j$$

となる．この事実は繰り返し使われる．

命題 8.1.3 直交系 $\boldsymbol{x}_1,\boldsymbol{x}_2,\ldots,\boldsymbol{x}_k$ は線形独立である．

証明 $\lambda_1\boldsymbol{x}_1+\lambda_2\boldsymbol{x}_2+\cdots+\lambda_k\boldsymbol{x}_k=\boldsymbol{0}$ とする．各 $j=1,2,\ldots,k$ についてこの両辺と $\boldsymbol{x}_j$ との内積をとることにより，等式

$$\lambda_j(\boldsymbol{x}_j,\boldsymbol{x}_j)=0$$

を得る．$\boldsymbol{x}_j\neq\boldsymbol{0}$ であるから，$(\boldsymbol{x}_j,\boldsymbol{x}_j)\neq 0$ である．したがって，$\lambda_j=0,\ j=1,2,\ldots,k$ である． □

系 8.1.4 $\mathbf{K}^n$ の部分空間 W が k 次元であるとき，W の k 個のベクトルからなる直交系は W の基底である．

正規直交系である基底を**正規直交基底**とよぶ．

命題 8.1.5 $\boldsymbol{x}_1,\boldsymbol{x}_2,\ldots,\boldsymbol{x}_k\in\mathbf{K}^n$ が正規直交系であるとき，$W=\langle\boldsymbol{x}_1,\boldsymbol{x}_2,\ldots,\boldsymbol{x}_k\rangle$ の任意のベクトル $\boldsymbol{v}$ は $\boldsymbol{x}_1,\boldsymbol{x}_2,\ldots,\boldsymbol{x}_k$ の線形結合として次のように表される：

$$\boldsymbol{v}=(\boldsymbol{v},\boldsymbol{x}_1)\boldsymbol{x}_1+(\boldsymbol{v},\boldsymbol{x}_2)\boldsymbol{x}_2+\cdots+(\boldsymbol{v},\boldsymbol{x}_k)\boldsymbol{x}_k=\begin{bmatrix}\boldsymbol{x}_1\ \boldsymbol{x}_2\ \cdots\boldsymbol{x}_k\end{bmatrix}\begin{bmatrix}(\boldsymbol{v},\boldsymbol{x}_1)\\(\boldsymbol{v},\boldsymbol{x}_2)\\\vdots\\(\boldsymbol{v},\boldsymbol{x}_k)\end{bmatrix}.$$

例題 8.1.2 $\mathbf{R}^3$ のベクトル $\boldsymbol{b}_1=\begin{bmatrix}\frac{1}{\sqrt{3}}\\-\frac{1}{\sqrt{3}}\\\frac{1}{\sqrt{3}}\end{bmatrix},\ \boldsymbol{b}_2=\begin{bmatrix}\frac{4}{\sqrt{42}}\\\frac{5}{\sqrt{42}}\\\frac{1}{\sqrt{42}}\end{bmatrix},\ \boldsymbol{b}_3=\begin{bmatrix}-\frac{2}{\sqrt{14}}\\\frac{1}{\sqrt{14}}\\\frac{3}{\sqrt{14}}\end{bmatrix}$ は正規直交系である．したがって，$(\boldsymbol{b}_1,\boldsymbol{b}_2,\boldsymbol{b}_3)$ は $\mathbf{R}^3$ の正規直交基底である．ベクトル $\boldsymbol{a}=\begin{bmatrix}1\\2\\3\end{bmatrix}$ の $(\boldsymbol{b}_1,\boldsymbol{b}_2,\boldsymbol{b}_3)$ に関する座標ベクトルを求めよ．

解答

$$\boldsymbol{a}=(\boldsymbol{a},\boldsymbol{b}_1)\boldsymbol{b}_1+(\boldsymbol{a},\boldsymbol{b}_2)\boldsymbol{b}_2+(\boldsymbol{a},\boldsymbol{b}_3)\boldsymbol{b}_3=\frac{2}{\sqrt{3}}\boldsymbol{b}_1+\frac{17}{\sqrt{42}}\boldsymbol{b}_2+\frac{9}{\sqrt{14}}\boldsymbol{b}_3$$

であるから，求める座標ベクトルは $\begin{bmatrix} \frac{2}{\sqrt{3}} \\ \frac{17}{\sqrt{42}} \\ \frac{9}{\sqrt{14}} \end{bmatrix}$. □

命題 8.1.6 W を $\mathbf{K}^n$ の部分空間とする．$(\boldsymbol{u}_1, \boldsymbol{u}_2, \ldots, \boldsymbol{u}_k)$ を W の正規直交基底とする．ベクトル $\boldsymbol{c} \in \mathbf{K}^n$ は W に属さないとする．このとき

$$\boldsymbol{c} = \boldsymbol{w} + \boldsymbol{z}, \boldsymbol{w} \in W, \ \boldsymbol{z} \text{ は } W \text{ のどのベクトルとも直交する}$$
$$\Longleftrightarrow$$
$$\boldsymbol{w} = \begin{bmatrix} \boldsymbol{u}_1 \, \boldsymbol{u}_2 \cdots \boldsymbol{u}_k \end{bmatrix} \begin{bmatrix} (\boldsymbol{c}, \boldsymbol{u}_1) \\ (\boldsymbol{c}, \boldsymbol{u}_2) \\ \vdots \\ (\boldsymbol{c}, \boldsymbol{u}_k) \end{bmatrix}, \quad \boldsymbol{z} = \boldsymbol{c} - \begin{bmatrix} \boldsymbol{u}_1 \, \boldsymbol{u}_2 \cdots \boldsymbol{u}_k \end{bmatrix} \begin{bmatrix} (\boldsymbol{c}, \boldsymbol{u}_1) \\ (\boldsymbol{c}, \boldsymbol{u}_2) \\ \vdots \\ (\boldsymbol{c}, \boldsymbol{u}_k) \end{bmatrix}.$$

W に属さないベクトル $\boldsymbol{c}$ に対して $\boldsymbol{w}, \boldsymbol{z}$ を上のようにとり $\boldsymbol{u}_{k+1} = \dfrac{1}{\|\boldsymbol{z}\|}\boldsymbol{z}$ とおくと，$(\boldsymbol{u}_1, \boldsymbol{u}_2, \ldots, \boldsymbol{u}_k, \boldsymbol{u}_{k+1})$ は $\langle W, \boldsymbol{c} \rangle$ の正規直交基底である．

証明 $\boldsymbol{c} = \boldsymbol{w} + \boldsymbol{z}$，$\boldsymbol{w} \in W$，$\boldsymbol{z}$ は W のどのベクトルとも直交するようにベクトル $\boldsymbol{w}$ と $\boldsymbol{z}$ を選べたとすると，$\boldsymbol{w} \in W$ なのであるから，命題 8.1.5 により $\boldsymbol{w} = \begin{bmatrix} \boldsymbol{u}_1 \, \boldsymbol{u}_2 \cdots \boldsymbol{u}_k \end{bmatrix} \begin{bmatrix} (\boldsymbol{w}, \boldsymbol{u}_1) \\ (\boldsymbol{w}, \boldsymbol{u}_2) \\ \vdots \\ (\boldsymbol{w}, \boldsymbol{u}_k) \end{bmatrix}$ と表される．ところで，各 $j = 1, 2, \ldots, k$ について，$\boldsymbol{u}_j$ は W に属していて，$\boldsymbol{z}$ は W のどのベクトルとも直交するのだから，$(\boldsymbol{z}, \boldsymbol{u}_j) = 0$ である．$\boldsymbol{w} = \boldsymbol{c} - \boldsymbol{z}$ であるから

$$(\boldsymbol{w}, \boldsymbol{u}_j) = (\boldsymbol{c} - \boldsymbol{z}, \boldsymbol{u}_j) = (\boldsymbol{c}, \boldsymbol{u}_j) - (\boldsymbol{z}, \boldsymbol{u}_j) = (\boldsymbol{c}, \boldsymbol{u}_j).$$

したがって

$$\boldsymbol{w} = \begin{bmatrix} \boldsymbol{u}_1 \, \boldsymbol{u}_2 \cdots \boldsymbol{u}_k \end{bmatrix} \begin{bmatrix} (\boldsymbol{c}, \boldsymbol{u}_1) \\ (\boldsymbol{c}, \boldsymbol{u}_2) \\ \vdots \\ (\boldsymbol{c}, \boldsymbol{u}_k) \end{bmatrix}, \quad \boldsymbol{z} = \boldsymbol{c} - \begin{bmatrix} \boldsymbol{u}_1 \, \boldsymbol{u}_2 \cdots \boldsymbol{u}_k \end{bmatrix} \begin{bmatrix} (\boldsymbol{c}, \boldsymbol{u}_1) \\ (\boldsymbol{c}, \boldsymbol{u}_2) \\ \vdots \\ (\boldsymbol{c}, \boldsymbol{u}_k) \end{bmatrix}.$$

逆に，上の方法で，ベクトル $\boldsymbol{w}$ と $\boldsymbol{z}$ を定める．ベクトル $\boldsymbol{w}$ は $\boldsymbol{u}_1, \boldsymbol{u}_2, \ldots, \boldsymbol{u}_k$ の線形結合であるから W に属し，各 $j = 1, 2, \ldots, k$ について

$$(\boldsymbol{z}, \boldsymbol{u}_j) = (\boldsymbol{c}, \boldsymbol{u}_j) - \big((\boldsymbol{c}, \boldsymbol{u}_1)\boldsymbol{u}_1 + (\boldsymbol{c}, \boldsymbol{u}_2)\boldsymbol{u}_2 + \cdots + (\boldsymbol{c}, \boldsymbol{u}_k)\boldsymbol{u}_k, \boldsymbol{u}_j\big) = (\boldsymbol{c}, \boldsymbol{u}_j) - (\boldsymbol{c}, \boldsymbol{u}_j) = 0.$$

W のどのベクトル $\boldsymbol{w}$ も $\boldsymbol{u}_1, \boldsymbol{u}_2, \ldots, \boldsymbol{u}_k$ の線形結合として表されるのだから，$\boldsymbol{w} = \lambda_1\boldsymbol{u}_1 + \lambda_2\boldsymbol{u}_2 + \cdots + \lambda_k\boldsymbol{u}_k$ と表すと

$$(\boldsymbol{w}, \boldsymbol{z}) = (\lambda_1\boldsymbol{u}_1 + \lambda_2\boldsymbol{u}_2 + \cdots + \lambda_k\boldsymbol{u}_k, \boldsymbol{z}) = \lambda_1(\boldsymbol{u}_1, \boldsymbol{z}) + \lambda_2(\boldsymbol{u}_2, \boldsymbol{z}) + \cdots + \lambda_k(\boldsymbol{u}_k, \boldsymbol{z}) = 0.$$

すなわち，$\boldsymbol{z}$ は W のどのベクトルとも直交する．つまり，ベクトル $\boldsymbol{w}$ と $\boldsymbol{z}$ は所要の条件を満足する．

さらに，$\boldsymbol{w}$ は W に属しているから

$$\langle W, \boldsymbol{z} \rangle = \langle W, \boldsymbol{c} - \boldsymbol{w} \rangle = \langle W, \boldsymbol{c} \rangle$$

が成り立つ．

$\boldsymbol{u}_{k+1} = \dfrac{1}{\|\boldsymbol{z}\|}\boldsymbol{z}$ とおくと，$\|\boldsymbol{u}_{k+1}\| = 1$ であり，各 $j = 1, \ldots, r$ について $(\boldsymbol{u}_j, \boldsymbol{u}_{k+1}) = 0$ であるから $(\boldsymbol{u}_1, \boldsymbol{u}_2, \ldots, \boldsymbol{u}_k, \boldsymbol{u}_{k+1})$ は $\langle W, \boldsymbol{c} \rangle$ の正規直交基底である． □

この考え方の応用として，**グラム・シュミットの直交化法**とよばれる線形独立なベクトルから正規直交系をつくる方法を述べる．

ベクトル $\boldsymbol{a}_1, \ldots, \boldsymbol{a}_m \in \mathbf{K}^n$ は線形独立であるとする．

(1) $\boldsymbol{u}_1 = \dfrac{1}{\|\boldsymbol{a}_1\|}\boldsymbol{a}_1$ とする．$\|\boldsymbol{u}_1\| = 1$ であり，$\langle \boldsymbol{a}_1 \rangle = \langle \boldsymbol{u}_1 \rangle$ である．

(2) $\boldsymbol{a}_1$ と $\boldsymbol{a}_2$ とは線形独立であるから，$\boldsymbol{a}_2$ は $\langle \boldsymbol{a}_1 \rangle = \langle \boldsymbol{u}_1 \rangle$ に属さない．そこで，$\boldsymbol{b}_2 = \boldsymbol{a}_2 - (\boldsymbol{a}_2, \boldsymbol{u}_1)\boldsymbol{u}_1$ とおき，$\boldsymbol{u}_2 = \dfrac{1}{\|\boldsymbol{b}_2\|}\boldsymbol{b}_2$ とすると，$\boldsymbol{u}_1, \boldsymbol{u}_2$ は正規直交系であり，$\langle \boldsymbol{u}_1, \boldsymbol{u}_2 \rangle = \langle \boldsymbol{a}_1, \boldsymbol{a}_2 \rangle$.

(3) $\boldsymbol{a}_1, \boldsymbol{a}_2$ とベクトル $\boldsymbol{a}_3$ とは線形独立であるから，$\boldsymbol{a}_3$ は $\langle \boldsymbol{a}_1, \boldsymbol{a}_2 \rangle = \langle \boldsymbol{u}_1, \boldsymbol{u}_2 \rangle$ に属さない．そこで，$\boldsymbol{b}_3 = \boldsymbol{a}_3 - (\boldsymbol{a}_3, \boldsymbol{u}_1)\boldsymbol{u}_1 - (\boldsymbol{a}_3, \boldsymbol{u}_2)\boldsymbol{u}_2$ とおき，$\boldsymbol{u}_3 = \dfrac{1}{\|\boldsymbol{b}_3\|}\boldsymbol{b}_3$ とすると，$\boldsymbol{u}_1, \boldsymbol{u}_2, \boldsymbol{u}_3$ は正規直交系であり，$\langle \boldsymbol{u}_1, \boldsymbol{u}_2, \boldsymbol{u}_3 \rangle = \langle \boldsymbol{a}_1, \boldsymbol{a}_2, \boldsymbol{a}_3 \rangle$.

(4) 以下，この操作を繰り返す．つまり，$\langle \boldsymbol{u}_1, \boldsymbol{u}_2, \boldsymbol{u}_3, \ldots, \boldsymbol{u}_j \rangle = \langle \boldsymbol{a}_1, \boldsymbol{a}_2, \boldsymbol{a}_3, \ldots, \boldsymbol{a}_j \rangle$ となる正規直交系 $\boldsymbol{u}_1, \boldsymbol{u}_2, \boldsymbol{u}_3, \ldots, \boldsymbol{u}_j$ が得られたら

$$\boldsymbol{b}_{j+1} = \boldsymbol{a}_{j+1} - (\boldsymbol{a}_{j+1}, \boldsymbol{u}_1)\boldsymbol{u}_1 - (\boldsymbol{a}_{j+1}, \boldsymbol{u}_2)\boldsymbol{u}_2 - \cdots - (\boldsymbol{a}_{j+1}, \boldsymbol{u}_j)\boldsymbol{u}_j$$

とおき，$\boldsymbol{u}_{j+1} = \dfrac{1}{\|\boldsymbol{b}_{j+1}\|}\boldsymbol{b}_{j+1}$ とすると，$\boldsymbol{u}_1, \boldsymbol{u}_2, \boldsymbol{u}_3, \ldots, \boldsymbol{u}_{j+1}$ は正規直交系であり，$\langle \boldsymbol{u}_1, \boldsymbol{u}_2, \boldsymbol{u}_3, \ldots, \boldsymbol{u}_{j+1} \rangle = \langle \boldsymbol{a}_1, \boldsymbol{a}_2, \boldsymbol{a}_3, \ldots, \boldsymbol{a}_{j+1} \rangle$.

(5) 結局，正規直交系 $\boldsymbol{u}_1, \boldsymbol{u}_2, \boldsymbol{u}_3, \ldots, \boldsymbol{u}_m$ で $\langle \boldsymbol{u}_1, \boldsymbol{u}_2, \boldsymbol{u}_3, \ldots, \boldsymbol{u}_m \rangle = \langle \boldsymbol{a}_1, \boldsymbol{a}_2, \boldsymbol{a}_3, \ldots, \boldsymbol{a}_m \rangle$ となるものが得られる．

$(\boldsymbol{u}_1, \boldsymbol{u}_2, \ldots, \boldsymbol{u}_m)$ は $\langle \boldsymbol{a}_1, \boldsymbol{a}_2, \ldots, \boldsymbol{a}_m \rangle$ の正規直交基底である．

注意 8.1.1 各 $j = 1, 2, \dots, m$ について $\langle \boldsymbol{u}_1, \dots, \boldsymbol{u}_j \rangle = \langle \boldsymbol{a}_1, \dots, \boldsymbol{a}_j \rangle$ であるから, $\boldsymbol{u}_j$ は $\boldsymbol{a}_1, \dots, \boldsymbol{a}_j$ の線形結合である．したがって $\langle \boldsymbol{a}_1, \boldsymbol{a}_2, \dots, \boldsymbol{a}_m \rangle$ の最初の基底 $(\boldsymbol{a}_1, \boldsymbol{a}_2, \dots, \boldsymbol{a}_m)$ からこの正規直交基底 $(\boldsymbol{u}_1, \boldsymbol{u}_2, \dots, \boldsymbol{u}_m)$ への基底の変換行列は上三角行列である．

一般に，$\mathbf{0}$ でないベクトル $\boldsymbol{v}$ に対して長さ 1 のベクトル $\dfrac{1}{\|\boldsymbol{v}\|}\boldsymbol{v}$ をつくることを「ベクトル $\boldsymbol{v}$ を**正規化する**」という．

例題 8.1.3 $\boldsymbol{a}_1 = \begin{bmatrix} 2 \\ -1 \\ 2 \end{bmatrix}, \boldsymbol{a}_2 = \begin{bmatrix} -2 \\ 1 \\ 1 \end{bmatrix}, \boldsymbol{a}_3 = \begin{bmatrix} 1 \\ 2 \\ -2 \end{bmatrix}$ とおく．$(\boldsymbol{a}_1, \boldsymbol{a}_2, \boldsymbol{a}_3)$ は $\mathbf{R}^3$ の基底である．この基底にグラム・シュミットの直交化法を適用して，$\mathbf{R}^3$ の正規直交基底 $(\boldsymbol{u}_1, \boldsymbol{u}_2, \boldsymbol{u}_3)$ をつくれ．

解答

$$\boldsymbol{u}_1 = \frac{1}{\|\boldsymbol{a}_1\|}\boldsymbol{a}_1 = \frac{1}{3}\boldsymbol{a}_1 = \begin{bmatrix} \frac{2}{3} \\ -\frac{1}{3} \\ \frac{2}{3} \end{bmatrix},$$

$$\boldsymbol{b}_2 = \boldsymbol{a}_2 - (\boldsymbol{a}_2, \boldsymbol{u}_1)\boldsymbol{u}_1 = \boldsymbol{a}_2 - \frac{(\boldsymbol{a}_2, \boldsymbol{a}_1)}{\|\boldsymbol{a}_1\|^2}\boldsymbol{a}_1 = \boldsymbol{a}_2 + \frac{1}{3}\boldsymbol{a}_1 = \begin{bmatrix} -\frac{4}{3} \\ \frac{2}{3} \\ \frac{5}{3} \end{bmatrix},$$

$$\boldsymbol{u}_2 = \frac{1}{\|\boldsymbol{b}_2\|}\boldsymbol{b}_2 = \frac{1}{\sqrt{5}}\boldsymbol{b}_2 = \frac{1}{3\sqrt{5}}\boldsymbol{a}_1 + \frac{1}{\sqrt{5}}\boldsymbol{a}_2 = \begin{bmatrix} -\frac{4}{3\sqrt{5}} \\ \frac{2}{3\sqrt{5}} \\ \frac{5}{3\sqrt{5}} \end{bmatrix},$$

$$\begin{aligned} \boldsymbol{b}_3 &= \boldsymbol{a}_3 - (\boldsymbol{a}_3, \boldsymbol{u}_1)\boldsymbol{u}_1 - (\boldsymbol{a}_3, \boldsymbol{u}_2)\boldsymbol{u}_2 = \boldsymbol{a}_3 - \frac{(\boldsymbol{a}_3, \boldsymbol{a}_1)}{\|\boldsymbol{a}_1\|^2}\boldsymbol{a}_1 - \frac{(\boldsymbol{a}_3, \boldsymbol{b}_2)}{\|\boldsymbol{b}_2\|^2}\boldsymbol{b}_2 \\ &= \boldsymbol{a}_3 + \frac{4}{9}\boldsymbol{a}_1 + \frac{2}{3}\left(\boldsymbol{a}_2 + \frac{1}{3}\boldsymbol{a}_1\right) = \frac{2}{3}\boldsymbol{a}_1 + \frac{2}{3}\boldsymbol{a}_2 + \boldsymbol{a}_3 = \begin{bmatrix} 1 \\ 2 \\ 0 \end{bmatrix}, \end{aligned}$$

$$u_3 = \frac{1}{\|b_3\|}b_3 = \frac{1}{\sqrt{5}}b_3 = \frac{2}{3\sqrt{5}}a_1 + \frac{2}{3\sqrt{5}}a_2 + \frac{1}{\sqrt{5}}a_3 = \begin{bmatrix} \frac{1}{\sqrt{5}} \\ \frac{2}{\sqrt{5}} \\ 0 \end{bmatrix}.$$

□

問題 8.1.4 $a_1 = \begin{bmatrix} 1 \\ -2 \\ -1 \end{bmatrix}, a_2 = \begin{bmatrix} 2 \\ 1 \\ 2 \end{bmatrix}, a_3 = \begin{bmatrix} 2 \\ -1 \\ -2 \end{bmatrix}$ とおく．(a_1, a_2, a_3) は $\mathbf{R}^3$ の基底である．

(1) 基底 (a_1, a_2, a_3) にグラム・シュミットの直交化法を適用して，$\mathbf{R}^3$ の正規直交基底 (u_1, u_2, u_3) をつくれ．

(2) (a_1, a_2, a_3) から (u_1, u_2, u_3) への基底の変換行列を書け．

(3) ベクトル $c = \begin{bmatrix} 1 \\ 1 \\ 2 \end{bmatrix}$ の (u_1, u_2, u_3) に関する座標ベクトルを求めよ．

$\mathbf{K}^n$ の部分空間についても任意に基底をとり，それにグラム・シュミットの直交化法を適用すれば正規直交基底が得られる．

定理 8.1.7 $W(\neq \{\mathbf{0}\})$ を $\mathbf{K}^n$ の部分空間とする．W には正規直交基底が存在する．

定義 8.1.3 $\mathbf{K}^n$ の部分空間 W に対して

$$W^{\perp} = \{\, x \in \mathbf{K}^n \mid x \text{ は } W \text{ のどのベクトルとも直交する} \,\}$$

とおく．$W^{\perp}$ を W の**直交補空間**とよぶ．

命題 8.1.8 W を $\mathbf{K}^n$ の部分空間とする．

(1) W の直交補空間 $W^{\perp}$ は $\mathbf{K}^n$ の部分空間である．

(2) $W \cap W^{\perp} = \{\mathbf{0}\}$ である．

(3) W_1, W_2 を $\mathbf{K}^n$ の部分空間とする．$W_2 \subset W_1$ ならば ${W_1}^{\perp} \subset {W_2}^{\perp}$．

(4) $W = \langle a_1, a_2, \ldots, a_l \rangle$ とする（ただし，$a_1, a_2, \ldots, a_l$ が線形独立であると仮定はしない）．このとき，ベクトル $x \in \mathbf{K}^n$ について

$$x \in W^{\perp} \iff (x, a_1) = 0, (x, a_2) = 0, \ldots, (x, a_l) = 0$$

すなわち

$$W^{\perp} = \{\, x \in \mathbf{K}^n \mid (x, a_1) = 0, (x, a_2) = 0, \ldots, (x, a_l) = 0 \,\}.$$

証明 (1) $\boldsymbol{x}, \boldsymbol{y}$ が $W^{\perp}$ に属しているとすると，W 任意のベクトル $\boldsymbol{u}$ に対して $(\boldsymbol{x}+\boldsymbol{y}, \boldsymbol{u}) = (\boldsymbol{x}, \boldsymbol{u}) + (\boldsymbol{y}, \boldsymbol{u}) = 0 + 0 = 0$ であるから，$\boldsymbol{x}+\boldsymbol{y}$ も $W^{\perp}$ に属する．$\lambda \in \mathbf{K}$ に対して $(\lambda\boldsymbol{x}, \boldsymbol{u}) = \lambda(\boldsymbol{x}, \boldsymbol{u}) = \lambda \cdot 0 = 0$ であるから，$\lambda\boldsymbol{x}$ も $W^{\perp}$ に属する．すなわち，$W^{\perp}$ は $\mathbf{K}^n$ の部分空間である．

(2) $\boldsymbol{x}$ が $W \cap W^{\perp}$ に属していれば，$\boldsymbol{x}$ は $W^{\perp}$ に属しているから W のどのベクトルとも直交する．$\boldsymbol{x}$ は W にも属しているから，したがって，$(\boldsymbol{x}, \boldsymbol{x}) = 0$ である．ゆえに，$\boldsymbol{x} = \boldsymbol{0}$．よって，$W \cap W^{\perp} = \{\boldsymbol{0}\}$ である．

(3) $\boldsymbol{x}$ が $W_1{}^{\perp}$ に属しているとする．W_2 の任意のベクトル $\boldsymbol{u}$ は，$W_2 \subset W_1$ なのであるから，W_1 にも属する．よって $(\boldsymbol{x}, \boldsymbol{u}) = 0$ であり，$\boldsymbol{x}$ は $W_2{}^{\perp}$ に属する．

(4) $\boldsymbol{x}$ が $W^{\perp}$ に属しているならば，$\boldsymbol{a}_1, \boldsymbol{a}_2, \ldots, \boldsymbol{a}_l$ は W に属しているから，$(\boldsymbol{x}, \boldsymbol{a}_1) = 0, \ldots, (\boldsymbol{x}, \boldsymbol{a}_l) = 0$ である．

逆に，ベクトル $\boldsymbol{x}$ について $(\boldsymbol{x}, \boldsymbol{a}_1) = 0, \ldots, (\boldsymbol{x}, \boldsymbol{a}_l) = 0$ が成り立っているとする．W の任意のベクトル $\boldsymbol{u}$ は，$W = \langle \boldsymbol{a}_1, \boldsymbol{a}_2, \ldots, \boldsymbol{a}_l \rangle$ なのであるから，$\boldsymbol{u} = \lambda_1\boldsymbol{a}_1 + \lambda_2\boldsymbol{a}_2 + \cdots + \lambda_l\boldsymbol{a}_l$ と表される．よって，$(\boldsymbol{x}, \boldsymbol{u}) = (\boldsymbol{x}, \lambda_1\boldsymbol{a}_1 + \lambda_2\boldsymbol{a}_2 + \cdots + \lambda_l\boldsymbol{a}_l) = (\boldsymbol{x}, \lambda_1\boldsymbol{a}_1) + (\boldsymbol{x}, \lambda_2\boldsymbol{a}_2) + \cdots + (\boldsymbol{x}, \lambda_l\boldsymbol{a}_l) = \overline{\lambda_1}(\boldsymbol{x}, \boldsymbol{a}_1) + \overline{\lambda_2}(\boldsymbol{x}, \boldsymbol{a}_1) + \cdots + \overline{\lambda_l}(\boldsymbol{x}, \boldsymbol{a}_l) = 0 + 0 + \cdots + 0 = 0$．すなわち，$\boldsymbol{x}$ は W の任意のベクトルと直交し，$W^{\perp}$ に属する．

□

定理 8.1.9 W を $\mathbf{K}^n$ の部分空間とする．このとき，$\mathbf{K}^n$ のどのベクトルも W のベクトルと $W^{\perp}$ のベクトルの和として一意的に表される．

証明 $\dim W = k$ とし，W の正規直交基底 $(\boldsymbol{w}_1, \boldsymbol{w}_2, \ldots, \boldsymbol{w}_k)$ をとる．まず，任意のベクトル $\boldsymbol{x} \in \mathbf{K}^n$ が W のベクトルと $W^{\perp}$ のベクトルの和として表されることを示す．$\boldsymbol{x}$ が W に属していれば，$\boldsymbol{x} = \boldsymbol{x} + \boldsymbol{0}$ で，$\boldsymbol{0}$ は $W^{\perp}$ にも属している．そこで，$\boldsymbol{x}$ が W に属していないとき

$$\boldsymbol{w} = (\boldsymbol{x}, \boldsymbol{w}_1)\boldsymbol{w}_1 + (\boldsymbol{x}, \boldsymbol{w}_2)\boldsymbol{w}_2 + \cdots + (\boldsymbol{x}, \boldsymbol{w}_k)\boldsymbol{w}_k, \quad \boldsymbol{z} = \boldsymbol{x} - \boldsymbol{w}$$

とおく．$\boldsymbol{w}$ は W に属する．命題 8.1.6 により，$\boldsymbol{z}$ は $W^{\perp}$ に属し，$\boldsymbol{x} = \boldsymbol{w} + \boldsymbol{z}$ である．以上で，任意のベクトル $\boldsymbol{x} \in \mathbf{K}^n$ が W のベクトルと $W^{\perp}$ のベクトルの和として表されることが確かめられた．

次に，その表し方が一意的であることを確かめる．

$$\boldsymbol{x} = \boldsymbol{w} + \boldsymbol{z} = \boldsymbol{w}' + \boldsymbol{z}',\ \boldsymbol{w}, \boldsymbol{w}' \in W,\ \boldsymbol{z}, \boldsymbol{z}' \in W^{\perp}$$

とすると $\boldsymbol{w} - \boldsymbol{w}' = -\boldsymbol{z} + \boldsymbol{z}'$ が得られる．左辺は W に属し，右辺は $W^{\perp}$ に属するから，上のベクトルは $W \cap W^{\perp}$ に属する．命題 8.1.8 (2) により，$W \cap W^{\perp} = \{\boldsymbol{0}\}$ であるから，$\boldsymbol{w} - \boldsymbol{w}' = -\boldsymbol{z} + \boldsymbol{z}' = \boldsymbol{0}$ となる．すなわち，$\boldsymbol{w} = \boldsymbol{w}'$，$\boldsymbol{z} = \boldsymbol{z}'$． □

例題 8.1.4 $\boldsymbol{a}_1 = \begin{bmatrix} 1 \\ 0 \\ -1 \\ 1 \end{bmatrix}, \boldsymbol{a}_2 = \begin{bmatrix} 1 \\ -1 \\ 0 \\ 1 \end{bmatrix}$ とおき，$W = \langle \boldsymbol{a}_1, \boldsymbol{a}_2 \rangle$ とおく．

(1) ベクトル $\boldsymbol{c} = \begin{bmatrix} -2 \\ 3 \\ 0 \\ 4 \end{bmatrix}$ を W のベクトルと $W^{\perp}$ のベクトルの和として表せ．

(2) $W^{\perp}$ の基底を（1 つ）求めよ．

考え方 まず，W の基底にグラム・シュミットの直交化法を適用して W の正規直交基底を求める．定理 8.1.9 の証明の方法に従って求める．

解答　(1) $\operatorname{rank}\begin{bmatrix}\boldsymbol{a}_1 \, \boldsymbol{a}_2\end{bmatrix} = \operatorname{rank}\begin{bmatrix} 1 & 1 \\ 0 & -1 \\ -1 & 0 \\ 1 & 1 \end{bmatrix} = 2$ である（確かめよ）から，$\boldsymbol{a}_1, \boldsymbol{a}_2$ は線形独立である．したがって，$(\boldsymbol{a}_1, \boldsymbol{a}_2)$ は W の基底である．これにグラム・シュミットの直交化法を適用して $\boldsymbol{u}_1 = \begin{bmatrix} \frac{1}{\sqrt{3}} \\ 0 \\ -\frac{1}{\sqrt{3}} \\ \frac{1}{\sqrt{3}} \end{bmatrix}, \boldsymbol{u}_2 = \begin{bmatrix} \frac{1}{\sqrt{15}} \\ -\frac{3}{\sqrt{15}} \\ \frac{2}{\sqrt{15}} \\ \frac{1}{\sqrt{15}} \end{bmatrix}$ を得る（計算せよ）．$(\boldsymbol{u}_1, \boldsymbol{u}_2)$ は W の正規直交基底である．

$$\boldsymbol{w} = (\boldsymbol{c}, \boldsymbol{u}_1)\boldsymbol{u}_1 + (\boldsymbol{c}, \boldsymbol{u}_2)\boldsymbol{u}_2 = \frac{2}{\sqrt{3}}\boldsymbol{u}_1 - \frac{7}{\sqrt{15}}\boldsymbol{u}_2 = \begin{bmatrix} \frac{1}{5} \\ \frac{7}{5} \\ -\frac{8}{5} \\ \frac{1}{5} \end{bmatrix}, \quad \boldsymbol{z} = \boldsymbol{c} - \boldsymbol{w} = \begin{bmatrix} -\frac{11}{5} \\ \frac{8}{5} \\ \frac{8}{5} \\ \frac{19}{5} \end{bmatrix}$$

とおくと，$\boldsymbol{c} = \boldsymbol{w} + \boldsymbol{z}$，$\boldsymbol{w} \in W$，$\boldsymbol{z} \in W^{\perp}$．

(2)

$$W^{\perp} = \{ \boldsymbol{x} \in \mathbf{K}^4 \mid (\boldsymbol{x}, \boldsymbol{a}_1) = 0, (\boldsymbol{x}, \boldsymbol{a}_2) = 0 \} = \left\{ \begin{bmatrix} x_1 \\ x_2 \\ x_3 \\ x_4 \end{bmatrix} \;\middle|\; \begin{cases} x_1 \qquad\; - x_3 + x_4 = 0 \\ x_1 - x_2 \qquad\; + x_4 = 0 \end{cases} \right\}$$

である．斉次線形方程式を解いて（計算せよ），$\left(\begin{bmatrix}1\\1\\1\\0\end{bmatrix}, \begin{bmatrix}-1\\0\\0\\1\end{bmatrix}\right)$ は $W^\perp$ の基底である．

□

注意 ベクトルの内積によって定義されるグラム行列という行列を用いる方法もある．演習 8.2 を参照せよ．

問題 8.1.5 $\boldsymbol{a}_1 = \begin{bmatrix}2\\1\\-2\\1\end{bmatrix}, \boldsymbol{a}_2 = \begin{bmatrix}1\\2\\-1\\2\end{bmatrix}$ とおき，$W = \langle \boldsymbol{a}_1, \boldsymbol{a}_2 \rangle$ とおく．

(1) ベクトル $\boldsymbol{c} = \begin{bmatrix}1\\3\\2\\4\end{bmatrix}$ を W のベクトルと $W^\perp$ のベクトルの和として表せ．

(2) $W^\perp$ の基底を（1つ）求めよ．

8.2 ユニタリ行列

定義 8.2.1（$\mathbf{K}$ の数を成分とする）n 次正方行列 A に対して $\overline{{}^tA}$ を A の**随伴行列**とよび，A^* と記す．

命題 8.2.1 A を n 次正方行列，$\boldsymbol{x}, \boldsymbol{y} \in \mathbf{K}^n$，$\lambda \in \mathbf{K}$ とする．

(1) $(A\boldsymbol{x}, \boldsymbol{y}) = (\boldsymbol{x}, A^*\boldsymbol{y})$，$(\boldsymbol{x}, A\boldsymbol{y}) = (A^*\boldsymbol{x}, \boldsymbol{y})$.

(2) $(A^*)^* = A$，$(A+B)^* = A^* + B^*$，$(\lambda A)^* = \overline{\lambda} A^*$，$(AB)^* = B^*A^*$.

(3) A が正則ならば A^* も正則で，$(A^*)^{-1} = \left(A^{-1}\right)^*$.

証明 (1) $(A\boldsymbol{x}, \boldsymbol{y}) = {}^t(A\boldsymbol{x})\overline{\boldsymbol{y}} = ({}^t\boldsymbol{x}\,{}^tA)\overline{\boldsymbol{y}} = {}^t\boldsymbol{x}({}^tA\overline{\boldsymbol{y}}) = {}^t\boldsymbol{x}(\overline{\overline{{}^tA}\boldsymbol{y}}) = (\boldsymbol{x}, A^*\boldsymbol{y})$.

$(\boldsymbol{x}, A\boldsymbol{y}) = {}^t\boldsymbol{x}\overline{A\boldsymbol{y}} = {}^t\boldsymbol{x}\,{}^t({}^t\overline{A})\overline{\boldsymbol{y}} = {}^t({}^t\overline{A}\boldsymbol{x})\overline{\boldsymbol{y}} = (A^*\boldsymbol{x}, \boldsymbol{y})$.

(2) $(A^*)^* = \overline{{}^tA^*} = {}^t\left(\overline{\overline{{}^tA}}\right) = {}^t({}^t\overline{\overline{A}}) = (\overline{\overline{A}}) = A$，$(A+B)^* = \overline{{}^t(A+B)} = \overline{{}^tA} + \overline{{}^tB} = A^* + B^*$，

$(\lambda A)^* = \overline{{}^t(\lambda A)} = \overline{\lambda\,{}^tA} = \overline{\lambda}\,\overline{{}^tA} = \overline{\lambda}A^*$，$(AB)^* = \overline{{}^t(AB)} = \overline{{}^tB\,{}^tA} = B^*A^*$.

(3) 等式 $A\,A^{-1} = E$ の両辺の随伴行列をとると $\left(A^{-1}\right)^* A^* = E$ を得る．ゆえに A^* も正則で，$(A^*)^{-1} = \left(A^{-1}\right)^*$.

□

n 次正方行列 A を列ベクトル表示して $A = \begin{bmatrix} \boldsymbol{a}_1 \, \boldsymbol{a}_2 \, \cdots \boldsymbol{a}_n \end{bmatrix}$ と表し，行列

$$\begin{bmatrix} (\boldsymbol{a}_1, \boldsymbol{a}_1) & (\boldsymbol{a}_1, \boldsymbol{a}_2) & \cdots\cdots & (\boldsymbol{a}_1, \boldsymbol{a}_n) \\ (\boldsymbol{a}_2, \boldsymbol{a}_1) & (\boldsymbol{a}_2, \boldsymbol{a}_2) & \cdots\cdots & (\boldsymbol{a}_2, \boldsymbol{a}_n) \\ \cdots & \cdots & \cdots & \cdots \\ (\boldsymbol{a}_n, \boldsymbol{a}_1) & (\boldsymbol{a}_n, \boldsymbol{a}_2) & \cdots\cdots & (\boldsymbol{a}_n, \boldsymbol{a}_n) \end{bmatrix} = \begin{bmatrix} {}^t\boldsymbol{a}_1\overline{\boldsymbol{a}_1} & {}^t\boldsymbol{a}_1\overline{\boldsymbol{a}_2} & \cdots\cdots & {}^t\boldsymbol{a}_1\overline{\boldsymbol{a}_n} \\ {}^t\boldsymbol{a}_2\overline{\boldsymbol{a}_1} & {}^t\boldsymbol{a}_2\overline{\boldsymbol{a}_2} & \cdots\cdots & {}^t\boldsymbol{a}_2\overline{\boldsymbol{a}_n} \\ \cdots & \cdots & \cdots & \cdots \\ {}^t\boldsymbol{a}_n\overline{\boldsymbol{a}_1} & {}^t\boldsymbol{a}_n\overline{\boldsymbol{a}_2} & \cdots\cdots & {}^t\boldsymbol{a}_n\overline{\boldsymbol{a}_n} \end{bmatrix} = {}^tA\overline{A}$$

を考えると

$$\boldsymbol{a}_1, \boldsymbol{a}_2, \ldots, \boldsymbol{a}_n \text{ が正規直交系である} \iff {}^tA\overline{A} = E \iff {}^t\overline{A}A = E \iff A^*A = E.$$

定義 8.2.2 n 次正方行列 A が条件「$A^*A = E$」を満たすとき，A を**ユニタリ行列**とよぶ．
成分がすべて実数である行列（実行列）がユニタリ行列のとき，**直交行列**とよぶ．

> n 次正方行列 $A = \begin{bmatrix} \boldsymbol{a}_1 \, \boldsymbol{a}_2 \, \cdots \boldsymbol{a}_n \end{bmatrix}$ について
>
> $\boldsymbol{a}_1, \boldsymbol{a}_2, \ldots, \boldsymbol{a}_n$ が正規直交系である $\iff$ A はユニタリ行列である $(A^*A = E)$

例題 8.2.1 次の正則行列からグラム・シュミットの直交化法により，直交行列，ユニタリ行列をつくれ．

(1) $A = \begin{bmatrix} 1 & 3 & 4 \\ 2 & -1 & 2 \\ 2 & 1 & 2 \end{bmatrix}$　　(2) $B = \begin{bmatrix} i & 0 & 1 \\ 0 & -i & 1 \\ 1 & 1 & i \end{bmatrix}$

考え方 行列の列ベクトルにグラム・シュミットの直交化法を適用して正規直交系をつくり，それを並べて直交行列やユニタリ行列をつくる．

解答 (1) $\begin{bmatrix} \frac{1}{3} & \frac{8}{3\sqrt{10}} & \frac{4}{3\sqrt{10}} \\ \frac{2}{3} & -\frac{5}{3\sqrt{10}} & \frac{5}{3\sqrt{10}} \\ \frac{2}{3} & \frac{1}{3\sqrt{10}} & -\frac{7}{3\sqrt{10}} \end{bmatrix}$.

(2) $B = \begin{bmatrix} \boldsymbol{b}_1 \, \boldsymbol{b}_2 \, \boldsymbol{b}_3 \end{bmatrix}$ と列ベクトル表示し，求めるユニタリ行列を $U = \begin{bmatrix} \boldsymbol{u}_1 \, \boldsymbol{u}_2 \, \boldsymbol{u}_3 \end{bmatrix}$ とおく．

$$\boldsymbol{u}_1 = \frac{1}{\|\boldsymbol{b}_1\|}\boldsymbol{b}_1 = \begin{bmatrix} \frac{i}{\sqrt{2}} \\ 0 \\ \frac{1}{\sqrt{2}} \end{bmatrix}.$$

$$c_2 = b_2 - (b_2, u_1)u_1 = b_2 - \frac{(b_2, b_1)}{\|b_1\|^2}b_1 = b_2 - \frac{1}{2}b_1 = \begin{bmatrix} -\frac{i}{2} \\ -i \\ \frac{1}{2} \end{bmatrix}, \ u_2 = \frac{1}{\|c_2\|}c_2 = \begin{bmatrix} -\frac{i}{\sqrt{6}} \\ -\frac{2i}{\sqrt{6}} \\ \frac{1}{\sqrt{6}} \end{bmatrix}.$$

$$c_3 = b_3 - (b_3, u_1)u_1 - (b_3, u_2)u_2 = b_3 - \frac{(b_3, b_1)}{\|b_1\|^2}b_1 - \frac{(b_3, c_2)}{\|c_2\|^2}c_2 = b_3 + ib_1 - \frac{-2i}{3}c_2$$

$$= \begin{bmatrix} \frac{1}{3} \\ \frac{-1}{3} \\ \frac{i}{3} \end{bmatrix}, \ u_3 = \begin{bmatrix} \frac{1}{\sqrt{3}} \\ \frac{-1}{\sqrt{3}} \\ \frac{i}{\sqrt{3}} \end{bmatrix}.$$

よって，$U = \begin{bmatrix} \frac{i}{\sqrt{2}} & -\frac{i}{\sqrt{6}} & \frac{1}{\sqrt{3}} \\ 0 & -\frac{2i}{\sqrt{6}} & \frac{-1}{\sqrt{3}} \\ \frac{1}{\sqrt{2}} & \frac{1}{\sqrt{6}} & \frac{i}{\sqrt{3}} \end{bmatrix}$.

□

問題 8.2.1 正則行列 $\begin{bmatrix} 1 & -i & 1 \\ i & 3 & 1 \\ 0 & 1 & i \end{bmatrix}$ からグラム・シュミットの直交化法により，ユニタリ行列をつくれ.

ユニタリ行列の次の性質は重要である.

命題 8.2.2　(1) n 次正方行列 A がユニタリ行列ならば A は正則で，$A^{-1} = A^*$ である．A^{-1} もユニタリ行列である.

(2) A, B が n 次ユニタリ行列ならば積 AB もユニタリ行列であり，$(AB)^{-1} = B^*A^*$ である.

証明　(1) 定理 3.2.10 による.

(2) $(AB)(AB)^* = (AB)(B^*A^*) = E$，$(AB)^*(AB) = (B^*A^*)(AB) = E$ である.

□

$(u_1, u_2, \ldots, u_n)$ を $\mathbf{K}^n$ の正規直交基底とする.

正則行列 P により

$$\begin{bmatrix} u_1 \, u_2 \, \cdots \, u_n \end{bmatrix} P = \begin{bmatrix} v_1 \, v_2 \, \cdots \, v_n \end{bmatrix}$$

として，ベクトル $\boldsymbol{v}_1, \boldsymbol{v}_2, \ldots, \boldsymbol{v}_n$ を定める．

行列 $\begin{bmatrix}\boldsymbol{u}_1 \, \boldsymbol{u}_2 \cdots \boldsymbol{u}_n\end{bmatrix}$ はユニタリ行列である．したがって，命題 8.2.2 により

$$P \text{ がユニタリ行列である} \iff [\boldsymbol{v}_1 \, \boldsymbol{v}_2 \cdots \boldsymbol{v}_n] \text{ がユニタリ行列である}$$

すなわち

定理 8.2.3 $\mathbf{K}^n$ の正規直交基底 $(\boldsymbol{u}_1, \boldsymbol{u}_2, \ldots, \boldsymbol{u}_n)$ から正規直交基底 $(\boldsymbol{v}_1, \boldsymbol{v}_2, \ldots, \boldsymbol{v}_n)$ への基底の変換行列 P はユニタリ行列である．

逆に，正規直交基底 $(\boldsymbol{u}_1, \boldsymbol{u}_2, \ldots, \boldsymbol{u}_n)$ とユニタリ行列 P に対して

$$\begin{bmatrix}\boldsymbol{u}_1 \, \boldsymbol{u}_2 \cdots \boldsymbol{u}_n\end{bmatrix} P = \begin{bmatrix}\boldsymbol{v}_1 \, \boldsymbol{v}_2 \cdots \boldsymbol{v}_n\end{bmatrix}$$

としてベクトル $\boldsymbol{v}_1, \boldsymbol{v}_2, \ldots, \boldsymbol{v}_n$ を定めると，$(\boldsymbol{v}_1, \boldsymbol{v}_2, \ldots, \boldsymbol{v}_n)$ は正規直交基底である．

P を n 次正則行列とする．$\mathbf{K}^n$ の正規直交基底 $(\boldsymbol{u}_1, \boldsymbol{u}_2, \ldots, \boldsymbol{u}_n)$ の各ベクトルに P をかけると $(P\boldsymbol{u}_1, P\boldsymbol{u}_2, \ldots, P\boldsymbol{u}_n)$ もまた $\mathbf{K}^n$ の基底であるが，正規直交系であろうか．

命題 8.2.4 $(\boldsymbol{u}_1, \boldsymbol{u}_2, \ldots, \boldsymbol{u}_n)$ を $\mathbf{K}^n$ の正規直交基底とする．n 次正則行列 P について

$$P \text{ がユニタリ行列} \iff (P\boldsymbol{u}_1, P\boldsymbol{u}_2, \ldots, P\boldsymbol{u}_n) \text{ が正規直交基底である．}$$

証明 $\begin{bmatrix}P\boldsymbol{u}_1 \, P\boldsymbol{u}_2 \cdots P\boldsymbol{u}_n\end{bmatrix} = P\begin{bmatrix}\boldsymbol{u}_1 \, \boldsymbol{u}_2 \cdots \boldsymbol{u}_n\end{bmatrix}$ であり，行列 $\begin{bmatrix}\boldsymbol{u}_1 \, \boldsymbol{u}_2 \cdots \boldsymbol{u}_n\end{bmatrix}$ はユニタリ行列であるから，命題 8.2.2 により

$$\begin{aligned} P \text{ がユニタリ行列} &\iff \begin{bmatrix}P\boldsymbol{u}_1 \, P\boldsymbol{u}_2 \cdots P\boldsymbol{u}_n\end{bmatrix} \text{ がユニタリ行列} \\ &\iff (P\boldsymbol{u}_1, P\boldsymbol{u}_2, \ldots, P\boldsymbol{u}_n) \text{ が正規直交基底である．} \end{aligned}$$

□

定理 8.2.5 n 次正方行列 A について次は同値である．

(1) A はユニタリ行列である．

(2) 任意のベクトル $\boldsymbol{x}, \boldsymbol{y} \in \mathbf{K}^n$ について $(A\boldsymbol{x}, A\boldsymbol{y}) = (\boldsymbol{x}, \boldsymbol{y})$.

(3) 任意のベクトル $\boldsymbol{x} \in \mathbf{K}^n$ について $\|A\boldsymbol{x}\| = \|\boldsymbol{x}\|$.

(4) $A = \begin{bmatrix}\boldsymbol{a}_1 \, \boldsymbol{a}_2 \cdots \boldsymbol{a}_n\end{bmatrix}$ と列ベクトル表示すると $(\boldsymbol{a}_1, \boldsymbol{a}_2, \ldots, \boldsymbol{a}_n)$ は $\mathbf{K}^n$ の正規直交基底である．

特に，正則行列の列ベクトルにグラム・シュミットの直交化法を適用してユニタリ行列を得る．

証明　• (1) $\Rightarrow$ (2) であること．A がユニタリ行列ならば，任意のベクトル $\boldsymbol{x}$，$\boldsymbol{y} \in \mathbf{K}^n$ について

$$(A\boldsymbol{x}, A\boldsymbol{y}) = (\boldsymbol{x}, A^*(A\boldsymbol{y})) = (\boldsymbol{x}, (A^*A)\boldsymbol{y}) = (\boldsymbol{x}, \boldsymbol{y}).$$

• (2) $\Rightarrow$ (3) であること．任意のベクトル $\boldsymbol{x}, \boldsymbol{y} \in \mathbf{K}^n$ について $(A\boldsymbol{x}, A\boldsymbol{y}) = (\boldsymbol{x}, \boldsymbol{y})$ ならば

$$\|A\boldsymbol{x}\|^2 = (A\boldsymbol{x}, A\boldsymbol{x}) = (\boldsymbol{x}, \boldsymbol{x}) = \|\boldsymbol{x}\|^2.$$

両辺の負でない平方根をとって，$\|A\boldsymbol{x}\| = \|\boldsymbol{x}\|$.

• (3) $\Rightarrow$ (4) であること．任意のベクトル $\boldsymbol{x} \in \mathbf{K}^n$ について $\|A\boldsymbol{x}\| = \|\boldsymbol{x}\|$ が成り立つと仮定する．$A = \begin{bmatrix}\boldsymbol{a}_1\, \boldsymbol{a}_2\, \cdots \boldsymbol{a}_n\end{bmatrix}$ と列ベクトル表示する．基本ベクトル $\boldsymbol{e}_j$ について $A\boldsymbol{e}_j = \boldsymbol{a}_j$ である．したがって

$$\|\boldsymbol{a}_j\| = \|A\boldsymbol{e}_j\| = \|\boldsymbol{e}_j\| = 1.$$

スカラー $\lambda \in \mathbf{K}$ とベクトル $\boldsymbol{x}, \boldsymbol{y} \in \mathbf{K}^n$ について

$$\begin{aligned}\|\lambda\boldsymbol{x} + \boldsymbol{y}\|^2 &= (\lambda\boldsymbol{x} + \boldsymbol{y}, \lambda\boldsymbol{x} + \boldsymbol{y}) = \lambda\overline{\lambda}\|\boldsymbol{x}\|^2 + \lambda(\boldsymbol{x}, \boldsymbol{y}) + \overline{\lambda}(\boldsymbol{y}, \boldsymbol{x}) + \|\boldsymbol{y}\|^2 \\ &= \lambda\overline{\lambda}\|\boldsymbol{x}\|^2 + \lambda(\boldsymbol{x}, \boldsymbol{y}) + \overline{\lambda(\boldsymbol{x}, \boldsymbol{y})} + \|\boldsymbol{y}\|^2\end{aligned}$$

であるから，特に $|\lambda| = 1$ ととれば

$$\|\lambda\boldsymbol{x} + \boldsymbol{y}\|^2 = \|\boldsymbol{x}\|^2 + \lambda(\boldsymbol{x}, \boldsymbol{y}) + \overline{\lambda(\boldsymbol{x}, \boldsymbol{y})} + \|\boldsymbol{y}\|^2.$$

したがって，$\lambda = 1$，$\boldsymbol{x} = \boldsymbol{a}_j = A\boldsymbol{e}_j$，$\boldsymbol{y} = \boldsymbol{a}_k = A\boldsymbol{e}_k$ とすれば，

$$\|\boldsymbol{a}_j + \boldsymbol{a}_k\|^2 = \|\boldsymbol{a}_j\|^2 + (\boldsymbol{a}_j, \boldsymbol{a}_k) + \overline{(\boldsymbol{a}_j, \boldsymbol{a}_k)} + \|\boldsymbol{a}_k\|^2.$$

$j \neq k$ とする．仮定により，$\|\boldsymbol{a}_j + \boldsymbol{a}_k\| = \|A(\boldsymbol{e}_j + \boldsymbol{e}_k)\| = \|\boldsymbol{e}_j + \boldsymbol{e}_k\| = \sqrt{2}$ であるから，上の等式は

$$2 = 1 + (\boldsymbol{a}_j, \boldsymbol{a}_k) + \overline{(\boldsymbol{a}_j, \boldsymbol{a}_k)} + 1$$

となる．よって，$(\boldsymbol{a}_j, \boldsymbol{a}_k) + \overline{(\boldsymbol{a}_j, \boldsymbol{a}_k)} = 0$ を得る．すなわち，$(\boldsymbol{a}_j, \boldsymbol{a}_k)$ の実部は 0 である．
$\mathbf{K} = \mathbf{R}$ のときは $(\boldsymbol{a}_j, \boldsymbol{a}_k) = 0$ である．
$\mathbf{K} = \mathbf{C}$ とする．$(\boldsymbol{a}_j, \boldsymbol{a}_k)$ の実部は 0 であるから，i を虚数単位として $(\boldsymbol{a}_j, \boldsymbol{a}_k) = it\ (t \in \mathbf{R})$ と表される．
次に，$\lambda = i$ とし，$\boldsymbol{x} = \boldsymbol{a}_j = A\boldsymbol{e}_j$，$\boldsymbol{y} = \boldsymbol{a}_k = A\boldsymbol{e}_k$ とすれば，

$$\|i\boldsymbol{a}_j + \boldsymbol{a}_k\|^2 = \|i\boldsymbol{a}_j\|^2 + i(\boldsymbol{a}_j, \boldsymbol{a}_k) + \overline{i(\boldsymbol{a}_j, \boldsymbol{a}_k)} + \|\boldsymbol{a}_k\|^2.$$

仮定により，$\|i\boldsymbol{a}_j + \boldsymbol{a}_k\| = \|A(i\boldsymbol{e}_j + \boldsymbol{e}_k)\| = \|i\boldsymbol{e}_j + \boldsymbol{e}_k\| = \sqrt{2}$ であるから，上の等式は

$$2 = 1 + i(\boldsymbol{a}_j, \boldsymbol{a}_k) + \overline{i(\boldsymbol{a}_j, \boldsymbol{a}_k)} + 1$$

となる．よって，$i(\boldsymbol{a}_j, \boldsymbol{a}_k) + \overline{i(\boldsymbol{a}_j, \boldsymbol{a}_k)} = 0$ を得る．すなわち，$i(\boldsymbol{a}_j, \boldsymbol{a}_k) = -t$ の実部は 0 である．つまり，$t = 0$．したがって，$(\boldsymbol{a}_j, \boldsymbol{a}_k) = 0$ である．

よって，$\boldsymbol{a}_1, \boldsymbol{a}_2, \ldots, \boldsymbol{a}_n$ は正規直交系である．$\dim \mathbf{K}^n = n$ であるから，$(\boldsymbol{a}_1, \boldsymbol{a}_2, \ldots, \boldsymbol{a}_n)$ は $\mathbf{K}^n$ の正規直交基底である．

- (4) ⇒ (1) であること．$A = \begin{bmatrix}\boldsymbol{a}_1 \, \boldsymbol{a}_2 \cdots \boldsymbol{a}_n\end{bmatrix}$ と列ベクトル表示したとき $(\boldsymbol{a}_1, \boldsymbol{a}_2, \ldots, \boldsymbol{a}_n)$ が $\mathbf{K}^n$ の正規直交基底ならば，A はユニタリ行列である．

□

A を n 次正方行列とする．$(A\boldsymbol{x}, \boldsymbol{y}) = (\boldsymbol{x}, A\boldsymbol{y}) \Longleftrightarrow (\boldsymbol{x}, A^*\boldsymbol{y}) = (\boldsymbol{x}, A\boldsymbol{y})$ であるから

任意のベクトル $\boldsymbol{x}, \boldsymbol{y} \in \mathbf{K}^n$ について $(A\boldsymbol{x}, \boldsymbol{y}) = (\boldsymbol{x}, A\boldsymbol{y})$
$\Longleftrightarrow$ 任意のベクトル $\boldsymbol{x}, \boldsymbol{y} \in \mathbf{K}^n$ について $(\boldsymbol{x}, A^*\boldsymbol{y}) = (\boldsymbol{x}, A\boldsymbol{y})$
$\Longleftrightarrow$ 任意のベクトル $\boldsymbol{y} \in \mathbf{K}^n$ について $A^*\boldsymbol{y} = A\boldsymbol{y}$
$\Longleftrightarrow A^* = A$

定義 8.2.3 n 次正方行列 A が条件「$A^* = A$」を満たすとき**エルミート行列**とよぶ．実数行列がエルミート行列であるとき対称行列であるという：${}^tA = A$．

上の考察をまとめると

定理 8.2.6 n 次正方行列 A について

任意のベクトル $\boldsymbol{x}, \boldsymbol{y} \in \mathbf{K}^n$ について $(\boldsymbol{x}, A^*\boldsymbol{y}) = (\boldsymbol{x}, A\boldsymbol{y}) \Longleftrightarrow A$ はエルミート行列 $(A^* = A)$

8.3 内積と正方行列

$\mathbf{K} = \mathbf{C}$ とする．n 次正方行列 A についての条件

どのベクトル $\boldsymbol{x}$，$\boldsymbol{y} \in \mathbf{C}^n$ に対しても等式 $(A\boldsymbol{x}, A\boldsymbol{y}) = (A^*\boldsymbol{x}, A^*\boldsymbol{y})$ が成り立つ

を考える．内積の性質により $(A\boldsymbol{x}, A\boldsymbol{y}) = (\boldsymbol{x}, A^*A\boldsymbol{y}), (A^*\boldsymbol{x}, A^*\boldsymbol{y}) = (\boldsymbol{x}, AA^*\boldsymbol{y})$ が得られるから，この条件は $A^*A = AA^*$ が成り立つことと同値である．そこで

定義 8.3.1 n 次正方行列 A が条件

$$A^*A = AA^*$$

を満たすとき，A を**正規行列**とよぶ．

突然ではあるが，あるユニタリ行列 $U = \begin{bmatrix} \boldsymbol{u}_1 \, \boldsymbol{u}_2 \cdots \boldsymbol{u}_n \end{bmatrix}$ による相似な行列が

$$U^* A\, U = U^{-1} AU = \begin{bmatrix} \lambda_1 & & & 0 \\ & \lambda_2 & & \\ & & \ddots & \\ 0 & & & \lambda_n \end{bmatrix} (= T \text{ とおく})$$

となっているとしよう．等式 $U^*AU = T$ の両辺の随伴行列をとると $U^*A^*U = T^* = \overline{T} = \begin{bmatrix} \overline{\lambda_1} & & & 0 \\ & \overline{\lambda_2} & & \\ & & \ddots & \\ 0 & & & \overline{\lambda_n} \end{bmatrix}$ を得る．等式 $U^*AU = T$，$U^*A^*U = \overline{T}$ の両辺の積をとると $T\,T^* = (U^*AU)(U^*A^*U) = U^*(A\,A^*)U$，$T^*T = (U^*A^*U)(U^*AU) = U^*(A^*A)U$ であるが，T, T^* は対角行列であるから，$T\,T^* = T^*T$ が成り立つ．ゆえに $A^*A = AA^*$ が成り立つ．つまり，**ユニタリ行列によって対角化される正方行列は正規行列である**．

次のことにも注意しよう．$(\boldsymbol{u}_1, \boldsymbol{u}_2, \ldots, \boldsymbol{u}_n)$ は $\mathbf{C}^n$ の正規直交基底である．$\lambda_1, \lambda_2, \ldots, \lambda_n$ は A の固有値であり，$j = 1, 2, \ldots, n$ に対してベクトル $\boldsymbol{u}_j$ は固有値 λ_j に属する固有ベクトルである．$\overline{\lambda_j}$ は A^* の固有値であり，ベクトル $\boldsymbol{u}_j$ は A^* の固有値 $\overline{\lambda_j}$ に属する固有ベクトルである．

以下の目標は，正規行列はユニタリ行列によって対角化されることを示すことである．まず，次が成り立つ．

命題 8.3.1 A を n 次正規行列とし，λ を A の固有値，$\boldsymbol{u}$ を λ に属する固有ベクトルとする．

(1) $\overline{\lambda}$ は A^* の固有値であり，$\boldsymbol{u}$ は A^* の固有値 $\overline{\lambda}$ に属する固有ベクトルである．

(2) $\boldsymbol{u}$ に直交するベクトル $\boldsymbol{z}$ に対して，$A\boldsymbol{z}$ もまた $\boldsymbol{u}$ に直交する．言い換えると，部分空間 $\langle \boldsymbol{u} \rangle$ の直交補空間 $\langle \boldsymbol{u} \rangle^\perp$ に含まれるベクトル $\boldsymbol{z}$ に対して $A\boldsymbol{z}$ もまた $\langle \boldsymbol{u} \rangle^\perp$ に含まれる．

(3) μ が λ とは異なる固有値で，$\boldsymbol{v}$ が μ に属する固有ベクトルならば，$\boldsymbol{v}$ と $\boldsymbol{u}$ は直交する．

証明 (1) 定理 8.1.9 により，$A^*\boldsymbol{u}$ は $\langle \boldsymbol{u} \rangle$ に属するベクトルと $\langle \boldsymbol{u} \rangle^\perp$ に属するベクトルとの和として一意的に表される．そこで，スカラー α と $\langle \boldsymbol{u} \rangle^\perp$ に属するベクトル $\boldsymbol{z}$ を用いて $A^*\boldsymbol{u} = \alpha\boldsymbol{u} + \boldsymbol{z}$ と表そう．このとき，$(A^*\boldsymbol{u}, \boldsymbol{u}) = (\alpha\boldsymbol{u} + \boldsymbol{z}, \boldsymbol{u}) = \alpha(\boldsymbol{u}, \boldsymbol{u})$ であるが，一方，$(A^*\boldsymbol{u}, \boldsymbol{u}) = (\boldsymbol{u}, A\boldsymbol{u}) = (\boldsymbol{u}, \lambda\boldsymbol{u}) = \overline{\lambda}(\boldsymbol{u}, \boldsymbol{u})$ であるから，$\alpha(\boldsymbol{u}, \boldsymbol{u}) = \overline{\lambda}(\boldsymbol{u}, \boldsymbol{u})$ を得る．したがって，$\alpha = \overline{\lambda}$ であり，$A^*\boldsymbol{u} = \overline{\lambda}\boldsymbol{u} + \boldsymbol{z}$ である．$(\boldsymbol{u}, \boldsymbol{z}) = 0$ であるから，$(A^*\boldsymbol{u}, A^*\boldsymbol{u}) = (\overline{\lambda}\boldsymbol{u} + \boldsymbol{z}, \overline{\lambda}\boldsymbol{u} + \boldsymbol{z}) = (\overline{\lambda}\boldsymbol{u}, \overline{\lambda}\boldsymbol{u}) + (\boldsymbol{z}, \boldsymbol{z}) = |\lambda|^2(\boldsymbol{u}, \boldsymbol{u}) + (\boldsymbol{z}, \boldsymbol{z})$ を得る．一方，$(A^*\boldsymbol{u}, A^*\boldsymbol{u}) = (A\boldsymbol{u}, A\boldsymbol{u}) = (\lambda\boldsymbol{u}, \lambda\boldsymbol{u}) = |\lambda|^2(\boldsymbol{u}, \boldsymbol{u})$ である．よって，$|\lambda|^2(\boldsymbol{u}, \boldsymbol{u}) + (\boldsymbol{z}, \boldsymbol{z}) = |\lambda|^2(\boldsymbol{u}, \boldsymbol{u})$ が成り立つ．すなわち，$(\boldsymbol{z}, \boldsymbol{z}) = 0$ であり，$\boldsymbol{z} = \boldsymbol{0}$ である．

(2) $(A\boldsymbol{z}, \boldsymbol{u}) = (\boldsymbol{z}, A^*\boldsymbol{u}) = (\boldsymbol{z}, \overline{\lambda}\boldsymbol{u}) = \lambda(\boldsymbol{z}, \boldsymbol{u}) = \lambda \cdot 0 = 0$.

(3) $\lambda(\boldsymbol{u}, \boldsymbol{v}) = (\lambda\boldsymbol{u}, \boldsymbol{v}) = (A\boldsymbol{u}, \boldsymbol{v}) = (\boldsymbol{u}, A^*\boldsymbol{v}) = (\boldsymbol{u}, \overline{\mu}\boldsymbol{v}) = \mu(\boldsymbol{u}, \boldsymbol{v})$ であり，$\lambda \neq \mu$ であるから，$(\boldsymbol{u}, \boldsymbol{v}) = 0$.

□

定理 8.3.2 正規行列はユニタリ行列により対角化可能である．

証明 A を n 次正規行列とし，$\lambda_1, \lambda_2, \ldots, \lambda_k$ を A の相異なる固有値とする．$W = \mathrm{ES}(A)$ とおく．$\dim V(\lambda_j) = d_j$ とおき，定理 7.2.4 (3) のように，固有空間 $V(\lambda_j)$ の基底をとり，これらをまとめて W の基底 $(\boldsymbol{w}_1^{(1)}, \ldots, \boldsymbol{w}_{d_1}^{(1)}, \boldsymbol{w}_1^{(2)}, \ldots, \boldsymbol{w}_{d_2}^{(2)}, \ldots, \boldsymbol{w}_1^{(k)}, \ldots, \boldsymbol{w}_{d_k}^{(k)})$ をとる．

(1) $W^{\perp} = V(\lambda_1)^{\perp} \cap \cdots \cap V(\lambda_k)^{\perp}$ である．ゆえに，ベクトル $\boldsymbol{x} \in W^{\perp}$ に対して $A\boldsymbol{x}$ も $W^{\perp}$ に属する．

証明 命題 8.1.8 (4) により，ベクトル $\boldsymbol{x} \in \mathbf{C}^n$ について

$$\boldsymbol{x} \in W^{\perp} \iff \text{どの } j = 1, \ldots, k \text{ についても } (\boldsymbol{x}, \boldsymbol{u}_1^{(j)}) = 0, \ldots, (\boldsymbol{x}, \boldsymbol{u}_{d_j}^{(j)}) = 0$$
$$\iff \boldsymbol{x} \in V(\lambda_1)^{\perp} \cap \cdots \cap V(\lambda_k)^{\perp}.$$

後半は，命題 8.3.1(2) による．

(2) $W = \mathbf{C}^n$ である．ゆえに，行列 A は対角化可能である．

証明 $W \neq \mathbf{C}^n$ と仮定する．$l = \dim W \left(= \sum_{j=1}^{k} d_j \right)$, $m = \dim W^{\perp}$ とおく．$(z_1, z_2, \ldots, z_m)$ を $W^{\perp}$ の基底とする．(1) により，$q = 1, \ldots, m$ について Az_q は $W^{\perp}$ に属するから $z_1, z_2, \ldots, z_m$ の線形結合である．$Az_q = c_{1q}z_1 + c_{2q}z_2 + \cdots + c_{mq}z_m$ と表す．$C = \left[c_{pq}\right]$ とおくと，$A\left[z_1, z_2, \ldots, z_m\right] = \left[z_1, z_2, \ldots, z_m\right]C$ が成り立つ．記号を簡単にするために，最初にとった W の基底を $(\boldsymbol{w}_1, \boldsymbol{w}_2, \ldots, \boldsymbol{w}_l)$ と書くことにする．このとき，等式

$$A\left[\boldsymbol{w}_1 \cdots \boldsymbol{w}_l\, z_1 \cdots z_m\right] = \left[A\boldsymbol{w}_1 \cdots A\boldsymbol{w}_l\, Az_1 \cdots Az_m\right]$$
$$= \left[\boldsymbol{w}_1 \cdots \boldsymbol{w}_l\, z_1 \cdots z_m\right] \left[\begin{array}{ccc|ccc} \lambda_1 & & 0 & & & \\ & \ddots & & & \mathbf{0} & \\ 0 & & \lambda_k & & & \\ \hline & & & c_{11} & \cdots & c_{1m} \\ & \mathbf{0} & & \ddots & & \\ & & & c_{m1} & \cdots & c_{mm} \end{array}\right]$$

が得られる．最後の行列を B とおく．$P = \left[\boldsymbol{w}_1 \cdots \boldsymbol{w}_l\, z_1 \cdots z_m\right]$ とおくと，上の等式から $P^{-1}AP = B$ が得られる．ゆえに，$\phi_A(t) = \phi_B(t) = (t - \lambda_1)^{d_1} \cdots (t - \lambda_k)^{d_k}\phi_C(t)$ である．α を C の固有値とすれば α は A の固有値である．よって，α は $\lambda_1, \lambda_2, \ldots, \lambda_k$ のどれかに

一致する．$\alpha = \lambda_j$ とする．$\boldsymbol{f} = \begin{bmatrix} f_1 \\ \vdots \\ f_m \end{bmatrix} \neq \boldsymbol{0}$ を $\alpha = \lambda_j$ に属する C の固有ベクトルとし，$z = f_1 z_1 + f_2 z_2 + \cdots + f_m z_m$ とおくと

$$Az = A(f_1 z_1 + f_2 z_2 + \cdots + f_m z_m) = A\begin{bmatrix} z_1 \cdots z_m \end{bmatrix}\begin{bmatrix} f_1 \\ \vdots \\ f_m \end{bmatrix} = \begin{bmatrix} z_1 \cdots z_m \end{bmatrix} C \begin{bmatrix} f_1 \\ \vdots \\ f_m \end{bmatrix}$$
$$= \begin{bmatrix} z_1 \cdots z_m \end{bmatrix}\left(\lambda_j \begin{bmatrix} f_1 \\ \vdots \\ f_m \end{bmatrix}\right) = \lambda_j (f_1 z_1 + f_2 z_2 + \cdots + f_m z_m) = \lambda_j z$$

を得る．すなわち，ベクトル z は固有値 λ_j に属する A の固有ベクトルである．よって，$z \in W$ であり，$z \in W \cap W^{\perp} = \{\boldsymbol{0}\}$ を得る．ゆえに，$f_1 = \cdots = f_m = 0$ でなければならない．これはベクトル $\boldsymbol{f}$ が C の固有ベクトルであることに矛盾する．したがって，$\mathrm{ES}(A) = \mathbf{C}^n$ である．

(3) A はユニタリ行列で対角化可能である．

証明 固有空間 $V(\lambda_j)$ の基底 $(\boldsymbol{w}_1^{(j)}, \ldots, \boldsymbol{w}_{d_j}^{(j)})$ にグラム・シュミットの直交化法を施し，$V(\lambda_j)$ の正規直交基底 $(\boldsymbol{u}_1^{(j)}, \ldots, \boldsymbol{u}_{d_j}^{(j)})$ をつくる．命題 8.3.1 (3) により，A の相異なる固有値に対する固有空間は直交するから，$V(\lambda_j)$ の正規直交基底を並べて $\mathbf{C}^n = \mathrm{ES}(A)$ の基底 $(\boldsymbol{u}_1^{(1)}, \ldots, \boldsymbol{u}_{d_1}^{(1)}, \boldsymbol{u}_1^{(2)}, \ldots, \boldsymbol{u}_{d_2}^{(2)}, \ldots, \boldsymbol{u}_1^{(k)}, \ldots, \boldsymbol{u}_{d_k}^{(k)})$ をつくると，これは $\mathbf{C}^n$ の正規直交基底である．このベクトルを並べて行列 $U = \begin{bmatrix} \boldsymbol{u}_1^{(1)} \cdots \boldsymbol{u}_{d_1}^{(1)} \cdots \boldsymbol{u}_1^{(k)} \cdots \boldsymbol{u}_{d_k}^{(k)} \end{bmatrix}$ をつくると，これはユニタリ行列であり，$\boldsymbol{u}_1^{(j)}, \ldots, \boldsymbol{u}_{d_j}^{(j)}$ は固有値 λ_j に属する固有ベクトルであるから

$$U^*AU\ (= U^{-1}AU) = \begin{bmatrix} \lambda_1 & & & & & \\ & \ddots & & & \text{\Large 0} & \\ & & \lambda_1 & & & \\ & & & \ddots & & \\ & & & & \lambda_k & \\ & \text{\Large 0} & & & & \ddots & \\ & & & & & & \lambda_k \end{bmatrix}.$$

ここで，固有値 λ_j は対角線上に連続して d_j 個並んでいる．

□

n 次正方行列 A がエルミート行列であるとは $A^* = A$ が成り立つということであった．したがって，エルミート行列は正規行列である．

> **定理 8.3.3**　(1) エルミート行列の固有値は実数である.
> (2) エルミート行列の相異なる固有値に属する固有ベクトルは直交する.
> (3) エルミート行列はユニタリ行列により対角化可能である.

証明　A を n 次エルミート行列とする．A は正規行列である．λ を A の固有値とし，$\boldsymbol{u}$ を λ に属する固有ベクトルとする．命題 8.3.1 (1) により，$A^*\boldsymbol{u} = \overline{\lambda}\boldsymbol{u}$ が成り立つ．一方，A はエルミート行列であるから $A^* = A$ であり，$\boldsymbol{u}$ は λ に属する固有ベクトルであったから $A\boldsymbol{u} = \lambda\boldsymbol{u}$ が成り立つ．よって，$A^*\boldsymbol{u} = A\boldsymbol{u} = \lambda\boldsymbol{u}$．ゆえに，$\overline{\lambda}\boldsymbol{u} = \lambda\boldsymbol{u}$．$\boldsymbol{u} \neq \boldsymbol{0}$ であるから，$\overline{\lambda} = \lambda$．すなわち，$\lambda$ は実数である．命題 8.3.1 (3) により定理の (2) が成り立つ．定理 8.3.2 により定理の (3) が成り立つ．□

$\mathbf{K} = \mathbf{R}$ のときを扱う．n 次実正方行列 A が直交行列 P で対角化される，すなわち

$$ {}^tPAP = P^{-1}AP = \begin{bmatrix} \lambda_1 & & & \\ & \lambda_2 & & \text{\huge 0} \\ & & \ddots & \\ \text{\huge 0} & & & \lambda_n \end{bmatrix} \ (= T \text{ とおく}) $$

となるならば，対角成分は実数であり，A の固有値である．上の両辺の転置行列をとることにより ${}^tP\,{}^tAP = {}^t({}^tPAP) = {}^tT = T$ を得る．ゆえに

$$ {}^tA = A. $$

つまり，**直交行列によって対角化される実正方行列は対称行列である**．この逆も成り立つ．

> **定理 8.3.4**　(1) 実 n 次対称行列は（重複も含めて）n 個の固有値をもつ.
> (2) 実対称行列の相異なる固有値に属する固有ベクトルは直交する.
> (3) 実対称行列行列は直交行列により対角化可能である.

証明　A を実 n 次対称行列とする．複素数成分の行列と見て，$A^* = {}^tA = A$ であるから，A はエルミート行列である．特性方程式 $\phi_A(t) = 0$ は（重複も含めて）n 個の解をもち，それらは，定理 8.3.3 (1) により，すべて実数である．すなわち，定理の (1) が成り立つ．定理の (2) は定理 8.3.3 (2) から成り立つことがわかる．実数を成分とするユニタリ行列は直交行列であるから，定理の (3) は定理 8.3.3 (3) から成り立つことがわかる．□

例題 8.3.1 対称行列 $A = \begin{bmatrix} 1 & 1 & -1 \\ 1 & 1 & 1 \\ -1 & 1 & 1 \end{bmatrix}$ を直交行列により対角化せよ．（直交行列も求めること）

考え方 対称行列は対角化可能である．まず，固有値を求めて，固有ベクトルからなる基底を求めれば対角化できる．次にこの基底からグラム・シュミットの直交化法により，正規直交基底をつくればよい．相異なる固有値に属する固有ベクトルは直交する．

解答

$$\lambda E - A = \begin{bmatrix} \lambda-1 & -1 & 1 \\ -1 & \lambda-1 & -1 \\ 1 & -1 & \lambda-1 \end{bmatrix} \longrightarrow \begin{bmatrix} 1 & -1 & \lambda-1 \\ 0 & \lambda-2 & \lambda-2 \\ 0 & \lambda-2 & -\lambda^2+2\lambda \end{bmatrix}$$

$$\longrightarrow \begin{bmatrix} 1 & -1 & \lambda-1 \\ 0 & \lambda-2 & \lambda-2 \\ 0 & 0 & -\lambda^2+\lambda+2 \end{bmatrix} \ (=S(\lambda) \text{ とおく})$$

と変形される．特性多項式は $\phi_A(t) = (t-2)(t^2-t-2) = (t-2)^2(t-1)$ である．固有値は $\lambda = 2$ (重複度 2)，-1 である．

- 固有値 2 に対する固有空間 $V(2)$ の基底を求める．対角化可能であるから，定理 7.2.6 (3) により，$\dim V(2) =$ 固有値 2 の重複度 $= 2$ である．$S(2) = \begin{bmatrix} 1 & -1 & 1 \\ 0 & 0 & 0 \\ 0 & 0 & 0 \end{bmatrix}$ を係数行列とする斉次連立 1 次方程式を解いて $\boldsymbol{a}_1 = \begin{bmatrix} 1 \\ 1 \\ 0 \end{bmatrix}$，$\boldsymbol{a}_2 = \begin{bmatrix} -1 \\ 0 \\ 1 \end{bmatrix}$ とおくと，$V(2) = \langle \boldsymbol{a}_1, \boldsymbol{a}_2 \rangle$ である．$V(2)$ は 2 次元であるから $(\boldsymbol{a}_1, \boldsymbol{a}_2)$ は $V(2)$ の基底である．
- 固有値 -1 に対する固有空間 $V(-1)$ の基底を求める．$\dim V(-1) = 1$ である．$S(-1) = \begin{bmatrix} 1 & -1 & -2 \\ 0 & -3 & -3 \\ 0 & 0 & 0 \end{bmatrix}$ を係数行列とする斉次連立 1 次方程式を解く．

$$S(-1) \longrightarrow \begin{bmatrix} 1 & 0 & -1 \\ 0 & 1 & 1 \\ 0 & 0 & 0 \end{bmatrix}$$

  と変形されるから，$\boldsymbol{a}_3 = \begin{bmatrix} 1 \\ -1 \\ 1 \end{bmatrix}$ は固有ベクトルである．したがって，$(\boldsymbol{a}_3)$ は $V(-1)$ の基底である．

$\boldsymbol{a}_1, \boldsymbol{a}_2, \boldsymbol{a}_3$ は線形独立である．$\mathbf{R}^3$ は 3 次元であるから，$(\boldsymbol{a}_1, \boldsymbol{a}_2, \boldsymbol{a}_3)$ は $\mathbf{R}^3$ の基底である．

$\boldsymbol{a}_1, \boldsymbol{a}_2, \boldsymbol{a}_3$ にグラム・シュミットの直交化法を適用する．$\boldsymbol{p}_1 = \dfrac{1}{\|\boldsymbol{a}_1\|}\boldsymbol{a}_1 = \begin{bmatrix} \frac{1}{\sqrt{2}} \\ \frac{1}{\sqrt{2}} \\ 0 \end{bmatrix}$ とする．

$\boldsymbol{b}_2 = \boldsymbol{a}_2 - (\boldsymbol{a}_2, \boldsymbol{p}_1)\boldsymbol{p}_1 = \begin{bmatrix} -1 \\ 0 \\ 1 \end{bmatrix} - \dfrac{-1}{2}\begin{bmatrix} 1 \\ 1 \\ 0 \end{bmatrix} = \begin{bmatrix} -\frac{1}{2} \\ \frac{1}{2} \\ 1 \end{bmatrix}$ とし，$\boldsymbol{p}_2 = \dfrac{1}{\|\boldsymbol{b}_2\|}\boldsymbol{b}_2 = \begin{bmatrix} -\frac{1}{\sqrt{6}} \\ \frac{1}{\sqrt{6}} \\ \frac{2}{\sqrt{6}} \end{bmatrix}$ とする．

$\boldsymbol{p}_3 = \dfrac{1}{\|\boldsymbol{a}_3\|}\boldsymbol{a}_3 = \begin{bmatrix} \frac{1}{\sqrt{3}} \\ -\frac{1}{\sqrt{3}} \\ \frac{1}{\sqrt{3}} \end{bmatrix}$ とする．$P = [\boldsymbol{p}_1\ \boldsymbol{p}_2\ \boldsymbol{p}_3] = \begin{bmatrix} \frac{1}{\sqrt{2}} & -\frac{1}{\sqrt{6}} & \frac{1}{\sqrt{3}} \\ \frac{1}{\sqrt{2}} & \frac{1}{\sqrt{6}} & -\frac{1}{\sqrt{3}} \\ 0 & \frac{2}{\sqrt{6}} & \frac{1}{\sqrt{3}} \end{bmatrix}$ とおくと，P は直交行列であり

$$ {}^tPAP = \begin{bmatrix} 2 & 0 & 0 \\ 0 & 2 & 0 \\ 0 & 0 & -1 \end{bmatrix}. $$

□

例題 8.3.2 i を虚数単位とする．行列 $A = \begin{bmatrix} 0 & 1 & i \\ -1 & i & 0 \\ i & 0 & i \end{bmatrix}$ について次の問に答えよ．

(1) A は正規行列であることを確かめよ．

(2) ユニタリ行列により A を対角化せよ．(ユニタリ行列も求めること)

考え方 正規行列は対角化可能である．まず，固有値を求めて，固有ベクトルからなる基底を求めれば対角化できる．次にこの基底からグラム・シュミットの直交化法により，正規直交基底をつくればよい．相異なる固有値に属する固有ベクトルは直交する．

解答 (1) $A^* = \begin{bmatrix} 0 & -1 & -i \\ 1 & -i & 0 \\ -i & 0 & -i \end{bmatrix}$ であるから

$$ AA^* = \begin{bmatrix} 0 & 1 & i \\ -1 & i & 0 \\ i & 0 & i \end{bmatrix}\begin{bmatrix} 0 & -1 & -i \\ 1 & -i & 0 \\ -i & 0 & -i \end{bmatrix} = \begin{bmatrix} 2 & -i & 1 \\ i & 2 & i \\ 1 & -i & 2 \end{bmatrix}, $$

$$A^*A = \begin{bmatrix} 0 & -1 & -i \\ 1 & -i & 0 \\ -i & 0 & -i \end{bmatrix} \begin{bmatrix} 0 & 1 & i \\ -1 & i & 0 \\ i & 0 & i \end{bmatrix} = \begin{bmatrix} 2 & -i & 1 \\ i & 2 & i \\ 1 & -i & 2 \end{bmatrix}.$$

ゆえに，$AA^* = A^*A$ であり，A は正規行列である．

(2)

$$\det(tE - A) = \det \begin{bmatrix} t & -1 & -i \\ 1 & t-i & 0 \\ -i & 0 & t-i \end{bmatrix} = -\det \begin{bmatrix} 1 & t-i & 0 \\ t & -1 & -i \\ -i & 0 & t-i \end{bmatrix}$$

$$= -\det \begin{bmatrix} 1 & t-i & 0 \\ 0 & -t^2+it-1 & -i \\ 0 & i(t-i) & t-i \end{bmatrix} = \det \begin{bmatrix} 1 & t-i & 0 \\ 0 & it+1 & t-i \\ 0 & -t^2+it-1 & -i \end{bmatrix}$$

$$= \det \begin{bmatrix} 1 & t-i & 0 \\ 0 & it+1 & t-i \\ 0 & -t^2+2it & t-2i \end{bmatrix} = (t-i)(t-2i)\det \begin{bmatrix} 1 & t-i & 0 \\ 0 & i & 1 \\ 0 & -t & 1 \end{bmatrix}$$

$$= (t-i)(t-2i)(t+i).$$

よって，特性多項式は $\phi_A(t) = (t-2i)(t-i)(t+i)$ である．固有値は $\lambda = 2i, i, -i$ である．上の最後から 2 番目の行列を $S(t)$ とおく．

- 固有値 $2i$ に対する固有空間 $V(2i)$ の基底を求める．行列 $S(2i)$ を係数行列とする斉次連立 1 次方程式を解く．

$$S(2i) = \begin{bmatrix} 1 & i & 0 \\ 0 & -1 & i \\ 0 & 1 & -i \end{bmatrix} \longrightarrow \begin{bmatrix} 1 & i & 0 \\ 0 & 1 & -i \\ 0 & 0 & 0 \end{bmatrix} \longrightarrow \begin{bmatrix} 1 & 0 & -1 \\ 0 & 1 & -i \\ 0 & 0 & 0 \end{bmatrix}$$

と変形されるから，$\boldsymbol{a}_1 = \begin{bmatrix} 1 \\ i \\ 1 \end{bmatrix}$ とおくと，$(\boldsymbol{a}_1)$ は $V(2i)$ の基底である．

- 固有値 i に対する固有空間 $V(i)$ の基底を求める．$S(i) = \begin{bmatrix} 1 & 0 & 0 \\ 0 & 0 & 0 \\ 0 & -1 & -i \end{bmatrix}$ であるから，これを係数行列とする斉次連立 1 次方程式を解いて，$\boldsymbol{a}_2 = \begin{bmatrix} 0 \\ -i \\ 1 \end{bmatrix}$ とおくと，$(\boldsymbol{a}_2)$ は $V(i)$ の基底である．

- 固有値 $-i$ に対する固有空間 $V(-i)$ の基底を求める．行列 $S(-i)$ を係数行列とする斉次連立 1 次方程式を解く．

$$S(-i) = \begin{bmatrix} 1 & -2i & 0 \\ 0 & 2 & -2i \\ 0 & -1 & i \end{bmatrix} \longrightarrow \begin{bmatrix} 1 & -2i & 0 \\ 0 & 1 & -i \\ 0 & 0 & 0 \end{bmatrix} \longrightarrow \begin{bmatrix} 1 & 0 & 2 \\ 0 & 1 & -i \\ 0 & 0 & 0 \end{bmatrix}$$

と変形されるから，$\boldsymbol{a}_3 = \begin{bmatrix} -2 \\ i \\ 1 \end{bmatrix}$ とおくと，$(\boldsymbol{a}_3)$ は $V(-i)$ の基底である．

$j = 1, 2, 3$ に対して $\boldsymbol{u}_j = \dfrac{1}{\|\boldsymbol{a}_j\|}\boldsymbol{a}_j$ とおき，$U = \begin{bmatrix} \boldsymbol{u}_1\, \boldsymbol{u}_2\, \boldsymbol{u}_3 \end{bmatrix} = \begin{bmatrix} \frac{1}{\sqrt{3}} & 0 & -\frac{2}{\sqrt{6}} \\ \frac{i}{\sqrt{3}} & -\frac{i}{\sqrt{2}} & \frac{i}{\sqrt{6}} \\ \frac{1}{\sqrt{3}} & \frac{1}{\sqrt{2}} & \frac{1}{\sqrt{6}} \end{bmatrix}$ とおくと，U はユニタリ行列で

$$U^* A U = \begin{bmatrix} 2i & 0 & 0 \\ 0 & i & 0 \\ 0 & 0 & -i \end{bmatrix}.$$

□

例題 8.3.3 エルミート行列 $A = \begin{bmatrix} -2 & -2i & 2 \\ 2i & 1 & -i \\ 2 & i & 1 \end{bmatrix}$ をユニタリ行列により対角化せよ．（ユニタリ行列も求めること）

考え方 エルミート行列は対角化可能である．まず，固有値を求めて，固有ベクトルからなる基底を求めれば対角化できる．次にこの基底からラム・シュミットの直交化法により，正規直交基底をつくればよい．相異なる固有値に属する固有ベクトルは直交する．

解答

$$\lambda E - A = \begin{bmatrix} \lambda+2 & 2i & -2 \\ -2i & \lambda-1 & i \\ -2 & -i & \lambda-1 \end{bmatrix} \longrightarrow \begin{bmatrix} -2 & -i & \lambda-1 \\ -2i & \lambda-1 & i \\ \lambda+2 & 2i & -2 \end{bmatrix}$$

$$\longrightarrow \begin{bmatrix} -2 & -i & \lambda-1 \\ 0 & \lambda-2 & -i\lambda+2i \\ 0 & -\frac{i}{2}\lambda+i & \frac{1}{2}\lambda^2+\frac{1}{2}\lambda-3 \end{bmatrix} \longrightarrow \begin{bmatrix} -2 & -i & \lambda-1 \\ 0 & \lambda-2 & -i\lambda+2i \\ 0 & 0 & \frac{1}{2}(\lambda-2)(\lambda+4) \end{bmatrix}$$

と変形される．特性多項式は $\phi_A(t) = (t-2)^2(t+4)$ である．固有値は $\lambda = 2$（重複度 2），-4 である．上の最後の行列を $S(\lambda)$ とおく．

- 固有値 -4 に対する固有空間 $V(-4)$ の基底を求める．$S(-4)$ を係数行列とする斉次連立 1 次方程式を解く．

$$S(-4) = \begin{bmatrix} -2 & -i & -5 \\ 0 & -6 & 6i \\ 0 & 0 & 0 \end{bmatrix} \longrightarrow \begin{bmatrix} 1 & \frac{i}{2} & \frac{5}{2} \\ 0 & 1 & -i \\ 0 & 0 & 0 \end{bmatrix} \longrightarrow \begin{bmatrix} 1 & 0 & 2 \\ 0 & 1 & -i \\ 0 & 0 & 0 \end{bmatrix}$$

と変形されるから，$\boldsymbol{a}_1 = \begin{bmatrix} -2 \\ i \\ 1 \end{bmatrix}$ とおくと，$(\boldsymbol{a}_1)$ は $V(-4)$ の基底である．

- 固有値 2 に対する固有空間 $V(2)$ の基底を求める．対角化可能であるから，定理 7.2.6 (3) により，$\dim V(2) =$ 固有値 2 の重複度 $= 2$ である．$S(2) = \begin{bmatrix} -2 & -i & 1 \\ 0 & 0 & 0 \\ 0 & 0 & 0 \end{bmatrix}$ を係数行列とする斉次連立 1 次方程式を解いて，$\boldsymbol{a}_2 = \begin{bmatrix} -\frac{i}{2} \\ 1 \\ 0 \end{bmatrix}$, $\boldsymbol{a}_3 = \begin{bmatrix} \frac{1}{2} \\ 0 \\ 1 \end{bmatrix}$ とおくと $V(2) = \langle \boldsymbol{a}_2, \boldsymbol{a}_3 \rangle$ である．$V(2)$ は 2 次元であるから $(\boldsymbol{a}_2, \boldsymbol{a}_3)$ は $V(2)$ の基底である．

$\boldsymbol{a}_1, \boldsymbol{a}_2$, $\boldsymbol{a}_3$ にグラム・シュミットの直交化法を適用する．$\boldsymbol{u}_1 = \dfrac{1}{\|\boldsymbol{a}_1\|}\boldsymbol{a}_1 = \begin{bmatrix} -\frac{2}{\sqrt{6}} \\ \frac{i}{\sqrt{6}} \\ \frac{1}{\sqrt{6}} \end{bmatrix}$, $\boldsymbol{u}_2 = \dfrac{1}{\|\boldsymbol{a}_2\|}\boldsymbol{a}_2 = \begin{bmatrix} -\frac{i}{\sqrt{5}} \\ \frac{2}{\sqrt{5}} \\ 0 \end{bmatrix}$ とする．$\boldsymbol{b}_3 = \boldsymbol{a}_3 - (\boldsymbol{a}_3, \boldsymbol{u}_2)\boldsymbol{u}_2 = \begin{bmatrix} \frac{1}{2} \\ 0 \\ 1 \end{bmatrix} - \dfrac{i}{5}\begin{bmatrix} -\frac{i}{2} \\ 1 \\ 0 \end{bmatrix} = \begin{bmatrix} \frac{2}{5} \\ -\frac{i}{5} \\ 1 \end{bmatrix}$ とし，$\boldsymbol{u}_3 = \dfrac{1}{\|\boldsymbol{b}_3\|}\boldsymbol{b}_3 = \begin{bmatrix} \frac{2}{\sqrt{30}} \\ -\frac{i}{\sqrt{30}} \\ \frac{5}{\sqrt{30}} \end{bmatrix}$．$U = \left[\boldsymbol{u}_1\, \boldsymbol{u}_2\, \boldsymbol{u}_3\right] = \begin{bmatrix} -\frac{2}{\sqrt{6}} & -\frac{i}{\sqrt{5}} & \frac{2}{\sqrt{30}} \\ \frac{i}{\sqrt{6}} & \frac{2}{\sqrt{5}} & -\frac{i}{\sqrt{30}} \\ \frac{1}{\sqrt{6}} & 0 & \frac{5}{\sqrt{30}} \end{bmatrix}$ とおくと，U はユニタリ行列で

$$U^* A\, U = \begin{bmatrix} -4 & 0 & 0 \\ 0 & 2 & 0 \\ 0 & 0 & 2 \end{bmatrix}.$$

□

正規行列の例としてエルミート行列と対称行列をとりあげたが，次の行列も正規行列である：

- 直交行列，ユニタリ行列
- 交代行列（${}^tA = -A$ である実正方行列 A を交代行列という）
- 歪エルミート行列（$A^* = -A$ である正方行列 A を歪エルミート行列という）

したがって，これらはユニタリ行列で対角化される．

問題 8.3.1 歪エルミート行列は正規行列であることを示せ.

定理 8.3.5 A を正規行列とする.

(1) A がユニタリ行列である $\Longleftrightarrow$ A のすべての固有値の絶対値は 1 である.

(2) A がエルミート行列である $\Longleftrightarrow$ A のすべての固有値は実数である.

(3) A が歪エルミート行列である $\Longleftrightarrow$ A のすべての固有値は 0 か純虚数である.

この定理は正規行列はユニタリ行列で対角化されるという事実により示されるが，証明は演習問題とする.

問題 8.3.2 次の行列を適当な直交行列またはユニタリ行列により対角化せよ.

(1) $\begin{bmatrix} 4 & 1 & -1 \\ 1 & 4 & 1 \\ -1 & 1 & 4 \end{bmatrix}$　(2) $\begin{bmatrix} 1 & 2i & -2i \\ -2i & 1 & 2 \\ 2i & 2 & 1 \end{bmatrix}$　(3) $\begin{bmatrix} 1 & 1 & 1 \\ 1 & 1 & -1 \\ 1 & -1 & -1 \end{bmatrix}$　(4) $\begin{bmatrix} 1 & i & i \\ -i & 1 & -i \\ -i & i & 1 \end{bmatrix}$

問題 8.3.3 次の行列が正規行列であることを確かめ，適当なユニタリ行列により対角化せよ.

(1) $\begin{bmatrix} 2i & -2i & 1 \\ -2i & -i & 2 \\ -1 & -2 & 2i \end{bmatrix}$　(2) $\begin{bmatrix} 1+i & -i & -1 \\ -i & 1+i & 1 \\ 1 & -1 & 1+i \end{bmatrix}$

本章の最後に，正規行列ではない一般の行列はユニタリ行列では対角化はできないが，三角化はできることを示しておく.

定理 8.3.6 n 次正方行列 A が（重複も含めて）n 個の固有値 $\lambda_1, \lambda_2, \ldots, \lambda_n$ をもつとき，適当な正規直交基底 $(\boldsymbol{u}_1, \boldsymbol{u}_2, \ldots, \boldsymbol{u}_n)$ をとると，$U = \begin{bmatrix} \boldsymbol{u}_1\, \boldsymbol{u}_2 \cdots \boldsymbol{u}_n \end{bmatrix}$（これは標準基底から正規直交基底($\boldsymbol{u}_1, \boldsymbol{u}_2, \ldots, \boldsymbol{u}_n$)への変換行列である）による相似な行列 $U^{-1}AU$ は対角成分が $(1, 1)$ 成分から順に $\lambda_1, \lambda_2, \ldots, \lambda_n$ である上三角行列になる.

$\mathbf{K} = \mathbf{C}$ のとき，n 次正方行列 A は（重複も含めて）n 個の固有値をもつ. U はユニタリ行列であり，$U^{-1} = U^*$ である. $\mathbf{K} = \mathbf{R}$ のとき，n 次正方行列 A が（重複も含めて）n 個の固有値をもつとき，U は直交行列であり，$U^{-1} = {}^tU$ である.

証明 定理 7.3.1 により，$\mathbf{K}^n$ の適当な基底 $(\boldsymbol{p}_1, \boldsymbol{p}_2, \ldots, \boldsymbol{p}_n)$ をとると，$P = \begin{bmatrix} \boldsymbol{p}_1\, \boldsymbol{p}_2 \cdots \boldsymbol{p}_n \end{bmatrix}$ によ

り $P^{-1}AP = \begin{bmatrix} \lambda_1 & & * \\ & \lambda_2 & \\ & & \ddots & \\ 0 & & & \lambda_n \end{bmatrix}$ となる．この行列を B とおく．$(\boldsymbol{p}_1, \boldsymbol{p}_2, \dots, \boldsymbol{p}_n)$ からグラム・シュミットの直交化法により，正規直交基底 $(\boldsymbol{u}_1, \boldsymbol{u}_2, \dots, \boldsymbol{u}_n)$ をつくる．$(\boldsymbol{p}_1, \boldsymbol{p}_2, \dots, \boldsymbol{p}_n)$ から $(\boldsymbol{u}_1, \boldsymbol{u}_2, \dots, \boldsymbol{u}_n)$ への基底の変換行列 Q は上三角行列である．$U = \begin{bmatrix} \boldsymbol{u}_1\, \boldsymbol{u}_2 \cdots \boldsymbol{u}_n \end{bmatrix}$ とおくと，U はユニタリ行列であり，$U = PQ$ であるから

$$U^{-1}AU = (PQ)^{-1}A(PQ) = Q^{-1}P^{-1}APQ = Q^{-1}BQ = \begin{bmatrix} \lambda_1 & & & * \\ & \lambda_2 & & \\ & & \ddots & \\ 0 & & & \lambda_n \end{bmatrix}.$$

□

8.4 演習

演習 8.1 W を $\mathbf{K}^n$ の部分空間とする．ベクトル $\boldsymbol{x} \in \mathbf{K}^n$ を W のベクトル $\boldsymbol{w}$ と $W^{\perp}$ のベクトル $\boldsymbol{z}$ の和として表すとき，$\boldsymbol{w}$ を $\boldsymbol{x}$ の W への**正射影**とよぶ．

(1) $\boldsymbol{x}$ の W への正射影を $\boldsymbol{w}$ とする．W の任意のベクトル $\boldsymbol{y}$ について不等式 $\|\boldsymbol{x} - \boldsymbol{w}\| \leqq \|\boldsymbol{x} - \boldsymbol{y}\|$ が成り立つことを示せ．

(2) $(\boldsymbol{w}_1, \boldsymbol{w}_2, \dots, \boldsymbol{w}_k)$ を W の正規直交基底とする．不等式 $\displaystyle\sum_{j=1}^{k} |(\boldsymbol{x}, \boldsymbol{w}_j)|^2 \leqq \|\boldsymbol{x}\|^2$ が成り立つことを示せ．

演習 8.2 例題 8.1.4 で考察した $\mathbf{K}^4$ の部分空間 $W = \langle \boldsymbol{a}_1, \boldsymbol{a}_2 \rangle$ とその直交補空間 $W^{\perp}$ を考える．

(1) 行列 $G = \begin{bmatrix} (\boldsymbol{a}_1, \boldsymbol{a}_1) & (\boldsymbol{a}_1, \boldsymbol{a}_2) \\ (\boldsymbol{a}_2, \boldsymbol{a}_1) & (\boldsymbol{a}_2, \boldsymbol{a}_2) \end{bmatrix}$ を求めよ．

(2) (1) の行列 G を用いて，例題 8.1.4 のベクトル $\boldsymbol{c}$ を W のベクトルと $W^{\perp}$ のベクトルの和として表せ．

演習 8.3 (m, n) 行列 $A = \begin{bmatrix} \boldsymbol{a}_1\, \boldsymbol{a}_2 \cdots \boldsymbol{a}_n \end{bmatrix}$ に対して，n 次正方行列 $G = \begin{bmatrix} (\boldsymbol{a}_i, \boldsymbol{a}_j) \end{bmatrix} = {}^t\!A\,\overline{A}$ を**グラム行列**とよぶ．A が正則であることと G が正則であることとは同値であることを示せ．

演習 8.4 グラム・シュミットの直交化法により，正則行列 $A = \begin{bmatrix} i & 0 & 1 \\ 1 & -i & 1 \\ 1 & 1 & i \end{bmatrix}$ からユニタリ行列をつくれ．

演習 8.5 (1) a, b は実数とする．行列 $A = \begin{bmatrix} a & b \\ -b & a \end{bmatrix}$ $(\neq O)$ は正規行列であることを確かめ，ユニタリ行列で対角化せよ．

(2) 実 2 次正方行列 $\begin{bmatrix} a & b \\ c & d \end{bmatrix}$ $(\neq O)$ が正規行列であるための必要十分条件を求めよ．

演習 8.6 次の行列が正規行列であることを確かめ，ユニタリ行列で対角化せよ．

(1) $\begin{bmatrix} 0 & 1 & 0 \\ 0 & 0 & 1 \\ 1 & 0 & 0 \end{bmatrix}$ (2) $\begin{bmatrix} 0 & 1 & 1 & 0 \\ -1 & 0 & 1 & 1 \\ -1 & -1 & 0 & 1 \\ 0 & -1 & -1 & 0 \end{bmatrix}$ (3) $\begin{bmatrix} -i & -2 & -2i \\ 2 & -i & -2 \\ -2i & 2 & -i \end{bmatrix}$

(4) $\begin{bmatrix} 1 & 1 & 0 \\ 0 & 1 & 1 \\ 1 & 0 & 1 \end{bmatrix}$ (5) $\begin{bmatrix} a & 0 & 0 & b \\ 0 & a & b & 0 \\ 0 & -b & a & 0 \\ -b & 0 & 0 & a \end{bmatrix}$ $(a, b \in \mathbf{R})$

演習 8.7 次の行列を直交行列またはユニタリ行列で対角化せよ．

(1) $\begin{bmatrix} 1 & 2 & -1 \\ 2 & -2 & 2 \\ -1 & 2 & 1 \end{bmatrix}$ (2) $\begin{bmatrix} -1 & 3 & 3 \\ 3 & -1 & 3 \\ 3 & 3 & -1 \end{bmatrix}$ (3) $\begin{bmatrix} 0 & -1 & 0 & -1 \\ -1 & 1 & -1 & 0 \\ 0 & -1 & 0 & 1 \\ -1 & 0 & 1 & 1 \end{bmatrix}$

(4) $\begin{bmatrix} -5 & -3\sqrt{2}i & 3 \\ 3\sqrt{2}i & -2 & 3\sqrt{2}i \\ 3 & -3\sqrt{2}i & -5 \end{bmatrix}$ (5) $\begin{bmatrix} 1 & -i & 2 \\ i & 1 & -2i \\ 2 & 2i & -2 \end{bmatrix}$ (6) $\begin{bmatrix} 0 & i & 1 & -i \\ -i & 0 & i & 1 \\ 1 & -i & 0 & i \\ i & 1 & -i & 0 \end{bmatrix}$

演習 8.8 $\omega \neq 1$ を 1 の 3 乗根とする（2 つあるがどちらでもよい）．次の行列は正規行列であることを確かめ，ユニタリ行列で対角化せよ．

(1) $\begin{bmatrix} 1 & \omega & \omega^2 \\ \omega^2 & 1 & \omega \\ \omega & \omega^2 & 1 \end{bmatrix}$ (2) $\begin{bmatrix} \omega^2 & -i\omega & \omega \\ i\omega & \omega^2 & -i\omega \\ \omega & i\omega & \omega^2 \end{bmatrix}$

演習 8.9 定理 8.3.5 を証明せよ．

演習 8.10 X を n 次正方行列とする．$A = XX^*$ はエルミート行列であり，その固有値はすべて 0 以上であることを示せ．

演習 8.11 A, B を n 次正規行列とする．$AA^* + BB^* = O$ ならば $A = B = O$ であることを示せ．

第 9 章

線形空間と線形写像

前章までは，数ベクトル空間について学んできた．本章では，数ベクトル空間において定義されている線形演算のみに注目し，いわゆる，抽象的な線形空間論を学ぶ．抽象的な理論は，抽象的であるからこそ，さまざまな具体的な場面に応用できるのである．その鍵となるのはどのような線形空間であっても，その線形空間を「基底」という鏡を通して，数ベクトル空間に投影することができるということである．この理論があって，前章までの理論がどのような線形空間にも応用できるのである．

9.1　線形空間の定義と例

定義 9.1.1 空でない集合 U に 2 つの演算

(1) 加法 : $\boldsymbol{a}, \boldsymbol{b} \in U$ に対して U の $\boldsymbol{a}+\boldsymbol{b}$ という記号で表される要素をつくる演算（$\boldsymbol{a}+\boldsymbol{b}$ を $\boldsymbol{a}, \boldsymbol{b}$ の**和**とよぶ），

(2) スカラー乗法 : $\boldsymbol{a} \in U$，$\lambda \in \mathbf{K}$ に対して U の $\lambda\boldsymbol{a}$ という記号で表される要素をつくる演算（$\lambda\boldsymbol{a}$ を $\boldsymbol{a}$ の $\boldsymbol{\lambda}$ **倍**とよぶ）

が定義されていて，次の (i)〜(viii) が成り立つとき，U は $\mathbf{K}$ 上の**線形空間**または**ベクトル空間**であるという．$\mathbf{K}$-線形空間，$\mathbf{K}$-ベクトル空間ともいう．

(i) どの $\boldsymbol{a}, \boldsymbol{b}, \boldsymbol{c} \in U$ についても $(\boldsymbol{a}+\boldsymbol{b})+\boldsymbol{c} = \boldsymbol{a}+(\boldsymbol{b}+\boldsymbol{c})$（結合法則），

(ii) どの $\boldsymbol{a}, \boldsymbol{b} \in U$ についても $\boldsymbol{a}+\boldsymbol{b} = \boldsymbol{b}+\boldsymbol{a}$（交換法則），

(iii) ある特別な要素 $\mathbf{0} \in U$ で条件「どの $\boldsymbol{a} \in U$ に対しても $\boldsymbol{a}+\mathbf{0} = \boldsymbol{a}$」を満たすものが存在する，

(iv) どの $\boldsymbol{a} \in U$ に対しても「$\boldsymbol{a}+\boldsymbol{x} = \mathbf{0}$」という条件を満たす $\boldsymbol{x} \in U$ が存在する，

(v) どの $\boldsymbol{a}, \boldsymbol{b} \in U$，どの $\lambda \in \mathbf{K}$ についても $\lambda(\boldsymbol{a}+\boldsymbol{b}) = \lambda\boldsymbol{a}+\lambda\boldsymbol{b}$（分配法則），

(vi) どの $\boldsymbol{a} \in U$，どの $\lambda, \mu \in \mathbf{K}$ についても $(\lambda+\mu)\boldsymbol{a} = \lambda\boldsymbol{a}+\mu\boldsymbol{a}$（分配法則），

(vii) どの $\boldsymbol{a} \in U$，どの $\lambda, \mu \in \mathbf{K}$ についても $(\lambda\mu)\boldsymbol{a} = \lambda(\mu\boldsymbol{a})$（結合法則），

(viii) $1\boldsymbol{a} = \boldsymbol{a}$.

一般に U の要素を**ベクトル**とよぶ．条件 (iii) の特別なベクトル $\mathbf{0}$ を**零ベクトル**とよぶ．零ベクトルはただ 1 つしか存在しない．ベクトル $\boldsymbol{a}$ に対して，条件 (iv) のベクトル $\boldsymbol{x}$ はただ 1 つであり，これを $\boldsymbol{a}$ の**逆ベクトル**といって $-\boldsymbol{a}$ と記す．

線形空間におけるベクトルの加法とスカラー乗法という演算を**線形演算**とよぶ．

なお，線形演算が満たすべき条件 (i) − (viii) をまとめて**線形空間の公理**とよぶ．

問題 9.1.1 U を $\mathbf{K}$ 上の線形空間とする．

(1) U の零ベクトルはただ 1 つであることを示せ．

(2) $\boldsymbol{a} \in U$ に対して「$\boldsymbol{a} + \boldsymbol{x} = \mathbf{0}$」という条件を満たす $\boldsymbol{x} \in U$ はただ 1 つであることを示せ．

命題 9.1.1 U を $\mathbf{K}$ 上の線形空間とする．ベクトル $\boldsymbol{a} \in U$ について次が成り立つ．

(1) $0\,\boldsymbol{a} = \mathbf{0}$.

(2) $-\boldsymbol{a} = (-1)\,\boldsymbol{a}$.

問題 9.1.2 命題 9.1.1 を証明せよ．

例 9.1.1 (1) n を自然数とする．数ベクトル空間 $\mathbf{K}^n$ は，数ベクトルの加法とスカラー乗法によって，$\mathbf{K}$ 上の線形空間である．

(2) $\mathbf{K}$ 係数の多項式全体のなす集合は，多項式の加法とスカラー乗法によって，$\mathbf{K}$ 上の線形空間である．

(3) すべての実数に対して定義された関数全体の集合 $\mathscr{F}(\mathbf{R})$ を考える．関数の和と定数倍という演算により $\mathbf{R}$ 上の線形空間である．

(4) 数列 $\{a_n\}_{n=1,2,3,\ldots}$ の全体のなす集合 $\mathscr{S}(\mathbf{R})$ は数列の和と定数倍という演算により $\mathbf{R}$ 上の線形空間である．

定義 9.1.2 $\mathbf{K}$ 上の線形空間 U の空でない部分集合 V について条件

(1) 任意の $\boldsymbol{a}, \boldsymbol{b} \in V$ に対して和 $\boldsymbol{a} + \boldsymbol{b}$ も V に属する，

(2) 任意の $\boldsymbol{a} \in V$ と任意のスカラー $\lambda \in \mathbf{K}$ に対してスカラー倍 $\lambda\boldsymbol{a}$ も V に属する

が成り立つとき，V を U の**部分空間**とよぶ．

つまり，V が U の部分空間であるということは，V が U における演算と同じ線形演算によって線形空間であるという意味である．

例 9.1.2 (1) A を $\mathbf{K}$ の数を成分とする (m, n) 行列とする．斉次線形方程式 $A\boldsymbol{x} = \boldsymbol{0}$ の解空間は $\mathbf{K}^n$ の部分空間である．

(2) $\mathbf{R}$ 上の実数値連続関数の全体のなす集合 $\mathscr{C}(\mathbf{R})$ を考える．連続関数の和やスカラー倍も連続関数であるから，集合 $\mathscr{C}(\mathbf{R})$ は $\mathscr{F}(\mathbf{R})$ の部分空間である．

(3) c_0, c_1, c_2 を実数とする．漸化式

$$a_{n+3} + c_0 a_{n+2} + c_1 a_{n+1} + c_2 a_n = 0 \quad (n = 1, 2, 3, \ldots)$$

を満たす数列を考えよう．数列 $\{a_n\}_{n=1,2,3,\ldots}, \{b_n\}_{n=1,2,3,\ldots}$ がこの漸化式を満たせば和の数列 $\{a_n + b_n\}_{n=1,2,3,\ldots}$ もこの漸化式を満たす．また，実数 λ に対して $\{\lambda a_n\}_{n=1,2,3,\ldots}$ もこの漸化式を満たす．すなわち，このような数列全部の集合 $\mathscr{S}(\mathbf{R}; c_0, c_1, c_2)$ は $\mathscr{S}(\mathbf{R})$ の部分空間である．

定義 9.1.3 U を $\mathbf{K}$ 上の線形空間とする．k を自然数とする．k 個のベクトル $\boldsymbol{a}_1, \boldsymbol{a}_2, \ldots, \boldsymbol{a}_k$ について，おのおののスカラー倍の和を $\boldsymbol{a}_1, \boldsymbol{a}_2, \ldots, \boldsymbol{a}_k$ **の線形結合**または 1 **次結合**とよぶ．すなわち，k 個のスカラー $\lambda_1, \lambda_2, \ldots, \lambda_k$ による

$$\lambda_1 \boldsymbol{a}_1 + \lambda_2 \boldsymbol{a}_2 + \cdots + \lambda_k \boldsymbol{a}_k$$

のことである．

定義 9.1.4 U を $\mathbf{K}$ 上の線形空間とする．ベクトル $\boldsymbol{a}_1, \boldsymbol{a}_2, \ldots, \boldsymbol{a}_k \in U$ の線形結合全体のなす集合

$$\{\lambda_1 \boldsymbol{a}_1 + \lambda_2 \boldsymbol{a}_2 + \cdots + \lambda_k \boldsymbol{a}_k \mid \lambda_1, \lambda_2, \ldots, \lambda_k \in \mathbf{K}\}$$

は U の部分空間である．これを，$\boldsymbol{a}_1, \boldsymbol{a}_2, \ldots, \boldsymbol{a}_k$ で**生成される部分空間**とよび $\langle \boldsymbol{a}_1, \boldsymbol{a}_2, \ldots, \boldsymbol{a}_k \rangle$ と記す．

命題 9.1.2 U を $\mathbf{K}$ 上の線形空間とする．ベクトル $\boldsymbol{a}_1, \boldsymbol{a}_2, \ldots, \boldsymbol{a}_k \in U$ で生成される部分空間はこれらのベクトルを含む最小の部分空間である．

問題 9.1.3 命題 9.1.2 を証明せよ．

定義 9.1.5 U を $\mathbf{K}$ 上の線形空間とする．U の部分空間 V に属するベクトル $\boldsymbol{a}_1, \boldsymbol{a}_2, \ldots, \boldsymbol{a}_k$ で生成される部分空間 $\langle \boldsymbol{a}_1, \boldsymbol{a}_2, \ldots, \boldsymbol{a}_k \rangle$ が V に一致するとき，集合 $\{\boldsymbol{a}_1, \boldsymbol{a}_2, \ldots, \boldsymbol{a}_k\}$ を V の**生成系**とよぶ．

9.2　ベクトルの線形独立性と基底

U を $\mathbf{K}$ 上の線形空間とする．ベクトル $\boldsymbol{a}_1, \boldsymbol{a}_2, \ldots, \boldsymbol{a}_k \in U$ の線形結合 $\lambda_1\boldsymbol{a}_1 + \lambda_2\boldsymbol{a}_2 + \cdots + \lambda_k\boldsymbol{a}_k$ を

$$[\boldsymbol{a}_1, \boldsymbol{a}_2, \ldots, \boldsymbol{a}_k]\begin{bmatrix}\lambda_1\\ \lambda_2\\ \vdots\\ \lambda_k\end{bmatrix}$$

と表すことにする．この記号によれば，線形結合の和やスカラー倍について

$$(\lambda_1\boldsymbol{a}_1 + \lambda_2\boldsymbol{a}_2 + \cdots + \lambda_k\boldsymbol{a}_k) + (\mu_1\boldsymbol{a}_1 + \mu_2\boldsymbol{a}_2 + \cdots + \mu_k\boldsymbol{a}_k) = [\boldsymbol{a}_1, \boldsymbol{a}_2, \ldots, \boldsymbol{a}_k]\left(\begin{bmatrix}\lambda_1\\ \lambda_2\\ \vdots\\ \lambda_k\end{bmatrix} + \begin{bmatrix}\mu_1\\ \mu_2\\ \vdots\\ \mu_k\end{bmatrix}\right)$$

$$\mu(\lambda_1\boldsymbol{a}_1 + \lambda_2\boldsymbol{a}_2 + \cdots + \lambda_k\boldsymbol{a}_k) = [\boldsymbol{a}_1, \boldsymbol{a}_2, \ldots, \boldsymbol{a}_k]\left(\mu\begin{bmatrix}\lambda_1\\ \lambda_2\\ \vdots\\ \lambda_k\end{bmatrix}\right)$$

と表され，便利である．

注意　ただし，$[\boldsymbol{a}_1, \boldsymbol{a}_2, \ldots, \boldsymbol{a}_k]\begin{bmatrix}\lambda_1\\ \lambda_2\\ \vdots\\ \lambda_k\end{bmatrix}$ を「$\boldsymbol{a}_1\lambda_1 + \boldsymbol{a}_2\lambda_2 + \cdots + \boldsymbol{a}_k\lambda_k$」と書いてはならない．ベクトルのスカラー倍を考えるとき，スカラーはベクトルの左に書く約束である．

$U = \mathbf{K}^n$ のとき，$[\boldsymbol{a}_1, \boldsymbol{a}_2, \ldots, \boldsymbol{a}_k]$ は行列である．

数ベクトルの線形独立性と同じように線形空間のベクトルにも線形独立性が定義される．

定義 9.2.1　U を $\mathbf{K}$ 上の線形空間とする．ベクトル $\boldsymbol{a}_1, \boldsymbol{a}_2, \ldots, \boldsymbol{a}_k \in U$ に対して

$$\lambda_1\boldsymbol{a}_1 + \lambda_2\boldsymbol{a}_2 + \cdots + \lambda_k\boldsymbol{a}_k = \boldsymbol{0}$$

を**線形関係式**とよぶ．係数 $\lambda_1, \lambda_2, \ldots, \lambda_k$ がすべて 0 である線形関係式を**自明な線形関係式**とよぶ．一方，係数 $\lambda_1, \lambda_2, \ldots, \lambda_k$ のどれかは 0 でないとき**自明でない線形関係式**とよぶ．

定義 9.2.2　U を $\mathbf{K}$ 上の線形空間とする．ベクトル $\boldsymbol{a}_1, \boldsymbol{a}_2, \ldots, \boldsymbol{a}_k \in U$ の線形関係式が自明なものに限るとき，$\boldsymbol{a}_1, \boldsymbol{a}_2, \ldots, \boldsymbol{a}_k$ は**線形独立である**（または**1 次独立である**）という．

線形独立でないとき，すなわち，自明でない線形関係式があるとき（つまり，ある $\begin{bmatrix}\lambda_1\\ \lambda_2\\ \vdots\\ \lambda_k\end{bmatrix} \neq \begin{bmatrix}0\\ 0\\ \vdots\\ 0\end{bmatrix}$

により $\lambda_1 \boldsymbol{a}_1 + \lambda_2 \boldsymbol{a}_2 + \cdots + \lambda_k \boldsymbol{a}_k = \boldsymbol{0}$ が成り立つとき），$\boldsymbol{a}_1, \boldsymbol{a}_2, \ldots, \boldsymbol{a}_k \in U$ は**線形従属である**（または **1 次従属である**）という．

U の有限部分集合 $T = \{\boldsymbol{a}_1, \boldsymbol{a}_2, \ldots, \boldsymbol{a}_k\}$ のベクトル $\boldsymbol{a}_1, \boldsymbol{a}_2, \ldots, \boldsymbol{a}_k$ が線形独立のとき，T は線形独立であるといい，$\boldsymbol{a}_1, \boldsymbol{a}_2, \ldots, \boldsymbol{a}_k$ が線形従属のとき，T は線形従属であるという．

命題 9.2.1 U を $\mathbf{K}$ 上の線形空間とする．ベクトル $\boldsymbol{a}_1, \boldsymbol{a}_2, \ldots, \boldsymbol{a}_k \in U$ について

$\boldsymbol{a}_1, \boldsymbol{a}_2, \ldots, \boldsymbol{a}_k$ が線形独立である
$\Longleftrightarrow$ $\boldsymbol{a}_1, \boldsymbol{a}_2, \ldots, \boldsymbol{a}_k$ の線形結合として表されるベクトルの $\boldsymbol{a}_1, \boldsymbol{a}_2, \ldots, \boldsymbol{a}_k$ の係数は一意的である

問題 9.2.1 命題 9.2.1 を証明せよ．

命題 9.2.2 U を $\mathbf{K}$ 上の線形空間とする．ベクトル $\boldsymbol{a}_1, \boldsymbol{a}_2, \ldots, \boldsymbol{a}_k \in U$ について

$\boldsymbol{a}_1, \boldsymbol{a}_2, \ldots, \boldsymbol{a}_k$ が線形独立である
$\Longleftrightarrow$ $\boldsymbol{a}_1, \boldsymbol{a}_2, \ldots, \boldsymbol{a}_k$ のどのベクトルも他のベクトルの線形結合としては表されない．

$\boldsymbol{a}_1, \boldsymbol{a}_2, \ldots, \boldsymbol{a}_k$ が線形従属である
$\Longleftrightarrow$ $\boldsymbol{a}_1, \boldsymbol{a}_2, \ldots, \boldsymbol{a}_k$ のあるベクトルが他のベクトルの線形結合として表される．

問題 9.2.2 命題 9.2.2 を証明せよ．

命題 9.2.3 U を $\mathbf{K}$ 上の線形空間とする．ベクトル $\boldsymbol{a}_1, \boldsymbol{a}_2, \ldots, \boldsymbol{a}_k \in U$ は線形独立であると仮定する．ベクトル $\boldsymbol{b} \in U$ をとる．

(1) $\boldsymbol{a}_1, \boldsymbol{a}_2, \ldots, \boldsymbol{a}_k, \boldsymbol{b}$ が線形独立であるためには $\boldsymbol{b}$ が $\boldsymbol{a}_1, \boldsymbol{a}_2, \ldots, \boldsymbol{a}_k$ の線形結合としては表されないことが必要十分である．（この条件は $\boldsymbol{b}$ が $\langle \boldsymbol{a}_1, \boldsymbol{a}_2, \ldots, \boldsymbol{a}_k \rangle$ に属さないということである）

(2) $\boldsymbol{a}_1, \boldsymbol{a}_2, \ldots, \boldsymbol{a}_k, \boldsymbol{b}$ が線形従属であるためには $\boldsymbol{b}$ が $\boldsymbol{a}_1, \boldsymbol{a}_2, \ldots, \boldsymbol{a}_k$ の線形結合として表されることが必要十分である．（この条件は $\boldsymbol{b}$ が $\langle \boldsymbol{a}_1, \boldsymbol{a}_2, \ldots, \boldsymbol{a}_k \rangle$ に属するということである）

問題 9.2.3 命題 9.2.3 を証明せよ.

定義 9.2.3 $\mathbf{K}$ 上の線形空間 U が有限個のベクトルで生成されるとき，**有限生成である**という.

定義 9.2.4 U を $\mathbf{K}$ 上の有限生成線形空間とする．ベクトル $\boldsymbol{u}_1, \boldsymbol{u}_2, \ldots, \boldsymbol{u}_n \in U$ が

(1) 線形独立であり，
(2) U を生成する

とき，列 $(\boldsymbol{u}_1, \boldsymbol{u}_2, \ldots, \boldsymbol{u}_n)$ を U の**基底**とよぶ.

注意 列 $(\boldsymbol{u}_1, \boldsymbol{u}_2, \ldots, \boldsymbol{u}_n)$ が基底であるとき，ベクトルを並べ換えた列 $(\boldsymbol{u}_{i_1}, \boldsymbol{u}_{i_2}, \ldots, \boldsymbol{u}_{i_n})$ も基底である．しかし，これらの基底は**異なる**基底である.

定理 9.2.4 U を $\mathbf{K}$ 上の有限生成線形空間とする．U のベクトルの列 $(\boldsymbol{u}_1, \boldsymbol{u}_2, \ldots, \boldsymbol{u}_n)$ が U の基底であるためには

U のどのベクトルも $\boldsymbol{u}_1, \boldsymbol{u}_2, \ldots, \boldsymbol{u}_n$ の線形結合としてただ 1 通りに表される

ことが必要十分である.

問題 9.2.4 定理 9.2.4 を証明せよ.

例 9.2.1 (1) 数ベクトル空間 $\mathbf{K}^n$ において，基本ベクトル $\boldsymbol{e}_1, \boldsymbol{e}_2, \ldots, \boldsymbol{e}_n$ の列 $(\boldsymbol{e}_1, \boldsymbol{e}_2, \ldots, \boldsymbol{e}_n)$ は $\mathbf{K}^n$ の基底である．これを $\mathbf{K}^n$ の**自然基底**または**標準基底**とよぶ.
(2) $\mathbf{R}$ 上の変数 x の 3 次以下の多項式全体のなす $\mathbf{R}$ 上の線形空間 $\{a_0 + a_1x + a_2x^2 + a_3x^3 \mid a_0, a_1, a_2, a_3 \in \mathbf{R}\}$ において，単項式の列 $(1, x, x^2, x^3)$ は基底をなす.

以下，本節の目標は有限生成線形空間には基底が存在し，基底に含まれるベクトルの個数は一定であることを証明することである.

定義 9.2.5 $\mathbf{K}$ 上の線形空間 U の有限部分集合 $S = \{\boldsymbol{a}_1, \boldsymbol{a}_2, \ldots, \boldsymbol{a}_k\}(\neq \{\mathbf{0}\})$ の部分集合 T が条件

(1) T は線形独立であり，
(2) $T \subsetneq T' \subset S$ なる任意の T' は線形従属である

を満足するとき，T を S の**極大線形独立系**とよぶ.

命題 9.2.5 $\mathbf{K}$ 上の線形空間 U の有限部分集合 $S = \{\boldsymbol{a}_1, \boldsymbol{a}_2, \ldots, \boldsymbol{a}_k\} (\neq \{\mathbf{0}\})$ の部分集合 T が S の極大線形独立系であるためには

(1) T は線形独立である,

(2) S に属するどのベクトルも T に属するベクトルの線形結合である

ことが必要十分である.

証明 $T = \{\boldsymbol{a}_{j_1}, \ldots, \boldsymbol{a}_{j_r}\}$ とする.

T が S の極大線形独立系であると仮定する. ベクトル $\boldsymbol{b} \in S$ が T に属していなければ $\boldsymbol{a}_{j_1}, \ldots, \boldsymbol{a}_{j_r}, \boldsymbol{b}$ は線形従属である. よって, 命題 9.2.3 (2) により, $\boldsymbol{b}$ は $\boldsymbol{a}_{j_1}, \ldots, \boldsymbol{a}_{j_r} \in T$ の線形結合である. また, ベクトル $\boldsymbol{b} \in S$ が T に属していれば, $\boldsymbol{b}$ はどれかの $\boldsymbol{a}_{j_i}$ なのであるから, T に属するベクトルの線形結合である. すなわち, 命題の条件 (2) が成り立つ.

逆に, T が命題の条件 (1), (2) を満たすとする. $T \subsetneq T' \subset S$ なる任意の T' をとる. T' に属し, T には属さないベクトルを 1 つとり, それを $\boldsymbol{b}$ とする. 命題の条件 (2) により, $\boldsymbol{b}$ は $\boldsymbol{a}_{j_1}, \ldots, \boldsymbol{a}_{j_r}$ の線形結合として表される. よって, やはり, 命題 9.2.3 (2) により, $\boldsymbol{a}_{j_1}, \ldots, \boldsymbol{a}_{j_r}, \boldsymbol{b}$ は線形従属である. したがって, T' は線形従属である. □

命題 9.2.6 $\mathbf{K}$ 上の線形空間 U の有限部分集合 $S = \{\boldsymbol{a}_1, \boldsymbol{a}_2, \ldots, \boldsymbol{a}_k\} (\neq \{\mathbf{0}\})$ には極大線形独立系が存在する.

証明 S に零ベクトル $\mathbf{0}$ が含まれているときは, $\mathbf{0}$ を除いた集合に極大線形独立系が存在すれば, それは S の極大線形独立系である. したがって, S に零ベクトル $\mathbf{0}$ が含まれていないと仮定して命題を証明すれば, すべての場合に証明したことになる.

記号の統一のために $\boldsymbol{a}_{j_1} = \boldsymbol{a}_1$ とおく. 番号が j_1 より大きいベクトルがすべて $\langle \boldsymbol{a}_{j_1} \rangle$ に属していれば, $\{\boldsymbol{a}_{j_1}\}$ は極大線形独立系である.

そうでないとき, 番号が j_1 より大きいベクトルを番号が小さい順に見て $\langle \boldsymbol{a}_{j_1} \rangle$ に属さない最初のベクトルを $\boldsymbol{a}_{j_2}$ とする. このとき, $\{\boldsymbol{a}_{j_1}, \boldsymbol{a}_{j_2}\}$ は線形独立であり, $i = 1, \ldots, j_2$ のどの i についても $\boldsymbol{a}_i$ は $\boldsymbol{a}_{j_1}, \boldsymbol{a}_{j_2}$ の線形結合である.

番号が j_2 より大きいベクトルがすべて $\langle \boldsymbol{a}_{j_1}, \boldsymbol{a}_{j_2} \rangle$ に属していれば, $\{\boldsymbol{a}_{j_1}, \boldsymbol{a}_{j_2}\}$ は極大線形独立系である.

そうでないとき, 番号が j_2 より大きいベクトルを番号が小さい順に見て $\langle \boldsymbol{a}_{j_1}, \boldsymbol{a}_{j_2} \rangle$ に属さない最初のベクトルを $\boldsymbol{a}_{j_3}$ とする. このとき, $\{\boldsymbol{a}_{j_1}, \boldsymbol{a}_{j_2}, \boldsymbol{a}_{j_3}\}$ は線形独立であり, $i = 1, \ldots, j_2, \ldots, j_3$ のどの i についても $\boldsymbol{a}_i$ は $\boldsymbol{a}_{j_1}, \boldsymbol{a}_{j_2}, \boldsymbol{a}_{j_3}$ の線形結合である.

番号が j_3 より大きいベクトルがすべて $\langle \boldsymbol{a}_{j_1}, \boldsymbol{a}_{j_2}, \boldsymbol{a}_{j_3} \rangle$ に属していれば，$\{\boldsymbol{a}_{j_1}, \boldsymbol{a}_{j_2}, \boldsymbol{a}_{j_3}\}$ は極大線形独立系である．

以下，同様の操作を繰り返せば，S には有限個のベクトルしかないのであるから，ある j_r で $\{\boldsymbol{a}_{j_1}, \boldsymbol{a}_{j_2}, \boldsymbol{a}_{j_3}, \ldots, \boldsymbol{a}_{j_r}\}$ は極大線形独立系となる． □

定理 9.2.7 $\mathbf{K}$ 上の有限生成線形空間には必ず基底が存在する．

証明 U を $\mathbf{K}$ 上の線形空間とし，$S = \{\boldsymbol{a}_1, \boldsymbol{a}_2, \ldots, \boldsymbol{a}_m\}$ を U の生成系とする．$\{\boldsymbol{a}_{i_1}, \ldots, \boldsymbol{a}_{i_n}\}$ を S の極大線形独立系とすれば，命題 9.2.5 (2) により，各ベクトル $\boldsymbol{a}_j$，$j = 1, 2, \ldots, m$，は $\boldsymbol{a}_{i_1}, \boldsymbol{a}_{i_2}, \ldots, \boldsymbol{a}_{i_n}$ の線形結合であるから，

$$\boldsymbol{a}_j = [\boldsymbol{a}_{i_1}, \boldsymbol{a}_{i_2}, \ldots, \boldsymbol{a}_{i_n}] \begin{bmatrix} x_{1j} \\ x_{2j} \\ \vdots \\ x_{nj} \end{bmatrix}$$

と表される．このとき，$\boldsymbol{a}_1, \boldsymbol{a}_2, \ldots, \boldsymbol{a}_m$ の線形結合は $\boldsymbol{a}_{i_1}, \boldsymbol{a}_{i_2}, \ldots, \boldsymbol{a}_{i_n}$ の線形結合として

$$y_1\boldsymbol{a}_1 + y_2\boldsymbol{a}_2 + \cdots y_m\boldsymbol{a}_m = [\boldsymbol{a}_1, \boldsymbol{a}_2, \ldots, \boldsymbol{a}_k] \begin{bmatrix} y_1 \\ y_2 \\ \vdots \\ y_k \end{bmatrix} = [\boldsymbol{a}_{i_1}, \boldsymbol{a}_{i_2}, \ldots, \boldsymbol{a}_{i_n}] \begin{bmatrix} x_{11} & x_{12} & \ldots & x_{1m} \\ x_{21} & x_{22} & \ldots & x_{2m} \\ \vdots & \vdots & \vdots & \vdots \\ x_{n1} & x_{n2} & \ldots & x_{nm} \end{bmatrix} \begin{bmatrix} y_1 \\ y_2 \\ \vdots \\ y_n \end{bmatrix}$$

と表される．$S = \{\boldsymbol{a}_1, \boldsymbol{a}_2, \ldots, \boldsymbol{a}_m\}$ は U の生成系であったから，U のどのベクトルも $\boldsymbol{a}_1, \boldsymbol{a}_2, \ldots, \boldsymbol{a}_m$ の線形結合である．したがって，$\{\boldsymbol{a}_{i_1}, \ldots, \boldsymbol{a}_{i_n}\}$ は U を生成し，列 $(\boldsymbol{a}_{i_1}, \ldots, \boldsymbol{a}_{i_n})$ は U の基底である． □

次に，有限生成線形空間において，基底に含まれるベクトルの個数は一定であることを示そう．次の命題は基本的な重要性をもつ．

命題 9.2.8 U を $\mathbf{K}$ 上の線形空間とする．U の相異なる k 個のベクトルで生成される部分空間に属する $(k+1)$ 個以上のベクトルは線形従属である．

証明 相異なる k 個のベクトル $\boldsymbol{v}_1, \boldsymbol{v}_2, \ldots, \boldsymbol{v}_k \in U$ をとり，$V = \langle \boldsymbol{v}_1, \boldsymbol{v}_2, \ldots, \boldsymbol{v}_k \rangle$ とおく．$\boldsymbol{w}_1, \boldsymbol{w}_2, \ldots, \boldsymbol{w}_l \in V$，$l > k$，をとる．各 $j = 1, 2, \ldots, l$ に対して

$$\boldsymbol{w}_j = [\boldsymbol{v}_1, \boldsymbol{v}_2, \ldots, \boldsymbol{v}_k] \begin{bmatrix} a_{1j} \\ a_{2j} \\ \vdots \\ a_{kj} \end{bmatrix}$$

とする．このとき，$\boldsymbol{w}_1, \boldsymbol{w}_2, \ldots, \boldsymbol{w}_l$ の線形結合は $\boldsymbol{v}_1, \boldsymbol{v}_2, \ldots, \boldsymbol{v}_k$ の線形結合として

$$y_1\boldsymbol{w}_1 + y_2\boldsymbol{w}_2 + \cdots y_l\boldsymbol{w}_l = [\boldsymbol{v}_1, \boldsymbol{v}_2, \ldots, \boldsymbol{v}_k]\begin{bmatrix} a_{11} & a_{12} & \ldots & a_{1j} \\ a_{21} & a_{22} & \ldots & a_{2j} \\ \vdots & \vdots & \vdots & \vdots \\ a_{k1} & a_{k2} & \ldots & a_{kj} \end{bmatrix}\begin{bmatrix} y_1 \\ y_2 \\ \vdots \\ y_l \end{bmatrix}$$

と表される．$l > k$ であるから斉次線形方程式

$$\begin{bmatrix} a_{11} & a_{12} & \ldots & a_{1j} \\ a_{21} & a_{22} & \ldots & a_{2j} \\ \vdots & \vdots & \vdots & \vdots \\ a_{k1} & a_{k2} & \ldots & a_{kj} \end{bmatrix}\begin{bmatrix} y_1 \\ y_2 \\ \vdots \\ y_l \end{bmatrix} = \begin{bmatrix} 0 \\ 0 \\ \vdots \\ 0 \end{bmatrix}$$

は自明でない解をもつ．すなわち，ベクトル $\boldsymbol{w}_1, \boldsymbol{w}_2, \ldots, \boldsymbol{w}_l \in V$ は線形従属である．□

定理 9.2.9 U を $\mathbf{K}$ 上の有限生成線形空間とする．U の基底に含まれるベクトルの個数は一定である．

証明 $(\boldsymbol{u}_1, \boldsymbol{u}_2, \ldots, \boldsymbol{u}_m)$，$(\boldsymbol{v}_1, \boldsymbol{v}_2, \ldots, \boldsymbol{v}_n)$ をともに U の基底とする．$m = n$ であることを示す．U はベクトル $\boldsymbol{u}_1, \boldsymbol{u}_2, \ldots, \boldsymbol{u}_m$ で生成されるから，命題 9.2.8 により，もし，$n > m$ ならば $\boldsymbol{v}_1, \boldsymbol{v}_2, \ldots, \boldsymbol{v}_n$ は線形従属である．しかし，$(\boldsymbol{v}_1, \boldsymbol{v}_2, \ldots, \boldsymbol{v}_n)$ は U の基底であるから，$\boldsymbol{v}_1, \boldsymbol{v}_2, \ldots, \boldsymbol{v}_n$ は線形独立でなければならない．すなわち，$n \leqq m$ である．同様に，$m \leqq n$ である．□

定義 9.2.6 $\mathbf{K}$ 上の有限生成線形空間 U の基底に含まれるベクトルの個数を U の**次元**とよんで，$\dim U$ と記す．$\dim U = n$ のとき U を $\boldsymbol{n}$ **次元線形空間**とよぶ．次元を特定しないとき，一般に，**有限次元線形空間**とよぶ．

ただし，零ベクトルのみからなる線形空間 $\{\mathbf{0}\}$ についてはその次元は 0 であると定める．

注意 有限生成でない線形空間（例えば，例 9.1.1 (2)，(3)，(4) の線形空間は有限生成でない）にも「基底」が存在することが証明される．この場合，基底には無限に多くのベクトルが含まれる．そこで，有限生成でない線形空間を無限次元線形空間とよぶ．

定理 9.2.10 U を $\mathbf{K}$ 上の n 次元線形空間とする．

(1) U の $(n+1)$ 個以上のベクトルは常に線形従属である．

(2) U の部分空間 V について，$\dim V \leqq \dim U$ であり，等号が成立するのは $V = U$ であるときに限る．

証明　(1) U は n 個のベクトルで生成されるから，命題 9.2.8 により，U の $(n+1)$ 個以上のベクトルは常に線形従属である．

(2) $\dim V = k$ とする．$(\boldsymbol{v}_1, \boldsymbol{v}_2, \ldots, \boldsymbol{v}_k)$ を V の基底とする．$k > n$ ならば，(1) により，$\boldsymbol{v}_1, \boldsymbol{v}_2, \ldots, \boldsymbol{v}_k$ は線形従属である．これは $(\boldsymbol{v}_1, \boldsymbol{v}_2, \ldots, \boldsymbol{v}_k)$ が V の基底であることに矛盾する．

$\dim V = \dim U$ であると仮定する．$(\boldsymbol{v}_1, \boldsymbol{v}_2, \ldots, \boldsymbol{v}_n)$ を V の基底とする．U のあるベクトル $\boldsymbol{w}$ が V に属さないと仮定すると命題 9.2.3 (1) により，$\boldsymbol{v}_1, \boldsymbol{v}_2, \ldots, \boldsymbol{v}_n, \boldsymbol{w}$ は線形独立となるが，これは (1) に矛盾する．

□

命題 9.2.11　U を $\mathbf{K}$ 上の n 次元線形空間とする．

(1) n 個のベクトル $\boldsymbol{v}_1, \boldsymbol{v}_2, \ldots, \boldsymbol{v}_n$ が U を生成するならば，列 $(\boldsymbol{v}_1, \boldsymbol{v}_2, \ldots, \boldsymbol{v}_n)$ は U の基底をなす．

(2) ベクトル $\boldsymbol{w}_1, \boldsymbol{w}_2, \ldots, \boldsymbol{w}_k$ が線形独立ならば，これにいくつかのベクトルを付け加えて，基底 $(\boldsymbol{w}_1, \boldsymbol{w}_2, \ldots, \boldsymbol{w}_k, \boldsymbol{w}_{k+1}, \ldots, \boldsymbol{w}_n)$ をつくることができる．特に，n 個のベクトル $\boldsymbol{w}_1, \boldsymbol{w}_2, \ldots, \boldsymbol{w}_n$ が線形独立ならば，列 $(\boldsymbol{w}_1, \boldsymbol{w}_2, \ldots, \boldsymbol{w}_n)$ は U の基底をなす．

証明 (1) $\{\boldsymbol{v}_1, \boldsymbol{v}_2, \ldots, \boldsymbol{v}_n\}$ の極大線形独立系は U の基底である．U は n 次元であるから，基底には n 個のベクトルしかない．すなわち，$\boldsymbol{v}_1, \boldsymbol{v}_2, \ldots, \boldsymbol{v}_n$ は線形独立である．

(2) $(\boldsymbol{u}_1, \boldsymbol{u}_2, \ldots, \boldsymbol{u}_n)$ を U の基底とする．集合 $\{\boldsymbol{w}_1, \boldsymbol{w}_2, \ldots, \boldsymbol{w}_k\} \cup \{\boldsymbol{u}_1, \boldsymbol{u}_2, \ldots, \boldsymbol{u}_n\}$ は U の生成系であり，これから命題 9.2.6 の証明の方法により，$\{\boldsymbol{w}_1, \boldsymbol{w}_2, \ldots, \boldsymbol{w}_k\}$ を含む極大線形独立系を取り出すことができる．その極大線形独立系は U の基底である．□

線形空間 U が n 次元であるとし，$\mathscr{E} = (\boldsymbol{u}_1, \boldsymbol{u}_2, \ldots, \boldsymbol{u}_n)$ を U の基底とする．U の任意のベクトル $\boldsymbol{a}$ は $\boldsymbol{u}_1, \boldsymbol{u}_2, \ldots, \boldsymbol{u}_n$ の線形結合として**一意的に**表されるのだった：

$$\boldsymbol{a} = a_1\boldsymbol{u}_1 + a_2\boldsymbol{u}_2 + \cdots + a_n\boldsymbol{u}_n = [\boldsymbol{u}_1,\ \boldsymbol{u}_2, \ldots, \boldsymbol{u}_n]\begin{bmatrix} a_1 \\ a_2 \\ \vdots \\ a_n \end{bmatrix}. \tag{9.2.1}$$

これをベクトル $\boldsymbol{a}$ の基底 $\mathscr{E}$ に関する成分表示といい，数ベクトル $\begin{bmatrix} a_1 \\ a_2 \\ \vdots \\ a_n \end{bmatrix}$ を **$\boldsymbol{a}$ の基底 $\mathscr{E}$ に関する座標ベクトル**という．

定義 9.2.7 線形空間 U の基底 $(\boldsymbol{u}_1, \boldsymbol{u}_2, \ldots, \boldsymbol{u}_n), (\boldsymbol{v}_1, \boldsymbol{v}_2, \ldots, \boldsymbol{v}_n)$ を考える．$j = 1, 2, \ldots, n$ に対してベクトル $\boldsymbol{v}_j$ の $(\boldsymbol{u}_1, \boldsymbol{u}_2, \ldots, \boldsymbol{u}_n)$ に関する座標ベクトル $\begin{bmatrix} p_{1j} \\ p_{2j} \\ \vdots \\ p_{nj} \end{bmatrix}$ を並べて行列をつくると，等式

$$\begin{bmatrix} \boldsymbol{v}_1, \boldsymbol{v}_2, \ldots, \boldsymbol{v}_n \end{bmatrix} = \begin{bmatrix} \boldsymbol{u}_1, \boldsymbol{u}_2, \ldots, \boldsymbol{u}_n \end{bmatrix} \begin{bmatrix} p_{11} & p_{12} & \cdots & p_{1n} \\ p_{21} & p_{22} & \cdots & p_{2n} \\ \vdots & \vdots & \ddots & \vdots \\ p_{n1} & p_{n2} & \cdots & p_{nn} \end{bmatrix} \tag{9.2.2}$$

が得られるが，行列 $\begin{bmatrix} p_{11} & p_{12} & \cdots & p_{1n} \\ p_{21} & p_{22} & \cdots & p_{2n} \\ \vdots & \vdots & \ddots & \vdots \\ p_{n1} & p_{n2} & \cdots & p_{nn} \end{bmatrix}$ を $(\boldsymbol{u}_1, \boldsymbol{u}_2, \ldots, \boldsymbol{u}_n)$ **から** $(\boldsymbol{v}_1, \boldsymbol{v}_2, \ldots, \boldsymbol{v}_n)$ **への基底の変換行列**とよぶ．

U のベクトル $\boldsymbol{a}$ の $(\boldsymbol{u}_1, \boldsymbol{u}_2, \ldots, \boldsymbol{u}_n), (\boldsymbol{v}_1, \boldsymbol{v}_2, \ldots, \boldsymbol{v}_n)$ に関する成分表示（座標ベクトル）をそれぞれ $\begin{bmatrix} a_1 \\ a_2 \\ \vdots \\ a_n \end{bmatrix}, \begin{bmatrix} a'_1 \\ a'_2 \\ \vdots \\ a'_n \end{bmatrix}$ とおく．このとき，等式

$$\begin{bmatrix} a_1 \\ a_2 \\ \vdots \\ a_n \end{bmatrix} = \begin{bmatrix} p_{11} & p_{12} & \cdots & p_{1n} \\ p_{21} & p_{22} & \cdots & p_{2n} \\ \vdots & \vdots & \ddots & \vdots \\ p_{n1} & p_{n2} & \cdots & p_{nn} \end{bmatrix} \begin{bmatrix} a'_1 \\ a'_2 \\ \vdots \\ a'_n \end{bmatrix} \tag{9.2.3}$$

が成り立つ．

問題 9.2.5 等式 (9.2.3) が成り立つことを証明せよ．

9.3　和空間および基底の延長

命題 9.3.1 U を $\mathbf{K}$ 上の線形空間とし，V, W を U の部分空間とする．

(1) 共通部分 $V \cap W$ も U の部分空間である.

(2) 集合 $\{\boldsymbol{x}+\boldsymbol{y} \mid \boldsymbol{x} \in V, \boldsymbol{y} \in W\}$ は U の部分空間である.

問題 9.3.1 命題 9.3.1 を証明せよ.

定義 9.3.1 U を $\mathbf{K}$ 上の線形空間とし, V, W を U の部分空間とする. 部分空間 $\{\boldsymbol{x}+\boldsymbol{y} \mid \boldsymbol{x} \in V, \boldsymbol{y} \in W\}$ を V, W の**和空間**とよび, $V+W$ と記す.

命題 9.3.2 U を $\mathbf{K}$ 上の線形空間とし, V, W を U の部分空間とする. S を V の生成系とし, T を W の生成系とすれば, 和集合 $S \cup T$ は和空間 $V+W=\{\boldsymbol{x}+\boldsymbol{y} \mid \boldsymbol{x} \in W, \boldsymbol{y} \in W\}$ の生成系である. したがって, U が有限次元ならば, $S \cup T$ から極大線形独立系を取り出せば, 和空間 $V+W$ の基底が得られる.

問題 9.3.2 命題 9.3.2 を証明せよ.

定理 9.3.3 U を $\mathbf{K}$ 上の有限次元線形空間とし, V, W を U の部分空間とする. 和空間 $V+W$ の次元ついて等式

$$\dim(V+W)=\dim V+\dim W-\dim(V \cap W) \tag{9.3.1}$$

が成り立つ.

証明 $\dim V=m$, $\dim W=n$, $\dim(V \cap W)=k$ とおく. 定理 9.2.10 (2) により, $k \leqq m$, $k \leqq n$ である. 部分空間 $V \cap W$ の 1 つの基底を $(\boldsymbol{a}_1, \boldsymbol{a}_2, \ldots, \boldsymbol{a}_k)$ とし, これを延長して, V の基底 $(\boldsymbol{a}_1, \boldsymbol{a}_2, \ldots, \boldsymbol{a}_k, \boldsymbol{b}_1, \boldsymbol{b}_2, \ldots, \boldsymbol{b}_{m-k})$ をつくり, W の基底 $(\boldsymbol{a}_1, \boldsymbol{a}_2, \ldots, \boldsymbol{a}_k, \boldsymbol{c}_1, \boldsymbol{c}_2, \ldots, \boldsymbol{c}_{n-k})$ をつくる. このとき, $(\boldsymbol{a}_1, \boldsymbol{a}_2, \ldots, \boldsymbol{a}_k, \boldsymbol{b}_1, \boldsymbol{b}_2, \ldots, \boldsymbol{b}_{m-k}, \boldsymbol{c}_1, \boldsymbol{c}_2, \ldots, \boldsymbol{c}_{n-k})$ は $V+W$ の基底である. □

問題 9.3.3 定理 9.3.3 の証明において, $(\boldsymbol{a}_1, \boldsymbol{a}_2, \ldots, \boldsymbol{a}_k, \boldsymbol{b}_1, \boldsymbol{b}_2, \ldots, \boldsymbol{b}_{m-k}, \boldsymbol{c}_1, \boldsymbol{c}_2, \ldots, \boldsymbol{c}_{n-k})$ が $V+W$ の基底であることを確かめよ.

例題 9.3.1 $A=\begin{bmatrix} 1 & 1 & -1 & -2 & 0 \\ -1 & 2 & 1 & -1 & 3 \end{bmatrix}$, $B=\begin{bmatrix} 1 & 2 & 2 & -3 & 4 \\ -4 & 2 & -3 & 2 & 1 \end{bmatrix}$ とおく. $\mathbf{K}^5$ の部分空間 $W_1=\{\boldsymbol{x} \in \mathbf{K}^5 \mid A\boldsymbol{x}=\mathbf{0}\}$, $W_2=\{\boldsymbol{x} \in \mathbf{K}^5 \mid B\boldsymbol{x}=\mathbf{0}\}$ を考える.

(1) $W_1 \cap W_2$ の 1 つの基底を求めよ．

(2) $W_1 \cap W_2$ の (1) の基底を延長して W_1 の 1 つの基底，W_2 の 1 つの基底をつくれ．

(3) 和空間 $W_1 + W_2$ の基底を 1 つ求めよ．

解答　(1) 行列 A, B を縦に並べた行列を C とおくと，$W_1 \cap W_2 = \{\boldsymbol{x} \in \mathbf{K}^5 \mid C\boldsymbol{x} = \mathbf{0}\}$ である．C に行基本変形を施して簡約型の階段行列をつくると，$\begin{bmatrix} 1 & 0 & 0 & -1 & 0 \\ 0 & 1 & 0 & -1 & 1 \\ 0 & 0 & 1 & 0 & 1 \\ 0 & 0 & 0 & 0 & 0 \end{bmatrix}$ が得られる．

したがって，$\mathscr{E} = \left(\begin{bmatrix} 1 \\ 1 \\ 0 \\ 1 \\ 0 \end{bmatrix}, \begin{bmatrix} 0 \\ -1 \\ -1 \\ 0 \\ 1 \end{bmatrix} \right)$ は $W_1 \cap W_2$ の基底である．$\mathscr{E} = (\boldsymbol{a}_1, \boldsymbol{a}_2)$ とおく．

(2) まず，W_1 の基底を求める．行列 A に行基本変形を施して簡約型の階段行列をつくると，$\begin{bmatrix} 1 & 0 & -1 & -1 & -1 \\ 0 & 1 & 0 & -1 & 1 \end{bmatrix}$ が得られる．よって，$\dim W_1 = 5 - \operatorname{rank} A = 5 - 2 = 3$ であり，$\left(\begin{bmatrix} 1 \\ 0 \\ 1 \\ 0 \\ 0 \end{bmatrix}, \begin{bmatrix} 1 \\ 1 \\ 0 \\ 1 \\ 0 \end{bmatrix}, \begin{bmatrix} 1 \\ -1 \\ 0 \\ 0 \\ 1 \end{bmatrix} \right)$ は W_1 の基底である．この基底を $(\boldsymbol{b}_1, \boldsymbol{b}_2, \boldsymbol{b}_3)$ とおく．$W_1 \cap W_2$ の基底 $\mathscr{E}$ を延長して W_1 の基底をつくるためには，$\{\boldsymbol{a}_1, \boldsymbol{a}_2, \boldsymbol{b}_1, \boldsymbol{b}_2, \boldsymbol{b}_3\}$ から命題 9.2.6 の証明の方法により極大線形独立系を選び出せばよい．そのために，これらのベクトルを並べた行列 $[\boldsymbol{a}_1, \boldsymbol{a}_2, \boldsymbol{b}_1, \boldsymbol{b}_2, \boldsymbol{b}_3]$ に行基本変形を施し，階段行列に変形すると

$$[\boldsymbol{a}_1, \boldsymbol{a}_2, \boldsymbol{b}_1, \boldsymbol{b}_2, \boldsymbol{b}_3] \longrightarrow \begin{bmatrix} 1 & 0 & 1 & 1 & 1 \\ 0 & 1 & 0 & 0 & 1 \\ 0 & 0 & 1 & 0 & 1 \\ 0 & 0 & 0 & 0 & 0 \\ 0 & 0 & 0 & 0 & 0 \end{bmatrix}$$

となる．（変形の仕方によって得られる階段行列は異なる）よって，$\boldsymbol{a}_1, \boldsymbol{a}_2, \boldsymbol{b}_1$ は線形独立であることがわかる．$\dim W_1 = 3$ であるから，$(\boldsymbol{a}_1, \boldsymbol{a}_2, \boldsymbol{b}_1)$ は W_1 の基底である．

同様にして，W_2 は 3 次元であり，$\left(\begin{bmatrix} -1 \\ -\frac{1}{2} \\ 1 \\ 0 \\ 0 \end{bmatrix}, \begin{bmatrix} 1 \\ 1 \\ 0 \\ 1 \\ 0 \end{bmatrix}, \begin{bmatrix} -1 \\ -\frac{3}{2} \\ 0 \\ 0 \\ 1 \end{bmatrix} \right)$ は W_2 の基底である．この基

底を $(\boldsymbol{c}_1, \boldsymbol{c}_2, \boldsymbol{c}_3)$ とおく．行列 $[\boldsymbol{a}_1, \boldsymbol{a}_2, \boldsymbol{c}_1, \boldsymbol{c}_2, \boldsymbol{c}_3]$ に行基本変形を施し階段行列に変形すると

$$[\boldsymbol{a}_1, \boldsymbol{a}_2, \boldsymbol{c}_1, \boldsymbol{c}_2, \boldsymbol{c}_3] \longrightarrow \begin{bmatrix} 1 & 0 & -1 & 1 & -1 \\ 0 & -1 & 1 & 0 & 0 \\ 0 & 0 & 1 & 0 & 1 \\ 0 & 0 & 0 & 0 & 0 \\ 0 & 0 & 0 & 0 & 0 \end{bmatrix}$$

となる．（変形の仕方によって得られる階段行列は異なる）よって，$\boldsymbol{a}_1, \boldsymbol{a}_2, \boldsymbol{c}_1$ は線形独立であることがわかる．$\dim W_2 = 3$ であるから，$(\boldsymbol{a}_1, \boldsymbol{a}_2, \boldsymbol{c}_1)$ は W_1 の基底である．

(3) $(\boldsymbol{a}_1, \boldsymbol{a}_2, \boldsymbol{b}_1, \boldsymbol{c}_1)$ は $W_1 + W_2$ の基底である．

□

問題 9.3.4 $A = \begin{bmatrix} 1 & 0 & -1 & -3 & -1 \\ 0 & 1 & -2 & -5 & -1 \end{bmatrix}$, $B = \begin{bmatrix} 1 & 0 & 1 & -1 & -1 \\ 0 & 1 & 1 & -2 & -1 \end{bmatrix}$ とおく．$\mathbf{K}^5$ の部分空間 $W_1 = \{\boldsymbol{x} \in \mathbf{K}^5 \mid A\boldsymbol{x} = \boldsymbol{0}\}$, $W_2 = \{\boldsymbol{x} \in \mathbf{K}^5 \mid B\boldsymbol{x} = \boldsymbol{0}\}$ を考える．

(1) $W_1 \cap W_2$ の 1 つの基底を求めよ．

(2) $W_1 \cap W_2$ の (1) の基底を延長して W_1 の 1 つの基底，W_2 の 1 つの基底をつくれ．

(3) 和空間 $W_1 + W_2$ の基底を 1 つ求めよ．

定義 9.3.2 U を $\mathbf{K}$ 上の線形空間とし，V，W を U の部分空間とする．和空間 $V + W$ のベクトルを V のベクトルと W のベクトルの和として表すとき，その表し方がただ 1 通りであるとき，和空間 $V + W$ は**直和**であるといって，$V \oplus W$ と記す．

命題 9.3.4 U を $\mathbf{K}$ 上の線形空間とし，V, W を U の部分空間とする．次は同値である．

(1) $V + W$ は直和である，

(2) $V \cap W = \{\boldsymbol{0}\}$,

(3) 任意の $\boldsymbol{x} \in V$ と任意の $\boldsymbol{y} \in W$ について

$$\boldsymbol{x} + \boldsymbol{y} = \boldsymbol{0} \Longrightarrow \boldsymbol{x} = \boldsymbol{y} = \boldsymbol{0}$$

が成り立つ．

U が有限次元ならば，これは，さらに，次の (4) とも同値である．

(4) $\dim(V + W) = \dim V + \dim W$.

証明 まず，(1) が成り立てば (2) が成り立つことを示す．$V + W$ は直和であると仮定する．$V \cap W$ の任意のベクトル $\boldsymbol{x}$ は V にも W にも属するのであるから，V のベクトルと W のベクトルの和として

$$\boldsymbol{x} = \boldsymbol{x} + \boldsymbol{0} = \boldsymbol{0} + \boldsymbol{x}$$

と表される．$V+W$ は直和であると仮定しているから，このような表し方は 1 通りである．よって，$\boldsymbol{x}=\boldsymbol{0}$，すなわち，$V\cap W=\{\boldsymbol{0}\}$ である．

(2) が成り立てば (3) が成り立つことを示す．$V\cap W=\{\boldsymbol{0}\}$ であると仮定する．$\boldsymbol{x}\in V$ と $\boldsymbol{y}\in W$ について $\boldsymbol{x}+\boldsymbol{y}=\boldsymbol{0}$ が成り立っているならば

$$\boldsymbol{x}=-\boldsymbol{y}$$

である．左辺は V に属し，右辺は W に属するから，このベクトルは $V\cap W=\{\boldsymbol{0}\}$ に属し，$\boldsymbol{x}=-\boldsymbol{y}=\boldsymbol{0}$ を得る．

(3) が成り立てば (1) が成り立つことを示す．$\boldsymbol{x},\boldsymbol{x}'\in V$ と $\boldsymbol{y},\boldsymbol{y}'\in W$ について $\boldsymbol{x}+\boldsymbol{y}=\boldsymbol{x}'+\boldsymbol{y}'$ が成り立っていれば

$$(\boldsymbol{x}-\boldsymbol{x}')+(\boldsymbol{y}-\boldsymbol{y}')=\boldsymbol{0}$$

が成り立つ．$\boldsymbol{x}-\boldsymbol{x}'\in V$ であり，$\boldsymbol{y}-\boldsymbol{y}'\in W$ である．条件 (3) が成り立つと仮定しているから，$\boldsymbol{x}-\boldsymbol{x}'=\boldsymbol{y}-\boldsymbol{y}'=\boldsymbol{0}$ が成り立つ．すなわち，$\boldsymbol{x}=\boldsymbol{x}'$，$\boldsymbol{y}=\boldsymbol{y}'$ であり，条件 (1) が成り立つ．

以上で，条件 (1)，(2)，(3) が同値であることが証明された．

和空間の次元に関する公式 (9.3.1) により，(2) と (4) は同値である．　□

定義 9.3.3 U を $\mathbf{K}$ 上の線形空間とし，V，W を U の部分空間とする．$U=V\oplus W$ のとき，V，W は U の**直和因子**であるという．また，W（V）は V（W）の**補空間**とよぶ．ただし，補空間は一意的ではない．つまり，$U=V\oplus W=V\oplus W'$ であっても $W=W'$ であるとは限らない．

例 9.3.1 $\mathbf{R}^2$ において，$V=\langle \boldsymbol{e}_1\rangle$ とおく．$W=\langle \boldsymbol{e}_2\rangle$ とおくと，$\mathbf{R}^2=V\oplus W$ である．しかし，0 でない任意の $\lambda\in\mathbf{R}$ に対して，$W_\lambda=\langle \boldsymbol{e}_1+\lambda\boldsymbol{e}_2\rangle$ とおくと，やはり，$\mathbf{R}^2=V\oplus W_\lambda$ であるが，$W\neq W_\lambda$．

定理 9.3.5 有限次元線形空間 U の任意の部分空間 V は U の直和因子である．

証明 $\dim U=n$，$\dim V=r$ とする．$(\boldsymbol{x}_1,\ldots,\boldsymbol{x}_r)$ を部分空間 V の基底とする．これを延長して，U の基底 $(\boldsymbol{x}_1,\ldots,\boldsymbol{x}_r,\boldsymbol{x}_{r+1},\ldots,\boldsymbol{x}_n)$ をつくる．$W=\langle \boldsymbol{x}_{r+1},\ldots,\boldsymbol{x}_n\rangle$ とおけば，$U=V\oplus W$ である．　□

注意 無限次元線形空間についても同様のことが成り立つ．

定義 9.3.4 線形空間 U の部分空間 $V_1,V_2,\ldots,V_l$ に対して

$$V_1+V_2+\cdots+V_l=\{\boldsymbol{x}_1+\boldsymbol{x}_2+\cdots+\boldsymbol{x}_l \mid \boldsymbol{x}_1\in V_1,\boldsymbol{x}_2\in V_2,\ldots,\boldsymbol{x}_l\in V_l\}$$

は U の部分空間である．これを $V_1,V_2,\ldots,V_l$ の**和空間**とよぶ．

特に和空間 $V_1+V_2+\cdots+V_l$ の任意のベクトルを $V_1,V_2,\ldots,V_l$ のベクトルの和として表すとき，その表し方がただ 1 通りであるとき，この和空間は**直和**であるといって，$V_1\oplus V_2\oplus\cdots\oplus V_l$ と記す．

命題 9.3.6 線形空間 U の部分空間 $V_1, V_2, \ldots, V_l$ について，次は同値である．

(1) 和空間 $V_1 + V_2 + \cdots + V_l$ は直和である．

(2) 任意の $\boldsymbol{x}_1 \in V_1, \boldsymbol{x}_2 \in V_2, \ldots, \boldsymbol{x}_l \in V_l$ について

$$\boldsymbol{x}_1 + \boldsymbol{x}_2 + \cdots + \boldsymbol{x}_l = \boldsymbol{0} \Longrightarrow \boldsymbol{x}_1 = \boldsymbol{0}, \boldsymbol{x}_2 = \boldsymbol{0}, \ldots, \boldsymbol{x}_l = \boldsymbol{0}$$

が成り立つ．

U が有限次元ならば，これは，さらに，次の (3) とも同値である．

(3)
$$\dim (V_1 + V_2 + \cdots + V_l) = \dim\ V_1 + \dim\ V_2 + \cdots + \dim\ V_l$$

が成り立つ．

注意 $l \geqq 3$ のとき，$V_1 \cap V_2 \cap \cdots \cap V_l = \{\boldsymbol{0}\}$ であっても和空間 $V_1 + V_2 + \cdots + V_l$ は直和であるとは限らない．

問題 9.3.5 命題 9.3.6 を証明せよ．

9.4 線形写像

定義 9.4.1 X, Y を集合とする．X のどの要素 x に対しても Y のある要素を対応させる対応関係 f を，X から Y への**写像**とよび，$f : X \to Y$ と書く．X の要素 x が f によって $y \in Y$ に対応することを $f : x \mapsto y$ と書く．これらをまとめて

$$f : X \to Y; x \mapsto y$$

と書く．集合 X を f の**定義域**とよび，集合 Y を f の**値域**とよぶ．

例 9.4.1 (1) 1 次関数 $y = 2x - 4$ とは $\mathbf{R}$ から $\mathbf{R}$ への写像であって，実数 x に $2x - 4$ を対応させるものである．

(2) 逆三角関数 $y = \arcsin x$ とは閉区間 $[-1, 1]$ から $\left[-\frac{\pi}{2}, \frac{\pi}{2}\right]$ への写像であって，実数 x $(-1 \leqq x \leqq 1)$ に $\arcsin x$ を対応させるものである．この写像を定義域と値域を明示して

$$\arcsin : [-1, 1] \to \left[-\frac{\pi}{2}, \frac{\pi}{2}\right]; x \mapsto \arcsin x$$

と書く．

(3) A を (m,n) 行列とする．n 次元数ベクトル $\boldsymbol{x} \in \mathbf{K}^n$ に対して m 次元数ベクトル $A\boldsymbol{x}$ を対応させる写像を考えることができる．この写像を T_A と書く．すなわち

$$T_A : \mathbf{K}^n \to \mathbf{K}^m; \boldsymbol{x} \mapsto A\boldsymbol{x}.$$

(4) 数列 $\{a_n\}_{n=1,2,3,\ldots}$ に対して，数列 $\{b_n\}_{n=1,2,3,\ldots}$ を $b_n = a_{n+1}$, $n = 1, 2, 3, \ldots$ によって定義する．これにより，写像

$$\mathrm{shift} : \mathscr{S}(\mathbf{R}) \to \mathscr{S}(\mathbf{R}); \{a_n\}_{n=1,2,3,\ldots} \mapsto \{b_n\}_{n=1,2,3,\ldots}$$

が定義される．

(5) 実数上で定義され何回でも微分可能な関数 f に対して導関数 $\dfrac{df}{dx}$ を対応させる写像を考える．実数上で定義され何回でも微分可能な関数全部の集合を $C^\infty(\mathbf{R})$ と書く．

$$\mathrm{Diff} : C^\infty(\mathbf{R}) \to C^\infty(\mathbf{R}); f(x) \mapsto \frac{df}{dx}.$$

(6) 実数上で定義された連続関数 $f(x)$ に対して $\displaystyle\int_0^x f(t)\,dt$ を考える．これにより

$$\mathrm{Int} : \mathscr{C}(\mathbf{R}) \to \mathscr{C}(\mathbf{R}); f(x) \mapsto \int_0^x f(t)\,dt$$

が定義される．

定義 9.4.2 U，V を線形空間とする．写像 $f : U \to V$ が条件

(1) $\boldsymbol{x}$，$\boldsymbol{y} \in U$ に対して $f(\boldsymbol{x} + \boldsymbol{y}) = f(\boldsymbol{x}) + f(\boldsymbol{y})$

(2) $\boldsymbol{x} \in U$ とスカラー $c \in \mathbf{K}$ に対して $f(c\boldsymbol{x}) = cf(\boldsymbol{x})$

を満たすとき，f を**線形写像**とよぶ．この 2 つの条件を**線形写像の公理**とよぶ．

特に，U から U への線形写像を U の**線形変換**とよぶ．

例 9.4.2 例 9.4.1 での (3)〜(6) はすべて線形写像である．

命題 9.4.1 U，V を線形空間とする．線形写像 $f : U \to V$ について

$$f(\mathbf{0}) = \mathbf{0}, \quad f(-\boldsymbol{x}) = -f(\boldsymbol{x}) \quad (\boldsymbol{x} \in U)$$

が成り立つ．

証明　(1) $\mathbf{0} = \mathbf{0} + \mathbf{0}$ であり，f は線形写像であるから，$f(\mathbf{0}) = f(\mathbf{0} + \mathbf{0}) = f(\mathbf{0}) + f(\mathbf{0})$ が成り立つ．よって $\mathbf{0} = f(\mathbf{0}) - f(\mathbf{0}) = f(\mathbf{0}) + f(\mathbf{0}) - f(\mathbf{0}) = f(\mathbf{0})$.

(2) f は線形写像であることと (1) により，$f(-\boldsymbol{x}) + f(\boldsymbol{x}) = f(-\boldsymbol{x} + \boldsymbol{x}) = \boldsymbol{0}$ である．ゆえに，$f(-\boldsymbol{x}) = -f(\boldsymbol{x})$．

□

定義 9.4.3 U, V を線形空間とし，$f : U \to V$ を線形写像とする．

$$\operatorname{Im} f = \{\, \boldsymbol{y} \in V \mid \text{ある } \boldsymbol{x} \in U \text{ により } \boldsymbol{y} = f(\boldsymbol{x}) \text{ となる} \,\}$$
$$\operatorname{Ker} f = \{\, \boldsymbol{x} \in U \mid f(\boldsymbol{x}) = \boldsymbol{0} \,\}$$

と定義する．$\operatorname{Im} f$ は簡単に $\operatorname{Im} f = \{\, f(\boldsymbol{x}) \in V \mid \boldsymbol{x} \in U \,\}$ と書かれることが多い．

命題 9.4.2 $f : U \to V$ を線形写像とする．

(1) $\operatorname{Im} f$ は V の部分空間である．

(2) $\operatorname{Ker} f$ は U の部分空間である．

証明 (1) $\boldsymbol{y}, \boldsymbol{y}' \in \operatorname{Im} f$ をとる．ある $\boldsymbol{x}, \boldsymbol{x}' \in U$ により $\boldsymbol{y} = f(\boldsymbol{x}), \boldsymbol{y}' = f(\boldsymbol{x}')$ となる．よって，$\boldsymbol{y} + \boldsymbol{y}' = f(\boldsymbol{x}) + f(\boldsymbol{x}') = f(\boldsymbol{x} + \boldsymbol{x}') \in \operatorname{Im} f$．また，スカラー $c \in \mathbf{K}$ に対して $c\boldsymbol{y} = cf(\boldsymbol{x}) = f(c\boldsymbol{x}) \in \operatorname{Im} f$．ゆえに，$\operatorname{Im} f$ は V の部分空間である．

(2) $\boldsymbol{x}, \boldsymbol{x}' \in \operatorname{Ker} f$ をとる．$f(\boldsymbol{x}+\boldsymbol{x}') = f(\boldsymbol{x}) + f(\boldsymbol{x}') = \boldsymbol{0}+\boldsymbol{0} = \boldsymbol{0}$ であるから，$\boldsymbol{x}+\boldsymbol{x}' \in \operatorname{Ker} f$．また，スカラー $c \in \mathbf{K}$ に対して $f(c\boldsymbol{x}) = c\,f(\boldsymbol{x}) = c\,\boldsymbol{0} = \boldsymbol{0}$ であるから，$c\boldsymbol{x} \in \operatorname{Ker} f$．ゆえに，$\operatorname{Ker} f$ は U の部分空間である．

□

定義 9.4.4 $f : U \to V$ を線形写像とする．$\operatorname{Im} f$ を f の**像空間**とよび，$\operatorname{Ker} f$ を f の**核**とよぶ．

U, V が有限次元のとき，像空間 $\operatorname{Im} f$ の次元を f の**階数**とよび，$\operatorname{rank} f$ と記す．また，核 $\operatorname{Ker} f$ の次元を f の**退化次数**とよぶ．

定義 9.4.5 U, V を有限次元線形空間とし，$f : U \to V$ を線形写像とする．$\mathscr{E} = (\boldsymbol{u}_1, \boldsymbol{u}_2, \ldots, \boldsymbol{u}_n)$ を U の基底とし，$\mathscr{F} = (\boldsymbol{v}_1, \boldsymbol{v}_2, \ldots, \boldsymbol{v}_m)$ を V の基底とする．

$j = 1, 2, \ldots, n$ に対して $f(\boldsymbol{u}_j) \in V$ の $\mathscr{F} = (\boldsymbol{v}_1, \boldsymbol{v}_2, \ldots, \boldsymbol{v}_m)$ に関する座標ベクトル $\begin{bmatrix} a_{1j} \\ a_{2j} \\ \vdots \\ a_{mj} \end{bmatrix}$ を並べて行列をつくると，等式

$$\big[f(\boldsymbol{u}_1), f(\boldsymbol{u}_2), \ldots, f(\boldsymbol{u}_n)\big] = \big[\boldsymbol{v}_1, \boldsymbol{v}_2, \ldots, \boldsymbol{v}_m\big] \begin{bmatrix} a_{11} & a_{12} & \ldots & a_{1n} \\ a_{21} & a_{22} & \ldots & a_{2n} \\ \vdots & \vdots & \vdots & \vdots \\ a_{m1} & a_{m2} & \ldots & a_{mn} \end{bmatrix} \tag{9.4.1}$$

が得られる．この右側の行列を線形写像 $\boldsymbol{f}$ の $\mathscr{E} = (\boldsymbol{u}_1, \boldsymbol{u}_2, \ldots, \boldsymbol{u}_n)$ と $\mathscr{F} = (\boldsymbol{v}_1, \boldsymbol{v}_2, \ldots, \boldsymbol{v}_m)$ に**関する表現行列**とよぶ．

例 9.4.3 $A = [\boldsymbol{a}_1\, \boldsymbol{a}_2\, \cdots \boldsymbol{a}_n]$ を (m, n) 行列とする．線形写像 $T_A : \mathbf{K}^n \to \mathbf{K}^m$ を考える．

(1) ベクトル $\boldsymbol{y} \in \mathbf{K}^m$ について

$$\boldsymbol{y} \in \operatorname{Im} T_A \iff \text{ある } \boldsymbol{x} = \begin{bmatrix} x_1 \\ x_2 \\ \vdots \\ x_n \end{bmatrix} \in \mathbf{K}^n \text{ により } \boldsymbol{y} = T_A(\boldsymbol{x}) = A\boldsymbol{x} = [\boldsymbol{a}_1\, \boldsymbol{a}_2\, \cdots \boldsymbol{a}_n] \begin{bmatrix} x_1 \\ x_2 \\ \vdots \\ x_n \end{bmatrix}$$
$$\iff \boldsymbol{y} \in \langle\, \boldsymbol{a}_1, \boldsymbol{a}_2, \ldots, \boldsymbol{a}_n \,\rangle$$

であるから，$\operatorname{Im} T_A = \langle\, \boldsymbol{a}_1, \boldsymbol{a}_2, \ldots, \boldsymbol{a}_n \,\rangle$ である．特に

$$\operatorname{rank} T_A = \dim \operatorname{Im} T_A = \dim \langle\, \boldsymbol{a}_1, \boldsymbol{a}_2, \ldots, \boldsymbol{a}_n \,\rangle = \operatorname{rank} A.$$

(2) ベクトル $\boldsymbol{x} \in \mathbf{K}^n$ について

$$\begin{aligned} \boldsymbol{x} \in \operatorname{Ker} T_A &\iff T_A(\boldsymbol{x}) = \boldsymbol{0} \iff A\boldsymbol{x} = \boldsymbol{0} \\ &\iff \boldsymbol{x} \text{ は斉次線形方程式 } A\boldsymbol{x} = \boldsymbol{0} \text{ の解のベクトル} \end{aligned}$$

であるから，$\operatorname{Ker} T_A = \big(\text{斉次線形方程式 } A\boldsymbol{x} = \boldsymbol{0} \text{ の解空間}\big)$ である．特に

$$\begin{aligned} \dim \operatorname{Ker} T_A &= \dim \big(\text{斉次線形方程式 } A\boldsymbol{x} = \boldsymbol{0} \text{ の解空間}\big) \\ &= \text{斉次線形方程式 } A\boldsymbol{x} = \boldsymbol{0} \text{ の解の自由度} = n - \operatorname{rank} A \\ &= n - \operatorname{rank} T_A \end{aligned}$$

(3) $\mathbf{K}^n$ の標準基底と $\mathbf{K}^m$ の標準基底に関して T_A を行列表現してみる．$\mathbf{K}^n$ の標準基底を $(\boldsymbol{e}_1, \boldsymbol{e}_2, \ldots, \boldsymbol{e}_n)$ とおき，$\mathbf{K}^m$ の標準基底を $(\boldsymbol{f}_1, \boldsymbol{f}_2, \ldots, \boldsymbol{f}_m)$ とおくと

$$\big[T_A(\boldsymbol{e}_1), T_A(\boldsymbol{e}_2), \ldots, T_A(\boldsymbol{e}_n)\big] = \big[\boldsymbol{f}_1, \boldsymbol{f}_2, \ldots, \boldsymbol{f}_m\big]\big[\boldsymbol{a}_1\, \boldsymbol{a}_2\, \cdots \boldsymbol{a}_n\big] = A$$

であるから，表現行列は A 自身である．

有限次元線形空間の線形変換の行列表現を考えるときは写像の定義域としての線形空間の基底と値域としての線形空間の基底を同一にとる．すなわち，線形変換 $f : U \to U$ の基底 $(\boldsymbol{u}_1, \boldsymbol{u}_2, \ldots, \boldsymbol{u}_n)$ に関する表現行列は等式

$$\big[f(\boldsymbol{u}_1), f(\boldsymbol{u}_2), \ldots, f(\boldsymbol{u}_n)\big] = \big[\boldsymbol{u}_1, \boldsymbol{u}_2, \ldots, \boldsymbol{u}_n\big] \begin{bmatrix} a_{11} & a_{12} & \ldots & a_{1n} \\ a_{21} & a_{22} & \ldots & a_{2n} \\ \vdots & \vdots & \ddots & \vdots \\ a_{n1} & a_{n2} & \ldots & a_{nn} \end{bmatrix} \tag{9.4.2}$$

で定められる n 次正方行列 $[a_{ij}]$ である．

問題 9.4.1 (1) 次の写像は線形写像であるか調べよ．

(a) $f : \mathbf{K}^5 \to \mathbf{K}^3; \begin{bmatrix} x_1 \\ x_2 \\ x_3 \\ x_4 \\ x_5 \end{bmatrix} \mapsto \begin{bmatrix} x_1 - 2x_2 + 3x_4 \\ x_1 - 2x_2 + x_3 + 2x_4 + x_5 \\ 2x_1 - 4x_2 + x_3 + 5x_4 + 2x_5 \\ -3x_1 + 6x_2 - 9x_4 + 2x_5 \end{bmatrix}.$

(b) $g : \mathbf{K}^4 \to \mathbf{K}^3; \begin{bmatrix} x_1 \\ x_2 \\ x_3 \\ x_4 \end{bmatrix} \mapsto \begin{bmatrix} x_1 - 3x_2 \\ 4x_1 + x_2 + x_4 \\ x_2x_4 \end{bmatrix}$

(2) (1) の写像で線形写像であるものについて次の問に答えよ．

(a) 標準基底に関する表現行列を求めよ．

(b) 像空間の（1 つの）基底と写像の階数を求めよ．

(c) 核の（1 つの）基底と写像の退化次数を求めよ．

例 9.4.4 例題 7.1.1 で扱った行列 $A = \begin{bmatrix} 1 & 2 & -1 \\ 1 & 0 & 1 \\ 0 & 2 & 0 \end{bmatrix}$ が定める線形変換 $T_A : \mathbf{K}^3 \to \mathbf{K}^3$ を考える．

例 9.4.3 で見たように，T_A の標準基底に関する表現行列は A である．例題 7.1.1 では行列 A は固有値 $1, 2, -2$ をもち，それぞれに属する固有ベクトルからなる $\mathbf{K}^3$ の基底 $\mathscr{F} = (\boldsymbol{u}_1, \boldsymbol{u}_2, \boldsymbol{u}_3)$ が存在するのだった．このとき

$$[T_A(\boldsymbol{u}_1), T_A(\boldsymbol{u}_2), T_A(\boldsymbol{u}_3)] = [\boldsymbol{u}_1, 2\boldsymbol{u}_2, -2\boldsymbol{u}_3] = [\boldsymbol{u}_1, \boldsymbol{u}_2, \boldsymbol{u}_3] \begin{bmatrix} 1 & 0 & 0 \\ 0 & 2 & 0 \\ 0 & 0 & -2 \end{bmatrix}$$

が得られる．すなわち，T_A の $\mathscr{F}$ に関する表現行列は $\begin{bmatrix} 1 & 0 & 0 \\ 0 & 2 & 0 \\ 0 & 0 & -2 \end{bmatrix}$ である．

問題 9.4.2 (1) 例題 7.1.2 で扱った行列 B が定める線形変換 $T_B : \mathbf{K}^3 \to \mathbf{K}^3$ を例題 7.1.2 とその直後に述べた基底 $(\boldsymbol{v}_1, \boldsymbol{v}_2, \boldsymbol{v}_3)$ に関して行列表現せよ．

(2) 例題 7.1.3 で扱った行列 C が定める線形変換 $T_C : \mathbf{K}^3 \to \mathbf{K}^3$ を例題 7.1.3 で求めた基底 $(\boldsymbol{w}_1, \boldsymbol{w}_2, \boldsymbol{w}_3)$ に関して行列表現せよ．

例題 9.4.1 漸化式

$$a_{n+3} - 3a_{n+2} - 4a_{n+1} + 12a_n = 0 \quad (n = 1, 2, 3, \ldots)$$

を満たす数列全体のなす線形空間 $\mathscr{S}(\mathbf{R}; -3, -4, 12)$ を考えよう．このような数列ははじめの 3 項を指定すれば第 4 項以降は上の漸化式によって次々と定められる．そこで，次のように 3

つの数列を定める.

$$\boldsymbol{u}_1 = \{1,\ 0,\ 0,\ -12, \ldots\},$$
$$\boldsymbol{u}_2 = \{0,\ 1,\ 0,\ 4, \ldots\},$$
$$\boldsymbol{u}_3 = \{0,\ 0,\ 1,\ 3 \ldots\}.$$

$\mathscr{F} = (\boldsymbol{u}_1, \boldsymbol{u}_2, \boldsymbol{u}_3)$ は $\mathscr{S}(\mathbf{R}; -3, -4, 12)$ の基底である.

数列の項の番号をずらすという線形写像（例 9.4.1 (4)）を上の漸化式を満たす数列に施して得られる数列はやはり上の漸化式を満たす. よって $\mathscr{S}(\mathbf{R}; -3, -4, 12)$ の線形変換

$$\mathrm{shift} : \mathscr{S}(\mathbf{R}; -3, -4, 12) \to \mathscr{S}(\mathbf{R}; -3, -4, 12);\ \{a_n\}_{n=1,2,3,\ldots} \mapsto \{b_n\}_{n=1,2,3,\ldots}$$

が定義される. この線形変換の $\mathscr{F}$ に関する表現行列を求めよ.

解答

$$\mathrm{shift}(\boldsymbol{u}_1) = \{\ 0,\ 0,\ -12, \ldots\} = -12\boldsymbol{u}_3,$$
$$\mathrm{shift}(\boldsymbol{u}_2) = \{1,\ 0,\ 4, \ldots\} = \boldsymbol{u}_1 + 4\boldsymbol{u}_3,$$
$$\mathrm{shift}(\boldsymbol{u}_3) = \{0,\ 1,\ 3 \ldots\} = \boldsymbol{u}_2 + 3\boldsymbol{u}_3$$

であるから

$$[\mathrm{shift}(\boldsymbol{u}_1), \mathrm{shift}(\boldsymbol{u}_2), \mathrm{shift}(\boldsymbol{u}_3)] = [\boldsymbol{u}_1, \boldsymbol{u}_2, \boldsymbol{u}_3]\begin{bmatrix} 0 & 1 & 0 \\ 0 & 0 & 1 \\ -12 & 4 & 3 \end{bmatrix}$$

である. よって, 求める表現行列は $\begin{bmatrix} 0 & 1 & 0 \\ 0 & 0 & 1 \\ -12 & 4 & 3 \end{bmatrix}$ である. □

問題 9.4.3 漸化式

$$a_{n+3} - 2a_{n+2} - 9a_{n+1} + 18a_n = 0 \quad (n = 1, 2, 3, \ldots)$$

を満たす数列全体のなす線形空間 $\mathscr{S}(\mathbf{R}; -2, -9, 18)$ を考える. 上の漸化式を満たし第 1 項から第 3 項までが 1, 0, 0 である数列を $\boldsymbol{u}_1$ とし, 第 1 項から第 3 項までが 0, 1, 0 である数列を $\boldsymbol{u}_2$ とし, 第 1 項から第 3 項までが 0, 0, 1 である数列を $\boldsymbol{u}_3$ とする.

次の問に答えよ.

(1) 数列 $\boldsymbol{u}_1, \boldsymbol{u}_2, \boldsymbol{u}_3$ のおのおのについて, 第 4 項を書け.

(2) $\mathscr{F} = (\boldsymbol{u}_1, \boldsymbol{u}_2, \boldsymbol{u}_3)$ は $\mathscr{S}(\mathbf{R}; -2, -9, 18)$ の基底である. 線形変換 $\mathrm{shift} : \mathscr{S}(\mathbf{R}; -2, -9, 18) \to \mathscr{S}(\mathbf{R}; -2, -9, 18)$ の $\mathscr{F}$ に関する表現行列を求めよ.

命題 9.4.3 U, V を線形空間とする. $f : U \to V$ を線形写像とする. 次の条件は同値である.

(1) $\boldsymbol{x}$, $\boldsymbol{x}' \in U$ について

$$\boldsymbol{x} \neq \boldsymbol{x}' \Longrightarrow f(\boldsymbol{x}) \neq f(\boldsymbol{x}')$$

が成り立つ．(上の条件は「$f(\boldsymbol{x}) = f(\boldsymbol{x}') \Longrightarrow \boldsymbol{x} = \boldsymbol{x}'$」と同値である．)

(2) $\mathrm{Ker}\, f = \{\boldsymbol{0}\}$.

(3) ベクトル $\boldsymbol{x}_1, \boldsymbol{x}_2, \ldots, \boldsymbol{x}_l \in U$ が線形独立ならば $f(\boldsymbol{x}_1), f(\boldsymbol{x}_2), \ldots, f(\boldsymbol{x}_l) \in V$ も線形独立である．

注意 1 つのベクトル $\boldsymbol{u}$ については「$\boldsymbol{u} \neq \boldsymbol{0} \Longleftrightarrow \boldsymbol{u}$ は線形独立」であるから，条件 (3) が成り立てば「$\boldsymbol{x} \neq \boldsymbol{0} \Longrightarrow f(\boldsymbol{x}) \neq \boldsymbol{0}$」が成り立つ．

証明 (A) 条件 (1) が成り立てば条件 (2) が成り立つことを示す．$\boldsymbol{x} \in \mathrm{Ker}\, f$ をとると，$f(\boldsymbol{x}) = \boldsymbol{0} = f(\boldsymbol{0})$ である．条件 (1) が成り立つと仮定しているから，$\boldsymbol{x} = \boldsymbol{0}$ である．ゆえに，$\mathrm{Ker}\, f = \{\boldsymbol{0}\}$.

(B) 条件 (2) が成り立てば条件 (3) が成り立つことを示す．ベクトル $\boldsymbol{x}_1, \boldsymbol{x}_2, \ldots, \boldsymbol{x}_l \in U$ は線形独立であると仮定する．$\lambda_1 f(\boldsymbol{x}_1) + \lambda_2 f(\boldsymbol{x}_2) + \cdots + \lambda_l f(\boldsymbol{x}_l) = \boldsymbol{0}$ とすると，左辺を変形して $f(\lambda_1 \boldsymbol{x}_1 + \lambda_2 \boldsymbol{x}_2 + \cdots + \lambda_l \boldsymbol{x}_l) = \boldsymbol{0}$ が得られる．条件 (2) が成り立つと仮定しているから，$\lambda_1 \boldsymbol{x}_1 + \lambda_2 \boldsymbol{x}_2 + \cdots + \lambda_l \boldsymbol{x}_l \in \mathrm{Ker}\, f = \{\boldsymbol{0}\}$ である．よって $\lambda_1 \boldsymbol{x}_1 + \lambda_2 \boldsymbol{x}_2 + \cdots + \lambda_l \boldsymbol{x}_l = \boldsymbol{0}$ である．$\boldsymbol{x}_1, \boldsymbol{x}_2, \ldots, \boldsymbol{x}_l \in U$ は線形独立であったから，$\lambda_1 = \lambda_2 = \cdots = \lambda_l = 0$ を得る．すなわち，$f(\boldsymbol{x}_1), f(\boldsymbol{x}_2), \ldots, f(\boldsymbol{x}_l) \in V$ は線形独立である．

(C) 条件 (3) が成り立てば条件 (1) が成り立つことを示す．$\boldsymbol{x}, \boldsymbol{x}' \in U$ をとる．$\boldsymbol{x} \neq \boldsymbol{x}'$ とすると，$\boldsymbol{x} - \boldsymbol{x}' \neq \boldsymbol{0}$ である．よって，$\boldsymbol{x} - \boldsymbol{x}'$ は線形独立である．条件 (3) が成り立つと仮定しているから，$f(\boldsymbol{x} - \boldsymbol{x}')$ も線形独立である．すなわち，$f(\boldsymbol{x} - \boldsymbol{x}') \neq \boldsymbol{0}$ である．$f(\boldsymbol{x} - \boldsymbol{x}') = f(\boldsymbol{x}) - f(\boldsymbol{x}')$ であるから，$f(\boldsymbol{x}) \neq -f(\boldsymbol{x}')$.

(A), (B), (C) により，(1), (2), (3) は同値である． □

定義 9.4.6 U, V を線形空間とする．$f : U \to V$ を線形写像とする．

(1) 命題 9.4.3 の条件が成り立つとき，f を**単射である**とよぶ．

(2) V のどのベクトルも U のベクトルの f による像である，つまり，$\mathrm{Im}\, f = V$ が成り立つとき，f を**全射**とよぶ．

(3) f が全射でありかつ単射であるとき，f を**同型写像**とよぶ．

線形写像 $f : U \to V$ が同型写像ならば，V のどのベクトル $\boldsymbol{v}$ に対しても $f(\boldsymbol{u}) = \boldsymbol{v}$ となるベクトル $\boldsymbol{u} \in U$ が**ただ 1 つ存在する**．そこで，$\boldsymbol{v} \in V$ に対して，このような $\boldsymbol{u} \in U$ を対応させる写像を定義することができる．この写像を **f の逆写像**といい f^{-1} と記す．したがって，$f^{-1} : V \to U$

であり，$\boldsymbol{u} \in V$，$\boldsymbol{v} \in V$ について

$$f^{-1}(\boldsymbol{v}) = \boldsymbol{u} \iff f(\boldsymbol{u}) = \boldsymbol{v}.$$

命題 9.4.4 U，V を線形空間とする．線形写像 $f : U \to V$ が同型写像ならば，逆写像 $f^{-1} : V \to U$ も同型写像である．

証明 $f^{-1} : V \to U$ が線形写像であることを示す．$\boldsymbol{v}_1, \boldsymbol{v}_2$ に対して $f^{-1}(\boldsymbol{v}_1) = \boldsymbol{u}_1$，$f^{-1}(\boldsymbol{v}_2) = \boldsymbol{u}_2$ とおく．$f(\boldsymbol{u}_1 + \boldsymbol{u}_2) = f(\boldsymbol{u}_1) + f(\boldsymbol{u}_2) = \boldsymbol{v}_1 + \boldsymbol{v}_2$ であるから，$\boldsymbol{u}_1 + \boldsymbol{u}_2 = f^{-1}(\boldsymbol{v}_1 + \boldsymbol{v}_2)$．すなわち，$f^{-1}(\boldsymbol{v}_1 + \boldsymbol{v}_2) = f^{-1}(\boldsymbol{v}_1) + f^{-1}(\boldsymbol{v}_2)$．スカラー $c \in \mathbf{K}$ に対して，$f(c\boldsymbol{u}_1) = cf(\boldsymbol{u}_1) = c\boldsymbol{v}_1$ であるから，$c\boldsymbol{u}_1 = f^{-1}(c\boldsymbol{v}_1)$．すなわち，$f^{-1}(c\boldsymbol{v}_1) = cf^{-1}(\boldsymbol{v}_1)$．

U の任意のベクトル $\boldsymbol{u}$ に対して $\boldsymbol{v} = f(\boldsymbol{u})$ とおくと，$\boldsymbol{u} = f^{-1}(\boldsymbol{v})$ である．よって，$\mathrm{Im}\, f^{-1} = U$．また，$\boldsymbol{v} \in \mathrm{Ker}\, f^{-1}$ ならば $f^{-1}(\boldsymbol{v}) = \mathbf{0}$ であり，これは $\boldsymbol{v} = f(\mathbf{0})$ という意味であり，$f(\mathbf{0}) = \mathbf{0}$ であるから $\boldsymbol{v} = \mathbf{0}$. □

定義 9.4.7 U，V を線形空間とする．U から V への同型写像が存在するとき，**U と V は同型であるといって，$U \simeq V$** と記す．命題 9.4.4 により，$U \simeq V$ ならば $V \simeq U$ である．

写像 $f : U \to V$ により $U \simeq V$ のとき，U の性質は f を通して V にうつる．例えば，$\boldsymbol{u}_1, \boldsymbol{u}_2, \ldots, \boldsymbol{u}_k \in U$ について $\boldsymbol{v}_1 = f(\boldsymbol{u}_1), \boldsymbol{v}_2 = f(\boldsymbol{u}_2), \ldots, \boldsymbol{v}_k = f(\boldsymbol{u}_k)$ とおくと

$$\{\boldsymbol{u}_1, \boldsymbol{u}_2, \ldots, \boldsymbol{u}_k\} \text{ が線形独立} \iff \{\boldsymbol{v}_1, \boldsymbol{v}_2, \ldots, \boldsymbol{v}_k\} \text{ が線形独立}$$
$$\{\boldsymbol{u}_1, \boldsymbol{u}_2, \ldots, \boldsymbol{u}_k\} \text{ が線形従属} \iff \{\boldsymbol{v}_1, \boldsymbol{v}_2, \ldots, \boldsymbol{v}_k\} \text{ が線形従属}$$
$$U = \langle \boldsymbol{u}_1, \boldsymbol{u}_2, \ldots, \boldsymbol{u}_k \rangle \iff V = \langle \boldsymbol{v}_1, \boldsymbol{v}_2, \ldots, \boldsymbol{v}_k \rangle$$

逆に V の性質は f^{-1} を通して U にうつる．

特に，U, V が有限次元ならば

$$(\boldsymbol{u}_1, \boldsymbol{u}_2, \ldots, \boldsymbol{u}_k) \text{ が } U \text{ の基底である} \iff (\boldsymbol{v}_1, \boldsymbol{v}_2, \ldots, \boldsymbol{v}_k) \text{ が } V \text{ の基底である}$$

したがって, $\dim U = \dim V$.

有限次元線形空間 U が n 次元であるとし，$\mathscr{E} = (\boldsymbol{u}_1, \boldsymbol{u}_2, \ldots, \boldsymbol{u}_n)$ を U の基底とする．ベクトル $\boldsymbol{a} \in U$ に $\boldsymbol{a}$ の $\mathscr{E} = (\boldsymbol{u}_1, \boldsymbol{u}_2, \ldots, \boldsymbol{u}_n)$ に関する座標ベクトルを対応させる写像 $\Phi_{\mathscr{E}} : U \to \mathbf{K}^n$ を考

えることができる．すなわち，$\boldsymbol{a} \in U$ と数ベクトル $\begin{bmatrix} a_1 \\ a_2 \\ \vdots \\ a_n \end{bmatrix} \in \mathbf{K}^n$ について

$$\Phi_{\mathscr{E}}(\boldsymbol{a}) = \begin{bmatrix} a_1 \\ a_2 \\ \vdots \\ a_n \end{bmatrix} \Longleftrightarrow \boldsymbol{a} = a_1\boldsymbol{u}_1 + a_2\boldsymbol{u}_2 + \cdots + a_n\boldsymbol{u}_n.$$

> 同型写像 $\Phi_{\mathscr{E}} : U \to \mathbf{K}^n$ により U の性質を $\mathbf{K}^n$ の性質から考察することができる．

U における基底の取り替えを同型写像 $\Phi_{\mathscr{E}}$ の観点から見てみる．$\mathscr{E}' = (\boldsymbol{u}'_1, \boldsymbol{u}'_2, \ldots, \boldsymbol{u}'_n)$ を U の基底としよう．$\mathscr{E}$ から $\mathscr{E}'$ への基底の変換行列を $P = \left[p_{ij}\right]$ とおくと

$$[\boldsymbol{u}'_1, \boldsymbol{u}'_2, \ldots, \boldsymbol{u}'_n] = [\boldsymbol{u}_1, \boldsymbol{u}_2, \ldots, \boldsymbol{u}_n] \begin{bmatrix} p_{11} & p_{12} & \cdots & p_{1n} \\ p_{21} & p_{22} & \cdots & p_{2n} \\ \vdots & \vdots & \ddots & \vdots \\ p_{n1} & p_{n2} & \cdots & p_{nn} \end{bmatrix}.$$

$j = 1, \ldots, n$ について，$\Phi_{\mathscr{E}}(\boldsymbol{u}_j) = \boldsymbol{e}_j$ である．$\Phi_{\mathscr{E}}(\boldsymbol{u}'_j) = \boldsymbol{f}_j$ とおくと，$(\boldsymbol{f}_1, \boldsymbol{f}_2, \ldots, \boldsymbol{f}_n)$ は $\mathbf{K}^n$ の基底である．U での $\mathscr{E}$ から $\mathscr{E}'$ への基底変換の行列 P は $\mathbf{K}^n$ での標準基底から $(\boldsymbol{f}_1, \boldsymbol{f}_2, \ldots, \boldsymbol{f}_n)$ への基底変換の行列にほかならない．特に

> **定理 9.4.5** 有限次元線形空間の基底変換の行列は正則である．

ベクトル $\boldsymbol{u} \in U$ の $\mathscr{E} = (\boldsymbol{u}_1, \boldsymbol{u}_2, \ldots, \boldsymbol{u}_n)$ に関する座標ベクトル $\begin{bmatrix} x_1 \\ x_2 \\ \vdots \\ x_n \end{bmatrix}$ と $\mathscr{E}' = (\boldsymbol{u}'_1, \boldsymbol{u}'_2, \ldots, \boldsymbol{u}'_n)$ に関する座標ベクトル $\begin{bmatrix} x'_1 \\ x'_2 \\ \vdots \\ x'_n \end{bmatrix}$ との間には次の関係があるのだった：

$$\begin{bmatrix} x_1 \\ x_2 \\ \vdots \\ x_n \end{bmatrix} = \begin{bmatrix} p_{11} & p_{12} & \cdots & p_{1n} \\ p_{21} & p_{22} & \cdots & p_{2n} \\ \vdots & \vdots & \ddots & \vdots \\ p_{n1} & p_{n2} & \cdots & p_{nn} \end{bmatrix} \begin{bmatrix} x'_1 \\ x'_2 \\ \vdots \\ x'_n \end{bmatrix}.$$

基底 $\mathscr{E}'$ が定める同型写像 $U \to \mathbf{K}^n$ も考えることができる．以上の関係は次の図式にまとめられる：

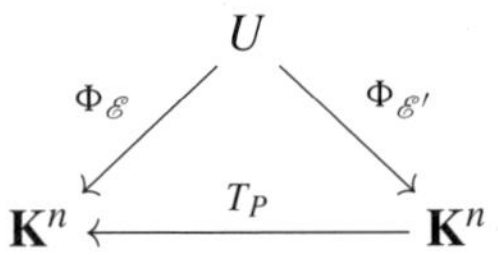

V を m 次元線形空間とし，$\mathscr{F} = (\boldsymbol{v}_1, \boldsymbol{v}_2, \dots, \boldsymbol{v}_m)$ を V の基底とする．

線形写像 $f : U \to V$ の $\mathscr{E}, \mathscr{F}$ に関する表現行列を $\left[a_{ij}\right]$ とすると，等式

$$\left[f(\boldsymbol{u}_1), f(\boldsymbol{u}_2), \dots, f(\boldsymbol{u}_n)\right] = \left[\boldsymbol{v}_1, \boldsymbol{v}_2, \dots, \boldsymbol{v}_m\right] \begin{bmatrix} a_{11} & a_{12} & \cdots & a_{1n} \\ a_{21} & a_{22} & \cdots & a_{2n} \\ \vdots & \vdots & \cdots & \vdots \\ a_{m1} & a_{m2} & \cdots & a_{mn} \end{bmatrix}$$

が成り立つのだった．$\boldsymbol{x}$ の $\mathscr{E}$ に関する座標ベクトルを $\begin{bmatrix} x_1 \\ x_2 \\ \vdots \\ x_n \end{bmatrix}$ とすると

$$f(\boldsymbol{x}) = \left[f(\boldsymbol{u}_1), f(\boldsymbol{u}_2), \dots, f(\boldsymbol{u}_n)\right] \begin{bmatrix} x_1 \\ x_2 \\ \vdots \\ x_n \end{bmatrix} = \left[\boldsymbol{v}_1, \boldsymbol{v}_2, \dots, \boldsymbol{v}_m\right] \begin{bmatrix} a_{11} & a_{12} & \cdots & a_{1n} \\ a_{21} & a_{22} & \cdots & a_{2n} \\ \vdots & \vdots & \cdots & \vdots \\ a_{m1} & a_{m2} & \cdots & a_{mn} \end{bmatrix} \begin{bmatrix} x_1 \\ x_2 \\ \vdots \\ x_n \end{bmatrix}$$

を得る．すなわち，$\begin{bmatrix} a_{11} & a_{12} & \cdots & a_{1n} \\ a_{21} & a_{22} & \cdots & a_{2n} \\ \vdots & \vdots & \cdots & \vdots \\ a_{m1} & a_{m2} & \cdots & a_{mn} \end{bmatrix} \begin{bmatrix} x_1 \\ x_2 \\ \vdots \\ x_n \end{bmatrix}$ は $f(\boldsymbol{x})$ の $\mathscr{F}$ に関する座標ベクトルである．

よって，$\boldsymbol{u} \in U$ の $\mathscr{E}$ に関する座標ベクトルと $f(\boldsymbol{u})$ の $\mathscr{F}$ に関する座標ベクトルとの関係は次のようにまとめられる．

$\boldsymbol{u} = [\boldsymbol{u}_1, \boldsymbol{u}_2, \dots, \boldsymbol{u}_n] \begin{bmatrix} x_1 \\ x_2 \\ \vdots \\ x_n \end{bmatrix}$，$f(\boldsymbol{u}) = [\boldsymbol{v}_1, \boldsymbol{v}_2, \dots, \boldsymbol{v}_m] \begin{bmatrix} y_1 \\ y_2 \\ \vdots \\ y_m \end{bmatrix}$ と表すと

$$\begin{bmatrix} y_1 \\ y_2 \\ \vdots \\ y_m \end{bmatrix} = \begin{bmatrix} a_{11} & a_{12} & \cdots & a_{1n} \\ a_{21} & a_{22} & \cdots & a_{2n} \\ \vdots & \vdots & \cdots & \vdots \\ a_{m1} & a_{m2} & \cdots & a_{mn} \end{bmatrix} \begin{bmatrix} x_1 \\ x_2 \\ \vdots \\ x_n \end{bmatrix} \tag{9.4.3}$$

つまり，

定理 9.4.6 U を n 次元線形空間，V を m 次元線形空間とし，$f: U \to V$ を線形写像とする．$\mathscr{E}$ を U の基底とし，$\mathscr{F}$ を V の基底とする．線形写像 f の $\mathscr{E}$，$\mathscr{F}$ に関する表現行列を A とおく．

ベクトル $\boldsymbol{u} \in U$ とベクトル $\boldsymbol{v} \in V$ に対して $\Phi_{\mathscr{E}}(\boldsymbol{u}) = \boldsymbol{x} \in \mathbf{K}^n$，$\Phi_{\mathscr{F}}(\boldsymbol{v}) = \boldsymbol{y} \in \mathbf{K}^m$ とおくと

$$\boldsymbol{v} = f(\boldsymbol{u}) \Longleftrightarrow \boldsymbol{y} = T_A(\boldsymbol{x}) = A\boldsymbol{x}.$$

この関係を次の図式で表すことができる．

$$\begin{array}{ccc} U & \xrightarrow{\quad f \quad} & V \\ {\scriptstyle \Phi_{\mathscr{E}}}\downarrow & & \downarrow{\scriptstyle \Phi_{\mathscr{F}}} \\ \mathbf{K}^n & \xrightarrow[\quad T_A \quad]{} & \mathbf{K}^m \end{array}$$

線形写像 $f: U \to V$ は U の基底と V の基底を指定することにより，これらの基底に関する f の表現行列が定める線形写像を通して調べることができる．

同型写像 $\Phi_{\mathscr{E}}$ により $\mathrm{Ker}\, f$ と $\mathrm{Ker}\, T_A$ が対応し，同型写像 $\Phi_{\mathscr{F}}$ により $\mathrm{Im}\, f$ と $\mathrm{Im}\, T_A$ が対応する．よって，例 9.4.3 (4) の等式は線形写像の階数と退化次数について次の定理を導く．

定理 9.4.7 U, V を有限次元線形空間とし，$f: U \to V$ を線形写像とする．等式

$$\dim U - \dim \ker f = \mathrm{rank}\, f$$

が成り立つ．

次に，U の基底 $\mathscr{E}$ と V の基底 $\mathscr{F}$ に関する表現行列 A と U の基底 $\mathscr{E}' = (\boldsymbol{u}_1', \boldsymbol{u}_2', \ldots, \boldsymbol{u}_n')$ と V の基底 $\mathscr{F}' = (\boldsymbol{v}_1', \boldsymbol{v}_2', \ldots, \boldsymbol{v}_m')$ に関する表現行列 B との関係を調べる．

U の基底 $\mathscr{E}$ から $\mathscr{E}'$ への基底の変換行列を P とおくと，$[\boldsymbol{u}_1', \boldsymbol{u}_2', \ldots, \boldsymbol{u}_n'] = [\boldsymbol{u}_1, \boldsymbol{u}_2, \ldots, \boldsymbol{u}_n]P$ である．$\mathscr{F}$ から $\mathscr{F}'$ への基底の変換行列を Q とおくと，$[\boldsymbol{v}_1', \boldsymbol{v}_2', \ldots, \boldsymbol{v}_m'] = [\boldsymbol{v}_1, \boldsymbol{v}_2, \ldots, \boldsymbol{v}_m]Q$ である．

等式 $[\boldsymbol{u}_1', \boldsymbol{u}_2', \ldots, \boldsymbol{u}_n'] = [\boldsymbol{u}_1, \boldsymbol{u}_2, \ldots, \boldsymbol{u}_n]P$ の両辺に写像 f を施すと

$$[f(\boldsymbol{u}_1'), f(\boldsymbol{u}_2'), \ldots, f(\boldsymbol{u}_n')] = [f(\boldsymbol{u}_1), f(\boldsymbol{u}_2), \ldots, f(\boldsymbol{u}_n)]P$$

を得る．写像の表現行列の意味により，$[f(\boldsymbol{u}'_1), f(\boldsymbol{u}'_2), \ldots, f(\boldsymbol{u}'_n)] = [\boldsymbol{v}'_1, \boldsymbol{v}'_2, \ldots, \boldsymbol{v}'_m]B$ であり，$[f(\boldsymbol{u}_1), f(\boldsymbol{u}_2), \ldots, f(\boldsymbol{u}_n)] = [\boldsymbol{v}_1, \boldsymbol{v}_2, \ldots, \boldsymbol{v}_m]A$ であるから，まとめると次の定理を得る．

定理 9.4.8 U, V を有限次元線形空間とし，$f : U \to V$ を線形写像とする．U の基底 $\mathscr{E}$ と V の基底 $\mathscr{F}$ に関する f の表現行列を A とする．U の基底 $\mathscr{E}'$ と V の基底 $\mathscr{F}'$ に関する f の表現行列を B とする．

U の基底 $\mathscr{E}$ から $\mathscr{E}'$ への基底の変換行列を P とおき，V の基底 $\mathscr{F}$ から $\mathscr{F}'$ への基底の変換行列を Q とおく．ことのき，次の等式が成り立つ．

$$QB = AP \tag{9.4.4}$$

以上の関係を図式で表すと

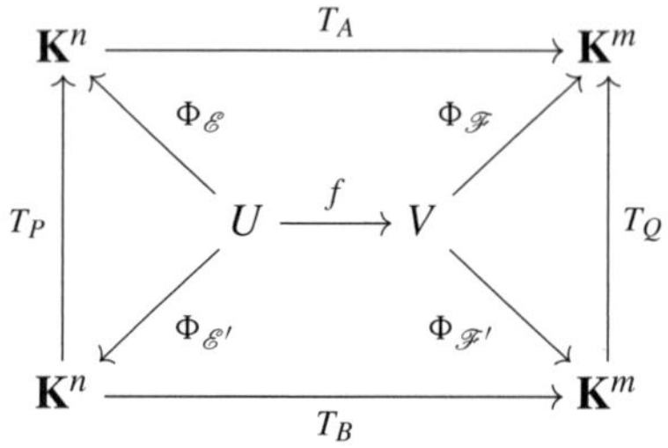

9.5　線形変換

U を有限次元線形空間とする．$f : U \to U$ を線形変換とする．U の基底 $\mathscr{E}$ に関する f の表現行列を A とする．U の基底 $\mathscr{E}'$ に関する f の表現行列を B とする．U の基底 $\mathscr{E}$ から $\mathscr{E}'$ への基底の変換行列を P とおく．このとき

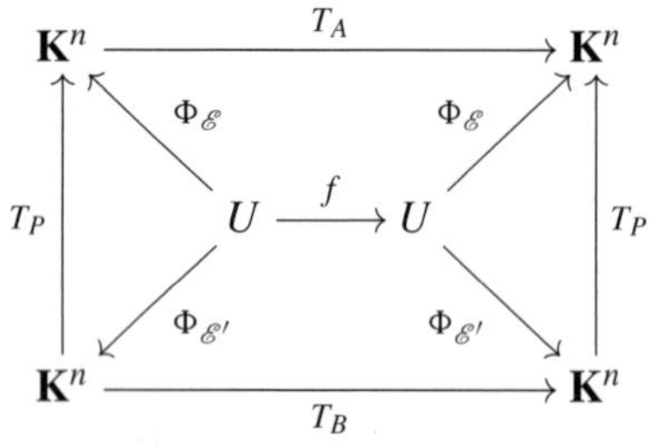

特に，$PB = AP$ であるから

$$B = P^{-1}AP \tag{9.5.1}$$

が成り立つ．

問題 9.5.1 $\boldsymbol{u}_1 = \begin{bmatrix} 0 \\ -1 \\ 1 \end{bmatrix}, \boldsymbol{u}_2 = \begin{bmatrix} 1 \\ 1 \\ 0 \end{bmatrix}, \boldsymbol{u}_3 = \begin{bmatrix} -1 \\ 0 \\ 1 \end{bmatrix}, \boldsymbol{v}_1 = \begin{bmatrix} 1 \\ -1 \\ 1 \end{bmatrix}, \boldsymbol{v}_2 = \begin{bmatrix} 1 \\ 1 \\ -1 \end{bmatrix}, \boldsymbol{v}_3 = \begin{bmatrix} 1 \\ -2 \\ 1 \end{bmatrix}$ とする．$\mathscr{E} = (\boldsymbol{u}_1, \boldsymbol{u}_2, \boldsymbol{u}_3), \mathscr{F} = (\boldsymbol{v}_1, \boldsymbol{v}_2, \boldsymbol{v}_3)$ はいずれも $\mathbf{K}^3$ の基底である．線形変換 $f : \mathbf{K}^3 \to \mathbf{K}^3$ の $\mathscr{E}$ に関する表現行列が $A = \begin{bmatrix} 1 & 1 & 1 \\ 0 & -1 & 2 \\ 1 & 0 & 1 \end{bmatrix}$ であるという．

(1) $\mathscr{E}$ から $\mathscr{F}$ への基底の変換行列 R を求めよ．

(2) f の $\mathscr{F}$ に関する表現行列を求めよ．

(3) f の標準基底 $(\boldsymbol{e}_1, \boldsymbol{e}_2, \boldsymbol{e}_3)$ に関する表現行列を求めよ．

「線形変換 f に対して，U の基底を上手にえらんで f を簡単な行列で表現する」ということが課題である．

そのために，固有値と固有ベクトルを考える．

定義 9.5.1 $f : U \to U$ を線形空間 U の線形変換とする．スカラー $\lambda \in \mathbf{K}$ に対して U のベクトル $\boldsymbol{u} \neq \mathbf{0}$ で

$$f(\boldsymbol{u}) = \lambda \boldsymbol{u}$$

を満たすものがあるとき，$\lambda \in \mathbf{K}$ を **f の固有値**とよぶ．固有値 λ について上の条件を満たすベクトルを**固有値 λ に属する固有ベクトル**とよぶ．

固有値 λ に対して

$$V(\lambda) = \{ \boldsymbol{u} \in U \mid f(\boldsymbol{u}) = \lambda \boldsymbol{u} \}$$

を **f の固有値 λ に対する固有空間**とよぶ．これは U の部分空間である．

n 正方行列 A の固有値，固有ベクトル，固有空間は線形変換 $T_A : \mathbf{K}^n \to \mathbf{K}^n$ の固有値，固有ベクトル，固有空間である．

定理 9.5.1 U を n 次元線形空間とする．$\mathscr{E}$ を U の基底とする．$f : U \to U$ を U の線形変換とし，f の $\mathscr{E}$ に関する表現行列を A とする．

(1) $\lambda \in \mathbf{K}$ について

$$\lambda \text{ が } f \text{ の固有値である} \iff \lambda \text{ が } A \text{ の固有値である}$$

(2) ベクトル $\boldsymbol{u} \in U$ の $\boldsymbol{u}$ の $\mathscr{E}$ に関する座標ベクトルを $\boldsymbol{x}$ とすると

$$\boldsymbol{u} \text{ が } f \text{ の固有ベクトルである} \iff \boldsymbol{x} \text{ が } A \text{ の固有ベクトルである}$$

(3) 同型写像 $\Phi_{\mathscr{E}} : U \to \mathbf{K}^n$ により，f の固有空間は A の固有空間に対応する．

証明 ベクトル $\boldsymbol{u} \in U$ の $\mathscr{E}$ に関する座標ベクトルを $\boldsymbol{x} \in \mathbf{K}^n$ とすると

$$f(\boldsymbol{u}) = \lambda \boldsymbol{u} \Longleftrightarrow A\boldsymbol{x} = \lambda \boldsymbol{x}$$

であるから，λ は A の固有値であり，ベクトル $\boldsymbol{x}$ は固有値 λ に属する A の固有ベクトルである．

したがって，同型写像 $\Phi_{\mathscr{E}} : U \to \mathbf{K}^n$ により，f の固有空間は A の固有空間に対応する．□

いま，仮に A が対角化されるとしよう．つまり，$\mathbf{K}^n$ に A の固有ベクトルからなる基底 $(\boldsymbol{p}_1, \ldots, \boldsymbol{p}_n)$ がとれたとする．このとき，ベクトル $\boldsymbol{u}'_j \in U$ を $\Phi_{\mathscr{E}}(\boldsymbol{u}'_j) = \boldsymbol{p}_j$ となるようにとると，$\boldsymbol{u}'_j$ は f の固有ベクトルであり，さらに，$\mathscr{E}' = (\boldsymbol{u}'_1, \ldots, \boldsymbol{u}'_n)$ は U の基底である．したがって，f の $\mathscr{E}'$ に関する表現行列は対角行列になる．

命題 9.5.2 U を有限次元線形空間とする．$f : U \to U$ を線形変換とする．$\mathscr{E}$ を U の基底とし，f の $\mathscr{E}$ に関する表現行列を A とする．また，$\mathscr{F}$ を U の基底とし，f の $\mathscr{F}$ に関する表現行列を B とすると，A の特性多項式と B の特性多項式は一致する．

証明 P を $\mathscr{E}$ から $\mathscr{F}$ への基底の変換行列とすれば，$B = P^{-1}AP$ である．よって，命題 7.2.1 により，A の特性多項式と B の特性多項式は一致する．□

定義 9.5.2 U を n 次元線形空間とする．$\mathscr{E}$ を U の基底とする．$f : U \to U$ を U の線形変換とし，f の $\mathscr{E}$ に関する表現行列を A とする．A の特性多項式を **f の特性多項式**とよぶ．また，U の固有値 $\lambda \in \mathbf{K}$ の A の固有値としての重複度を **f の重複度**とよぶ．

定理 9.5.3 U を有限次元線形空間とする．$f : U \to U$ を線形変換とする．$\lambda_1, \lambda_2, \ldots, \lambda_k \in \mathbf{K}$ を f の相異なる固有値とする（ただし，f のすべての相異なる固有値でなくともよい）．$j = 1, 2, \ldots, k$ に対して $\boldsymbol{u}_j$ を固有値 λ_j に属する固有ベクトルとする．このとき，$\boldsymbol{u}_1, \boldsymbol{u}_2, \ldots, \boldsymbol{u}_k$ は線形独立である．

問題 9.5.2 定理 9.5.3 を証明せよ．

定理 9.5.4 U を有限次元線形空間とする．線形変換 $f : U \to U$ の固有値 $\lambda \in \mathbf{K}$ の固有空間 $V(\lambda)$ の次元は λ の重複度 n_λ 以下である：$\dim V(\lambda) \leqq n_\lambda$.

問題 9.5.3 定理 9.5.4 を証明せよ．

定義 9.5.3 U を有限次元線形空間とする．$f : U \to U$ を線形変換とする．U のある基底に関する表現行列が対角行列となるとき，**f は対角化可能である**という．f が対角化可能のとき，適当な基底により対角行列である表現行列を求めることを **f を対角化する**という．

> **定理 9.5.5** U を n 次元線形空間とする．線形変換 $f : U \to U$ について次は同値である．
>
> (1) f は対角化可能である．
>
> (2) U は f の固有ベクトルからなる基底をもつ．
>
> (3) U は f の固有空間の直和である．
>
> (4) f は $\mathbf{K}$ に n 個（重複度 n_λ の固有値 λ は n_λ 個と数える）をもち，どの固有値 λ についても固有空間の次元と重複度が一致する：$\dim V(\lambda) = n_\lambda$.
>
> 特に，f が相異なる n 個の固有値をもつならば，f は対角化可能である．

証明 (1)，(2)，(4) が同値であることは定理 9.5.1 と定理 7.2.6 による．

f の相異なる固有値を $\lambda_1, \lambda_2, \ldots, \lambda_k$ とし，$j = 1, 2, \ldots, k$ に対して固有値 λ_j の固有空間を V_j，重複度を n_j とおく．定理 9.5.4 により，$\dim V_j \leqq n_j$ である．また，$n = n_1 + n_2 + \cdots + n_k$ である．

条件 (3) が成り立っていると仮定すると，命題 9.3.6 により，$n = \dim V_1 + \dim V_2 + \cdots + \dim V_k$ が成り立つが，$n = n_1 + n_2 + \cdots + n_k$ であり，各 j について $\dim V_j \leqq n_j$ であるから，どの j についても $\dim V_j = n_j$ でなければならない．すなわち，条件 (4) が成り立つ．

逆に，条件 (4) が成り立っていれば，$n = n_1 + n_2 + \cdots + n_k = \dim V_1 + \dim V_2 + \cdots + \dim V_k$ となるから，和空間 $V_1 + V_2 + \cdots + V_k$ の基底は U の基底となる．すなわち，条件 (2) が成り立つ． □

> **定理 9.5.6** U を n 次元線形空間とする．線形変換 $f : U \to U$ が（重複も含めて）n 個の固有値 $\lambda_1, \lambda_2, \ldots, \lambda_n$ をもつとき，適当な基底 $(\boldsymbol{p}_1, \boldsymbol{p}_2, \ldots, \boldsymbol{p}_n)$ に関する表現行列が対角成分が $(1, 1)$ 成分から順に $\lambda_1, \lambda_2, \ldots, \lambda_n$ である上三角行列になる．

問題 9.5.4 定理 9.5.6 を証明せよ．

例題 9.5.1 例題 9.4.1 で扱った線形変換 shift : $\mathscr{S}(\mathbf{R}; -3, -4, 12) \to \mathscr{S}(\mathbf{R}; -3, -4, 12)$ を考える．この線形変換の固有値と固有空間を求めよ（固有空間の基底を明示せよ）．

解答 記号は例題 9.4.1 と同じとする．$\mathscr{S}(\mathbf{R}; -3, -4, 12)$ の基底 $\mathscr{F} = (\boldsymbol{u}_1, \boldsymbol{u}_2, \boldsymbol{u}_3)$ に関する shift

の表現行列は $A = \begin{bmatrix} 0 & 1 & 0 \\ 0 & 0 & 1 \\ -12 & 4 & 3 \end{bmatrix}$ であった．この行列 A の固有値が shift の固有値である．特性方程式は $\phi_A(t) = \det(tE - A) = t^3 - 3t^2 - 4t + 12 = (t+2)(t-2)(t-3)$ である．よって，固有値は $\lambda = -2, 2, 3$ である．

次に固有ベクトルを求める．線形変換 shift は番号を 1 つずらすということであるから $\mathrm{shift}(\boldsymbol{v}) = \lambda\boldsymbol{v}$ ということは数列 $\boldsymbol{v}$ は公比 λ の等比数列であるということである．よって，固有値 $-2, 2, 3$ に属する固有ベクトルは，順に公比 $-2, 2, 3$ の等比数列である．例えば

$$\boldsymbol{v}_1 = \{(-2)^{n-1}\}_{n=1,2,3,\ldots},\ \boldsymbol{v}_2 = \{2^{n-1}\}_{n=1,2,3,\ldots},\ \boldsymbol{v}_3 = \{3^{n-1}\}_{n=1,2,3,\ldots}$$

とおくと，$(\boldsymbol{v}_1)$ は固有空間 $V(-2)$ の基底であり，$(\boldsymbol{v}_2)$ は固有空間 $V(2)$ の基底であり，$(\boldsymbol{v}_3)$ は固有空間 $V(3)$ の基底である． □

注意 上の解答では線形変換 shift の「意味」から固有ベクトルを求めたが，次のように考えることもできる．

行列 A の固有値 $-2, 2, 3$ に属する固有ベクトルは，順に，次のベクトルの 0 でないスカラー倍である．

$$\boldsymbol{p}_1 = \begin{bmatrix} \frac{1}{4} \\ -\frac{1}{2} \\ 1 \end{bmatrix},\ \boldsymbol{p}_2 = \begin{bmatrix} \frac{1}{4} \\ \frac{1}{2} \\ 1 \end{bmatrix},\ \boldsymbol{p}_3 = \begin{bmatrix} \frac{1}{9} \\ \frac{1}{3} \\ 1 \end{bmatrix}$$

基底 $\mathscr{F} = (\boldsymbol{u}_1, \boldsymbol{u}_2, \boldsymbol{u}_3)$ が定める同型 $\Phi_{\mathscr{F}} : \mathscr{S}(\mathbf{R}; -3, -4, 12) \to \mathbf{R}^3$ によりベクトル $\boldsymbol{p}_1, \boldsymbol{p}_2, \boldsymbol{p}_3$ に対応する $\mathscr{S}(\mathbf{R}; -3, -4, 12)$ のベクトルを順に $\boldsymbol{w}_1, \boldsymbol{w}_2, \boldsymbol{w}_3$ とすると

$$\boldsymbol{w}_1 = \frac{1}{4}\boldsymbol{u}_1 - \frac{1}{2}\boldsymbol{u}_2 + \boldsymbol{u}_3 = \left\{\frac{1}{4}, -\frac{1}{2}, 1, -2, \ldots\right\} = \left\{\frac{(-2)^{n-1}}{4}\right\}_{n=1,2,3,\ldots},$$

$$\boldsymbol{w}_2 = \frac{1}{4}\boldsymbol{u}_1 + \frac{1}{2}\boldsymbol{u}_2 + \boldsymbol{u}_3 = \left\{\frac{1}{4}, \frac{1}{2}, 1, 2, \ldots\right\} = \left\{\frac{2^{n-1}}{4}\right\}_{n=1,2,3,\ldots},$$

$$\boldsymbol{w}_3 = \frac{1}{9}\boldsymbol{u}_1 + \frac{1}{3}\boldsymbol{u}_2 + \boldsymbol{u}_3 = \left\{\frac{1}{9}, \frac{1}{3}, 1, 3, \ldots\right\} = \left\{\frac{3^{n-1}}{9}\right\}_{n=1,2,3,\ldots}$$

である．shift の固有値 $-2, 2, 3$ に属する固有ベクトルは順に，上の数列の 0 でないスカラー倍である．

この例題では相異なる 3 個の固有値が得られたから線形空間 $\mathscr{S}(\mathbf{R}; -3, -4, 12)$ は固有空間 $V(-2), V(2), V(3)$ の直和である．すなわち，$\mathscr{S}(\mathbf{R}; -3, -4, 12)$ のどのベクトルもベクトル $\boldsymbol{v}_1, \boldsymbol{v}_2, \boldsymbol{v}_3$ の線形結合として一意的に表される．数列の言葉に直せば，漸化式

$$a_{n+3} - 3a_{n+2} - 4a_{n+1} + 12a_n = 0 \quad (n = 1, 2, 3, \ldots)$$

を満たす数列 $\boldsymbol{u} = \{a_n\}_{n=1,2,3,\ldots}$ の一般項は，実数 s_1, s_2, s_3 を用いて

$$a_n = s_1\,(-2)^{n-1} + s_2\,2^{n-1} + s_3\,3^{n-1}$$

と一意的に表される．係数のベクトル $\begin{bmatrix} s_1 \\ s_2 \\ s_3 \end{bmatrix}$ は数列 $\boldsymbol{u}$ の基底 $(\boldsymbol{v}_1, \boldsymbol{v}_2, \boldsymbol{v}_3)$ に関する座標ベクトルである．基底 $(\boldsymbol{u}_1, \boldsymbol{u}_2, \boldsymbol{u}_3)$ に関する座標ベクトルは $\begin{bmatrix} a_1 \\ a_2 \\ a_3 \end{bmatrix}$ である．$(\boldsymbol{u}_1, \boldsymbol{u}_2, \boldsymbol{u}_3)$ から $(\boldsymbol{v}_1, \boldsymbol{v}_2, \boldsymbol{v}_3)$ への基底の変換行列は $P = \begin{bmatrix} \boldsymbol{v}_1, \boldsymbol{v}_2, \boldsymbol{v}_3 \end{bmatrix}$ である．したがって

$$\begin{bmatrix} s_1 \\ s_2 \\ s_3 \end{bmatrix} = P^{-1} \begin{bmatrix} a_1 \\ a_2 \\ a_3 \end{bmatrix} = \begin{bmatrix} \dfrac{3a_1}{10} - \dfrac{a_2}{4} + \dfrac{a_3}{20} \\ \dfrac{3a_1}{2} + \dfrac{a_2}{4} - \dfrac{a_3}{4} \\ \dfrac{4a_1}{5} + \dfrac{a_3}{5} \end{bmatrix}.$$

問題 9.5.5 問題 9.4.3 で扱った線形変換 shift : $\mathscr{S}(\mathbf{R}; -2, -9, 18) \to \mathscr{S}(\mathbf{R}; -2, -9, 18)$ の固有値と固有空間を求めよ（固有空間の基底を明示せよ）．

9.6　内積空間

定義 9.6.1 ベクトル空間 U において，U の 2 つのベクトル $\boldsymbol{x}$, $\boldsymbol{y}$ に対してスカラー $(\boldsymbol{x}, \boldsymbol{y})$ が定められ，条件

(1) 任意の $\boldsymbol{x} \in U$ に対して $(\boldsymbol{x}, \boldsymbol{x})$ は実数で，$(\boldsymbol{x}, \boldsymbol{x}) \geqq 0$ である．$(\boldsymbol{x}, \boldsymbol{x}) = 0$ は $\boldsymbol{x} = \boldsymbol{0}$ のときに限り成り立つ．

(2) 任意の $\boldsymbol{x}, \boldsymbol{y} \in U$ に対して $(\boldsymbol{x}, \boldsymbol{y}) = \overline{(\boldsymbol{y}, \boldsymbol{x})}$.

(3) 任意の $\boldsymbol{x}, \boldsymbol{y}, \boldsymbol{z} \in U$ に対して $(\boldsymbol{x} + \boldsymbol{y}, \boldsymbol{z}) = (\boldsymbol{x}, \boldsymbol{z}) + (\boldsymbol{y}, \boldsymbol{z})$，$(\boldsymbol{x}, \boldsymbol{y} + \boldsymbol{z}) = (\boldsymbol{x}, \boldsymbol{y}) + (\boldsymbol{x}, \boldsymbol{z})$.

(4) 任意の $\boldsymbol{x}, \boldsymbol{y} \in U$ と任意の $\lambda \in \mathbf{K}$ に対して $(\lambda\boldsymbol{x}, \boldsymbol{y}) = \lambda(\boldsymbol{x}, \boldsymbol{y})$，$(\boldsymbol{x}, \lambda\boldsymbol{y}) = \overline{\lambda}(\boldsymbol{x}, \boldsymbol{y})$.

が成立するとき，$(\boldsymbol{x}, \boldsymbol{y})$ を $\boldsymbol{x}$, $\boldsymbol{y}$ の**内積**とよぶ．内積が定義されているベクトル空間を**内積空間**とよぶ．

$\boldsymbol{x} \in U$ に対し $\sqrt{(\boldsymbol{x}, \boldsymbol{x})}$ を $\boldsymbol{x}$ の**長さ**といい，$\|\boldsymbol{x}\|$ と書く．$\boldsymbol{x}, \boldsymbol{y} \in U$ に対し $\|\boldsymbol{x} - \boldsymbol{y}\|$ を $\boldsymbol{x}, \boldsymbol{y}$ の**距離**という．

$(\boldsymbol{x}, \boldsymbol{y}) = 0$ のとき，ベクトル $\boldsymbol{x}$, $\boldsymbol{y} \in U$ は**直交する**という．

U を内積空間とする．

$\mathbf{K}^n$ の場合と同様に，ベクトルの長さについて次が成り立つ．

定理 9.6.1 $\boldsymbol{x}$, $\boldsymbol{y} \in U, \lambda \in \mathbf{K}$ とする.

(1) $\|\boldsymbol{x}\| \geqq 0$. $\|\boldsymbol{x}\| = 0 \Longleftrightarrow \boldsymbol{x} = \mathbf{0}$.

(2) $\|\lambda \boldsymbol{x}\| = |\lambda|\|\boldsymbol{x}\|$

(3) $|(\boldsymbol{x}, \boldsymbol{y})| \leqq \|\boldsymbol{x}\|\|\boldsymbol{y}\|$. (シュワルツの不等式)

(4) $\|\boldsymbol{x} + \boldsymbol{y}\| \leqq \|\boldsymbol{x}\| + \|\boldsymbol{y}\|$. (三角不等式)

問題 9.6.1 定理 9.6.1 を証明せよ.

定義 9.6.2 U のベクトル $\boldsymbol{x}_1, \ldots, \boldsymbol{x}_r$ のどの 2 つも直交しているとき，すなわち

$$j \neq k \text{ ならば } (\boldsymbol{x}_j, \boldsymbol{x}_k) = 0$$

のとき，$\boldsymbol{x}_1, \ldots, \boldsymbol{x}_r$ は**直交系**であるという.

さらに，どの $\boldsymbol{x}_j$ も長さが 1 であるとき，すなわち

$$(\boldsymbol{x}_j, \boldsymbol{x}_j) = 1, \ j = 1, \ldots, r$$

のとき，$\boldsymbol{x}_1, \ldots, \boldsymbol{x}_r$ は**正規直交系**であるという.

$\mathbf{K}^n$ の場合と同様に $\boldsymbol{x}_1, \boldsymbol{x}_2, \ldots, \boldsymbol{x}_k$ が直交系ならば，これらの線形結合 $\lambda_1\boldsymbol{x}_1 + \lambda_2\boldsymbol{x}_2 + \cdots + \lambda_k\boldsymbol{x}_k$ と $\boldsymbol{x}_j$ との内積をとると

$$(\lambda_1\boldsymbol{x}_1 + \lambda_2\boldsymbol{x}_2 + \cdots + \lambda_k\boldsymbol{x}_k, \boldsymbol{x}_j) = \lambda_j(\boldsymbol{x}_j, \boldsymbol{x}_j)$$

となる．特に，$\boldsymbol{x}_1, \boldsymbol{x}_2, \ldots, \boldsymbol{x}_k$ が正規直交系ならば,

$$(\lambda_1\boldsymbol{x}_1 + \lambda_2\boldsymbol{x}_2 + \cdots + \lambda_k\boldsymbol{x}_k, \boldsymbol{x}_j) = \lambda_j$$

となる.

定理 9.6.2 U を n 次元内積空間とする．U の直交系 $\boldsymbol{x}_1, \ldots, \boldsymbol{x}_r$ は線形独立である．特に，n 個のベクトルからなる直交系は U の基底である.

正規直交系である基底を**正規直交基底**とよぶ.

問題 9.6.2 定理 9.6.2 を証明せよ.

命題 9.6.3 U を内積空間とする．$\boldsymbol{x}_1, \boldsymbol{x}_2, \ldots, \boldsymbol{x}_k \in U$ が正規直交系であるとき，$W = \langle \boldsymbol{x}_1, \boldsymbol{x}_2, \ldots, \boldsymbol{x}_k \rangle$ の任意のベクトル $\boldsymbol{v}$ は $\boldsymbol{x}_1, \boldsymbol{x}_2, \ldots, \boldsymbol{x}_k$ の線形結合として次のように表される：

$$\boldsymbol{v} = (\boldsymbol{v}, \boldsymbol{x}_1)\boldsymbol{x}_1 + (\boldsymbol{v}, \boldsymbol{x}_2)\boldsymbol{x}_2 + \cdots + (\boldsymbol{v}, \boldsymbol{x}_k)\boldsymbol{x}_k = \begin{bmatrix} \boldsymbol{x}_1, \boldsymbol{x}_2, \ldots, \boldsymbol{x}_k \end{bmatrix} \begin{bmatrix} (\boldsymbol{v}, \boldsymbol{x}_1) \\ (\boldsymbol{v}, \boldsymbol{x}_2) \\ \vdots \\ (\boldsymbol{v}, \boldsymbol{x}_k) \end{bmatrix}.$$

問題 9.6.3 命題 9.6.3 を証明せよ．

命題 9.6.4 U を内積空間とする．W を U の部分空間とする．$(\boldsymbol{u}_1, \boldsymbol{u}_2, \ldots, \boldsymbol{u}_k)$ を W の正規直交基底とする．ベクトル $\boldsymbol{c} \in \mathbf{K}^n$ が W に属さないとき

$$\boldsymbol{c} = \boldsymbol{w} + \boldsymbol{z}, \ \boldsymbol{w} \in W, \ \boldsymbol{z} \text{ は } W \text{ のどのベクトルとも直交する}$$

$$\iff$$

$$\boldsymbol{w} = \begin{bmatrix} \boldsymbol{u}_1\, \boldsymbol{u}_2 \cdots \boldsymbol{u}_k \end{bmatrix} \begin{bmatrix} (\boldsymbol{c}, \boldsymbol{u}_1) \\ (\boldsymbol{c}, \boldsymbol{u}_2) \\ \vdots \\ (\boldsymbol{c}, \boldsymbol{u}_k) \end{bmatrix}, \quad \boldsymbol{z} = \boldsymbol{c} - \begin{bmatrix} \boldsymbol{u}_1\, \boldsymbol{u}_2 \cdots \boldsymbol{u}_k \end{bmatrix} \begin{bmatrix} (\boldsymbol{c}, \boldsymbol{u}_1) \\ (\boldsymbol{c}, \boldsymbol{u}_2) \\ \vdots \\ (\boldsymbol{c}, \boldsymbol{u}_k) \end{bmatrix}.$$

ベクトル $\boldsymbol{c}$ に対して $\boldsymbol{w}, \boldsymbol{z}$ を上のようにとり $\boldsymbol{u}_{k+1} = \dfrac{1}{\|\boldsymbol{z}\|}\boldsymbol{z}$ とおくと，$(\boldsymbol{u}_1, \boldsymbol{u}_2, \ldots, \boldsymbol{u}_k, \boldsymbol{u}_{k+1})$ は $\langle W, \boldsymbol{c} \rangle$ の正規直交基底である．

問題 9.6.4 命題 9.6.4 を証明せよ．

$\mathbf{K}^n$ における，線形独立なベクトルから正規直交系をつくるグラム・シュミットの直交化法は一般の内積空間にもそのまま適用することができる．

U を内積空間とする．

ベクトル $\boldsymbol{a}_1, \ldots, \boldsymbol{a}_m \in U$ は線形独立であるとする．

(1) $\boldsymbol{u}_1 = \dfrac{1}{\|\boldsymbol{a}_1\|}\boldsymbol{a}_1$ とする．$\|\boldsymbol{u}_1\| = 1$ であり，$\langle \boldsymbol{a}_1 \rangle = \langle \boldsymbol{u}_1 \rangle$ である．

(2) $\boldsymbol{a}_1$ と $\boldsymbol{a}_2$ とは線形独立であるから，$\boldsymbol{a}_2$ は $\langle \boldsymbol{a}_1 \rangle = \langle \boldsymbol{u}_1 \rangle$ に属さない．そこで，$\boldsymbol{b}_2 =$

$a_2-(a_2,u_1)u_1$ とおき, $u_2=\dfrac{1}{\|b_2\|}b_2$ とすると, u_1,u_2 は正規直交系であり, $\langle u_1,u_2\rangle=\langle a_1,a_2\rangle$.

(3) a_1,a_2 とベクトル a_3 とは線形独立であるから, a_3 は $\langle a_1,a_2\rangle=\langle u_1,u_2\rangle$ に属さない. そこで, $b_3=a_3-(a_3,u_1)u_1-(a_3,u_2)u_2$ とおき, $u_3=\dfrac{1}{\|b_3\|}b_3$ とすると, u_1,u_2,u_3 は正規直交系であり, $\langle u_1,u_2,u_3\rangle=\langle a_1,a_2,a_3\rangle$.

(4) 以下, この操作を繰り返す. つまり, $\langle u_1,u_2,u_3,\dots,u_j\rangle=\langle a_1,a_2,a_3,\dots,a_j\rangle$ となる正規直交系 $u_1,u_2,u_3,\dots,u_j$ が得られたら

$$b_{j+1}=a_{j+1}-(a_{j+1},u_1)u_1-(a_{j+1},u_2)u_2-\cdots-(a_{j+1},u_j)u_j$$

とおき, $u_{j+1}=\dfrac{1}{\|b_{j+1}\|}b_{j+1}$ とすると, $u_1,u_2,u_3,\dots,u_{j+1}$ は正規直交系であり, $\langle u_1,u_2,u_3,\dots,u_{j+1}\rangle=\langle a_1,a_2,a_3,\dots,a_{j+1}\rangle$.

(5) 結局, 正規直交系 $u_1,u_2,u_3,\dots,u_m$ で $\langle u_1,u_2,u_3,\dots,u_m\rangle=\langle a_1,a_2,a_3,\dots,a_m\rangle$ となるものが得られる.

さて, $W=\langle a_1,a_2,\dots,a_m\rangle$ とおく. $(u_1,u_2,\dots,u_m)$ は W の正規直交基底である.

各 $j=1,2,\dots,m$ について $\langle u_1,\dots,u_j\rangle=\langle a_1,\dots,a_j\rangle$ であるから, u_j は $a_1,\dots,a_j$ の線形結合である. したがって W の最初の基底 $(a_1,a_2,\dots,a_m)$ からこの正規直交基底 $(u_1,u_2,\dots,u_m)$ への基底の変換行列は上三角行列である：

$$[u_1\,u_2\,\cdots u_m]=[a_1\,a_2\,\cdots a_m]\begin{bmatrix} p_{11} & p_{12} & \cdots & p_{1m}\\ & p_{22} & \cdots & p_{2m}\\ & \text{\Large 0} & \ddots & \vdots\\ & & & p_{mm}\end{bmatrix}.$$

特に

定理 9.6.5 有限次元内積空間には正規直交基底が存在する.

例 9.6.1 2 次以下の多項式全体の線形空間 $\mathrm{P}^2(\mathbf{R})=\{a_0+a_1x+a_2x^2 \mid a_0,a_1,a_2\in\mathbf{R}\}$ を考える. 多項式 $p(x),q(x)\in U$ に対して

$$(p(x),q(x))=\int_{-1}^{1}p(x)\,q(x)\,dx$$

とすると, (,) は $\mathrm{P}^2(\mathbf{R})$ の内積である.

例題 9.6.1 $P^2(\mathbf{R})$ において $\boldsymbol{a}_1 = 1, \boldsymbol{a}_2 = x, \boldsymbol{a}_3 = x^2$ とおく.

(1) 内積 $(\boldsymbol{a}_1, \boldsymbol{a}_2), (\boldsymbol{a}_1, \boldsymbol{a}_3), (\boldsymbol{a}_2, \boldsymbol{a}_3)$ の値を求めよ.

(2) $P^2(\mathbf{R})$ の基底 $\mathscr{E}$ にグラム・シュミットの直交化法を施して正規直交基底 $\mathscr{F}$ をつくれ. $\mathscr{E}$ から $\mathscr{F}$ への基底の変換行列 P を書け

解答 (1) $(\boldsymbol{a}_1, \boldsymbol{a}_2) = \int_{-1}^{1} x\,dx = 0$. $(\boldsymbol{a}_1, \boldsymbol{a}_3) = \int_{-1}^{1} x^2\,dx = \frac{2}{3}$. $(\boldsymbol{a}_2, \boldsymbol{a}_3) = \int_{-1}^{1} x \cdot x^2\,dx = 0$.

(2) (a) $(\boldsymbol{a}_1, \boldsymbol{a}_1) = \int_{-1}^{1} 1\,dx = 2$ であるから, $\boldsymbol{u}_1 = \frac{1}{\|\boldsymbol{a}_1\|}\boldsymbol{a}_1 = \frac{1}{\sqrt{2}}$.

(b) $(\boldsymbol{a}_2, \boldsymbol{u}_1) = 0$ であるから, $\boldsymbol{b}_2 = \boldsymbol{a}_2 - (\boldsymbol{a}_2, \boldsymbol{u}_1)\boldsymbol{u}_1 = \boldsymbol{a}_2$ である. $(\boldsymbol{b}_2, \boldsymbol{b}_2) = \int_{-1}^{1} x^2\,dx = \frac{2}{3}$ であるから, $\boldsymbol{u}_2 = \frac{1}{\|\boldsymbol{b}_2\|}\boldsymbol{b}_2 = \sqrt{\frac{3}{2}}\,x$.

(c) $(\boldsymbol{a}_3, \boldsymbol{u}_2) = 0$ であるから, $\boldsymbol{b}_3 = \boldsymbol{a}_3 - (\boldsymbol{a}_3, \boldsymbol{u}_1)\boldsymbol{u}_1 - (\boldsymbol{a}_3, \boldsymbol{u}_2)\boldsymbol{u}_2 = x^2 - \frac{1}{3}$ である. よって, $(\boldsymbol{b}_3, \boldsymbol{b}_3) = \int_{-1}^{1} \left(x^2 - \frac{1}{3}\right)^2 dx = \frac{8}{45}$ である. ゆえに, $\boldsymbol{u}_3 = \frac{1}{\|\boldsymbol{b}_3\|}\boldsymbol{b}_3 = \sqrt{\frac{45}{8}}\left(x^2 - \frac{1}{3}\right) = \sqrt{\frac{5}{8}}\left(3x^2 - 1\right)$ を得る. $(\boldsymbol{u}_1, \boldsymbol{u}_2, \boldsymbol{u}_3)$ が求める基底である.

基底の変換行列は $P = \begin{bmatrix} \frac{1}{\sqrt{2}} & 0 & -\sqrt{\frac{5}{8}} \\ 0 & \sqrt{\frac{3}{2}} & 0 \\ 0 & 0 & 3\sqrt{\frac{5}{8}} \end{bmatrix}$ である.

□

定義 9.6.3 内積空間 U の部分空間 W に対して

$$W^{\perp} = \{\boldsymbol{x} \in U \mid \boldsymbol{x} \text{ は } W \text{ のどのベクトルとも直交する}\}$$

とおく. $W^{\perp}$ を W の**直交補空間**とよぶ. これは部分空間である.

$\mathbf{K}^n$ の場合と同様に

命題 9.6.6 W を内積空間 U の部分空間とする.

(1) W の直交補空間 $W^{\perp}$ は U の部分空間である.

(2) $W \cap W^{\perp} = \{\mathbf{0}\}$ である.

(3) W_1, W_2 を U の部分空間とする. $W_2 \subset W_1$ ならば ${W_1}^{\perp} \subset {W_2}^{\perp}$.

(4) $W = \langle \boldsymbol{a}_1, \boldsymbol{a}_2, \ldots, \boldsymbol{a}_l \rangle$ ならば

$$W^{\perp} = \{ \boldsymbol{x} \in U \mid (\boldsymbol{x}, \boldsymbol{a}_1) = 0, (\boldsymbol{x}, \boldsymbol{a}_2) = 0, \ldots, (\boldsymbol{x}, \boldsymbol{a}_l) = 0 \}.$$

問題 9.6.5 命題 9.6.6 を証明せよ.

定理 9.6.7 U を有限次元内積空間とし, W を U の部分空間とする. このとき

$$U = W \oplus W^{\perp}$$

である.

注意 U が無限次元内積空間のとき, 上の定理は成立しない.

問題 9.6.6 定理 9.6.7 を証明せよ.

U を n 次元内積空間とし, $\mathscr{E} = (\boldsymbol{u}_1, \boldsymbol{u}_2, \ldots, \boldsymbol{u}_n)$ を U の正規直交基底とする.

同型写像 $\Phi_{\mathscr{E}} : U \to \mathbf{K}^n$ を考えよう. U のベクトル $\boldsymbol{u}, \boldsymbol{v}$ の $\mathscr{E}$ に関する座標ベクトルをそれぞれ

$\boldsymbol{x} = \begin{bmatrix} x_1 \\ x_2 \\ \vdots \\ x_n \end{bmatrix}, \boldsymbol{y} = \begin{bmatrix} y_1 \\ y_2 \\ \vdots \\ y_n \end{bmatrix}$ とすると

$$\begin{aligned}(\boldsymbol{u}, \boldsymbol{v}) &= (x_1\boldsymbol{u}_1 + x_2\boldsymbol{u}_2 + \cdots + x_n\boldsymbol{u}_n, y_1\boldsymbol{u}_1 + y_2\boldsymbol{u}_2 + \cdots + y_n\boldsymbol{u}_n) = \sum_{i,j=1}^{n} x_i\overline{y_j}(\boldsymbol{u}_i, \boldsymbol{u}_j) \\ &= x_1\overline{y_1} + x_2\overline{y_2} + \cdots + x_n\overline{y_n} = (\boldsymbol{x}, \boldsymbol{y}).\end{aligned}$$

特に, $\boldsymbol{v}_1, \boldsymbol{v}_2, \ldots, \boldsymbol{v}_k \in U$ に対して $\boldsymbol{x}_j = \Phi_{\mathscr{E}}(\boldsymbol{v}_j) \in \mathbf{K}^n$ おくと

$\boldsymbol{v}_1, \boldsymbol{v}_2, \ldots, \boldsymbol{v}_k \in U$ が正規直交系である $\Longleftrightarrow$ $\boldsymbol{x}_1, \boldsymbol{x}_2, \ldots, \boldsymbol{x}_k \in \mathbf{K}^n$ が正規直交系である.

内積をもっている空間としての U の性質を同型写像 $\Phi_{\mathscr{E}} : U \to \mathbf{K}^n$ により $\mathbf{K}^n$ の性質から考察することができる.

定理 9.6.8 U 有限次元内積空間とする．U の正規直交基底 $(\boldsymbol{u}_1, \boldsymbol{u}_2, \ldots, \boldsymbol{u}_n)$ から正規直交基底 $(\boldsymbol{v}_1, \boldsymbol{v}_2, \ldots, \boldsymbol{v}_n)$ への基底の変換行列 P はユニタリ行列である．

逆に，正規直交基底 $(\boldsymbol{u}_1, \boldsymbol{u}_2, \ldots, \boldsymbol{u}_n)$ とユニタリ行列 P に対して，

$$\begin{bmatrix}\boldsymbol{u}_1\,\boldsymbol{u}_2\,\cdots\boldsymbol{u}_n\end{bmatrix}P = \begin{bmatrix}\boldsymbol{v}_1\,\boldsymbol{v}_2\,\cdots\,\boldsymbol{v}_n\end{bmatrix}$$

として，ベクトル $\boldsymbol{v}_1, \boldsymbol{v}_2, \ldots, \boldsymbol{v}_n$ を定めると，$(\boldsymbol{v}_1, \boldsymbol{v}_2, \ldots, \boldsymbol{v}_n)$ は U の正規直交基底である．

証明 $j = 1, 2, \ldots, n$ に対して $\boldsymbol{p}_j = \Phi_{\mathscr{E}}(\boldsymbol{v}_j) \in \mathbf{K}^n$ とおき，正方行列 $\begin{bmatrix}\boldsymbol{p}_1\,\boldsymbol{p}_2\,\cdots\,\boldsymbol{p}_n\end{bmatrix}$ を考える．

$$\begin{aligned}(\boldsymbol{v}_1, \boldsymbol{v}_2, \ldots, \boldsymbol{v}_n)\text{ は } U \text{ の正規直交基底である} &\iff (\boldsymbol{p}_1, \boldsymbol{p}_2, \ldots, \boldsymbol{p}_n)\text{ は } \mathbf{K}^n \text{ の正規直交基底である}\\ &\iff \text{行列 } \begin{bmatrix}\boldsymbol{p}_1\,\boldsymbol{p}_2\,\cdots\,\boldsymbol{p}_n\end{bmatrix} \text{ はユニタリ行列である．}\end{aligned}$$

よって，$(\boldsymbol{v}_1, \boldsymbol{v}_2, \ldots, \boldsymbol{v}_n)$ が U の正規直交基底ならば上の行列 $\begin{bmatrix}\boldsymbol{p}_1\,\boldsymbol{p}_2\,\cdots\,\boldsymbol{p}_n\end{bmatrix}$ は基底の変換行列 P であり，P はユニタリ行列である．

逆に，ユニタリ行列 P に対して，$\begin{bmatrix}\boldsymbol{u}_1\,\boldsymbol{u}_2\,\cdots\boldsymbol{u}_n\end{bmatrix}P = \begin{bmatrix}\boldsymbol{v}_1\,\boldsymbol{v}_2\,\cdots\,\boldsymbol{v}_n\end{bmatrix}$ として，ベクトル $\boldsymbol{v}_1, \boldsymbol{v}_2, \ldots, \boldsymbol{v}_n$ を定めると，$\Phi_{\mathscr{E}}(\boldsymbol{v}_j) = \boldsymbol{p}_j$ は行列 P の第 j 列ベクトルである．よって $(\boldsymbol{v}_1, \boldsymbol{v}_2, \ldots, \boldsymbol{v}_n)$ は U の正規直交基底である． □

定義 9.6.4 $f : U \to U$ を線形変換とする．

(1) f が条件

$$(f(\boldsymbol{u}), f(\boldsymbol{v})) = (\boldsymbol{u}, \boldsymbol{v}) \quad (\boldsymbol{u},\ \boldsymbol{v} \in U)$$

を満たすとき，ユニタリ変換とよぶ．($\mathbf{K} = \mathbf{R}$ のときは直交変換とよぶ)

(2) f が条件

$$(f(\boldsymbol{u}), \boldsymbol{v})) = (\boldsymbol{u}, f(\boldsymbol{v})) \quad (\boldsymbol{u},\ \boldsymbol{v} \in U)$$

を満たすとき，エルミート変換とよぶ．($\mathbf{K} = \mathbf{R}$ のときは対称変換とよぶ)

A を f の正規直交基底 $\mathscr{E}$ に関する表現行列とすれば

$$\begin{aligned}f \text{ はユニタリ変換である} &\iff A \text{ はユニタリ行列である}\\ f \text{ はエルミート変換である} &\iff A \text{ はエルミート行列である}\end{aligned}$$

($\mathbf{K} = \mathbf{R}$ のときは「ユニタリ」を「直交」に，「エルミート」を「対称」に替えて成り立つ．

(3) A が正規行列であるとき，f を正規変換という．

A について

$$\mathbf{K}^n \text{ には } A \text{ の固有ベクトルからなる正規直交基底が存在する}$$

$$\iff A \text{ はユニタリ行列で対角化される} \iff A \text{ は正規行列である}$$

であるから，線形変換 $f: U \to U$ について

$$U \text{ は } f \text{ の固有ベクトルからなる正規直交基底をもつ} \iff f \text{ は正規変換である}$$

定義 9.6.5 U, V を内積空間とする．線形写像 $f: U \to V$ が

(1) 同型写像であり，

(2) どの $\boldsymbol{x}, \boldsymbol{y} \in U$ についても

$$(\boldsymbol{x}, \boldsymbol{y}) = (f(\boldsymbol{x}), f(\boldsymbol{y}))$$

が成り立つ

とき，**計量同型写像**とよぶ．

内積空間 U の正規直交基底 $\mathscr{E}$ から定められる同型 $\Phi_{\mathscr{E}}: U \to \mathbf{K}^n$ は計量同型写像である．

例題 9.6.2 2 次以下の多項式全体の線形空間 $\mathrm{P}^2(\mathbf{R}) = \{a_0 + a_1x + a_2x^2 \mid a_0, a_1, a_2 \in \mathbf{R}\}$ の線形変換 T を次のように定義する．

$$T: a_0 + a_1x + a_2x^2 \mapsto a_0 + \left(\sqrt{3}\,a_0 + a_1 + \frac{3\sqrt{3}}{5}\,a_2\right)x + \left(\sqrt{3}\,a_1 + a_2\right)x^2.$$

例題 9.6.1 で求めた $\mathrm{P}^2(\mathbf{R})$ の基底を $\mathscr{F}$ とおく．

(1) 線形変換 T の $\mathrm{P}^2(\mathbf{R})$ の基底 $\mathscr{E} = (1, x, x^2)$ に関する表現行列 A を求めよ．

(2) 線形変換 T の $\mathrm{P}^2(\mathbf{R})$ の基底 $\mathscr{F}$ に関する表現行列 B を求めよ．

(3) 線形変換 T は対称変換であることを示せ．

(4) $\mathrm{P}^2(\mathbf{R})$ の適当な基底に関して線形変換 T を対角行列で表現せよ．

解答 $\boldsymbol{u}_1 = 1, \boldsymbol{u}_2 = x, \boldsymbol{u}_3 = x^2$ とおく．

$$\begin{aligned} T(\boldsymbol{u}_1) &= 1 + \sqrt{3}\,x = \boldsymbol{u}_1 + \sqrt{3}\,\boldsymbol{u}_2, \\ T(\boldsymbol{u}_2) &= x + \sqrt{3}\,x^2 = \boldsymbol{u}_2 + \sqrt{3}\,\boldsymbol{u}_3, \\ T(\boldsymbol{u}_3) &= \frac{3\sqrt{3}}{5}\,x + x^2 = \frac{3\sqrt{3}}{5}\,\boldsymbol{u}_2 + \boldsymbol{u}_3 \end{aligned}$$

である．

(1) $A = \begin{bmatrix} 1 & 0 & 0 \\ \sqrt{3} & 1 & \dfrac{3\sqrt{3}}{5} \\ 0 & \sqrt{3} & 1 \end{bmatrix}.$

(2) 例題 9.6.1 で求めた $\mathscr{E}$ から $\mathscr{F}$ への基底の変換行列 P を用いて

$$B = P^{-1}AP = \begin{bmatrix} \sqrt{2} & 0 & \dfrac{\sqrt{2}}{3} \\ 0 & \sqrt{\dfrac{2}{3}} & 0 \\ 0 & 0 & \dfrac{1}{3}\sqrt{\dfrac{8}{5}} \end{bmatrix} \begin{bmatrix} 1 & 0 & 0 \\ \sqrt{3} & 1 & \dfrac{3\sqrt{3}}{5} \\ 0 & \sqrt{3} & 1 \end{bmatrix} \begin{bmatrix} \dfrac{1}{\sqrt{2}} & 0 & -\sqrt{\dfrac{5}{8}} \\ 0 & \sqrt{\dfrac{3}{2}} & 0 \\ 0 & 0 & 3\sqrt{\dfrac{5}{8}} \end{bmatrix}$$
$$= \begin{bmatrix} 1 & 1 & 0 \\ 1 & 1 & \dfrac{2}{\sqrt{5}} \\ 0 & \dfrac{2}{\sqrt{5}} & 1 \end{bmatrix}.$$

(3) 正規直交基底 $\mathscr{F}$ に関する表現行列 B は対称行列であるから，T は対称変換である．

(4) まず，$\mathrm{P}^2(\mathbf{R})$ の基底 $\mathscr{E} = (1, x, x^2)$ に関する T の表現行列 A の固有値と固有空間を求める．特性多項式 $\varphi_A(t)$ を求める．

$$\varphi_A(t) = \det(tE - A) = \det \begin{bmatrix} t-1 & 0 & 0 \\ -\sqrt{3} & t-1 & -\dfrac{3\sqrt{3}}{5} \\ 0 & -\sqrt{3} & t-1 \end{bmatrix}$$
$$= (t-1)\left((t-1)^2 - \frac{9}{5}\right) = (t-1)\left(t-1-\frac{3}{\sqrt{5}}\right)\left(t-1+\frac{3}{\sqrt{5}}\right).$$

したがって，固有値は $1, 1+\dfrac{3}{\sqrt{5}}, 1-\dfrac{3}{\sqrt{5}}$ である．A の固有値 $1, 1+\dfrac{3}{\sqrt{5}}, 1-\dfrac{3}{\sqrt{5}}$ の固有空間はそれぞれ $\left\langle \begin{bmatrix} -\dfrac{3}{5} \\ 0 \\ 1 \end{bmatrix} \right\rangle, \left\langle \begin{bmatrix} 0 \\ \sqrt{\dfrac{3}{5}} \\ 1 \end{bmatrix} \right\rangle, \left\langle \begin{bmatrix} 0 \\ -\sqrt{\dfrac{3}{5}} \\ 1 \end{bmatrix} \right\rangle$ である．よって，$\mathrm{P}^2(\mathbf{R})$ の基底 $\left(-\dfrac{3}{5}+x^2, \sqrt{\dfrac{3}{5}}x+x^2, -\sqrt{\dfrac{3}{5}}x+x^2\right)$ に関する T の表現行列は $\begin{bmatrix} 1 & 0 & 0 \\ 0 & 1+\dfrac{3}{\sqrt{5}} & 0 \\ 0 & 0 & 1-\dfrac{3}{\sqrt{5}} \end{bmatrix}$ である．

□

注意　(1) T が対称変換であることを示すためには，例えば，基底 $\mathscr{E} = (\boldsymbol{u}_1, \boldsymbol{u}_2, \boldsymbol{u}_3)$ のベクトルについて，どの i, j に対しても $(T(\boldsymbol{u}_i), \boldsymbol{u}_j) = (\boldsymbol{u}_i, T(\boldsymbol{u}_j))$ が成り立つことを確かめてもよい．

(2) T の固有値や固有空間を求めるためには $\mathscr{F}$ に関する表現行列 B を用いることもできる．本問の場合，A を用いる方が簡単である．

問題 9.6.7 2 次以下の多項式全体の線形空間 $\mathrm{P}^2(\mathbf{R}) = \{a_0 + a_1x + a_2x^2 \mid a_0, a_1, a_2 \in \mathbf{R}\}$ の線形変換 T を次のように定義する．

$$T : a_0 + a_1x + a_2x^2 \mapsto -\frac{5}{2}a_0 + \frac{1}{\sqrt{3}}a_1 - \frac{1}{2}a_3 + \left(\sqrt{3}a_0 + a_1 + \frac{1}{\sqrt{3}}a_2\right)x + \left(\frac{15}{2}a_0 + \frac{7}{2}a_2\right)x^2.$$

例題 9.6.1 で求めた $\mathrm{P}^2(\mathbf{R})$ の基底を $\mathscr{F}$ とおく．

(1) 線形変換 T の $\mathrm{P}^2(\mathbf{R})$ の基底 $\mathscr{E} = (1, x, x^2)$ に関する表現行列 A を求めよ．
(2) 線形変換 T の $\mathrm{P}^2(\mathbf{R})$ の基底 $\mathscr{F}$ に関する表現行列 B を求めよ．
(3) 線形変換 T は対称変換であるか調べよ．
(4) 線形変換 T をもっとも簡単な行列で表現せよ．

9.7 演習

演習 9.1 n を自然数とする．実数成分の n 次正方行列全部の集合を $\mathrm{M}_n(\mathbf{R})$ と書く．行列の和と実数倍をとるという演算により，$\mathrm{M}_n(\mathbf{R})$ は $\mathbf{R}$-線形空間である．$i, j = 1, \ldots, n$ に対して E_{ij} を (i, j) 成分が 1 で他の成分はすべて 0 である行列とする．（この行列を**行列単位**とよぶ）n^2 個の行列単位 $E_{i,j}$ を 1 つずつとって任意に並べると，$\mathrm{M}_n(\mathbf{R})$ の基底をなす．以下では $\mathrm{M}_n(\mathbf{R}) = V$ とおく．

V の次の部分集合が V の部分空間であるかどうかを判定し，部分空間であるものについては基底を（1 つ）指定し，次元を書け．

(1) $\{A \in V \mid A$ は正則である$\}$　　(2) $\{A \in V \mid A$ は正則でない$\}$

(3) $\{A \in V \mid A$ は対称行列$\}$　　(4) $\{A \in V \mid A$ は交代行列$\}$

(5) $\{A \in V \mid A$ は上三角行列$\}$　　(6) $\{A \in V \mid A$ は対角行列$\}$

(7) $\{A \in V \mid \det A = 1\}$　　(8) $\{A \in V \mid A$ は直交行列$\}$

演習 9.2 $\boldsymbol{a}_1 = \begin{bmatrix} 1 \\ -1 \\ 1 \\ -1 \end{bmatrix}, \boldsymbol{a}_2 = \begin{bmatrix} -2 \\ 2 \\ 1 \\ 2 \end{bmatrix}, \boldsymbol{a}_3 = \begin{bmatrix} 5 \\ -3 \\ 5 \\ 1 \end{bmatrix}, \boldsymbol{b}_1 = \begin{bmatrix} 1 \\ 2 \\ 1 \\ 2 \end{bmatrix}, \boldsymbol{b}_2 = \begin{bmatrix} 1 \\ -3 \\ 2 \\ -1 \end{bmatrix}, \boldsymbol{b}_3 = \begin{bmatrix} 5 \\ -5 \\ 8 \\ 1 \end{bmatrix}$ とし，部分空間 $V_1 = \langle \boldsymbol{a}_1, \boldsymbol{a}_2, \boldsymbol{a}_3 \rangle, V_2 = \langle \boldsymbol{b}_1, \boldsymbol{b}_2, \boldsymbol{b}_3 \rangle$ を考える．

(1) 共通部分 $V_1 \cap V_2$ の基底を（1 つ）求めよ．$V_1 \cap V_2$ の次元を書け．
(2) 共通部分 $V_1 \cap V_2$ の基底を延長して，V_1 と V_2 の基底をそれぞれつくれ．

演習 9.3 原点を含み，ベクトル $\boldsymbol{n}\,(\neq \boldsymbol{0})$ に垂直な平面 $\pi : (\boldsymbol{n}, \boldsymbol{x}) = 0$ を考える．空間の点 P に対して平面 π に関して P と対称な点を $f(\mathrm{P})$ と表す．

(1) 点 P の位置ベクトルを $\boldsymbol{p} \in \mathbf{R}^3$ とするとき，点 $f(\mathrm{P})$ の位置ベクトルを $f(\boldsymbol{p})$ と表す．$f(\boldsymbol{p})$

を $\boldsymbol{p}$ と $\boldsymbol{n}$ を用いて表せ．

(2) (1) で定めた写像 $f : \mathbf{R}^3 \to \mathbf{R}^3$ は線形変換であり，さらに直交変換であることを示せ．

(3) $\boldsymbol{n} = \begin{bmatrix} a \\ b \\ c \end{bmatrix}$ とする．直交変換 f の $\mathbf{R}^3$ の標準基底に関する表現行列を求めよ．

(4) $\mathbf{R}^3$ の $\boldsymbol{n}$ を含む正規直交基底に関する f の表現行列を求めよ．

演習 9.4 U を有限次元 $\mathbf{K}$-線形空間とする．$\mathscr{E}, \mathscr{F}$ はそれぞれ U の基底であるとする．$\mathscr{E}$ から $\mathscr{F}$ への基底変換の行列を P とする．

(1) $\mathscr{G}$ も U の基底であるとする．$\mathscr{F}$ から $\mathscr{G}$ への基底変換の行列を Q とする．$\mathscr{E}$ から $\mathscr{G}$ への基底変換の行列を P, Q を用いて表せ．

(2) $\mathscr{F}$ から $\mathscr{E}$ への基底変換の行列を P を用いて表せ．

演習 9.5 U, V, W を有限次元 $\mathbf{K}$-線形空間とし，$f : U \to V, g : V \to W$ を線形写像とする．合成写像 $g \circ f : U \to W$ について次の問に答えよ．

(1) 合成写像 $g \circ f$ も線形写像であることを示せ．

(2) $\mathscr{E}$ を U の基底, $\mathscr{F}$ を V の基底，$\mathscr{G}$ を W の基底とする．$f : U \to V$ の $\mathscr{E}, \mathscr{F}$ に関する表現行列を A とし，$g : V \to W$ の $\mathscr{F}, \mathscr{G}$ に関する表現行列を B とする．合成写像 $g \circ f$ の $\mathscr{E}, \mathscr{G}$ に関する表現行列を A, B を用いて表せ．

演習 9.6 U, V, W を有限次元 $\mathbf{K}$-線形空間とし，$f : U \to V, g : V \to W$ を線形写像とする．合成写像 $g \circ f : U \to W$ が同型写像ならば，次が成り立つことを示せ．

(1) f は単射である．

(2) g は全射である．

(3) $\mathrm{Im}\ f \cap \mathrm{Ker}\, g = \{\boldsymbol{0}\}$.

(4) $V = \mathrm{Im}\ f \oplus \mathrm{Ker}\, g$ と直和分解される．

演習 9.7 U, V, W を有限次元 $\mathbf{K}$-線形空間とし，$f : U \to V, g : V \to W$ を線形写像とする．演習 9.6 の条件の (1)，(2)，(3) が成り立てば，合成写像 $g \circ f : U \to W$ は同型写像であることを示せ．

演習 9.8 U, V, W を有限次元 $\mathbf{K}$-線形空間とし，$f : U \to V, g : V \to W$ を線形写像とする．合成写像 $g \circ f : U \to W$ の階数について次の不等式が成り立つことを示せ．

$$\mathrm{rank}\, f + \mathrm{rank}\, g - \dim V \leqq \mathrm{rank}\, g \circ f \leqq \mathrm{rank}\, f, \mathrm{rank}\, g.$$

演習 9.9 U を有限次元 $\mathbf{K}$-線形空間とし，$f, g : U \to U$ を線形変換とする．合成写像について $g \circ f = f \circ g$ が成り立つ（このことを「f と g は可換である」という）とする．

(1) $\mathrm{Im}\, f$ のどのベクトル $\boldsymbol{u}$ についても $g(\boldsymbol{u})$ はやはり $\mathrm{Im}\, f$ に属することを示せ．（このことを

「$\mathrm{Im}\, f$ は g-不変である」という）

(2) $\mathrm{Ker}\, f$ のどのベクトル $\boldsymbol{u}$ についても $g(\boldsymbol{u})$ はやはり $\mathrm{Ker}\, f$ に属することを示せ．（このことを「$\mathrm{Ker}\, f$ は g-不変である」という）

(3) $\lambda \in \mathbf{K}$ を f の固有値とする．固有空間 $V(\lambda)$ のどのベクトル $\boldsymbol{u}$ についても $g(\boldsymbol{u})$ はやはり $V(\lambda)$ に属することを示せ．（このことを「$V(\lambda)$ は g-不変である」という）

演習 9.10 $A = \begin{bmatrix} -4 & 3 & -3 & 3 \\ -6 & 5 & -3 & 3 \\ -6 & 3 & -1 & 3 \\ -6 & 3 & -3 & 5 \end{bmatrix}$, $B = \begin{bmatrix} -2 & -6 & 3 & 3 \\ -6 & 4 & -3 & 3 \\ -9 & 12 & -8 & 3 \\ -3 & -6 & 3 & 4 \end{bmatrix}$ とする．これらは次の性質をもつ．

(1) $AB = BA$ である．

(2) A の固有値は $-1, 2$ であり，対角化可能である．

(3) B の固有値は $-2, 1$ であり，対角化可能である．

行列 A, B により定義される $\mathbf{K}^4$ の線形変換を T_A, T_B と書く．以下の問に答えよ．

(1) T_A の固有空間 $V(-1), V(2)$ の基底をそれぞれ（1 つ）求めよ．それらを，$\mathscr{E}, \mathscr{F}$ とおく．

(2) $T_B(V(-1))$ は $V(-1)$ に含まれること，$T_B(V(2))$ は $V(2)$ に含まれることを示せ．

(3) $V(-1)$ の線形変換 f を $f(\boldsymbol{x}) = B\boldsymbol{x}$ $(\boldsymbol{x} \in V(-1))$ によって定義する．f の $\mathscr{E}$ に関する表現行列を求めよ．さらに，f の固有値を求め, 各固有値に対してその固有空間の基底を（1 つ）求めよ．((2) の事実により写像 f が定義できることに注意せよ）

(4) $V(2)$ の線形変換 g を $g(\boldsymbol{x}) = B\boldsymbol{x}$ $(\boldsymbol{x} \in V(2))$ によって定義する．g の $\mathscr{F}$ に関する表現行列を求めよ．さらに，g の固有値を求め, 各固有値に対してその固有空間の基底を（1 つ）求めよ．((2) の事実により写像 g が定義できることに注意せよ）

(5) (3), (4) で求めた基底に含まれるベクトルを並べると $\mathbf{K}^4$ の基底が得られる．線形変換 T_A, T_B のこの基底に関する表現行列を求めよ．

演習 9.11 数列 $\{a_n\}_{n=1,2,3,\ldots}$ は条件

$$a_1 = 1,\ a_2 = 1,\ a_{n+2} = a_{n+1} + a_n\ (n = 1, 2, 3, \ldots)$$

を満たすという．a_n を求めよ．（この数列は**フィボナッチ数列**とよばれる）

演習 9.12 $\mathbf{R}$-線形空間 $C^\infty(\mathbf{R})$ の線形変換 Diff の固有値 λ に属する固有ベクトル（これは実体としては関数なので**固有関数**とよばれる）を求めよ．

演習 9.13 微分方程式 $y''' - 4y'' - 4y' + 16y = 0$ を満たす C^∞ 級の関数 y の集合 V は間 $C^\infty(\mathbf{R})$ の部分空間である．このような関数の導関数もまたこの方程式を満たすから，V の線形変換 $D : V \longrightarrow V;\ f(x) \longmapsto \dfrac{d}{dx} f(x)$ が定義される．V には次の条件を満たす関数 f_1, f_2, f_3 が存在し，(f_1, f_2, f_3) は V の基底である．すなわち

$$f_1(0) = 1,\ f_1'(0) = 0,\ f_1''(0) = 0;$$

$$f_2(0)=0,\ f_2'(0)=1,\ f_2''(0)=0;$$
$$f_3(0)=0,\ f_3'(0)=0,\ f_3''(0)=1.$$

(1) V に属する関数 $g(x)$ について $g(0)=a, g'(0)=b, g''(0)=c$ のとき $g(x)$ の (f_1, f_2, f_3) に関する座標ベクトルを求めよ．

(2) D の基底 (f_1, f_2, f_3) に関する表現行列を求めよ．

(3) D の固有値と固有空間の基底を（1 つ）求めよ．

(4) この微分方程式の一般解を求めよ．

(5) 解 $g(x)$ が $g(0)=1, g'(0)=1, g''(0)=1$ を満たすという．$g(x)$ を求めよ．

U を有限次元計量ベクトル空間とし，W をその部分空間とする．定理 9.6.7 により，U のどのベクトル $\boldsymbol{x}$ も $\boldsymbol{x}=\boldsymbol{w}+\boldsymbol{z},\ \boldsymbol{w}\in W, \boldsymbol{z}\in W^{\perp}$ と一意的に表される．この $\boldsymbol{w}$ を $\boldsymbol{u}$ の **W への正射影**とよぶ．

演習 9.14 n 次正方行列のなす $\mathbf{R}$-線形空間 $M_n(\mathbf{R})$ において，内積を $(A, B)=\mathrm{tr}\,{}^tAB$ によって定義する．対称行列のなす部分空間を W とおく．$W=\{A\in M_n(\mathbf{R}) \mid A$ は対称行列$\}$.

(1) S が対称行列で，A が交代行列のとき，$(S, A)=0$ であることを示せ．

(2) 正方行列 X の W への正射影を求めよ．

(3) W の直交補空間 $W^{\perp}$ を求めよ．

演習 9.15 実数値連続関数全体のなす $\mathbf{R}$-線形空間 $\mathscr{C}(\mathbf{R})$ に内積を $(f, g)=\displaystyle\int_{-1}^{1} f(t)g(t)\,dt$ によって定める．2 次以下の多項式で定義される関数のなすベクトル空間 $U=\mathrm{P}^2(\mathbf{R})$ は計量ベクトル空間として，$\mathscr{C}(\mathbf{R})$ の部分空間である．関数 $f(x)=e^{1+x}$ の U への正射影を求めよ．

演習 9.16 実数値連続関数全体のなす $\mathbf{R}$-線形空間 $\mathscr{C}(\mathbf{R})$ において内積を $(f, g)=\displaystyle\int_{-\pi}^{\pi} f(t)g(t)\,dt$ によって定義する．関数 $f_0(x)=1$（定数関数），$f_1(x)=\cos x, f_2(x)=\sin x, f_3(x)=\cos 2x, f_4(x)=\sin 2x$ は線形独立である．$W=\langle f_1, f_2, f_3, f_4, f_5\rangle$ とおく：

$$W=\{a_0+a_1\cos x+a_2\sin x+a_3\cos 2x+a_4\sin 2x\in V \mid a_0, a_1, a_2, a_3, a_4\in\mathbf{R}\}.$$

(1) W の基底 $(f_0, f_1, f_2, f_3, f_4)$ からグラム・シュミットの直交化法により正規直交基底 $\mathscr{E}$ をつくれ．

(2) 関数 $y=x^2-x$ の W への正射影を求めよ．

(3) c を定数とする．関数 $f(x)\in W$ に対して $g(x)=f(x+c)$ も W に属する．写像 $T: W\to W;\ f(x)\mapsto f(x+c)$ は線形変換であることを示し，$\mathscr{E}$ に関する表現行列を求めよ．

(4) W の線形変換 T は直交変換であることを示せ．

問題，演習の解答（例）または略解

第 1 章

問題 1.1.1 $\boldsymbol{a} = \begin{bmatrix} a_1 \\ a_2 \\ a_3 \end{bmatrix}, \boldsymbol{b} = \begin{bmatrix} b_1 \\ b_2 \\ b_3 \end{bmatrix}$ とする．

(1) 余弦定理をベクトルの内積を用いて書くと，等式 $\|\boldsymbol{b} - \boldsymbol{a}\|^2 = \|\boldsymbol{a}\|^2 + \|\boldsymbol{b}\|^2 - 2(\boldsymbol{a}, \boldsymbol{b})$ が成り立つということである．おのおののベクトルの長さの 2 乗を成分で計算し，整理すれば，求める表示 (1.1.1) が得られる．

(2) $|(\boldsymbol{a}, \boldsymbol{b})| = \|\boldsymbol{a}\|\,\|\boldsymbol{b}\|\,|\cos\theta| \leqq \|\boldsymbol{a}\|\,\|\boldsymbol{b}\|$.
成分を用いて計算することでも確かめられる．$(\|\boldsymbol{a}\|\|\boldsymbol{b}\|)^2 - (\boldsymbol{a}, \boldsymbol{b})^2 = (a_1b_2 - a_2b_1)^2 + (a_2b_3 - a_3b_2)^2 + (a_3b_1 - a_1b_3)^2 \geqq 0$ を得る．ゆえに，$(\|\boldsymbol{a}\|\|\boldsymbol{b}\|)^2 \geqq (\boldsymbol{a}, \boldsymbol{b})^2$．両辺の 0 以上の平方根をとって，所要の不等式を得る．

(3) 内積と長さの性質を用いて計算して，$(\|\boldsymbol{a}\| + \|\boldsymbol{b}\|)^2 - \|\boldsymbol{a} + \boldsymbol{b}\|^2 = 2\big(\|\boldsymbol{a}\|\|\boldsymbol{b}\| - (\boldsymbol{a}, \boldsymbol{b})\big) \geqq 0$（シュワルツの不等式）．よって，$(\|\boldsymbol{a}\| + \|\boldsymbol{b}\|)^2 \geqq \|\boldsymbol{a} + \boldsymbol{b}\|^2$．両辺の 0 以上の平方根をとって，所要の不等式を得る．

問題 1.1.2 はじめに，後半を示す．条件「どのベクトル $\boldsymbol{x}$ についても $(\boldsymbol{a}, \boldsymbol{x}) = 0$ が成り立つと仮定すると，特に，$\boldsymbol{x} = \boldsymbol{a}$ についても $(\boldsymbol{a}, \boldsymbol{a}) = 0$ である．よって，$\boldsymbol{a} = \boldsymbol{0}$．ベクトル $\boldsymbol{a}, \boldsymbol{b}$ について，条件「どのベクトル $\boldsymbol{x}$ についても $(\boldsymbol{a}, \boldsymbol{x}) = (\boldsymbol{b}, \boldsymbol{x})$」が成り立つと仮定すると，どのベクトル $\boldsymbol{x}$ についても $(\boldsymbol{a} - \boldsymbol{b}, \boldsymbol{x}) = 0$ が成り立つ．よって，先に示したことにより，$\boldsymbol{a} = \boldsymbol{b}$ が成り立つ．

問題 1.2.1 表し方はいろいろある．例えば $\boldsymbol{x} = \begin{bmatrix} 2 \\ -1 \\ -3 \end{bmatrix} + t \begin{bmatrix} -3 \\ 3 \\ 6 \end{bmatrix}$（$t$ は実数）．

問題 1.2.2 例えば，$\boldsymbol{x} = \boldsymbol{a} + t(\boldsymbol{b} - \boldsymbol{a})$（$t$ は実数）．これは，しばしば，$\boldsymbol{x} = (1-t)\boldsymbol{a} + t\boldsymbol{b}$（$t$ は実数）とも書かれる．

問題 1.2.3 $\begin{bmatrix} \frac{7}{3} \\ \frac{2}{3} \\ -\frac{5}{3} \end{bmatrix}$.

問題 1.2.4 (1) および (2)

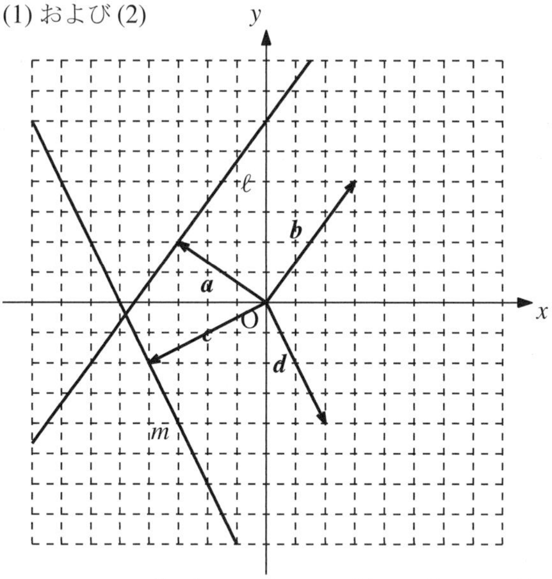

(3) 交点の位置ベクトルを $\boldsymbol{p}$ とすると，$\boldsymbol{p} = \boldsymbol{a} - \frac{3}{5}\boldsymbol{b} = \boldsymbol{c} - \frac{2}{5}\boldsymbol{d}$.

問題 1.3.1 例えば，$\boldsymbol{x} = \begin{bmatrix} a_1 \\ a_2 \\ a_3 \end{bmatrix} + s \begin{bmatrix} b_1 - a_1 \\ b_2 - a_2 \\ b_3 - a_3 \end{bmatrix} + t \begin{bmatrix} c_1 - a_1 \\ c_2 - a_2 \\ c_3 - a_3 \end{bmatrix}$ (s, t は実数).

問題 1.3.2 点 $\mathrm{A}(a_1, a_2, a_3)$，P の位置ベクトルをそれぞれ $\boldsymbol{a}$，$\boldsymbol{p}$ とおく．点 A は直線 ℓ 上にないから，ベクトル $\overrightarrow{\mathrm{AP}} = \boldsymbol{p} - \boldsymbol{a}$ は $\boldsymbol{u}$ に平行でない．よって

$$\begin{bmatrix} x \\ y \\ z \end{bmatrix} = \begin{bmatrix} a_1 \\ a_2 \\ a_3 \end{bmatrix} + s \begin{bmatrix} p_1 - a_1 \\ p_2 - a_2 \\ p_3 - a_3 \end{bmatrix} + t \begin{bmatrix} u_1 \\ u_2 \\ u_3 \end{bmatrix} \quad (s, t \text{ は実数}).$$

問題 1.4.1 ベクトル $\boldsymbol{u} = \overrightarrow{\mathrm{AB}} = \begin{bmatrix} -1 \\ 2 \\ -2 \end{bmatrix}$，および $\boldsymbol{v} = \overrightarrow{\mathrm{AC}} = \begin{bmatrix} 0 \\ 1 \\ 1 \end{bmatrix}$ は平面 π 上にあり，平行でない．この平面の法線ベクトルを $\boldsymbol{n}$ とおくと，このベクトルはベクトル $\boldsymbol{u}$，$\boldsymbol{v}$ と直交するから，方程式 $(\boldsymbol{n}, \boldsymbol{u}) = 0$，$(\boldsymbol{n}, \boldsymbol{v}) = 0$ を得る．これを満たすベクトルとして，例えば $\boldsymbol{n} = \begin{bmatrix} -4 \\ -1 \\ 1 \end{bmatrix}$ をとることができる．さらに，平面 π 上の 1 点として A を用いると方程式は

$$-4(x-1) - (y+1) + z - 1 = 0$$

となる．このままでもよいが，展開して整理すると $-4x - y + z + 2 = 0$.

問題 1.4.2 (1) 例えば，$\boldsymbol{n} = \begin{bmatrix} 1 \\ -3 \\ -2 \end{bmatrix}$ は法線ベクトルである．したがって，平面の方程式は $(x-3) - 3(y-2) - 2(z+3) = 0$．展開して整理すると，$x - 3y - 2z - 3 = 0$.

(2) $2 - 3 \cdot 2 - 2 \cdot 7 - 3 = -21 \neq 0$ であるから，点 P は平面 π 上にない．

(3) 垂線の足 H の位置ベクトルを $\boldsymbol{h}$ とおくと $\boldsymbol{h} = \begin{bmatrix} \frac{7}{2} \\ -\frac{5}{2} \\ 4 \end{bmatrix}$．点 P と平面 π との距離は $\dfrac{3\sqrt{14}}{2}$．

問題 1.4.3 $\boldsymbol{n} = \begin{bmatrix} a \\ b \end{bmatrix}$ とおく．点 P および垂線の足 H の位置ベクトルを $\boldsymbol{p}$，$\boldsymbol{h}$ とおく．$\boldsymbol{h} = \boldsymbol{p} - \dfrac{ax_0 + by_0 + c}{a^2 + b^2}\boldsymbol{n}$．距離は $\dfrac{|(\boldsymbol{p}, \boldsymbol{n}) + c|}{\|\boldsymbol{n}\|} = \dfrac{|ax_0 + by_0 + c|}{\sqrt{a^2 + b^2}}$．

問題 1.5.1 $\dfrac{x-5}{-1} = \dfrac{z-7}{2}$，$y = 6$．

問題 1.5.2 2 つの平面の方程式を同時に満たす点の集合が交線である．つまり連立 1 次方程式

$$\begin{cases} x + \ \ y + z - 1 = 0 & \text{①} \\ 3x + 2y + z - 5 = 0 & \text{②} \end{cases}$$

の解をベクトルで表示すればよい．式 ② から式 ① の 3 倍を引けば $-y - 2z - 2 = 0$ を得る．よって $y = -2z - 2$．これを式 ① に代入して整理すると，$x - z - 3 = 0$．よって $x = z + 3$．そこで，z に任意の値を代入すれば，x, y の値も定められる．$z = t$ とおくと

$$\begin{bmatrix} x \\ y \\ z \end{bmatrix} = \begin{bmatrix} t+3 \\ -2t-2 \\ t \end{bmatrix} = \begin{bmatrix} 3 \\ -2 \\ 0 \end{bmatrix} + t\begin{bmatrix} 1 \\ -2 \\ 1 \end{bmatrix} \quad (t \text{ は任意の実数}).$$

つまり，交線は点 $(3, -2, 0)$ を通りベクトル $\begin{bmatrix} 1 \\ -2 \\ 1 \end{bmatrix}$ に平行な直線である．よって，方程式は $x - 3 = \dfrac{y+2}{-2} = z$ である．

演習 1.1 $p = \dfrac{24 - 15\sqrt{2}}{7}$．

演習 1.2 (1) 点 P の位置ベクトルを $\boldsymbol{p}$ とする．$\boldsymbol{p} = \begin{bmatrix} 0 \\ -1 \\ 2 \end{bmatrix}$ である．$\boldsymbol{p} = \boldsymbol{a} + s\boldsymbol{u} + t\boldsymbol{v}$ と表し，ベクトルの成分ごとに考えると，s, t に関する 3 つの方程式 $-6s + 2t = 2$ (①)，$3s + 2t = -7$ (②)，$-2s + 3t = -3$ (③) が得られる．式 ① と式 ② から，$t = -2$ である．これを式 ① に代入して $-6s - 4 = 2$ を得る．これを s について解いて，$s = -1$ を得る．この $s = -1$，$t = -2$ を式 ③ の左辺に代入して値を求めると，4 で，式 ③ は成立しない．よって，上の ①，②，③ を同時に満たす s, t は存在しない．すなわち，点 P は平面 π 上にない．

(2) 点 Q の位置ベクトルを $\boldsymbol{q}$ とする．$\boldsymbol{q} = \begin{bmatrix} -12 \\ 5 \\ -3 \end{bmatrix}$ である．$\boldsymbol{q} = \boldsymbol{a} + s\boldsymbol{u} + t\boldsymbol{v}$ と表し，ベクトルの成分ごとに考えると，s, t に関する 3 つの方程式 $-6s + 2t = -10$ (①)，$3s + 2t = -1$ (②)，$-2s + 3t = -8$ (③) が得られる．式 ① と式 ② から，$t = -2$ である．これを式 ① に代入し

て，$s = 1$ を得る．この $s = 1$, $t = -2$ を式 ③ の左辺に代入して値を求めると，-8 で，式 ③ も成立する．よって，$s = 1$, $t = -2$ は上の ①，②，③ を同時に満たし，点 Q は平面 π 上にあり，$\boldsymbol{q} = \boldsymbol{a} + \boldsymbol{u} - 2\boldsymbol{v}$.

演習 1.3　(1) 法線ベクトルは $\begin{bmatrix} 5 \\ 2 \\ -4 \end{bmatrix}$ の $\mathbf{0}$ でないスカラー倍である．平面の方程式は，例えば $5(x-3)+2(y+4)-4(z-5) = 0$. このままでもよいが，整理すると $5x+2y-4z+13 = 0$.

(2) $\dfrac{x-1}{5} = \dfrac{y-2}{2} = \dfrac{z+2}{-4}$.

(3) $\begin{bmatrix} -\frac{7}{3} \\ \frac{2}{3} \\ \frac{2}{3} \end{bmatrix}$.

(4) $2\sqrt{5}$.

(5) $\dfrac{x-3}{-4} = \dfrac{y+4}{6} = \dfrac{z-5}{-2}$.

(6) $\dfrac{x+1}{2} = \dfrac{z-3}{-5}$, $y = 2$.

演習 1.4　(1) 例えば，$\boldsymbol{x} = \begin{bmatrix} -2 \\ 6 \\ 1 \end{bmatrix} + s \begin{bmatrix} 4 \\ -6 \\ 2 \end{bmatrix} + t \begin{bmatrix} 6 \\ -9 \\ 1 \end{bmatrix}$ (s, t は任意の実数).

(2) 法線ベクトルは $\begin{bmatrix} 3 \\ 2 \\ 0 \end{bmatrix}$ の $\mathbf{0}$ でないスカラー倍である．平面の方程式は，例えば $3(x-2) + 2y + 0(z-3) = 0$. このままでもよいが，整理すると $3x + 2y - 6 = 0$.

注意　この平面は xy 平面に垂直である．このように，**空間において**，平面 $ax + by + c = 0$ は xy 平面に垂直である．

(3) 例えば，$\boldsymbol{x} = \begin{bmatrix} -2 \\ 6 \\ 1 \end{bmatrix} + t \begin{bmatrix} 4 \\ -6 \\ 2 \end{bmatrix}$ (t は任意の実数).

(4) $\dfrac{x+2}{4} = \dfrac{y-6}{-6} = \dfrac{z-1}{2}$.

(5) $\begin{bmatrix} 1 \\ \frac{3}{2} \\ 4 \end{bmatrix}$.

(6) $\dfrac{\sqrt{13}}{2}$.

演習 1.5　(1) 例えば，$\boldsymbol{x} = \begin{bmatrix} 3 \\ 3 \\ 4 \end{bmatrix} + s \begin{bmatrix} 0 \\ 2 \\ 3 \end{bmatrix} + t \begin{bmatrix} 0 \\ -7 \\ -1 \end{bmatrix}$ (s, t は任意の実数).

(2) 法線ベクトルは $\begin{bmatrix}1\\0\\0\end{bmatrix}$ の $\mathbf{0}$ でないスカラー倍．平面の方程式は $x-3=0$.

(3) 例えば，$\boldsymbol{x}=\begin{bmatrix}3\\3\\4\end{bmatrix}+t\begin{bmatrix}0\\2\\3\end{bmatrix}$（$t$ は任意の実数）.

(4) $x=3,\ \dfrac{y-3}{2}=\dfrac{z-4}{3}$.

演習 1.6 (1) 例えば，$\boldsymbol{x}=\begin{bmatrix}\frac{7}{3}\\0\\0\end{bmatrix}+s\begin{bmatrix}-\frac{7}{3}\\-\frac{7}{5}\\0\end{bmatrix}+t\begin{bmatrix}-\frac{7}{3}\\0\\-\frac{7}{4}\end{bmatrix}$（$s,t$ は任意の実数）.

(2) 例えば，$\boldsymbol{x}=\begin{bmatrix}0\\-\frac{8}{5}\\0\end{bmatrix}+s\begin{bmatrix}0\\\frac{8}{5}\\2\end{bmatrix}+t\begin{bmatrix}1\\0\\0\end{bmatrix}$（$s,t$ は任意の実数）.

(3) 例えば，$\boldsymbol{x}=\begin{bmatrix}0\\-4\\0\end{bmatrix}+s\begin{bmatrix}1\\0\\0\end{bmatrix}+t\begin{bmatrix}0\\0\\1\end{bmatrix}$（$s,t$ は任意の実数）.

演習 1.7 $p=8$. 交点の位置ベクトルを $\boldsymbol{c}$ とすると，$\boldsymbol{c}=\boldsymbol{a}+3\boldsymbol{u}=\boldsymbol{b}-2\boldsymbol{v}$. 求める平面のベクトル方程式は $\boldsymbol{x}=\boldsymbol{a}+s\boldsymbol{u}+y\boldsymbol{v}$（$s,t$ は任意の実数）.（x,y,z に関する）方程式は，$8(x-4)+7(y-5)-2(z+6)=0$. 展開して整理すると $8x+7y-2z-79=0$.

演習 1.8 $\begin{bmatrix}4\\-\frac{5}{2}\\4\end{bmatrix}$.

演習 1.9 交点の位置ベクトルを $\boldsymbol{p}$ とおく．$\boldsymbol{p}=\boldsymbol{a}-4\boldsymbol{u}=\boldsymbol{b}-\boldsymbol{u}-\boldsymbol{v}$.

演習 1.10（略証） (1) 直線 AB はベクトル方程式 $\boldsymbol{x}=\boldsymbol{a}+t(\boldsymbol{b}-\boldsymbol{a})$（$t$ は任意の実数）で表される．線分 AB 上の点は $0\leqq t\leqq 1$ の t を用いて表される．$s=1-t$ とおけばよい．

(2) 三角形 ABC の（辺上の点も含めて）内部の点 P について直線 AP と辺 BC との交点を D($\boldsymbol{d}$) とする．点 D($\boldsymbol{d}$) について (1) を適用し，さらに，点 P を線分 AD 上の点と考えて，(1) を適用する．

演習 1.11 $\boldsymbol{u}$ を ℓ の方向ベクトルとする．$\boldsymbol{v}=\dfrac{(\boldsymbol{u},\boldsymbol{a})}{(\boldsymbol{u},\boldsymbol{u})}\boldsymbol{u}$.

演習 1.12 $\boldsymbol{n}$ を π の法線ベクトルとする．$\boldsymbol{v}=\boldsymbol{a}-\dfrac{(\boldsymbol{n},\boldsymbol{a})}{(\boldsymbol{n},\boldsymbol{n})}\boldsymbol{n}$.

演習 1.13 $\boldsymbol{p}-\dfrac{2(\boldsymbol{n},\boldsymbol{p}-\boldsymbol{a})}{(\boldsymbol{n},\boldsymbol{n})}\boldsymbol{n}$.

演習 1.14（略証） 交線を ℓ とする．交線 ℓ は平面 α の法線ベクトル $\boldsymbol{u}$ と直交し，平面 β の法線ベクトル $\boldsymbol{v}$ とも直交する．したがって，交線 ℓ を含む平面は $\boldsymbol{u},\boldsymbol{v}$ で張られる平面に垂直であり，その法線ベクトルは $k\boldsymbol{u}+l\boldsymbol{v}$ と表される．

演習 1.15（略証） 空間の任意の点 X から平面 α に降ろした垂線の足を H($\boldsymbol{h}$) とし，点 X から平面 β に降ろした垂線の足を K($\boldsymbol{k}$) とする．実数 s_0, t_0 を用いて $\overrightarrow{\mathrm{HX}}=s_0\boldsymbol{u}$，$\overrightarrow{\mathrm{KX}}=t_0\boldsymbol{v}$ と表される．

このとき，$\mathrm{H}(\boldsymbol{h})$ は α 上にあるから，$\boldsymbol{h} = \boldsymbol{x} - s_0\boldsymbol{u}$ について等式 $(\boldsymbol{u}, \boldsymbol{x} - s_0\boldsymbol{u}) + a = 0$ が成り立つ．これから，$s_0 = (\boldsymbol{u}, \boldsymbol{x}) + a$ を得る．同様に，$t_0 = (\boldsymbol{v}, \boldsymbol{x}) + b$ である．

さて，点 $\mathrm{X}(\boldsymbol{x})$ が 2 平面 α, β に等距離にあるとする．ベクトル $\overrightarrow{\mathrm{HX}}$ の長さと $\overrightarrow{\mathrm{KX}}$ の長さは等しい．$\|s_0\boldsymbol{u}\| = \|t_0\boldsymbol{v}\|$ であるが，$\|\boldsymbol{u}\| = \|\boldsymbol{v}\| = 1$ であったから，$|s_0| = |t_0|$ である．ゆえに，$t_0 = s_0$ または $t_0 = -s_0$ である．$t_0 = s_0$ のとき $(\boldsymbol{u} - \boldsymbol{v}, \boldsymbol{x}) + a - b = 0$ であり，$t_0 = -s_0$ のとき $(\boldsymbol{u} + \boldsymbol{v}, \boldsymbol{x}) + a + b = 0$ である．

第 2 章

問題 2.3.1 $AB = \begin{bmatrix} 18 & 10 & 8 \\ 5 & -1 & 6 \\ 23 & 9 & 14 \end{bmatrix}$, $BA = \begin{bmatrix} 7 & 13 & 9 \\ 7 & 13 & 9 \\ 13 & 19 & 11 \end{bmatrix}$, $AC = \begin{bmatrix} 0 & 0 & 0 \\ 0 & 0 & 0 \\ 0 & 0 & 0 \end{bmatrix}$

問題 2.3.2 (1) $[12]$ (2) $\begin{bmatrix} 18 \\ 5 \end{bmatrix}$ (3) $\begin{bmatrix} 4 \\ -1 \\ 0 \end{bmatrix}$

(4) $\begin{bmatrix} -2 & -1 & -4 \\ 4 & 2 & 8 \\ 6 & 3 & 12 \end{bmatrix}$ (5) $\begin{bmatrix} 18 & -8 \end{bmatrix}$ (6) $\begin{bmatrix} 4 & 13 & 7 \end{bmatrix}$

問題 2.3.3 $A = \begin{bmatrix} \boldsymbol{a}_1\, \boldsymbol{a}_2 \cdots \boldsymbol{a}_n \end{bmatrix}$, $B = \begin{bmatrix} \boldsymbol{b}_1\, \boldsymbol{b}_2 \cdots \boldsymbol{b}_n \end{bmatrix}$ と列ベクトル表示する．仮定を n 次基本ベクトル $\boldsymbol{e}_j$ に適用すると $\boldsymbol{a}_j = A\boldsymbol{e}_j = B\boldsymbol{e}_j = \boldsymbol{b}_j$．ゆえに，$A = B$．特に，$n$ 次元ベクトル $\boldsymbol{x}$ について $A\boldsymbol{x} = \boldsymbol{0}$ という条件は $A\boldsymbol{x} = O\boldsymbol{x}$ と同値であるから，後半が成り立つ．

問題 2.3.4 (1) $AB = \begin{bmatrix} -5 & -5 & 11 \\ 22 & -1 & -4 \\ 9 & 8 & -13 \\ 3 & 16 & 3 \end{bmatrix}$, $(AB)C = \begin{bmatrix} -26 & 38 \\ 24 & 81 \\ 38 & -43 \\ 32 & -59 \end{bmatrix}$.

(2) $BC = \begin{bmatrix} 4 & -29 \\ 12 & -5 \\ -2 & 19 \end{bmatrix}$, $A(BC) = \begin{bmatrix} -26 & 38 \\ 24 & 81 \\ 38 & -43 \\ 32 & -59 \end{bmatrix}$.

問題 2.3.5 $B + C = \begin{bmatrix} -1 & 0 & 4 \\ 2 & 5 & 0 \\ 1 & 1 & 3 \end{bmatrix}$. $AB + AC = A(B + C) = \begin{bmatrix} -2 & -7 & 13 \\ 10 & 17 & -2 \\ 4 & 12 & -13 \\ 3 & 12 & 8 \end{bmatrix}$.

問題 2.3.6 省略

問題 2.3.7 (1) $AB = \begin{bmatrix} 6 & 8 & 7 & 11 \\ 15 & 12 & 13 & 1 \\ -18 & 12 & -3 & -14 \\ -5 & 9 & 8 & -16 \end{bmatrix}$.

(2) ${}^tB\,{}^tA = {}^t(AB) = \begin{bmatrix} 6 & 15 & -18 & -5 \\ 8 & 12 & 12 & 9 \\ 7 & 13 & -3 & 8 \\ 11 & 1 & -14 & -16 \end{bmatrix}$.

問題 2.3.8 $AB = \begin{bmatrix} -11 & 19 & 12 & -7 \\ 21 & -36 & 17 & -2 \\ 0 & 0 & 4 & -4 \\ 0 & 0 & 1 & -2 \end{bmatrix}$, $BA = \begin{bmatrix} -29 & 25 & 36 & 17 \\ 21 & -18 & 18 & 13 \\ 0 & 0 & 6 & 2 \\ 0 & 0 & -10 & -4 \end{bmatrix}$.

問題 2.4.1 (1) $X = \begin{bmatrix} x_{11} & x_{12} & x_{13} \\ x_{21} & x_{22} & x_{23} \\ x_{31} & x_{32} & x_{33} \end{bmatrix}$ とおくと，

$$CX = \begin{bmatrix} 2x_{11} - 4x_{21} + 3x_{31} & 2x_{12} - 4x_{22} + 3x_{32} & 2x_{13} - 4x_{23} + 3x_{33} \\ -2x_{11} + 2x_{21} + 2x_{31} & -2x_{12} + 2x_{22} + 2x_{32} & -2x_{13} + 2x_{23} + 2x_{33} \\ -x_{11} + 2x_{21} + x_{31} & -x_{12} + 2x_{22} + x_{32} & -x_{13} + 2x_{23} + x_{33} \end{bmatrix}$$ である．

これが 3 次単位行列に等しいという条件から，$x_{11}, \dots, x_{33}$ に関する 9 個の方程式が得られる．これを解く．

(2) XC を計算せよ．

問題 2.4.2 $A = \begin{bmatrix} \boldsymbol{a}_1 \, \boldsymbol{a}_2 \cdots \boldsymbol{a}_n \end{bmatrix}$ と任意の n 次正方行列 X に対して，$XA = \begin{bmatrix} X\boldsymbol{a}_1 \, X\boldsymbol{a}_2 \cdots X\boldsymbol{a}_n \end{bmatrix}$ である．ある j について $\boldsymbol{a}_j = \boldsymbol{0}$ ならば，$X\boldsymbol{a}_j = \boldsymbol{0}$ であるから，XA の第 j 列ベクトルは零ベクトルである．すなわち，X をどのように選んでも $XA \neq E$ である．よって，A は正則でない．

問題 2.4.3 $A^k \cdot A^{-k} = A^k \cdot (A^{-1})^k = (A \cdot A^{-1})^k = E^k = E$ であり，$A^{-k} \cdot A^k = (A^{-1})^k \cdot A^k = (A^{-1}) \cdot A^k = E^k = E$ である．よって，$A^{-k} = (A^k)^{-1}$ である．

問題 2.4.4 (1) $({}^tA)^{-1} = {}^t(A^{-1}) = \begin{bmatrix} 1 & -1 & -1 \\ -1 & 2 & 2 \\ -1 & \frac{1}{2} & 0 \end{bmatrix}$.

(2) $(AB)^{-1} = B^{-1}A^{-1} = \begin{bmatrix} 7 & -12 & -\frac{7}{2} \\ 0 & \frac{1}{2} & -\frac{1}{4} \\ -3 & 5 & \frac{3}{2} \end{bmatrix}$.

(3) $({}^t(AB))^{-1} = {}^t((AB)^{-1}) = \begin{bmatrix} 7 & 0 & -3 \\ -12 & \frac{1}{2} & 5 \\ -\frac{7}{2} & -\frac{1}{4} & \frac{3}{2} \end{bmatrix}$.

問題 2.4.5 $B = \left[\begin{array}{c|c} X^{-1} & -X^{-1}YZ^{-1} \\ \hline O & Z^{-1} \end{array}\right]$ とおく．$AB = \left[\begin{array}{c|c} E_r & O \\ \hline O & E_s \end{array}\right] = E$, $BA = \left[\begin{array}{c|c} E_r & O \\ \hline O & E_s \end{array}\right] = E$ が成り立つから，A は正則で $A^{-1} = B$.

問題 2.4.6 (1) 問題 2.4.5 により A は正則である．$A^{-1} = \begin{bmatrix} -1 & \frac{3}{2} & -1 & 5 \\ 1 & -1 & -1 & -1 \\ 0 & 0 & 2 & -3 \\ 0 & 0 & -1 & 2 \end{bmatrix}$.

(2) 問題 2.4.5，命題 2.4.4 により B は正則である．$B^{-1} = \begin{bmatrix} -1 & 1 & 0 & 0 \\ 4 & -3 & 0 & 0 \\ -3 & 3 & 2 & -3 \\ 2 & -3 & -3 & 5 \end{bmatrix}$.

演習 2.1（略解） (1) A が正則であることの必要十分条件は例 2.4.3 による．$a_{11}a_{22} \neq 0$ のとき，$A^{-1} = \begin{bmatrix} \frac{1}{a_{11}} & -\frac{a_{12}}{a_{11}a_{22}} \\ 0 & \frac{1}{a_{22}} \end{bmatrix}$.

(2) $A^{-1} = \left[x_{ij}\right]$ とおいて積 $A\,A^{-1}$ を計算し，これが単位行列となることから $a_{11}a_{22}a_{33} \neq 0$ であることおよび $x_{21} = x_{31} = x_{32} = 0$ であることが示される．

(3) 問題 2.4.5 による．

演習 2.2 (1) $q = r$ のとき，$E^{(l,n)}_{ps}$．$q \neq r$ のとき，零行列．

(2) $A\,E^{(n,n)}_{pq}$ は第 q 列以外の列はすべて零ベクトルで，第 q 列は A の第 p 列ベクトルである行列である．$E^{(m,m)}_{rs}A$ は第 r 行以外はすべて零ベクトルで，第 r 行は A 第 s 行ベクトルである行列である．

(3) $A = a\,E_n$（a はスカラー）．（X に行列単位を代入して考え，(2) を使う）

演習 2.3 n に関する帰納法を用いる．

(1) $\begin{bmatrix} a^n & na^{n-1} \\ 0 & a^n \end{bmatrix}$　　(2) $\begin{bmatrix} a^n & na^{n-1} & 0 \\ 0 & a^n & 0 \\ 0 & 0 & b^n \end{bmatrix}$

(3) $\begin{bmatrix} a^n & na^{n-1} & \frac{n(n-1)}{2}a^{n-2} \\ 0 & a^n & na^{n-1} \\ 0 & 0 & a^n \end{bmatrix}$　　(4) $\begin{bmatrix} a^n & 0 & 0 \\ 0 & b^n & 0 \\ 0 & 0 & c^n \end{bmatrix}$

演習 2.4 N を列ベクトル表示，行ベクトル表示すると，$N = \left[\mathbf{0}\,\boldsymbol{e}_1 \cdots \boldsymbol{e}_{n-1}\right] = \begin{bmatrix} \boldsymbol{e}'_2 \\ \vdots \\ \boldsymbol{e}'_n \\ \mathbf{0}' \end{bmatrix}$ である．

(1) $\left[\mathbf{0}\,\boldsymbol{a}_1 \cdots \boldsymbol{a}_{n-1}\right]$　　(2) $\begin{bmatrix} \boldsymbol{b}'_2 \\ \vdots \\ \boldsymbol{b}'_n \\ \mathbf{0}' \end{bmatrix}$　　(3) O（零行列）

演習 2.5 (1) 積 AU の第 1 列から第 j 列ベクトルはすべて $\mathbf{0}$．　(2) O（零行列）．

演習 2.6（ヒント） (1) 略

(2) 正則行列 A が条件 $A^k = O$ を満たすと仮定する．この両辺に A^{-1} をかけてみよ．

演習 2.7（ヒント） $A = \left[\boldsymbol{a}_1\,\boldsymbol{a}_2 \cdots \boldsymbol{a}_n\right]$ と列ベクトル表示する．行列 X について XA の列ベクトル表示を用いよ．

演習 2.8（ヒント） (1), (2) 略．　(3) 数学的帰納法を使う．　(4) 略．

演習 2.9 (1) 問題 2.4.5 の真似をする． $P^{-1}=\left[\begin{array}{c|c} E_n & O \\ \hline -E_n & E_n \end{array}\right]$.

(2) $\left[\begin{array}{c|c} A+B & A \\ \hline O & A-B \end{array}\right]$.

(3) 問題 2.4.5 を使う．

演習 2.10 (1) 問題で（P^{-1} として）与えられた行列を X とおく． $PX = XP = E$ であることを計算により確かめよ．

(2) $P^{-1}AP = \begin{bmatrix} 1 & 0 & 0 \\ 0 & 2 & 0 \\ 0 & 0 & -2 \end{bmatrix}$.

(3) $B = P^{-1}AP$ とおく．

$$\begin{aligned} A^k &= (PBP^{-1})^k = PB^kP^{-1} \\ &= \begin{bmatrix} \frac{1+(3-(-1)^{k-1})2^{k-1}}{3} & (1+(-1)^{k-1})2^{k-1} & \frac{-1+(-2)^k}{3} \\ \frac{-1+(3+(-1)^{k-1})2^{k-1}}{3} & (1-(-1)^{k-1})2^{k-1} & \frac{1-(-2)^k}{3} \\ \frac{-2+(3-(-1)^{k-1})2^{k-1}}{3} & (1+(-1)^{k-1})2^{k-1} & \frac{2+(-2)^k}{3} \end{bmatrix}. \end{aligned}$$

演習 2.11 (1) $P^{-1} = \begin{bmatrix} -1 & 0 & 0 \\ 1 & 1 & 0 \\ -1 & -1 & 1 \end{bmatrix}$. （$P$ は下三角行列であるから P^{-1} も下三角行列になる）

(2) $P^{-1}AP = \begin{bmatrix} 1 & 1 & 3 \\ 0 & 1 & 0 \\ 0 & 0 & -2 \end{bmatrix}$.

(3) $B = P^{-1}AP$ とおく． $f(A) = f(PBP^{-1}) = Pf(B)P^{-1} = P(B-E_3)^2(B+2E_3)P^{-1} = O$.（演習 2.5，2.8 を使う）

第 3 章

問題 3.1.1 省略

問題 3.1.2 途中の階段行列は省略する．

(1) 階数は 2, $\begin{bmatrix} 1 & 0 & -1 & 1 \\ 0 & 1 & -1 & -2 \\ 0 & 0 & 0 & 0 \\ 0 & 0 & 0 & 0 \end{bmatrix}$

(2) 階数は 3, $\begin{bmatrix} 1 & 0 & -\frac{7}{2} & -\frac{7}{2} & 0 \\ 0 & 1 & -\frac{1}{2} & -\frac{5}{2} & 0 \\ 0 & 0 & 0 & 0 & 1 \\ 0 & 0 & 0 & 0 & 0 \end{bmatrix}$

(3) 階数は 3, $\begin{bmatrix} 1 & 0 & 0 \\ 0 & 1 & 0 \\ 0 & 0 & 1 \end{bmatrix}$

(4) 階数は 3, $\begin{bmatrix} 1 & 0 & 0 & 1 \\ 0 & 1 & 0 & 1 \\ 0 & 0 & 1 & 0 \\ 0 & 0 & 0 & 0 \\ 0 & 0 & 0 & 0 \end{bmatrix}$

(5) 階数は 4, $\begin{bmatrix} 1 & 0 & 2 & 0 & 0 & 1 \\ 0 & 1 & -1 & 0 & 0 & -1 \\ 0 & 0 & 0 & 1 & 0 & 3 \\ 0 & 0 & 0 & 0 & 1 & 0 \\ 0 & 0 & 0 & 0 & 0 & 0 \end{bmatrix}$ (6) 階数は 4, $\begin{bmatrix} 1 & -2 & 0 & 0 & 3 & 0 \\ 0 & 0 & 1 & 0 & -2 & 0 \\ 0 & 0 & 0 & 1 & 1 & 0 \\ 0 & 0 & 0 & 0 & 0 & 1 \\ 0 & 0 & 0 & 0 & 0 & 0 \end{bmatrix}$

(7) 階数は 4, $\begin{bmatrix} 1 & 0 & 0 & 0 & -\frac{1}{7} \\ 0 & 1 & 0 & 0 & \frac{25}{28} \\ 0 & 0 & 1 & 0 & \frac{11}{14} \\ 0 & 0 & 0 & 1 & -\frac{1}{4} \\ 0 & 0 & 0 & 0 & 0 \\ 0 & 0 & 0 & 0 & 0 \end{bmatrix}$ (8) 階数は 3, $\begin{bmatrix} 1 & 0 & \frac{2}{3} & 0 \\ 0 & 1 & -1 & 0 \\ 0 & 0 & 0 & 1 \end{bmatrix}$

問題 3.1.3 $a = -2$, 簡約階段行列は $\begin{bmatrix} 1 & 0 & -\frac{9}{7} \\ 0 & 1 & -\frac{5}{7} \\ 0 & 0 & 0 \end{bmatrix}$.

問題 3.2.1 省略

問題 3.2.2 (1) A は正則. $A^{-1} = \begin{bmatrix} 2 & -1 & 0 & 0 \\ -1 & 3 & -1 & -1 \\ 0 & -1 & 0 & -1 \\ 0 & -1 & 1 & 0 \end{bmatrix}$.

(2) $\operatorname{rank} B = 3 < 4 =$ (B の次数) である. 正則でない.

問題 3.2.3 $\left[A \mid E\right] \longrightarrow \left[\begin{array}{ccc|ccc} 1 & 2 & 1 & 0 & 1 & 0 \\ 0 & -1 & a-1 & 0 & -1 & 1 \\ 0 & 0 & 3-4a & 1 & 2 & -4 \end{array}\right]$ と変形される（ほかにも変形の仕方はある）. ゆえに,

$$A \text{ が正則} \iff \operatorname{rank} A = 3 \iff 3 - 4a \neq 0 \iff a \neq \frac{3}{4}$$

$a \neq \dfrac{3}{4}$ のとき, $A^{-1} = \dfrac{1}{4a-3}\begin{bmatrix} 2a-1 & 1 & -2 \\ -a+1 & 2a-1 & -1 \\ -1 & -2 & 4 \end{bmatrix}$.

問題 3.2.4 A の第 k 行ベクトルを $\boldsymbol{a}'_k$ とおく.

(2) $Q_m(i, j; c)$ の第 k 行ベクトルを $\boldsymbol{q}'_k$ とおく. $Q_m(i, j; c)A$ の第 k 行ベクトルは $\boldsymbol{q}'_k A$ である. $k \neq i$ かつ $k \neq j$ ならば $\boldsymbol{q}'_k = \boldsymbol{e}'_k$. $\boldsymbol{q}'_i = \boldsymbol{e}'_j$, $\boldsymbol{q}'_j = \boldsymbol{e}'_i$ である. $k \neq j$ ならば $\boldsymbol{q}'_k A = \boldsymbol{e}'_k A = \boldsymbol{a}'_k$. $\boldsymbol{q}'_i A = \boldsymbol{e}'_j A = \boldsymbol{a}'_j$, $\boldsymbol{q}'_j A = \boldsymbol{e}'_i A = \boldsymbol{a}'_i$ である. ゆえに, $Q_m(i; c)A$ は行列 A の第 i 行を c 倍して得られる行列である.

(3) $R_m(i; c)$ の第 k 行ベクトルを $\boldsymbol{r}'_k$ とおく. $R_m(i; c)A$ の第 k 行ベクトルは $\boldsymbol{r}'_k A$ である. $k \neq i$ ならば $\boldsymbol{r}'_k = \boldsymbol{e}'_k$. $\boldsymbol{r}'_i = c\boldsymbol{e}'_i$ である. $k \neq i$ ならば $\boldsymbol{r}'_k A = \boldsymbol{e}'_k A = \boldsymbol{a}'_k$, $\boldsymbol{r}'_i A = c\boldsymbol{e}'_i A = c\boldsymbol{a}'_i$ である. ゆえに, $R_m(i, j)A$ は行列 A の第 i 行と第 j 行を入れ換えて得られる行列である.

問題 3.2.5 $P_n(i, j; c)P_n(i, j; -c) = P_n(i, j; -c)P_n(i, j; c) = P_n(i, j; c - c) = E_n$,

$Q_n(i;c)Q_n\left(i;\frac{1}{c}\right) = Q_n\left(i;\frac{1}{c}\right)Q_n(i;c) = Q_n\left(i;c\cdot\frac{1}{c}\right) = E_n$，$R_n(i,j)R_n(i,j) = E_n$ であることから命題の後半が成り立つ．

問題 3.2.6 $P = \left[\begin{array}{c|c} O & E \\ \hline E & O \end{array}\right]$ とおく．$P^2 = E_{2n}$ であるから P は正則である．$PA = \left[\begin{array}{c|c} Y & X \\ \hline Z & O \end{array}\right]$ である．A が正則 $\Leftrightarrow$ PA が正則 $\Leftrightarrow$ Y, Z がともに正則．（問題 2.4.5，例 3.2.2 による）

問題 3.2.7 X を AB の逆行列とすると，$E = (AB)X = A(BX)$．定理 3.2.10 により，A は正則である．$B = A^{-1}(AB)$ であるから B も正則である．

演習 3.1 (1) $\begin{bmatrix} 1 & 0 & -1 & 0 & \frac{2}{7} \\ 0 & 1 & \frac{3}{2} & 0 & -\frac{27}{7} \\ 0 & 0 & 0 & 1 & -\frac{15}{7} \\ 0 & 0 & 0 & 0 & 0 \\ 0 & 0 & 0 & 0 & 0 \end{bmatrix}$，階数は 3．　(2) $\begin{bmatrix} 1 & 0 & 0 & 3 & 0 \\ 0 & 1 & 0 & -4 & 0 \\ 0 & 0 & 1 & -2 & 0 \\ 0 & 0 & 0 & 0 & 1 \\ 0 & 0 & 0 & 0 & 0 \end{bmatrix}$，階数は 4．

演習 3.2 (1) $a = b = 0$ のとき 0．$a = b \neq 0$ のとき 1．$a \neq b$ かつ $a + 2b = 0$ のとき 2．$a \neq b$ かつ $a + 2b \neq 0$ のとき 3．

(2) $a = b = 1$ のとき 1．$a + b + 1 = 0$ のとき 2．これら以外のとき 3．

(3) $a = 1$ のとき 1．$a = -\frac{1}{3}$ のとき 3．これら以外のとき 4．

(4) $a = 1$ のとき 1．$a = -3$ のとき 3．これら以外のとき 4．

演習 3.3 (1) $\frac{1}{24}\begin{bmatrix} 1 & -5 & 7 & 1 \\ 1 & 1 & -5 & 7 \\ 7 & 1 & 1 & -5 \\ -5 & 7 & 1 & 1 \end{bmatrix}$　(2) 正則でない．階数は 3．

(3) $\begin{bmatrix} \frac{11}{4} & -8 & -\frac{1}{4} & 1 \\ \frac{7}{8} & -\frac{5}{2} & -\frac{1}{8} & \frac{1}{2} \\ -\frac{1}{2} & 2 & \frac{1}{2} & 1 \\ \frac{1}{8} & -\frac{1}{2} & \frac{1}{8} & \frac{1}{2} \end{bmatrix}$.

演習 3.4 A が正則であるためには $a \neq -1$ であることが必要十分である．$a \neq -1$ のとき，

$$A^{-1} = \begin{bmatrix} \frac{1}{6} & \frac{1}{2} & 0 & -\frac{2}{3} \\ \frac{a-1}{2(a+1)} & \frac{3a-1}{2(a+1)} & -\frac{1}{a+1} & -\frac{a}{a+1} \\ \frac{1}{a+1} & \frac{2}{a+1} & \frac{1}{a+1} & -\frac{1}{a+1} \\ \frac{a+4}{3(a+1)} & \frac{2}{a+1} & \frac{1}{a+1} & -\frac{a+4}{3(a+1)} \end{bmatrix}.$$

演習 3.5 A が正則であるためには $a \neq 1, -3$ であることが必要十分である．$a \neq 1, -3$ のとき，

$$A^{-1} = \frac{1}{a^2 + 2a - 3}\begin{bmatrix} a+2 & -1 & -1 & -1 \\ -1 & a+2 & -1 & -1 \\ -1 & -1 & a+2 & -1 \\ -1 & -1 & -1 & a+2 \end{bmatrix}.$$

演習 3.6 (1) 行基本変形により $\left[A|C\right] \longrightarrow \left[\begin{array}{ccc|ccc} 1 & 0 & 0 & -\frac{4}{3} & -3 & \frac{5}{3} \\ 0 & 1 & 0 & -\frac{1}{3} & -2 & \frac{2}{3} \\ 0 & 0 & 1 & \frac{1}{3} & \frac{3}{2} & -\frac{5}{3} \end{array}\right]$ と変形できる．よって，A は正則であり，$X = \begin{bmatrix} -\frac{4}{3} & -3 & \frac{5}{3} \\ -\frac{1}{3} & -2 & \frac{2}{3} \\ \frac{1}{3} & \frac{3}{2} & -\frac{5}{3} \end{bmatrix}$.

(2) 行基本変形により $\left[B|C\right] \longrightarrow \left[\begin{array}{ccc|ccc} 1 & 0 & -2 & -1 & 3 & -2 \\ 0 & -1 & 2 & 0 & -5 & 1 \\ 0 & 0 & 0 & 0 & 11 & 0 \end{array}\right]$ と変形される．この変形により, $\operatorname{rank} B = 2$, $\operatorname{rank} C = 3$ であることがわかる．したがって, 定理 3.2.7 により, $BX = C$ を満たす X は存在しない.

演習 3.7 演習 2.9, 例 3.2.2 を使う．

演習 3.8（ヒント） (1) $\operatorname{rank} PA = s$ とおく．ある正則行列 S により，$S(PA)$ は階数 s の階段行列になる．このことから，$\operatorname{rank} A \leqq s = \operatorname{rank} PA$ であることを導け．さらに，定理 3.2.7 も用いて，逆向きの不等式を導け． (2) $\operatorname{rank} A = r$ とおく．ある正則行列 T により，TA は階数 r の階段行列になる．$(TA)Q$ の 第 $(r+1)$ 行以下の成分はすべて 0 である．このことから，$\operatorname{rank} AQ \leqq r = \operatorname{rank} A$ であることを導け．さらに，定理 3.2.7 も用いて，逆向きの不等式を導け．

演習 3.9（ヒント） 基本行列を列ベクトル表示して計算する．

演習 3.10（ヒント） 命題 3.2.4 の証明と同様.

演習 3.11（略証） A の階数標準形を F とすると，ある正則行列 P, Q により，$F = PAQ$．両辺の転置をとると，${}^tF = {}^tQ\,{}^tA\,{}^tP$．${}^tP, {}^tQ$ も正則である．演習 3.8 を使う．

演習 3.12（ヒント） 階数を調べよ．定理 3.2.7，演習 3.11 を使う．

演習 3.13 (1) $\operatorname{rank} A = \operatorname{rank} B = 2$. (2) $b \neq -1$.

演習 3.14（ヒント） 演習 3.11，定理 3.2.7 を使う．

第 4 章

問題 4.3.1 (1)（$x_2 = s, x_3 = t, x_4 = u, x_5 = v$ とおいて）

$$\begin{bmatrix} x_1 \\ x_2 \\ x_3 \\ x_4 \\ x_5 \end{bmatrix} = \begin{bmatrix} -3 - 2s + 5u - v \\ s \\ t \\ u \\ v \end{bmatrix}$$

$$= \begin{bmatrix} -3 \\ 0 \\ 0 \\ 0 \\ 0 \end{bmatrix} + s \begin{bmatrix} -2 \\ 1 \\ 0 \\ 0 \\ 0 \end{bmatrix} + t \begin{bmatrix} 0 \\ 0 \\ 1 \\ 0 \\ 0 \end{bmatrix} + u \begin{bmatrix} 5 \\ 0 \\ 0 \\ 1 \\ 0 \end{bmatrix} + v \begin{bmatrix} -1 \\ 0 \\ 0 \\ 0 \\ 1 \end{bmatrix} \quad (s, t, u, v \text{ は任意の実数})$$

(2)（第 4 行から得られる方程式を考えて）解なし．

(3)（$x_2 = s, x_4 = t$ とおいて）

$$\begin{bmatrix} x_1 \\ x_2 \\ x_3 \\ x_4 \\ x_5 \end{bmatrix} = \begin{bmatrix} 1+s+3t \\ s \\ -3t \\ t \\ 3 \end{bmatrix} = \begin{bmatrix} 1 \\ 0 \\ 0 \\ 0 \\ 3 \end{bmatrix} + s \begin{bmatrix} 1 \\ 1 \\ 0 \\ 0 \\ 0 \end{bmatrix} + t \begin{bmatrix} 3 \\ 0 \\ -3 \\ 1 \\ 0 \end{bmatrix} \quad (s, t \text{ は任意の実数})$$

(4)（$x_2 = s, x_3 = t$ とおいて）

$$\begin{bmatrix} x_1 \\ x_2 \\ x_3 \\ x_4 \\ x_5 \end{bmatrix} = \begin{bmatrix} -1 \\ s \\ t \\ 2 \\ 3 \end{bmatrix} = \begin{bmatrix} -1 \\ 0 \\ 0 \\ 2 \\ 3 \end{bmatrix} + s \begin{bmatrix} 0 \\ 1 \\ 0 \\ 0 \\ 0 \end{bmatrix} + t \begin{bmatrix} 0 \\ 0 \\ 1 \\ 0 \\ 0 \end{bmatrix} \quad (s, t \text{ は任意の実数})$$

(5)（$x_2 = t$ とおいて）

$$\begin{bmatrix} x_1 \\ x_2 \\ x_3 \\ x_4 \\ x_5 \end{bmatrix} = \begin{bmatrix} 1-2t \\ t \\ 2 \\ -3 \\ 4 \end{bmatrix} = \begin{bmatrix} 1 \\ 0 \\ 2 \\ -3 \\ 4 \end{bmatrix} + t \begin{bmatrix} -2 \\ 1 \\ 0 \\ 0 \\ 0 \end{bmatrix} \quad (t \text{ は任意の実数})$$

(6)（$x_4 = s, x_5 = t$ とおいて）

$$\begin{bmatrix} x_1 \\ x_2 \\ x_3 \\ x_4 \\ x_5 \end{bmatrix} = \begin{bmatrix} 3+3s-5t \\ 4-4s-3t \\ -1-s-2t \\ s \\ t \end{bmatrix} = \begin{bmatrix} 3 \\ 4 \\ -1 \\ 0 \\ 0 \end{bmatrix} + s \begin{bmatrix} 3 \\ -4 \\ -1 \\ 1 \\ 0 \end{bmatrix} + t \begin{bmatrix} -5 \\ -3 \\ -2 \\ 0 \\ 1 \end{bmatrix} \quad (s, t \text{ は任意の実数})$$

問題 4.4.1 以下では次のように記述する．中間の行列はひとつの例である．変形の仕方によっては以下と異なる行列が得られることもある．

$$\left[\begin{array}{c|c} \text{係数} & \text{定} \\ & \text{数} \\ \text{行列} & \text{項} \end{array}\right] \to \left[\begin{array}{c|c} \text{階段行列} & \text{定} \\ \text{となった} & \text{数} \\ \text{係数行列} & \text{項} \end{array}\right] \left(\begin{array}{l} \text{拡大係数行列の階数} \\ \text{係数行列の階数} \\ \text{解の有無} \\ \text{解有りの場合，解の自由度} \\ \\ \text{（変形続行）} \end{array}\right) \to \begin{bmatrix} \text{簡約階段行列} \\ \text{となった} \\ \text{拡大係数行列} \end{bmatrix}$$

$$\begin{bmatrix} \text{解の} \\ \text{ベク} \\ \text{トル} \end{bmatrix}$$

(1)

$$\left[\begin{array}{ccc|c} 2 & 3 & -1 & 3 \\ 1 & 1 & 1 & 2 \end{array}\right] \longrightarrow \left[\begin{array}{ccc|c} 1 & 1 & 1 & 2 \\ 0 & 1 & -3 & -1 \end{array}\right] \left(\begin{array}{l} 2. \\ 2. \\ \text{解有り}. \\ (\text{自由度}) = 1. \end{array}\right) \longrightarrow \left[\begin{array}{ccc|c} 1 & 0 & 4 & 3 \\ 0 & 1 & -3 & -1 \end{array}\right].$$

$$\begin{bmatrix} x_1 \\ x_2 \\ x_3 \end{bmatrix} = \begin{bmatrix} 3 \\ -1 \\ 0 \end{bmatrix} + t \begin{bmatrix} -4 \\ 3 \\ 1 \end{bmatrix} \quad (t \text{ は任意の実数})$$

(2)

$$\left[\begin{array}{ccc|c} 1 & 2 & -3 & 4 \\ -1 & 1 & 1 & 0 \\ 4 & -2 & 1 & 9 \end{array}\right] \longrightarrow \left[\begin{array}{ccc|c} 1 & 2 & -3 & 4 \\ 0 & 3 & -2 & 4 \\ 0 & 0 & \frac{19}{3} & \frac{19}{3} \end{array}\right] \left(\begin{array}{l} 3. \\ 3. \\ \text{解有り}. \\ (\text{自由度}) = 0. \end{array}\right) \longrightarrow \left[\begin{array}{ccc|c} 1 & 0 & 0 & 3 \\ 0 & 1 & 0 & 2 \\ 0 & 0 & 1 & 1 \end{array}\right]$$

$$\begin{bmatrix} x_1 \\ x_2 \\ x_3 \end{bmatrix} = \begin{bmatrix} 3 \\ 2 \\ 1 \end{bmatrix}$$

(3)

$$\left[\begin{array}{ccc|c} -1 & 3 & -3 & 4 \\ -\frac{1}{2} & \frac{3}{2} & -\frac{3}{2} & 2 \end{array}\right] \longrightarrow \left[\begin{array}{ccc|c} -1 & 3 & -3 & 4 \\ 0 & 0 & 0 & 0 \end{array}\right] \left(\begin{array}{l} 1. \\ 1. \\ \text{解有り}. \\ (\text{自由度}) = 2. \end{array}\right) \longrightarrow \left[\begin{array}{ccc|c} 1 & -3 & 3 & -4 \\ 0 & 0 & 0 & 0 \end{array}\right]$$

$$\begin{bmatrix} x_1 \\ x_2 \\ x_3 \end{bmatrix} = \begin{bmatrix} -4 \\ 0 \\ 0 \end{bmatrix} + s \begin{bmatrix} 3 \\ 1 \\ 0 \end{bmatrix} + t \begin{bmatrix} -3 \\ 0 \\ 1 \end{bmatrix} \quad (s, t \text{ は任意の実数})$$

(4)

$$\left[\begin{array}{ccc|c} 1 & 2 & -3 & -1 \\ 3 & -1 & 2 & 7 \\ 5 & 3 & -4 & 2 \end{array}\right] \longrightarrow \left[\begin{array}{ccc|c} 1 & 2 & -3 & -1 \\ 0 & -7 & 11 & 10 \\ 0 & 0 & 0 & 3 \end{array}\right] \left(\begin{array}{l} 3. \\ 2. \\ \text{解無し}. \end{array}\right)$$

(5)

$$\left[\begin{array}{cccc|c} 2 & -4 & 2 & 1 & -4 \\ -4 & 8 & 2 & 2 & 3 \\ 3 & -6 & 1 & 2 & -8 \\ -2 & 4 & 4 & -1 & 7 \end{array}\right] \longrightarrow \left[\begin{array}{cccc|c} 2 & -4 & 2 & 1 & -4 \\ 0 & 0 & -2 & \frac{1}{2} & -2 \\ 0 & 0 & 0 & \frac{3}{2} & -3 \\ 0 & 0 & 0 & 0 & 0 \end{array}\right] \left(\begin{array}{l} 3. \\ 3. \\ \text{解有り}. \\ (\text{自由度}) = 1. \end{array}\right)$$

$$\longrightarrow \left[\begin{array}{cccc|c} 1 & -2 & 0 & 0 & -\frac{3}{2} \\ 0 & 0 & 1 & 0 & \frac{1}{2} \\ 0 & 0 & 0 & 1 & -2 \\ 0 & 0 & 0 & 0 & 0 \end{array}\right]$$

$$\begin{bmatrix} x_1 \\ x_2 \\ x_3 \\ x_4 \end{bmatrix} = \begin{bmatrix} -\frac{3}{2} \\ 0 \\ \frac{1}{2} \\ -2 \end{bmatrix} + t \begin{bmatrix} 2 \\ 1 \\ 0 \\ 0 \end{bmatrix} \quad (t \text{ は任意の実数})$$

(6)

$$\left[\begin{array}{ccccc|c} 3 & 2 & 1 & -2 & 2 & 2 \\ 6 & 4 & 2 & -6 & 3 & 6 \\ -6 & -4 & -2 & 2 & 7 & 6 \\ -3 & -2 & -1 & 1 & 5 & 4 \\ 3 & 2 & 1 & 2 & 7 & 0 \end{array}\right] \longrightarrow \left[\begin{array}{ccccc|c} 3 & 2 & 1 & -2 & 2 & 2 \\ 0 & 0 & 0 & -1 & 7 & 6 \\ 0 & 0 & 0 & 0 & -3 & -2 \\ 0 & 0 & 0 & 0 & 0 & 0 \\ 0 & 0 & 0 & 0 & 0 & 0 \end{array}\right] \left(\begin{array}{l} 3. \\ 3. \\ \text{解有り}. \\ (\text{自由度}) = 2. \end{array}\right)$$

$$\longrightarrow \left[\begin{array}{ccccc|c} 1 & \frac{2}{3} & \frac{1}{3} & 0 & 0 & -\frac{2}{3} \\ 0 & 0 & 0 & 1 & 0 & -\frac{4}{3} \\ 0 & 0 & 0 & 0 & 1 & \frac{2}{3} \\ 0 & 0 & 0 & 0 & 0 & 0 \\ 0 & 0 & 0 & 0 & 0 & 0 \end{array}\right]$$

$$\begin{bmatrix} x_1 \\ x_2 \\ x_3 \\ x_4 \\ x_5 \end{bmatrix} = \begin{bmatrix} -\frac{2}{3} \\ 0 \\ 0 \\ -\frac{4}{3} \\ \frac{2}{3} \end{bmatrix} + s \begin{bmatrix} -\frac{2}{3} \\ 1 \\ 0 \\ 0 \\ 0 \end{bmatrix} + t \begin{bmatrix} -\frac{1}{3} \\ 0 \\ 1 \\ 0 \\ 0 \end{bmatrix} \quad (s, t \text{ は任意の実数})$$

(7)

$$\left[\begin{array}{ccccc|c} 9 & 3 & 3 & -1 & 5 & 4 \\ 6 & 2 & 4 & 1 & 2 & 6 \\ -3 & -1 & 1 & 3 & 3 & 0 \\ 3 & 1 & -3 & 0 & -1 & 1 \\ 6 & 2 & 0 & 1 & 2 & 4 \end{array}\right] \longrightarrow \left[\begin{array}{ccccc|c} 3 & 1 & -3 & 0 & -1 & 1 \\ 0 & 0 & -2 & 3 & 2 & 1 \\ 0 & 0 & 0 & 10 & 10 & 5 \\ 0 & 0 & 0 & 0 & -2 & 1 \\ 0 & 0 & 0 & 0 & 0 & 0 \end{array}\right] \left(\begin{array}{l} 4. \\ 4. \\ \text{解有り}. \\ (\text{自由度}) = 1. \end{array}\right)$$

$$\longrightarrow \left[\begin{array}{ccccc|c} 1 & \frac{1}{3} & 0 & 0 & 0 & \frac{2}{3} \\ 0 & 0 & 1 & 0 & 0 & \frac{1}{2} \\ 0 & 0 & 0 & 1 & 0 & 1 \\ 0 & 0 & 0 & 0 & 1 & -\frac{1}{2} \\ 0 & 0 & 0 & 0 & 0 & 0 \end{array}\right]$$

$$\begin{bmatrix} x_1 \\ x_2 \\ x_3 \\ x_4 \\ x_5 \end{bmatrix} = \begin{bmatrix} \frac{2}{3} \\ 0 \\ \frac{1}{2} \\ 1 \\ -\frac{1}{2} \end{bmatrix} + t \begin{bmatrix} -\frac{1}{3} \\ 1 \\ 0 \\ 0 \\ 0 \end{bmatrix} \quad (t \text{ は任意の実数})$$

(8)

$$\left[\begin{array}{cccc|c} 2 & -3 & 1 & -6 & 7 \\ 2 & 1 & -2 & 2 & -2 \\ 2 & 1 & -1 & -4 & -3 \\ -1 & 0 & 1 & -3 & -1 \end{array}\right] \longrightarrow \left[\begin{array}{cccc|c} -1 & 0 & 1 & -3 & -1 \\ 0 & 1 & 0 & -4 & -4 \\ 0 & 0 & 1 & -6 & -1 \\ 0 & 0 & 0 & -6 & -4 \end{array}\right] \left(\begin{array}{l} 4. \\ 4. \\ \text{解有り.} \\ (\text{自由度}) = 0. \end{array}\right)$$

$$\longrightarrow \left[\begin{array}{cccc|c} 1 & 0 & 0 & 0 & 2 \\ 0 & 1 & 0 & 0 & -\frac{4}{3} \\ 0 & 0 & 1 & 0 & 3 \\ 0 & 0 & 0 & 1 & \frac{2}{3} \end{array}\right]$$

$$\begin{bmatrix} x_1 \\ x_2 \\ x_3 \\ x_4 \end{bmatrix} = \begin{bmatrix} 2 \\ -\frac{4}{3} \\ 3 \\ \frac{2}{3} \end{bmatrix}$$

(9)

$$\left[\begin{array}{ccccc|c} -6 & -2 & 2 & 3 & 0 & 8 \\ 6 & 2 & -2 & 7 & 4 & 12 \\ 3 & 1 & -1 & 6 & 3 & 11 \\ -3 & -1 & 1 & 4 & 1 & 9 \\ 9 & 3 & -3 & 8 & 5 & 13 \end{array}\right] \longrightarrow \left[\begin{array}{ccccc|c} 3 & 1 & -1 & 6 & 3 & 11 \\ 0 & 0 & 0 & -5 & -2 & -10 \\ 0 & 0 & 0 & 0 & 0 & 0 \\ 0 & 0 & 0 & 0 & 0 & 0 \\ 0 & 0 & 0 & 0 & 0 & 0 \end{array}\right] \left(\begin{array}{l} 2. \\ 2. \\ \text{解有り.} \\ (\text{自由度}) = 3. \end{array}\right)$$

$$\longrightarrow \left[\begin{array}{ccccc|c} 1 & \frac{1}{3} & -\frac{1}{3} & 0 & \frac{1}{5} & -\frac{1}{3} \\ 0 & 0 & 0 & 1 & \frac{2}{5} & 2 \\ 0 & 0 & 0 & 0 & 0 & 0 \\ 0 & 0 & 0 & 0 & 0 & 0 \\ 0 & 0 & 0 & 0 & 0 & 0 \end{array}\right]$$

$$\begin{bmatrix} x_1 \\ x_2 \\ x_3 \\ x_4 \\ x_5 \end{bmatrix} = \begin{bmatrix} -\frac{1}{3} \\ 0 \\ 0 \\ 2 \\ 0 \end{bmatrix} + s \begin{bmatrix} -\frac{1}{3} \\ 1 \\ 0 \\ 0 \\ 0 \end{bmatrix} + t \begin{bmatrix} \frac{1}{3} \\ 0 \\ 1 \\ 0 \\ 0 \end{bmatrix} + u \begin{bmatrix} -\frac{1}{5} \\ 0 \\ 0 \\ -\frac{2}{5} \\ 1 \end{bmatrix} \quad (s, t, u \text{ は任意の実数})$$

(10)

$$\left[\begin{array}{cccc|c} 2 & 1 & 2 & 3 & 2 \\ 1 & 1 & 2 & 1 & -1 \\ 3 & 1 & 5 & 1 & 1 \\ 1 & 2 & 1 & 4 & 0 \end{array}\right] \longrightarrow \left[\begin{array}{cccc|c} 1 & 1 & 2 & 1 & -1 \\ 0 & -1 & -2 & 1 & 4 \\ 0 & 0 & 3 & -4 & -4 \\ 0 & 0 & 0 & 0 & 1 \end{array}\right] \left(\begin{array}{l} 4. \\ 3. \\ \text{解無し.} \end{array}\right)$$

問題 4.4.2　(1) 拡大係数行列を行基本変形し，係数行列の部分を階段行列にすると

$$\left[\begin{array}{cccc|c} 2 & 4 & -1 & 5 & a \\ 6 & -3 & 3 & -2 & -3 \\ -1 & 1 & 2 & 0 & 1 \\ -3 & 3 & 3 & 1 & 2 \end{array}\right] \longrightarrow \left[\begin{array}{cccc|c} -1 & 1 & 2 & 0 & 1 \\ 0 & 3 & 15 & -2 & 3 \\ 0 & 0 & -3 & 1 & -1 \\ 0 & 0 & 0 & 0 & a+5 \end{array}\right]$$

となる（変形の仕方により，これとはちがう行列が得られることもある）．ゆえに，解をもつためには $a+5=0$，すなわち，$a=-5$ であることが必要十分である．$a=-5$ を上の右の行列に代入して，簡約階段行列に変形すると

$$\left[\begin{array}{cccc|c} -1 & 1 & 2 & 0 & 1 \\ 0 & 3 & 15 & -2 & 3 \\ 0 & 0 & -3 & 1 & -1 \\ 0 & 0 & 0 & 0 & 0 \end{array}\right] \longrightarrow \left[\begin{array}{cccc|c} 1 & 0 & 0 & \frac{1}{3} & -1 \\ 0 & 1 & 0 & 1 & -\frac{2}{3} \\ 0 & 0 & 1 & -\frac{1}{3} & \frac{1}{3} \\ 0 & 0 & 0 & 0 & 0 \end{array}\right]$$

となる．解のベクトルは

$$\begin{bmatrix} x_1 \\ x_2 \\ x_3 \\ x_4 \end{bmatrix} = \begin{bmatrix} -1 \\ -\frac{2}{3} \\ \frac{1}{3} \\ 0 \end{bmatrix} + t \begin{bmatrix} -\frac{1}{3} \\ -1 \\ \frac{1}{3} \\ 1 \end{bmatrix} \quad (t \text{ は任意の実数})$$

(2) 拡大係数行列を行基本変形し，係数行列の部分を階段行列にすると

$$\left[\begin{array}{ccccc|c} 3 & 3 & 3 & -2 & 5 & 5 \\ 2 & -4 & -1 & 2 & -9 & -3 \\ -2 & 2 & 0 & 3 & 1 & a \\ -1 & 3 & 1 & 3 & 2 & -2 \\ 1 & 3 & 2 & 3 & 1 & -1 \end{array}\right] \longrightarrow \left[\begin{array}{ccccc|c} 1 & 3 & 2 & 3 & 1 & -1 \\ 0 & 2 & 1 & 2 & 1 & -1 \\ 0 & 0 & 0 & 1 & -1 & a+2 \\ 0 & 0 & 0 & 0 & 0 & -18-6a \\ 0 & 0 & 0 & 0 & 0 & 15+5a \end{array}\right]$$

となる（変形の仕方により，これとはちがう行列が得られることもある）．ゆえに，解をもつためには $a=-3$ であることが必要十分である．$a=-3$ を上の右の行列に代入して，簡約階段行列に変形すると

$$\left[\begin{array}{ccccc|c} 1 & 0 & \frac{1}{2} & 0 & -\frac{1}{2} & \frac{1}{2} \\ 0 & 1 & \frac{1}{2} & 0 & \frac{3}{2} & \frac{1}{2} \\ 0 & 0 & 0 & 1 & -1 & -1 \\ 0 & 0 & 0 & 0 & 0 & 0 \\ 0 & 0 & 0 & 0 & 0 & 0 \end{array}\right] \longrightarrow \left[\begin{array}{ccccc|c} 1 & 0 & \frac{1}{2} & 0 & -\frac{1}{2} & \frac{1}{2} \\ 0 & 1 & \frac{1}{2} & 0 & \frac{3}{2} & \frac{1}{2} \\ 0 & 0 & 0 & 1 & -1 & -1 \\ 0 & 0 & 0 & 0 & 0 & 0 \\ 0 & 0 & 0 & 0 & 0 & 0 \end{array}\right]$$

となる．解のベクトルは

$$\begin{bmatrix} x_1 \\ x_2 \\ x_3 \\ x_4 \\ x_5 \end{bmatrix} = \begin{bmatrix} \frac{1}{2} \\ \frac{1}{2} \\ 0 \\ -1 \\ 0 \end{bmatrix} + s \begin{bmatrix} -\frac{1}{2} \\ -\frac{1}{2} \\ 1 \\ 0 \\ 0 \end{bmatrix} + t \begin{bmatrix} \frac{1}{2} \\ -\frac{3}{2} \\ 0 \\ 1 \\ 1 \end{bmatrix} \quad (s, t \text{ は任意の実数})$$

問題 4.5.1 (1) 係数行列を行基本変形し，階段行列にすると

$$\begin{bmatrix} 2 & 1 & 3 & a \\ -4 & -3 & 3 & 1 \\ 3 & 1 & 5 & -1 \\ -3 & -2 & 2 & 2 \end{bmatrix} \longrightarrow \begin{bmatrix} 2 & 1 & 3 & a \\ 0 & -1 & 9 & 1+2a \\ 0 & 0 & -4 & -\frac{3}{2}-\frac{5}{2}a \\ 0 & 0 & 0 & \frac{3}{4}-\frac{3}{4}a \end{bmatrix}$$

となる．したがって，$a \neq 1$ のとき，自明な解しかない．

$a = 1$ のとき，上の右の行列に $a = 1$ を代入して簡約階段行列に変形すると

$$\begin{bmatrix} 2 & 1 & 3 & 1 \\ 0 & -1 & 9 & 3 \\ 0 & 0 & -4 & -4 \\ 0 & 0 & 0 & 0 \end{bmatrix} \longrightarrow \begin{bmatrix} 1 & 0 & 0 & -4 \\ 0 & 1 & 0 & 6 \\ 0 & 0 & 1 & 1 \\ 0 & 0 & 0 & 0 \end{bmatrix}$$

となる．解のベクトルは

$$\begin{bmatrix} x_1 \\ x_2 \\ x_3 \\ x_4 \end{bmatrix} = t \begin{bmatrix} 4 \\ -6 \\ -1 \\ 1 \end{bmatrix} \quad (t \text{ は任意の実数})$$

(2) 係数行列を行基本変形し，階段行列にすると

$$\begin{bmatrix} -3 & 2 & 2 & -2 \\ 1 & -1 & -2 & a \\ 3 & -1 & 2 & 1 \\ 2 & -1 & 0 & 1 \end{bmatrix} \longrightarrow \begin{bmatrix} 1 & -1 & -2 & a \\ 0 & -1 & -4 & -2+3a \\ 0 & 0 & 0 & -3+3a \\ 0 & 0 & 0 & a-1 \end{bmatrix}$$

となる．

(a) $a \neq 1$ のとき，上の行列をさらに行基本変形して簡約階段行列をつくると $\begin{bmatrix} 1 & 0 & 2 & 0 \\ 0 & 1 & 4 & 0 \\ 0 & 0 & 0 & 1 \\ 0 & 0 & 0 & 0 \end{bmatrix}$ となり，解のベクトルは $\begin{bmatrix} x_1 \\ x_2 \\ x_3 \\ x_4 \end{bmatrix} = t \begin{bmatrix} -2 \\ -4 \\ 1 \\ 0 \end{bmatrix}$ (t は任意の実数)．

(b) $a = 1$ のとき，上の右の行列に $a = 1$ を代入して簡約階段行列に変形すると

$$\begin{bmatrix} 1 & -1 & -2 & 1 \\ 0 & -1 & -4 & 1 \\ 0 & 0 & 0 & 0 \\ 0 & 0 & 0 & 0 \end{bmatrix} \longrightarrow \begin{bmatrix} 1 & 0 & 2 & 0 \\ 0 & 1 & 4 & -1 \\ 0 & 0 & 0 & 0 \\ 0 & 0 & 0 & 0 \end{bmatrix}$$

となる．解のベクトルは

$$\begin{bmatrix} x_1 \\ x_2 \\ x_3 \\ x_4 \end{bmatrix} = s \begin{bmatrix} -2 \\ -4 \\ 1 \\ 0 \end{bmatrix} + t \begin{bmatrix} 0 \\ 1 \\ 0 \\ 1 \end{bmatrix} \quad (s, t \text{ は任意の実数})$$

問題 4.5.2 命題 4.5.1 により，斉次線形方程式 $A\boldsymbol{x} = \boldsymbol{0}$ は自明な解のみをもつ $\Leftrightarrow$ $\operatorname{rank} A = n \Leftrightarrow A$ は正則である．

演習 4.1 以下では，解の存在の判定は省略する．

(1) 解の自由度は 0．簡約階段行列に変形された拡大係数行列は $\left[\begin{array}{ccccc|c} 1 & 0 & 0 & 0 & 0 & -7 \\ 0 & 1 & 0 & 0 & 0 & 0 \\ 0 & 0 & 1 & 0 & 0 & -\frac{3}{2} \\ 0 & 0 & 0 & 1 & 0 & 2 \\ 0 & 0 & 0 & 0 & 1 & \frac{3}{2} \end{array}\right]$．解のベクトルは $\boldsymbol{x} = \begin{bmatrix} -7 \\ 0 \\ -\frac{3}{2} \\ 2 \\ \frac{3}{2} \end{bmatrix}$．付随する斉次線形方程式の解のベクトルは $\mathbf{0}$ のみ．

(2) 解の自由度は 1．簡約階段行列に変形された拡大係数行列は $\left[\begin{array}{ccccc|c} 1 & 0 & 0 & 1 & 0 & 1 \\ 0 & 1 & 0 & 0 & 0 & 0 \\ 0 & 0 & 1 & -1 & 0 & -2 \\ 0 & 0 & 0 & 0 & 1 & 1 \\ 0 & 0 & 0 & 0 & 0 & 0 \end{array}\right]$．解のベクトルは $\boldsymbol{x} = \begin{bmatrix} 1 \\ 0 \\ -2 \\ 0 \\ 1 \end{bmatrix} + t \begin{bmatrix} -1 \\ 0 \\ 1 \\ 1 \\ 0 \end{bmatrix}$ （t は任意の実数）．付随する斉次線形方程式の解のベクトルは $t \begin{bmatrix} -1 \\ 0 \\ 1 \\ 1 \\ 0 \end{bmatrix}$ （t は任意の実数）．

(3) 解の自由度は 3．簡約階段行列に変形された拡大係数行列は $\left[\begin{array}{ccccc|c} 1 & -\frac{3}{2} & 1 & 0 & \frac{1}{2} & -\frac{1}{2} \\ 0 & 0 & 0 & 1 & 1 & -1 \\ 0 & 0 & 0 & 0 & 0 & 0 \\ 0 & 0 & 0 & 0 & 0 & 0 \end{array}\right]$．解のベクトルは $\boldsymbol{x} = \begin{bmatrix} -\frac{1}{2} \\ 0 \\ 0 \\ -1 \\ 0 \end{bmatrix} + s \begin{bmatrix} \frac{3}{2} \\ 1 \\ 0 \\ 0 \\ 0 \end{bmatrix} + t \begin{bmatrix} -1 \\ 0 \\ 1 \\ 0 \\ 0 \end{bmatrix} + u \begin{bmatrix} -\frac{1}{2} \\ 0 \\ 0 \\ -1 \\ 1 \end{bmatrix}$ （s, t, u は任意の実数）．付随する斉次線形方程式の解のベクトルは $s \begin{bmatrix} \frac{3}{2} \\ 1 \\ 0 \\ 0 \\ 0 \end{bmatrix} + t \begin{bmatrix} -1 \\ 0 \\ 1 \\ 0 \\ 0 \end{bmatrix} + u \begin{bmatrix} -\frac{1}{2} \\ 0 \\ 0 \\ -1 \\ 1 \end{bmatrix}$ （s, t, u は任意の実数）．

(4) 解の自由度は 2．簡約階段行列に変形された拡大係数行列は $\left[\begin{array}{ccccc|c} 1 & 1 & 0 & 0 & 1 & \frac{1}{2} \\ 0 & 0 & 1 & 0 & 1 & \frac{5}{2} \\ 0 & 0 & 0 & 1 & 0 & -\frac{3}{2} \\ 0 & 0 & 0 & 0 & 0 & 0 \end{array}\right]$．解

のベクトルは $\boldsymbol{x} = \begin{bmatrix} \frac{1}{2} \\ 0 \\ \frac{5}{2} \\ -\frac{3}{2} \\ 0 \end{bmatrix} + s \begin{bmatrix} -1 \\ 1 \\ 0 \\ 0 \\ 0 \end{bmatrix} + t \begin{bmatrix} -1 \\ 0 \\ -1 \\ 0 \\ 1 \end{bmatrix}$ （s, t は任意の実数）．付随する斉次線形方程式の解のベクトルは $s \begin{bmatrix} -1 \\ 1 \\ 0 \\ 0 \\ 0 \end{bmatrix} + t \begin{bmatrix} -1 \\ 0 \\ -1 \\ 0 \\ 1 \end{bmatrix}$ （s, t は任意の実数）．

演習 4.2 線形方程式 $\begin{bmatrix} \boldsymbol{a}_1 \, \boldsymbol{a}_2 \, \boldsymbol{a}_3 \, \boldsymbol{a}_4 \end{bmatrix} \boldsymbol{x} = \boldsymbol{b}$ を解く．$\boldsymbol{b}$ は $\boldsymbol{a}_1, \boldsymbol{a}_2, \boldsymbol{a}_3, \boldsymbol{a}_4$ の線形結合として表されるが，その表し方は一意的ではない．例えば，$\boldsymbol{b} = \frac{5}{3}\boldsymbol{a}_1 + \frac{2}{3}\boldsymbol{a}_2 + \frac{2}{3}\boldsymbol{a}_4$.

演習 4.3（ヒント） ℓ と m が交わる $\Longleftrightarrow$ $\boldsymbol{a} + t_0\boldsymbol{u} = \boldsymbol{b} + t_1\boldsymbol{v}$ を満たす t_0, t_1 が存在する．

演習 4.4 (1) $a \neq \frac{1}{3}, -1$ のとき，自明な解のみ．

(2) $a = \frac{1}{3}$ のとき，$\operatorname{rank} A = 3$ で（解の自由度は 1），$\boldsymbol{x} = t \begin{bmatrix} 1 \\ -1 \\ -1 \\ 1 \end{bmatrix}$ （t は任意の実数）．

(3) $a = -1$ のとき，$\operatorname{rank} A = 1$ で（解の自由度は 3），$\boldsymbol{x} = s \begin{bmatrix} 1 \\ 1 \\ 0 \\ 0 \end{bmatrix} + t \begin{bmatrix} 1 \\ 0 \\ 1 \\ 0 \end{bmatrix} + u \begin{bmatrix} -1 \\ 0 \\ 0 \\ 1 \end{bmatrix}$ （s, t, u は任意の実数）．

演習 4.5 略

演習 4.6（略解） $(PAQ)\boldsymbol{w} = P\boldsymbol{u}$ であるから，両辺に左から P^{-1} をかけて，$A(Q\boldsymbol{w}) = \boldsymbol{u}$ を得る．

演習 4.7（ヒント）(1) $AX = O$ である．解の自由度を考えよ．(2) 計算せよ．(3) (2) を用いて S の形を定めよ．

演習 4.8（ヒント）演習 4.5，演習 4.6，演習 4.7 を使う．

演習 4.9 拡大係数行列として $\begin{bmatrix} A \mid \boldsymbol{b}\,\boldsymbol{c} \end{bmatrix}$ をつくり，行基本変形を施す．$\begin{bmatrix} A \mid \boldsymbol{b}\,\boldsymbol{c} \end{bmatrix} \longrightarrow \left[\begin{array}{cccc|cc} 1 & 0 & 6 & -7 & -\frac{1}{2} & -3 \\ 0 & 1 & -1 & 1 & \frac{1}{2} & 1 \\ 0 & 0 & 0 & 0 & 0 & -5 \\ 0 & 0 & 0 & 0 & 0 & -1 \end{array}\right]$ と変形される．よって，方程式 $A\boldsymbol{x} = \boldsymbol{b}$ は解をもつが，

$Ax = c$ は解をもたない． $Ax = b$ の解は $x = \begin{bmatrix} -\frac{1}{2} \\ \frac{1}{2} \\ 0 \\ 0 \end{bmatrix} + s \begin{bmatrix} 6 \\ -1 \\ 1 \\ 0 \end{bmatrix} + t \begin{bmatrix} -7 \\ 1 \\ 0 \\ 1 \end{bmatrix}$ （s, t は任意の実数）．

演習 4.10（ヒント） B を列ベクトル表示して考えよ．

演習 4.11 $X = \frac{1}{3}\begin{bmatrix} 4 & 1 & 4 \\ 1 & 4 & 1 \\ 0 & 0 & 0 \end{bmatrix} + \frac{1}{3}\begin{bmatrix} -1 \\ -4 \\ 3 \end{bmatrix}\begin{bmatrix} s & t & u \end{bmatrix}$ （s, t, u は任意の実数）．

演習 4.12（ヒント） 階数と自由度の関係を使う．

第 5 章

問題 5.2.1 (1) 1 (2) 0 (3) −14 (4) 0.

問題 5.2.2 (2) 命題 3.4 (1) により

$$\det \begin{bmatrix} a_{11} & a_{12} & \cdots\cdots & & a_{1n} \\ 0 & a_{22} & \cdots\cdots & & a_{2n} \\ 0 & 0 & a_{33} & \cdots & a_{3n} \\ \vdots & \vdots & \ddots & \ddots & \vdots \\ 0 & 0 & \cdots & 0 & a_{nn} \end{bmatrix} = a_{11} \det \begin{bmatrix} a_{22} & \cdots\cdots & & a_{2n} \\ 0 & a_{33} & \cdots & a_{3n} \\ 0 & \cdots & \ddots & \vdots \\ 0 & \cdots & 0 & a_{nn} \end{bmatrix}$$

を得る．以下，これと同じ議論を繰り返せばよい．

(3) 例えば，n 次正方行列 $A = \begin{bmatrix} a_{ij} \end{bmatrix}$ の第 k 行が零ベクトルであると仮定すると，$a_{k1} = \cdots = a_{kn} =$ である．順列 $(i_1, \ldots, i_n)$ に対して，積 $a_{1\,i_1} a_{2\,i_2} \cdots a_{n\,i_n}$ において，$a_{k\,i_k} = 0$ であるから，この積は 0 である．これがどの順列についても成り立つから，行列式の定義により，$\det A = 0$ である．

問題 5.3.1 式 (5.2.3) を使って計算せよ．

問題 5.3.2 (1) −9 (2) $(a+b+c)(a+b-c)(a-b+c)(a-b-c)$ (3) 0

問題 5.3.3 (1) −50 (2) −29 (3) $(a+2b)(a-b)^2$ (4) $7a^2b^2c^2$

(5) $(a-b)(a-c)(a-d)(b-c)(b-d)(c-d)(a+b+c+d)$ (6) $1+a+b+c+d$

問題 5.3.4 自明でない解をもつためには係数行列の行列式の値が 0 であることが必要十分である．

(1)

$$\det \begin{bmatrix} a & 2 & -1 \\ 1 & a & -2 \\ -1 & -2 & a \end{bmatrix} = -\det \begin{bmatrix} 1 & a & -2 \\ a & 2 & -1 \\ -1 & -2 & a \end{bmatrix} = -\det \begin{bmatrix} 1 & a & -2 \\ 0 & 2-a^2 & -1+2a \\ 0 & -2+a & -2+a \end{bmatrix}$$

$$= -(a-2)\det \begin{bmatrix} 1 & a & -2 \\ 0 & 2-a^2 & -1+2a \\ 0 & 1 & 1 \end{bmatrix} = (a-2)\det \begin{bmatrix} 1 & a & -2 \\ 0 & 1 & 1 \\ 0 & 2-a^2 & -1+2a \end{bmatrix}$$

$$= (a-2)\begin{bmatrix} 1 & a & -2 \\ 0 & 1 & 1 \\ 0 & 0 & -3+2a+a^2 \end{bmatrix} = (a-2)(a^2+2a-3) = (a-2)(a-1)(a+3).$$

ゆえに，自明でない解をもつためには $a = 1, 2, -3$ であることが必要十分である．a の各に対して解を求めるのだが，行列式の計算の第 1 行の最後の行列に a の値を代入し，その行列を行基本変形すれば求められる．解のベクトルは

(a) $a = 1$ のとき，$t\begin{bmatrix} 3 \\ -1 \\ 1 \end{bmatrix}$ （t は任意の実数）．

(b) $a = 2$ のとき，$t\begin{bmatrix} -1 \\ \frac{3}{2} \\ 1 \end{bmatrix}$ （t は任意の実数）．

(c) $a = -3$ ののとき，$t\begin{bmatrix} -1 \\ -1 \\ 1 \end{bmatrix}$ （t は任意の実数）．

(2)

$$\det\begin{bmatrix} a & 9 & -3 \\ 4 & a & 2 \\ -12 & 18 & a \end{bmatrix} = -\det\begin{bmatrix} 4 & a & 2 \\ 0 & 9-\frac{a^2}{4} & -3-\frac{a}{2} \\ 0 & 18+3a & a+6 \end{bmatrix} = \left(\frac{a}{2}+3\right)(a+6)\det\begin{bmatrix} 4 & a & 2 \\ 0 & \frac{a}{2}-3 & 1 \\ 0 & 3 & 1 \end{bmatrix}$$

$$= \left(\frac{a}{2}+3\right)(a+6)\cdot 4\cdot\left(\frac{a}{2}-6\right) = (a+6)^2(a-12).$$

ゆえに，自明でない解をもつためには $a = -6, 12$ であることが必要十分である．

(a) $a = -6$ のとき，解のベクトルは $s\begin{bmatrix} \frac{3}{2} \\ 1 \\ 0 \end{bmatrix} + t\begin{bmatrix} -\frac{1}{2} \\ 0 \\ 1 \end{bmatrix}$ （s, t は任意の実数）．

(b) $a = 12$ のとき，解のベクトルは $t\begin{bmatrix} \frac{1}{2} \\ -\frac{1}{3} \\ 1 \end{bmatrix}$ （t は任意の実数）．

(3)

$$\det\begin{bmatrix} a & 2 & -1 \\ 2 & a & 1 \\ 1 & -3 & a \end{bmatrix} = -\det\begin{bmatrix} 1 & -3 & a \\ 0 & a+6 & 2a+1 \\ 0 & 3a+2 & -a^2-1 \end{bmatrix} = -\det\begin{bmatrix} 1 & -3 & a \\ 0 & a+6 & 2a+1 \\ 0 & 4a+8 & -a^2-2a \end{bmatrix}$$

$$= (a+2)\det\begin{bmatrix} 1 & -3 & a \\ 0 & 4 & -a \\ 0 & a+6 & 2a+1 \end{bmatrix} = (a+2)(a^2-2a+4).$$

$a^2 - 2a + 4 = (a-1)^2 + 3 > 0$ であるから，自明でない解をもつためには $a = -2$ であることが必要十分である．解のベクトルは $t\begin{bmatrix} -\frac{7}{4} \\ -\frac{5}{4} \\ 1 \end{bmatrix}$ （t は任意の実数）．

問題 5.3.5 $\det A = 25$, $\det B = -3$, $\det AB = \det BA = -75$.

問題 5.3.6 定理 5.3.13，例 5.3.3 による．

問題 5.4.1

A について

(1)

$$\det A = 2\cdot(-1)^{1+3}\det\begin{bmatrix}4 & 2\\ 1 & 2\end{bmatrix} + 5\cdot(-1)^{2+3}\det\begin{bmatrix}3 & 1\\ 1 & 2\end{bmatrix} + 3\cdot(-1)^{3+3}\det\begin{bmatrix}3 & 1\\ 4 & 2\end{bmatrix}.$$

(2) $\det A = 2\cdot 6 - 5\cdot 5 + 3\cdot 2 = -7$.

(3) $\det A = -7 \neq 0$ であるから正則である．

(4) A^{-1} の $(3,1)$ 成分 $= \dfrac{1}{\det A}\cdot \Delta_{13} = -\dfrac{6}{7}$. $\det A^{-1} = \dfrac{1}{\det A} = -\dfrac{1}{7}$.

B について

(1)

$$\det B = 3\cdot(-1)^{1+3}\det\begin{bmatrix}-5 & 2\\ -1 & 2\end{bmatrix} + 1\cdot(-1)^{2+3}\det\begin{bmatrix}3 & 2\\ -1 & 2\end{bmatrix} + 2\cdot(-1)^{3+3}\det\begin{bmatrix}3 & 2\\ -5 & 2\end{bmatrix}.$$

(2) $\det B = 3\cdot(-8) - 1\cdot 8 + 2\cdot 16 = 0$.

(3) $\det B = 0$ であるから正則でない．

問題 5.4.2 詳しい計算は省略．$(3,1)$ 余因子の列ベクトル，$(3,2)$ 余因子の列ベクトルから括り出すことができる．行列式の値は $r^2\sin\theta$.

問題 5.4.3 $\det A = 0$ ならば，等式は明らかに成り立つ．$\det A \neq 0$ とする．等式 $A\widetilde{A} = \det A\cdot E_n$ である．両辺の行列式をとって $\det A \det \widetilde{A} = \det(A\widetilde{A}) = \det A\cdot E_n = (\det A)^n$ を得る．両辺を $\det A \neq 0$ で割れば結論を得る．

問題 5.4.4 $\det A = 25$, $\det B = 16$. A^{-1} の $(2,3)$ 成分は $-\dfrac{2}{25}$. B^{-1} の $(4,3)$ 成分は $-\dfrac{1}{16}$.

問題 5.5.1 (1) $\begin{bmatrix}1\\ -2\\ 3\end{bmatrix}$ (2) $\begin{bmatrix}-3\\ 6\\ -3\end{bmatrix}$ (3) $\begin{bmatrix}0\\ a_3\\ -a_2\end{bmatrix}$ (4) $\begin{bmatrix}-a_3\\ 0\\ a_1\end{bmatrix}$ (4) $\begin{bmatrix}a_2\\ -a_1\\ 0\end{bmatrix}$

問題 5.5.2 (1) どの 3 次元数ベクトル $\boldsymbol{x}$ についても $(\boldsymbol{a}\times(r\boldsymbol{a}), \boldsymbol{x}) = \det\begin{bmatrix}\boldsymbol{a} & r\boldsymbol{a} & \boldsymbol{x}\end{bmatrix} = 0$. ゆえに，$\boldsymbol{a}\times(r\boldsymbol{a}) = \boldsymbol{0}$.

(2) どの 3 次元数ベクトル $\boldsymbol{x}$ についても $(\boldsymbol{b}\times\boldsymbol{a}, \boldsymbol{x}) = \det\begin{bmatrix}\boldsymbol{b} & \boldsymbol{a} & \boldsymbol{x}\end{bmatrix} = -\det\begin{bmatrix}\boldsymbol{a} & \boldsymbol{b} & \boldsymbol{x}\end{bmatrix} = -(\boldsymbol{a}\times\boldsymbol{b}, \boldsymbol{x}) = (-(\boldsymbol{a}\times\boldsymbol{b}), \boldsymbol{x})$. ゆえに，$\boldsymbol{b}\times\boldsymbol{a} = -(\boldsymbol{a}\times\boldsymbol{b})$.

また，どの 3 次元数ベクトル $\boldsymbol{x}$ についても $(\boldsymbol{b}\times\boldsymbol{a}, \boldsymbol{x}) = -\det\begin{bmatrix}\boldsymbol{a} & \boldsymbol{b} & \boldsymbol{x}\end{bmatrix} = \det\begin{bmatrix}-\boldsymbol{a} & \boldsymbol{b} & \boldsymbol{x}\end{bmatrix} = ((-\boldsymbol{a})\times\boldsymbol{b}, \boldsymbol{x})$. ゆえに，$\boldsymbol{b}\times\boldsymbol{a} = (-\boldsymbol{a})\times\boldsymbol{b}$.

(4) どの 3 次元数ベクトル $\boldsymbol{x}$ についても $(\boldsymbol{a}\times(r\boldsymbol{b}), \boldsymbol{x}) = \det\begin{bmatrix}\boldsymbol{a} & r\boldsymbol{b} & \boldsymbol{x}\end{bmatrix} = r\det\begin{bmatrix}\boldsymbol{a} & \boldsymbol{b} & \boldsymbol{x}\end{bmatrix} = r(\boldsymbol{a}\times\boldsymbol{b}, \boldsymbol{x}) = (r(\boldsymbol{a}\times\boldsymbol{b}), \boldsymbol{x})$. ゆえに，$\boldsymbol{a}\times(r\boldsymbol{b}) = r(\boldsymbol{a}\times\boldsymbol{b})$.

また，どの 3 次元数ベクトル $\boldsymbol{x}$ についても $(\boldsymbol{a}\times(r\boldsymbol{b}),\boldsymbol{x}) = r\det\begin{bmatrix}\boldsymbol{a}\,\boldsymbol{b}\,\boldsymbol{x}\end{bmatrix} = \det\begin{bmatrix}r\boldsymbol{a}\,\boldsymbol{b}\,\boldsymbol{x}\end{bmatrix} = ((r\boldsymbol{a})\times\boldsymbol{b},\boldsymbol{x})$．ゆえに，$\boldsymbol{a}\times(r\boldsymbol{b}) = (r\boldsymbol{a})\times\boldsymbol{b}$.

(5) $(\boldsymbol{a},\boldsymbol{b}\times\boldsymbol{c}) = (\boldsymbol{b}\times\boldsymbol{c},\boldsymbol{a}) = \det\begin{bmatrix}\boldsymbol{b}\,\boldsymbol{c}\,\boldsymbol{a}\end{bmatrix} = -\det\begin{bmatrix}\boldsymbol{b}\,\boldsymbol{a}\,\boldsymbol{c}\end{bmatrix} = (-1)^2\det\begin{bmatrix}\boldsymbol{a}\,\boldsymbol{b}\,\boldsymbol{c}\end{bmatrix} = \det\begin{bmatrix}\boldsymbol{a}\,\boldsymbol{b}\,\boldsymbol{c}\end{bmatrix} = (\boldsymbol{a}\times\boldsymbol{b},\boldsymbol{c})$.

また，$(\boldsymbol{a},\boldsymbol{b}\times\boldsymbol{c}) = \det\begin{bmatrix}\boldsymbol{a}\,\boldsymbol{b}\,\boldsymbol{c}\end{bmatrix} = -\det\begin{bmatrix}\boldsymbol{a}\,\boldsymbol{c}\,\boldsymbol{b}\end{bmatrix} = -(\boldsymbol{a}\times\boldsymbol{c},\boldsymbol{b}) = -(\boldsymbol{b},\boldsymbol{a}\times\boldsymbol{c})$.

問題 5.5.3 $\|\boldsymbol{a}\|\neq 0, \|\boldsymbol{b}\|\neq 0$ であるから，命題 5.5.3 により，$\boldsymbol{a}\times\boldsymbol{b}=\boldsymbol{0}$ ならば，$\sin\theta = 0$ である．$0\leqq\theta\leqq\pi$ であるから，$\theta=0$ または $\theta=\pi$ である．すなわち，$\boldsymbol{a}$ と $\boldsymbol{b}$ は平行である．

問題 5.5.4 $\boldsymbol{c}=\boldsymbol{0}$ のときは $\boldsymbol{c}=0(\boldsymbol{a}\times\boldsymbol{b})$ である．$\boldsymbol{c}\neq\boldsymbol{0}$ ならば，$\boldsymbol{c}$ と $\boldsymbol{a}\times\boldsymbol{b}$ はともに，$\boldsymbol{a},\boldsymbol{b}$ で張られる平面の法線ベクトルであるから，平行であり，$\boldsymbol{c}$ は $\boldsymbol{a}\times\boldsymbol{b}$ のスカラー倍である．

問題 5.5.5 求める平面はベクトル $\boldsymbol{u}=\begin{bmatrix}2\\-3\\3\end{bmatrix}, \boldsymbol{v}=\begin{bmatrix}-2\\4\\7\end{bmatrix}$ で張られる．よって，法線ベクトルとして，$\boldsymbol{u}\times\boldsymbol{v}=\begin{bmatrix}-33\\-20\\2\end{bmatrix}$ をとることができる．平面の方程式は

$$-33(x-1)-20(y-2)+2(z+4)=0.$$

展開して整理すると，$-33x-20y+2z+81=0$.

問題 5.5.6 (1) 求める平行六面体の体積を V，四面体の体積を V_1 とすると

$$V=\left|\det\begin{bmatrix}1&3&-1\\2&-1&3\\-4&-2&2\end{bmatrix}\right| = |-36| = 36,\quad V_1=\frac{36}{6}=6.$$

(2) 求める面積を S とすると

$$\begin{aligned}S &= \frac{1}{2}(\text{線分 AB, AC を隣り合う 2 辺とする平行四辺形の面積})\\ &= \frac{1}{2}\|\overrightarrow{\mathrm{AB}}\times\overrightarrow{\mathrm{AC}}\|\\ &= \frac{1}{2}\left\|\begin{bmatrix}2\\-3\\2\end{bmatrix}\times\begin{bmatrix}-2\\1\\6\end{bmatrix}\right\| = \frac{1}{2}\left\|\begin{bmatrix}-20\\-16\\-4\end{bmatrix}\right\| = \frac{4\sqrt{42}}{2} = 2\sqrt{42}.\end{aligned}$$

演習 5.1 (1) -1 (2) 0 (3) -144 (4) -8 (5) -96 (6) 27

演習 5.2 $B=\begin{bmatrix}b&c&0\\a&0&c\\0&a&b\end{bmatrix}, C=\begin{bmatrix}b&a&0\\c&0&a\\0&c&b\end{bmatrix}$ とおくと，$A=BC$ であり，$\det A=\det B\det C=(-2abc)^2=4a^2b^2c^2$.

演習 5.3（ヒント） (1) 計算せよ． (2) 積の行列式の公式を使う．

演習 5.4（ヒント） (1) 演習 2.9 を用いる．（これは，行基本変形と列基本変形を施すことでもある．）

(2) (1) の真似をする．

演習 5.5 (1) $(a+b+c+d)(a-b+c-d)(a-b-c+d)(a+b-c-d)$

(2) $(a+b+c+d)(a-b+c-d)(a^2+b^2+c^2+d^2-2ac-2bd)$

(3) $(a^2+b^2+c^2+d^2)^2$

演習 5.6 (1) 行列 $\left[\begin{array}{c|c} A & O \\ \hline O & B \end{array}\right]$ の列ベクトルを順列 $(m+1,\ldots,m+n,1,\ldots,n)$ に従って並べ換えた行列が問題の行列である．この順列の転倒数を数えよ．$(-1)^{mn}\det A\ \det B$.

(2) $2^n \det A\ \det B$.

演習 5.7 (1) 52. (2) $4(a^2+b^2)(c^2+d^2)$. (3) $(ad-bc)^4(ad+bc)^2$. 積の行列式の公式を使う．

演習 5.8 n に関する帰納法による．

演習 5.9 (1) 余因子行列は $\begin{bmatrix} 81 & 50 & 55 & -49 \\ -63 & -39 & -43 & 38 \\ -78 & -48 & -53 & 47 \\ 13 & 8 & 9 & -8 \end{bmatrix}$. 逆行列は $\begin{bmatrix} -81 & -50 & -55 & 49 \\ 63 & 39 & 43 & -38 \\ 78 & 48 & 53 & -47 \\ -13 & -8 & -9 & 8 \end{bmatrix}$.

(2) 余因子行列は $\begin{bmatrix} -20 & 20 & -20 & 20 \\ 20 & -20 & 20 & -20 \\ -20 & 20 & -20 & 20 \\ 20 & -20 & 20 & -20 \end{bmatrix}$. 逆行列はない．

(3) 余因子行列は $\begin{bmatrix} 15 & -21 & 3 & 39 \\ -21 & 39 & 15 & 3 \\ 3 & 15 & 39 & -21 \\ 39 & 3 & -21 & 15 \end{bmatrix}$. 逆行列は $\dfrac{1}{48}\begin{bmatrix} -5 & 7 & -1 & -13 \\ 7 & -13 & -5 & -1 \\ -1 & -5 & -13 & 7 \\ -13 & -1 & 7 & -5 \end{bmatrix}$.

演習 5.10（ヒント） (1) ${}^tA$ の (i,j) 余因子は A の (j,i) と等しい．

(2) 定理 5.4.1 を使う．

演習 5.11（ヒント） (1) 成分を計算する． (2) (1) を用いる． (3) (2) を用いる．

演習 5.12（ヒント） 直線の方程式を $px+qy+r=0$ とおく．直線上の点 X(x,y) を考える．等式 $\begin{cases} px+qy+r=0 \\ pa_1+qa_2+r=0 \\ pb_1+qb_2+r=0 \end{cases}$ が成り立つ．これは，線形方程式 $\begin{cases} xT+yU+V=0 \\ a_1T+a_2U+V=0 \\ b_1T+b_2U+V=0 \end{cases}$ が自明でない解 $\begin{bmatrix} T \\ U \\ V \end{bmatrix} = \begin{bmatrix} p \\ q \\ r \end{bmatrix}$ をもつということである．よって，所要の方程式が得られる．

演習 5.13（ヒント） 演習 5.12 と同様である．

第 6 章

問題 6.1.1 省略

問題 6.1.2 (1) $\begin{bmatrix}\boldsymbol{a}_1 \, \boldsymbol{a}_2 \, \boldsymbol{a}_3\end{bmatrix} \longrightarrow \begin{bmatrix}1 & 0 & -3\\0 & 1 & 1\\0 & 0 & 0\end{bmatrix}$ と変形されるから，$\boldsymbol{a}_1, \boldsymbol{a}_2, \boldsymbol{a}_3$ は線形従属で，$3\boldsymbol{a}_1 - \boldsymbol{a}_2 + \boldsymbol{a}_3 = \boldsymbol{0}$.

(2) $\begin{bmatrix}\boldsymbol{b}_1 \, \boldsymbol{b}_2 \, \boldsymbol{b}_3\end{bmatrix} \longrightarrow \begin{bmatrix}1 & 2 & -1\\0 & 1 & 1\\0 & 0 & 5\end{bmatrix}$ と変形される．rank $\begin{bmatrix}\boldsymbol{b}_1 \, \boldsymbol{b}_2 \, \boldsymbol{b}_3\end{bmatrix} = 3 =$（ベクトルの個数）であるから，$\boldsymbol{b}_1, \boldsymbol{b}_2, \boldsymbol{b}_3$ は線形独立である．

問題 6.1.3 (1) $\begin{bmatrix}\boldsymbol{v}_1 \, \boldsymbol{v}_2 \, \boldsymbol{v}_3\end{bmatrix} = \begin{bmatrix}\boldsymbol{u}_1 \, \boldsymbol{u}_2 \, \boldsymbol{u}_3\end{bmatrix}\begin{bmatrix}2 & -1 & 3\\3 & 2 & -1\\1 & 3 & -4\end{bmatrix}, \begin{bmatrix}\boldsymbol{w}_1 \, \boldsymbol{w}_2 \, \boldsymbol{w}_3\end{bmatrix} = \begin{bmatrix}\boldsymbol{u}_1 \, \boldsymbol{u}_2 \, \boldsymbol{u}_3\end{bmatrix}\begin{bmatrix}2 & -1 & 3\\2 & 2 & -1\\1 & 3 & -4\end{bmatrix}$ である．rank $\begin{bmatrix}2 & -1 & 3\\3 & 2 & -1\\1 & 3 & -4\end{bmatrix} = 2$（確かめよ）であるから $\boldsymbol{v}_1, \boldsymbol{v}_2, \boldsymbol{v}_3$ は線形従属である．

rank $\begin{bmatrix}2 & -1 & 3\\2 & 2 & -1\\1 & 3 & -4\end{bmatrix} = 3$（確かめよ）であるから $\boldsymbol{w}_1, \boldsymbol{w}_2, \boldsymbol{w}_3$ は線形独立である．

(2) 例えば，$\boldsymbol{u}_1 = \begin{bmatrix}2\\3\\4\end{bmatrix}, \boldsymbol{u}_2 = \begin{bmatrix}1\\1\\1\end{bmatrix}, \boldsymbol{u}_3 = \begin{bmatrix}1\\2\\3\end{bmatrix}$.

(3) ベクトル $\boldsymbol{u}_1, \boldsymbol{u}_2, \boldsymbol{u}_3$ は (2) の解答例と同じとする．ベクトル $\boldsymbol{z}_1 = 2\boldsymbol{u}_1 + 2\boldsymbol{u}_2 + \boldsymbol{u}_3, \boldsymbol{z}_2 = -\boldsymbol{u}_1 + 2\boldsymbol{u}_2 + 3\boldsymbol{u}_3$ は線形独立である．

問題 6.2.1 (1) $\boldsymbol{x}, \boldsymbol{y}$ を $\langle \boldsymbol{a}_1, \boldsymbol{a}_2, \ldots, \boldsymbol{a}_k \rangle$ の任意のベクトルとする．あるスカラー $\lambda_1, \lambda_2, \ldots, \lambda_k, \mu_1, \mu_2, \ldots, \mu_k$ により，$\boldsymbol{x} = \lambda_1 a_1 + \lambda_2 a_2 + \cdots + \lambda_k a_k$, $\boldsymbol{y} = \mu_1 a_1 + \mu_2 a_2 + \cdots + \mu_k a_k$ と表される．よって，$\boldsymbol{x} + \boldsymbol{y} = (\lambda_1 a_1 + \lambda_2 a_2 + \cdots + \lambda_k a_k) + (\mu_1 a_1 + \mu_2 a_2 + \cdots + \mu_k a_k) = (\lambda_1 + \mu_1)\boldsymbol{a}_1 + (\lambda_2 + \mu_2)\boldsymbol{a}_2 + \cdots + (\lambda_k + \mu_k)\boldsymbol{a}_k$ となるから，$\boldsymbol{x} + \boldsymbol{y}$ も $\langle \boldsymbol{a}_1, \boldsymbol{a}_2, \ldots, \boldsymbol{a}_k \rangle$ に属する．

(2) $\boldsymbol{x}$ を $\langle \boldsymbol{a}_1, \boldsymbol{a}_2, \ldots, \boldsymbol{a}_k \rangle$ の任意のベクトル，μ を任意のスカラーとする．$\boldsymbol{x} = \lambda_1 a_1 + \lambda_2 a_2 + \cdots + \lambda_k a_k$ と表すと $\mu\boldsymbol{x} = \mu(\lambda_1 a_1 + \lambda_2 a_2 + \cdots + \lambda_k a_k) = \mu\lambda_1 a_1 + \mu\lambda_2 a_2 + \cdots + \mu\lambda_k a_k$ となるから，$\mu\boldsymbol{x}$ も $\langle \boldsymbol{a}_1, \boldsymbol{a}_2, \ldots, \boldsymbol{a}_k \rangle$ に属する．

問題 6.2.2 $(\boldsymbol{u}_1, \boldsymbol{u}_2, \ldots, \boldsymbol{u}_k)$ が U の基底ならば，定義により，$\boldsymbol{u}_1, \boldsymbol{u}_2, \ldots, \boldsymbol{u}_k$ は線形独立で，U のどのベクトルも $\boldsymbol{u}_1, \boldsymbol{u}_2, \ldots, \boldsymbol{u}_k$ の線形結合として表される．$\boldsymbol{u}_1, \boldsymbol{u}_2, \ldots, \boldsymbol{u}_k$ が線形独立であるから，命題 6.1.1 により，その係数は一意的である．

逆に，$\boldsymbol{u}_1, \boldsymbol{u}_2, \ldots, \boldsymbol{u}_k$ について定理の条件が成り立てば，$\boldsymbol{u}_1, \boldsymbol{u}_2, \ldots, \boldsymbol{u}_k$ は U を生成し，さらに，命題 6.1.1 により，$\boldsymbol{u}_1, \boldsymbol{u}_2, \ldots, \boldsymbol{u}_k$ は線形独立である．ゆえに，$(\boldsymbol{u}_1, \boldsymbol{u}_2, \ldots, \boldsymbol{u}_k)$ は基底である．

問題 6.2.3 (2) $\left(\begin{bmatrix}-1\\0\\1\\1\\0\end{bmatrix}\right)$ (3) $\left(\begin{bmatrix}\frac{3}{2}\\1\\0\\0\\0\end{bmatrix}, \begin{bmatrix}-1\\0\\1\\0\\0\end{bmatrix}, \begin{bmatrix}-\frac{1}{2}\\0\\0\\-1\\1\end{bmatrix}\right)$. (4) $\left(\begin{bmatrix}-1\\1\\0\\0\\0\end{bmatrix}, \begin{bmatrix}-1\\0\\-1\\0\\1\end{bmatrix}\right)$.

問題 6.2.4 例えば $\left(\begin{bmatrix}-1\\1\\0\\0\end{bmatrix}, \begin{bmatrix}-1\\0\\1\\0\end{bmatrix}, \begin{bmatrix}-1\\0\\0\\1\end{bmatrix}\right)$ は V の基底である．

問題 6.2.5 定理 6.2.7 (1)，(4) による．

問題 6.2.6 $\begin{bmatrix}\boldsymbol{a}_1\,\boldsymbol{a}_2\,\boldsymbol{a}_3\,\boldsymbol{a}_4\,\boldsymbol{a}_5\end{bmatrix} \longrightarrow \begin{bmatrix}1&0&-1&-3&0\\0&1&1&1&0\\0&0&0&0&1\\0&0&0&0&0\\0&0&0&0&0\end{bmatrix}$ と変形される．ゆえに，$(\boldsymbol{a}_1, \boldsymbol{a}_2, \boldsymbol{a}_5)$ は部分空間 $\langle\, \boldsymbol{a}_1, \boldsymbol{a}_2, \boldsymbol{a}_3, \boldsymbol{a}_4, \boldsymbol{a}_5 \,\rangle$ の基底である．また，$\boldsymbol{a}_3 = -\boldsymbol{a}_1 + \boldsymbol{a}_2$，$\boldsymbol{a}_4 = -3\boldsymbol{a}_1 + \boldsymbol{a}_2$.

問題 6.3.1 $A = \begin{bmatrix}\boldsymbol{a}_1\,\boldsymbol{a}_2\,\boldsymbol{a}_3\end{bmatrix}$ とおく．$\begin{bmatrix}A \mid \boldsymbol{b}\,\boldsymbol{c}\end{bmatrix} \longrightarrow \left[\begin{array}{ccc|cc}1&-2&2&1&1\\0&-1&7&3&2\\0&0&-3&-1&-2\\0&0&0&0&-11\\0&0&0&0&0\end{array}\right]$ と行基本変形される．ゆえに，$\operatorname{rank}\begin{bmatrix}A \mid \boldsymbol{b}\end{bmatrix} = \operatorname{rank} A = 3$ であるから，$\boldsymbol{b}$ は V に属する．$\operatorname{rank}\begin{bmatrix}A \mid \boldsymbol{c}\end{bmatrix} = 4 > \operatorname{rank} A = 3$ であるから，$\boldsymbol{c}$ は V に属さない．上の最後の行列から第 5 列を除いた行列を簡約階段行列に変形すると $\left[\begin{array}{ccc|c}1&0&0&-1\\0&1&0&-\frac{2}{3}\\0&0&1&\frac{1}{3}\\0&0&0&0\\0&0&0&0\end{array}\right]$ を得る．ゆえに，$\boldsymbol{b} = -\boldsymbol{a}_1 - \dfrac{2}{3}\boldsymbol{a}_2 + \dfrac{1}{3}\boldsymbol{a}_3$.

問題 6.3.2 (1) $P = \begin{bmatrix}\frac{2}{3}&0&-\frac{2}{3}\\\frac{7}{3}&-1&-\frac{7}{3}\\\frac{4}{3}&2&-\frac{1}{3}\end{bmatrix}$.　(2) $Q = \begin{bmatrix}-\frac{15}{2}&2&1\\\frac{7}{2}&-1&0\\-9&2&1\end{bmatrix}$.

問題 6.3.3 $Q\begin{bmatrix}-1\\-1\\2\end{bmatrix} = \begin{bmatrix}\frac{15}{2}\\-\frac{5}{2}\\9\end{bmatrix}$.

問題 6.3.4 (1) $\begin{bmatrix}\boldsymbol{a}_1\,\boldsymbol{a}_2\,\boldsymbol{a}_3 \mid \boldsymbol{b}_1\,\boldsymbol{b}_2\,\boldsymbol{b}_3\end{bmatrix} \longrightarrow \left[\begin{array}{ccc|ccc}1&0&0&1&2&-1\\0&1&0&-3&1&2\\0&0&1&-2&-2&1\\0&0&0&0&0&0\\0&0&0&0&0&0\end{array}\right]$ と行基本変形される．求める基底の変換行列は $\begin{bmatrix}1&2&-1\\-3&1&2\\-2&-2&1\end{bmatrix}$ である．

(2) 求める座標ベクトルを $\begin{bmatrix}\mu_1\\\mu_2\\\mu_3\end{bmatrix}$ とおくと，$\begin{bmatrix}-1\\3\\-1\end{bmatrix} = P\begin{bmatrix}\mu_1\\\mu_2\\\mu_3\end{bmatrix}$ を満たす．この方程式を解くた

めに，拡大係数行列を行基本変形する．$\left[\begin{array}{ccc|c} 1 & 2 & -1 & -1 \\ -3 & 1 & 2 & 3 \\ -2 & -2 & 1 & -1 \end{array}\right] \longrightarrow \left[\begin{array}{ccc|c} 1 & 0 & 0 & 2 \\ 0 & 1 & 0 & \frac{3}{5} \\ 0 & 0 & 1 & \frac{21}{5} \end{array}\right]$ と変形される．よって，求める座標ベクトルは $\begin{bmatrix} 2 \\ \frac{3}{5} \\ \frac{21}{5} \end{bmatrix}$ である．

問題 6.3.5 $A = \begin{bmatrix} 1 & 1 & 1 & 1 \end{bmatrix}$ とおくと，$V = \{\boldsymbol{x} \in \mathbf{K}^4 \mid A\boldsymbol{x} = \mathbf{0}\}$ であり，$\operatorname{rank} A = 1$ であるから，$\dim V = 4 - \operatorname{rank} A = 3$．行列 $[\boldsymbol{u}_1\, \boldsymbol{u}_2\, \boldsymbol{u}_3]$ の階数，$[\boldsymbol{v}_1\, \boldsymbol{v}_2\, \boldsymbol{v}_3] = [\boldsymbol{u}_1\, \boldsymbol{u}_2\, \boldsymbol{u}_3] P$ となる 3 次正方行列 P，および $\boldsymbol{a} = [\boldsymbol{u}_1\, \boldsymbol{u}_2\, \boldsymbol{u}_3] \begin{bmatrix} \lambda_1 \\ \lambda_2 \\ \lambda_3 \end{bmatrix}$ となるベクトル $\begin{bmatrix} \lambda_1 \\ \lambda_2 \\ \lambda_3 \end{bmatrix}$ を同時に求める．ベクトル $\boldsymbol{u}_1, \boldsymbol{u}_2, \boldsymbol{u}_3, \boldsymbol{v}_1, \boldsymbol{v}_2, \boldsymbol{v}_3, \boldsymbol{a}$ を並べて行列をつくり，左側の部分を簡約階段行列になるように行基本変形する．$[\boldsymbol{u}_1\, \boldsymbol{u}_2\, \boldsymbol{u}_3 \mid \boldsymbol{v}_1\, \boldsymbol{v}_2\, \boldsymbol{v}_3 \mid \boldsymbol{a}] \longrightarrow \left[\begin{array}{ccc|ccc|c} 1 & 0 & 0 & -2 & -1 & 1 & 2 \\ 0 & 1 & 0 & 2 & 1 & 0 & -2 \\ 0 & 0 & 1 & 1 & 0 & -3 & 1 \\ 0 & 0 & 0 & 0 & 0 & 0 & 0 \end{array}\right]$ となる．よって，$\operatorname{rank}[\boldsymbol{u}_1\, \boldsymbol{u}_2\, \boldsymbol{u}_3] = 3$ である．ゆえに，$\boldsymbol{u}_1, \boldsymbol{u}_2, \boldsymbol{u}_3$ は線形独立である．$\dim V = 3$ であるから，$\mathscr{E} = (\boldsymbol{u}_1, \boldsymbol{u}_2, \boldsymbol{u}_3)$ は V の基底である．また，変形の結果得られた行列の中の行列の 3 行目までの行列 $P = \begin{bmatrix} -2 & -1 & 1 \\ 2 & 1 & 0 \\ 1 & 0 & -3 \end{bmatrix}$ は $[\boldsymbol{v}_1\, \boldsymbol{v}_2\, \boldsymbol{v}_3] = [\boldsymbol{u}_1\, \boldsymbol{u}_2\, \boldsymbol{u}_3] P$ を満たす．また，変形の結果得られた行列の右の部分は $\boldsymbol{a} = [\boldsymbol{u}_1\, \boldsymbol{u}_2\, \boldsymbol{u}_3] \begin{bmatrix} 2 \\ -2 \\ 1 \end{bmatrix}$ であることを意味しているから，$\boldsymbol{a}$ の $\mathscr{E}$ に関する座標ベクトルは $\begin{bmatrix} 2 \\ -2 \\ 1 \end{bmatrix}$ である．$\operatorname{rank} P$，および $\begin{bmatrix} 2 \\ -2 \\ 1 \end{bmatrix} = P \begin{bmatrix} \mu_1 \\ \mu_2 \\ \mu_3 \end{bmatrix}$ となるベクトル $\begin{bmatrix} \mu_1 \\ \mu_2 \\ \mu_3 \end{bmatrix}$ を求めるために，拡大係数行列 $[P \mid \boldsymbol{a}]$ を行基本変形する．$[P \mid \boldsymbol{a}] \longrightarrow \left[\begin{array}{ccc|c} 1 & 0 & 0 & 1 \\ 0 & 1 & 0 & -4 \\ 0 & 0 & 1 & 0 \end{array}\right]$ と変形される．ゆえに，$\operatorname{rank} P = 3$ であり，P は正則である．$[\boldsymbol{v}_1\, \boldsymbol{v}_2\, \boldsymbol{v}_3] = [\boldsymbol{u}_1\, \boldsymbol{u}_2\, \boldsymbol{u}_3] P$ であったから，$(\boldsymbol{v}_1, \boldsymbol{v}_2, \boldsymbol{v}_3)$ は V の基底である．よって，P は $\mathscr{E}$ から $\mathscr{F}$ への基底の変換行列である．さらに，この変形により，$\begin{bmatrix} 2 \\ -2 \\ 1 \end{bmatrix} = P \begin{bmatrix} 1 \\ -4 \\ 0 \end{bmatrix}$ であることもわかり，$\boldsymbol{a}$ の $\mathscr{F}$ に関する座標ベクトルは $\begin{bmatrix} 1 \\ -4 \\ 0 \end{bmatrix}$ である．

演習 6.1（定理 6.3.1 を使う）(1) 基底である．　(2) 基底である．　(3) n が偶数ならば基底でない．n が奇数ならば基底である．

演習 6.2（ヒント） (1), (2) を同時に考察できる．行列 $[\boldsymbol{a}_1\, \boldsymbol{a}_2\, \boldsymbol{a}_3 \boldsymbol{e}_1\, \boldsymbol{e}_2\, \boldsymbol{e}_3\, \boldsymbol{e}_4\, \boldsymbol{e}_5]$ を階段行列に変形する．例えば，$(\boldsymbol{a}_1, \boldsymbol{a}_2, \boldsymbol{a}_3, \boldsymbol{e}_1, \boldsymbol{e}_4)$ は K^5 の基底である．

演習 6.3（ヒント） 例えば，$V_2 \subseteq V_1$ であることを確かめ，$\dim V_1 = \dim V_2$ であることを示せばよい．

演習 6.4（略解） (1) $\operatorname{rank} A = 2$ である．解空間の次元の公式を使う．

(2) 略

(3) $\boldsymbol{u}_1, \boldsymbol{u}_2, \boldsymbol{u}_3$ が線形独立であること，$\boldsymbol{v}_1, \boldsymbol{v}_2, \boldsymbol{v}_3$ が線形独立であることを示せばよい．例題 6.3.2 と同様に考えよ．$(\boldsymbol{u}_1, \boldsymbol{u}_2, \boldsymbol{u}_3)$ から $(\boldsymbol{v}_1, \boldsymbol{v}_2, \boldsymbol{v}_3)$ への基底の変換行列は $\begin{bmatrix} 3 & 3 & -1 \\ -4 & -1 & -5 \\ -2 & 0 & -\frac{7}{2} \end{bmatrix}$．

$(\boldsymbol{v}_1, \boldsymbol{v}_2, \boldsymbol{v}_3)$ から $(\boldsymbol{u}_1, \boldsymbol{u}_2, \boldsymbol{u}_3)$ への基底の変換行列は $\begin{bmatrix} 7 & 21 & -32 \\ -8 & -25 & 38 \\ -4 & -12 & 18 \end{bmatrix}$．

演習 6.5（ヒント） B の列ベクトルは $\{\boldsymbol{x} \in \mathbf{K}^n \mid A\boldsymbol{x} = \mathbf{0}\}$ に含まれる．

演習 6.6 (1) 例えば，$\left(\begin{bmatrix} 2 \\ -1 \\ 0 \\ 1 \\ 0 \end{bmatrix}, \begin{bmatrix} 0 \\ \frac{1}{2} \\ -\frac{1}{2} \\ 0 \\ 1 \end{bmatrix}\right)$ は W の基底である．

(2) 例えば，$\left(\begin{bmatrix} \frac{1}{2} \\ 1 \\ 1 \\ 0 \\ 0 \end{bmatrix}, \begin{bmatrix} -\frac{1}{2} \\ 0 \\ 0 \\ 1 \\ 0 \end{bmatrix}, \begin{bmatrix} -1 \\ -2 \\ 0 \\ 0 \\ 1 \end{bmatrix}\right)$ は U の基底である．$\dim U = 3$.

(3) U の基底 $\mathscr{B} = (\boldsymbol{a}_1, \boldsymbol{a}_2, \boldsymbol{a}_5)$ に含まれるベクトルに行列 G をかけると $G\boldsymbol{a}_1 = G\boldsymbol{a}_2 = G\boldsymbol{a}_5 = \mathbf{0}$ である．ゆえに，$U \subseteq V$．$\dim U = \dim V = 3$ であるから，$U = V$．

(4) $\begin{bmatrix} \frac{8}{51} & \frac{1}{51} & -\frac{11}{17} \\ \frac{1}{12} & -\frac{1}{12} & 0 \\ -\frac{1}{17} & \frac{2}{17} & \frac{2}{17} \end{bmatrix}$．

(5) $\begin{bmatrix} 2 & 16 & 11 \\ 2 & 4 & 11 \\ -1 & 4 & 3 \end{bmatrix}$．（この行列を Q とおく）

(6) $\boldsymbol{a}_3, \boldsymbol{a}_4$ の $\mathscr{B}$ に関する座標ベクトルに Q をかける．$\mathscr{B}$ に関する座標ベクトルはそれぞれ $\begin{bmatrix} 14 \\ 2 \\ 5 \end{bmatrix}, \begin{bmatrix} 10 \\ -2 \\ 7 \end{bmatrix}$．

演習 6.7（ヒント） 例えば，演習 6.6 にならえ．

演習 6.8 (1) PQ. (2) P^{-1}.

演習 6.9（ヒント） 定理 6.2.11 を用いる．$A = \begin{bmatrix}\boldsymbol{a}_1\, \boldsymbol{a}_2 \cdots \boldsymbol{a}_n\end{bmatrix}, B = \begin{bmatrix}\boldsymbol{b}_1\, \boldsymbol{b}_2 \cdots \boldsymbol{b}_n\end{bmatrix}$ と表すと $\operatorname{rank}\begin{bmatrix}A \mid B\end{bmatrix} = \dim\langle \boldsymbol{a}_1, \boldsymbol{a}_2, \ldots, \boldsymbol{a}_n, \boldsymbol{b}_1, \boldsymbol{b}_2, \ldots, \boldsymbol{b}_n \rangle$ である．

演習 6.10（ヒント） どの A_i も正則でないとする．ある $\boldsymbol{x}_i \in \mathbf{K}^{n-1}, \boldsymbol{x}_i \neq \mathbf{0}$ に対して $A_i\boldsymbol{x}_i = \mathbf{0}$ となる．$X = \begin{bmatrix}\boldsymbol{x}_1\, \boldsymbol{x}_2 \cdots \boldsymbol{x}_n\end{bmatrix}$ とおくと，AX は対角行列となる．行列の階数を考えよ．

第 7 章

問題 7.1.1 例えば，$\operatorname{rank} P = 3$ であることを確かめよ．

問題 7.1.2 固有空間の次元の後に基底の一例を示す．

A．固有値は 1，-2．

(1) $\dim V(1) = 1, \quad \left(\begin{bmatrix} -1 \\ -1 \\ 1 \end{bmatrix} \right).$ (2) $\dim V(-2) = 2, \quad \left(\begin{bmatrix} 1 \\ 1 \\ 0 \end{bmatrix}, \begin{bmatrix} 1 \\ 0 \\ 1 \end{bmatrix} \right).$

B．固有値は 1，-2．

(1) $\dim V(1) = 1, \quad \left(\begin{bmatrix} -1 \\ 2 \\ 1 \end{bmatrix} \right).$ (2) $\dim V(-2) = 1, \quad \left(\begin{bmatrix} -2 \\ 2 \\ 1 \end{bmatrix} \right).$

C．固有値は 3．（特性多項式は $\phi_C(t) = (t-3)(t^2+4)$）$\dim V(3) = 1, \quad \left(\begin{bmatrix} 1 \\ 1 \\ 1 \end{bmatrix} \right).$

D．固有値は 3（重複度 1），2（重複度 1），-1（重複度 1）．

(1) $\dim V(3) = 1, \quad \left(\begin{bmatrix} 1 \\ 0 \\ 1 \end{bmatrix} \right).$ (2) $\dim V(2) = 1, \quad \left(\begin{bmatrix} 0 \\ 1 \\ 1 \end{bmatrix} \right).$

(3) $\dim V(-1) = 1, \quad \left(\begin{bmatrix} -\frac{1}{2} \\ 1 \\ 0 \end{bmatrix} \right).$

$\mathbf{K} = \mathbf{C}$ の場合は行列 A, B, D については固有値，固有空間の基底は上と同じにとれる．行列 C については固有値としてはさらに，$2i$，$-2i$ がある．

(1) $\dim V(2i) = 1, \quad \left(\begin{bmatrix} -i \\ 1 \\ 1 \end{bmatrix} \right).$ (2) $\dim V(-2i) = 1, \quad \left(\begin{bmatrix} i \\ 1 \\ 1 \end{bmatrix} \right).$

問題 7.2.1 ***A***．固有値は 2（重複度 1），-3（重複度 2）．$\dim V(2) = 1$，$\dim V(-3) = 1 \neq 2$ (= 固有値 -3 の重複度)．よって対角化不可能．

B．固有値は 2(重複度 1), -3(重複度 2)．$\dim V(2) = 1, \dim V(-3) = 2$ (= 固有値 -3 の重複度)．
よって対角化可能．$P = \begin{bmatrix} -\frac{3}{2} & \frac{1}{2} & 1 \\ 1 & 0 & -2 \\ 0 & 1 & 1 \end{bmatrix}$ とおくと，$P^{-1}BP = \begin{bmatrix} -3 & 0 & 0 \\ 0 & -3 & 0 \\ 0 & 0 & 2 \end{bmatrix}.$

C．固有値は 2（重複度 2），-1（重複度 2）．$\dim V(2) = 1 \neq 2$ (= 固有値 2 の重複度)．よって対角化不可能．（しかし，$\dim V(-1) = 2$ (= 固有値 2 の重複度) である．）

D．固有値は -1（重複度 2），2（重複度 2）．$\dim V(-1) = 2$ (= 固有値 2 の重複度)，$\dim V(2) = 2$ (= 固有値 2 の重複度)．よって対角化可能．$Q = \begin{bmatrix} -1 & 1 & 2 & 1 \\ 2 & 0 & -1 & 1 \\ 1 & 0 & 1 & 0 \\ 0 & 1 & 0 & 1 \end{bmatrix}$ とおくと，$Q^{-1}DQ = \begin{bmatrix} -1 & 0 & 0 & 0 \\ 0 & -1 & 0 & 0 \\ 0 & 0 & 2 & 0 \\ 0 & 0 & 0 & 2 \end{bmatrix}$.

演習 7.1 以下では (i) の行列を A_i と記し，対角化可能なとき，対角化する正則行列を P_i と書く．さらに，対角行列は対角成分を順に書いて $\mathrm{Diag}(\lambda_1, \lambda_2, \dots)$ と書くことにする．ただし，**対角化に用いる正則行列は一意的ではない**．

(1) 固有値は 1（重複度 1), 3（重複度 2)．$\dim V(1) = 1$ で $\left(\begin{bmatrix} \frac{1}{2} \\ -1 \\ 1 \end{bmatrix}\right)$ は $V(1)$ の基底．$\dim V(3) = 2$ で $\left(\begin{bmatrix} 1 \\ 1 \\ 0 \end{bmatrix}, \begin{bmatrix} 2 \\ 0 \\ 1 \end{bmatrix}\right)$ は $V(3)$ の基底．対角化可能で，この 3 つのベクトルを順に並べて行列 P_1 をつくると $P_1^{-1}A_1P_1 = \mathrm{Diag}(1, 3, 3)$．

(2) 固有値は 1（重複度 1), 3（重複度 2)．$\dim V(1) = 1$ で $\left(\begin{bmatrix} -1 \\ 1 \\ 1 \end{bmatrix}\right)$ は $V(1)$ の基底．$\dim V(3) = 1$ で $\left(\begin{bmatrix} -1 \\ -1 \\ 1 \end{bmatrix}\right)$ は $V(3)$ の基底．対角化不可能．

(3) 固有値は -1（重複度 2), 3（重複度 2)．$\dim V(-1) = 1$ で $\left(\begin{bmatrix} \frac{1}{2} \\ -1 \\ -\frac{1}{2} \\ 1 \end{bmatrix}\right)$ は $V(1)$ の基底．$\dim V(3) = 2$ で $\left(\begin{bmatrix} 0 \\ 1 \\ 1 \\ 0 \end{bmatrix}, \begin{bmatrix} 1 \\ -1 \\ 0 \\ 1 \end{bmatrix}\right)$ は $V(3)$ の基底．対角化不可能．

(4) 固有値は 0（重複度 1), 2（重複度 2)．$\dim V(0) = 1$ で $\left(\begin{bmatrix} \frac{1}{2} \\ 1 \\ 1 \end{bmatrix}\right)$ は $V(0)$ の基底．$\dim V(2) = 2$ で $\left(\begin{bmatrix} \frac{2}{3} \\ 1 \\ 0 \end{bmatrix}, \begin{bmatrix} -\frac{1}{3} \\ 0 \\ 1 \end{bmatrix}\right)$ は $V(1)$ の基底．対角化可能で，この 3 つのベクトルを順に並べて行列 P_4 をつくると $P_4^{-1}A_4P_4 = \mathrm{Diag}(0, 1, 1)$.

(5) 固有値は 0 (重複度 2), 1 (重複度 2). $\dim V(0) = 2$ で $\left(\begin{bmatrix} \frac{2}{3} \\ \frac{2}{3} \\ 1 \\ 0 \end{bmatrix}, \begin{bmatrix} \frac{5}{3} \\ -\frac{1}{3} \\ 0 \\ 1 \end{bmatrix}\right)$ は $V(0)$ の基底.

$\dim V(1) = 2$ で $\left(\begin{bmatrix} \frac{1}{2} \\ \frac{1}{2} \\ 1 \\ 0 \end{bmatrix}, \begin{bmatrix} \frac{3}{4} \\ -\frac{3}{4} \\ 0 \\ 1 \end{bmatrix}\right)$ は $V(1)$ の基底. 対角化可能で, この 4 つのベクトルを順に並べて行列 P_5 をつくると $P_5^{-1} A_5 P_5 = \mathrm{Diag}(0, 0, 1, 1)$.

(6) 固有値は 0 (重複度 4). $\dim V(0) = 1$ で $\left(\begin{bmatrix} -3 \\ -3 \\ -2 \\ 1 \end{bmatrix}\right)$ は $V(0)$ の基底. 対角化不可能.

(7) $\omega = \frac{-1+\sqrt{3}i}{2}$ (1 の 3 乗根) とする. 固有値は $1, \omega, \omega^2$ で重複度はすべて 1. 固有空間の次元はすべて 1. 基底としては順に $\left(\begin{bmatrix} 1 \\ 1 \\ 1 \end{bmatrix}\right)$, $\left(\begin{bmatrix} \omega \\ \omega^2 \\ 1 \end{bmatrix}\right)$, $\left(\begin{bmatrix} \omega^2 \\ \omega \\ 1 \end{bmatrix}\right)$ をとることができる. この 3 つのベクトルを順に並べて行列 P_7 をつくると $P_7^{-1} A_7 P_7 = \mathrm{Diag}(1, \omega, \omega^2)$.

(8) 固有値は $1, -1, i, -i$ で重複度はすべて 1. 固有空間の次元はすべて 1. 基底としては順に $\left(\begin{bmatrix} 1 \\ 1 \\ 1 \\ 1 \end{bmatrix}\right)$, $\left(\begin{bmatrix} -1 \\ 1 \\ -1 \\ 1 \end{bmatrix}\right)$, $\left(\begin{bmatrix} i \\ -1 \\ -i \\ 1 \end{bmatrix}\right)$, $\left(\begin{bmatrix} -i \\ -1 \\ i \\ 1 \end{bmatrix}\right)$ をとることができる. この 4 つのベクトルを順に並べて行列 P_8 をつくると $P_8^{-1} A_8 P_8 = \mathrm{Diag}(1, -1, i, -i)$.

(9) 固有値は $1, -1, i, -i$ で重複度はすべて 1. 固有空間の次元はすべて 1. 基底としては順に $\left(\begin{bmatrix} \frac{1}{2} \\ 0 \\ 1 \\ 0 \end{bmatrix}\right)$, $\left(\begin{bmatrix} \frac{2}{3} \\ 0 \\ 1 \\ 0 \end{bmatrix}\right)$, $\left(\begin{bmatrix} 0 \\ -i \\ 0 \\ 1 \end{bmatrix}\right)$, $\left(\begin{bmatrix} 0 \\ i \\ 0 \\ 1 \end{bmatrix}\right)$ をとることができる. この 4 つのベクトルを順に並べて行列 P_9 をつくると $P_9^{-1} A_9 P_9 = \mathrm{Diag}(1, -1, i, -i)$.

(10) 固有値は $1, -1$ で重複度はすべて 2. 固有空間の次元はすべて 2. $V(1)$ の基底として $\left(\begin{bmatrix} 0 \\ 1 \\ 1 \\ 0 \end{bmatrix}, \begin{bmatrix} 1 \\ 0 \\ 0 \\ 1 \end{bmatrix}\right)$, $V(-1)$ の基底として $\left(\begin{bmatrix} 0 \\ -1 \\ 1 \\ 0 \end{bmatrix}, \begin{bmatrix} -1 \\ 0 \\ 0 \\ 1 \end{bmatrix}\right)$ をとることができる. この 4 つのベクトルを順に並べて行列 P_{10} をつくると $P_{10}^{-1} A_{10} P_{10} = \mathrm{Diag}(1, 1, -1, -1)$.

(11) 固有値は 1 (重複度は 3), -1 (重複度は 2). $\dim V(1) = 3$. $\dim V(-1) = 2$. $V(1)$ の基底

として $\left(\begin{bmatrix}0\\0\\1\\0\\0\end{bmatrix}, \begin{bmatrix}0\\1\\0\\1\\0\end{bmatrix}, \begin{bmatrix}1\\0\\0\\0\\1\end{bmatrix}\right)$, $V(-1)$ の基底として $\left(\begin{bmatrix}0\\-1\\0\\1\\0\end{bmatrix}, \begin{bmatrix}-1\\0\\0\\0\\1\end{bmatrix}\right)$ をとることができる．

この 5 つのベクトルを順に並べて行列 P_{11} をつくると $P_{11}^{-1}A_{11}P_{11} = \mathrm{Diag}(1,1,1,-1,-1)$.

演習 7.2

(1) $a+b+c \neq 0$ のとき．固有値は $1+a+b+c$（重複度 1), 1（重複度 2)．$V(1)$ の基底としては $\left(\begin{bmatrix}-1\\1\\0\end{bmatrix}, \begin{bmatrix}-1\\0\\1\end{bmatrix}\right)$ をとることができる．$V(1+a+b+c)$ の基底は（イ）$c \neq 0$ のとき $\left(\begin{bmatrix}\frac{a}{c}\\\frac{b}{c}\\1\end{bmatrix}\right)$（ロ）$c=0, b\neq 0$ のとき $\left(\begin{bmatrix}\frac{a}{b}\\1\\0\end{bmatrix}\right)$（ハ）$c=b=0$ のとき $\left(\begin{bmatrix}1\\0\\0\end{bmatrix}\right)$ をそれぞれとることができる．対角化可能で，これらのベクトルを順に並べた行列を P とおくと，$P^{-1}AP = \mathrm{Diag}(1,1,1+a+b+c)$.

(2) $a+b+c=0$ のとき．固有値は 1 のみ．重複度は 3．a,b,c のどれかが 0 でないときは $V(1)$ の基底は (1) と同様で，対角化不可能．$a=b=c=0$ のとき，A は単位行列で，$V(1)=\mathbf{K}^3$ であり，もちろん対角化可能．

演習 7.3 (1) 固有値は $-2, 2, 3$．固有空間の基底としては順に，$\left(\begin{bmatrix}\frac{1}{2}\\\frac{1}{2}\\1\end{bmatrix}\right)$, $\left(\begin{bmatrix}1\\1\\1\end{bmatrix}\right)$, $\left(\begin{bmatrix}0\\1\\1\end{bmatrix}\right)$

をとることができる．

(2) $A^n = \begin{bmatrix} 2^n & -(-2)^n+2^n & (-2)^n-2^n \\ 2^n-3^n & -(-2)^n+2^n+3^n & (-2)^n-2^n \\ 2^n-3^n & (-2)^{n+1}+2^n+3^n & 2(-2)^n-2^n \end{bmatrix}$

(3) $\det A = (-2)\cdot 2\cdot 3 \neq 0$ であるから，A は正則である．ケーリー・ハミルトンの定理を使う．$A^{-1} = -\dfrac{1}{12}\left(A^2-3A-4E\right)$.

(4) $f(A)$ の固有値は $0, -4$．固有空間の基底は順に，$\left(\begin{bmatrix}\frac{1}{2}\\\frac{1}{2}\\1\end{bmatrix}, \begin{bmatrix}0\\1\\1\end{bmatrix}\right)$, $\left(\begin{bmatrix}1\\1\\1\end{bmatrix}\right)$ をとることができる．

演習 7.4 (1)（ヒント）行列式の値は特性解の積であることを使う．

(2) A^{-1} の固有値は A の固有値 λ の逆数として得られ，$V\left(\frac{1}{\lambda}\right) = V(\lambda)$.

演習 7.5 (1)（ヒント）特性多項式を調べる．

(2) 例えば，$A = \begin{bmatrix} 1 & 2 \\ 0 & 3 \end{bmatrix}$ の固有値は 1, 3 である．ベクトル $\begin{bmatrix} 1 \\ 0 \end{bmatrix}$ は A の固有値 1 に属する固有ベクトルであるが，${}^tA$ の固有値 1 に属する固有ベクトルではない．

演習 7.6（ヒント） (1) 固有値の定義を使え． (2) 固有ベクトルの定義を確かめよ． (3) どのベクトル $\boldsymbol{x}$ についても $\boldsymbol{x} = (\boldsymbol{x} - A\boldsymbol{x}) + A\boldsymbol{x}$ である．定理 7.2.4 を用いる．

演習 7.7 例えば，$P = \begin{bmatrix} -1 & 0 & 0 \\ 1 & 1 & 0 \\ 0 & 1 & 1 \end{bmatrix}$ により，$P^{-1}BP = \begin{bmatrix} 1 & 1 & 3 \\ 0 & 1 & 0 \\ 0 & 0 & -2 \end{bmatrix}$.

演習 7.8（ヒント） (1) $\mathrm{rank}(\lambda E - A)$ を調べよ． (2) (1) を使え．

演習 7.9（ヒント） (1) 固有値の定義を使え． (2) 三角化してみよ．

演習 7.10（ヒント） 固有値の定義を使え．

演習 7.11（ヒント） (1) 行列を何乗かしてみよ． (2) n に関する帰納法を使う．行列を分割して考えよ．

演習 7.12（ヒント） 定理 7.3.1 と演習 7.8 を活用する．

演習 7.13（ヒント） (1) $\lambda = 0$ のとき，AB も BA も正則でない．$\lambda \neq 0$ のとき，λ に属する AB の固有ベクトルから BA の固有ベクトルをつくれ．

(2) AB の λ に属する固有ベクトル $\boldsymbol{u}_1, \boldsymbol{u}_2, \ldots, \boldsymbol{u}_k$ が線形独立ならば $B\boldsymbol{u}_1, B\boldsymbol{u}_2, \ldots, B\boldsymbol{u}_k$ も線形独立であることを示せ．

第 8 章

問題 8.1.1 $\|\boldsymbol{a}+\boldsymbol{b}\|^2 = (\boldsymbol{a}+\boldsymbol{b}, \boldsymbol{a}+\boldsymbol{b}) = \|\boldsymbol{a}\|^2+(\boldsymbol{a}, \boldsymbol{b})+(\boldsymbol{b}, \boldsymbol{a})+\|\boldsymbol{b}\|^2 = \|\boldsymbol{a}\|^2+(\boldsymbol{a}, \boldsymbol{b})+\overline{(\boldsymbol{a}, \boldsymbol{b})}+\|\boldsymbol{b}\|^2 \leqq \|\boldsymbol{a}\|^2+2|(\boldsymbol{a}, \boldsymbol{b})|+\|\boldsymbol{b}\|^2 \leqq \|\boldsymbol{a}\|^2+2\|\boldsymbol{a}\|\|\boldsymbol{b}\|+\|\boldsymbol{b}\|^2 = (\|\boldsymbol{a}\|+\|\boldsymbol{b}\|)^2$．よって，$(\|\boldsymbol{a}\|+\|\boldsymbol{b}\|)^2 \geqq \|\boldsymbol{a}+\boldsymbol{b}\|^2$．両辺の 0 以上の平方根をとって，所要の不等式を得る．

問題 8.1.2 (1) $\|\boldsymbol{a}\| = \sqrt{22}, \|\boldsymbol{b}\| = \sqrt{15}, \|\boldsymbol{c}\| = 3\sqrt{2}$. (2) $(\boldsymbol{a}, \boldsymbol{b}) = 6$，$(\boldsymbol{c}, \boldsymbol{d}) = -2 + 7i + 2\overline{s}$，$(\boldsymbol{d}, \boldsymbol{c}) = -2 - 7i + 2s$. (3) $\theta < \frac{\pi}{2}$，$\cos\theta = \frac{6}{\sqrt{22}\sqrt{15}}$. (4) $s = 1 + \frac{7}{2}i$.

問題 8.1.3 (1) $\|\boldsymbol{x} + \boldsymbol{y}\|^2 + \|\boldsymbol{x} - \boldsymbol{y}\|^2 = (\boldsymbol{x} + \boldsymbol{y}, \boldsymbol{x} + \boldsymbol{y}) + (\boldsymbol{x} - \boldsymbol{y}, \boldsymbol{x} - \boldsymbol{y}) = (\boldsymbol{x}, \boldsymbol{x}) + (\boldsymbol{x}, \boldsymbol{y}) + (\boldsymbol{y}, \boldsymbol{x}) + (\boldsymbol{y}, \boldsymbol{y}) + (\boldsymbol{x}, \boldsymbol{x}) + (\boldsymbol{x}, -\boldsymbol{y}) + (-\boldsymbol{y}, \boldsymbol{x}) - (-\boldsymbol{y}, \boldsymbol{y}) = (\boldsymbol{x}, \boldsymbol{x}) + (\boldsymbol{x}, \boldsymbol{y}) + (\boldsymbol{y}, \boldsymbol{x}) + (\boldsymbol{y}, \boldsymbol{y}) + (\boldsymbol{x}, \boldsymbol{x}) - (\boldsymbol{x}, \boldsymbol{y}) - (\boldsymbol{y}, \boldsymbol{x}) + (\boldsymbol{y}, \boldsymbol{y}) = 2(\|\boldsymbol{x}\|^2 + \|\boldsymbol{y}\|^2)$.

(2) $\|\boldsymbol{x}+\boldsymbol{y}\|^2 = (\boldsymbol{x}+\boldsymbol{y}, \boldsymbol{x}+\boldsymbol{y}) = (\boldsymbol{x}, \boldsymbol{x})+(\boldsymbol{x}, \boldsymbol{y})+(\boldsymbol{y}, \boldsymbol{x})+(\boldsymbol{y}, \boldsymbol{y}) = (\boldsymbol{x}, \boldsymbol{x})+(\boldsymbol{y}, \boldsymbol{y}) = \|\boldsymbol{x}\|^2+\|\boldsymbol{y}\|^2$.

問題 8.1.4 (1) $\left(\begin{bmatrix} \frac{1}{\sqrt{6}} \\ -\frac{2}{\sqrt{6}} \\ -\frac{1}{\sqrt{6}} \end{bmatrix}, \begin{bmatrix} \frac{7}{5\sqrt{3}} \\ \frac{1}{5\sqrt{3}} \\ \frac{1}{\sqrt{3}} \end{bmatrix}, \begin{bmatrix} \frac{3}{5\sqrt{2}} \\ \frac{4}{5\sqrt{2}} \\ -\frac{1}{\sqrt{2}} \end{bmatrix}\right)$ (2) $\begin{bmatrix} \frac{1}{\sqrt{6}} & \frac{1}{5\sqrt{3}} & -\frac{13}{15\sqrt{2}} \\ 0 & \frac{3}{5\sqrt{3}} & -\frac{1}{10\sqrt{2}} \\ 0 & 0 & \frac{5}{6\sqrt{2}} \end{bmatrix}$ (3) $\begin{bmatrix} -\frac{\sqrt{6}}{2} \\ \frac{6\sqrt{3}}{5} \\ -\frac{3\sqrt{2}}{10} \end{bmatrix}$

問題 8.1.5 (1) $\boldsymbol{w} = \begin{bmatrix} -\frac{1}{2} \\ \frac{7}{2} \\ \frac{1}{2} \\ \frac{7}{2} \end{bmatrix}, \boldsymbol{z} = \begin{bmatrix} \frac{3}{2} \\ -\frac{1}{2} \\ \frac{3}{2} \\ \frac{1}{2} \end{bmatrix}$ とおく．$\boldsymbol{w} \in W$，$\boldsymbol{z} \in W^{\perp}$ であり，$\boldsymbol{c} = \boldsymbol{w} + \boldsymbol{z}$.

(2) $\left(\begin{bmatrix} 1 \\ 0 \\ 1 \\ 0 \end{bmatrix}, \begin{bmatrix} 0 \\ -1 \\ 0 \\ 1 \end{bmatrix} \right)$ は $W^{\perp}$ の基底である．

問題 8.2.1 $\begin{bmatrix} \frac{1}{\sqrt{2}} & \frac{i}{\sqrt{3}} & \frac{3+i}{2\sqrt{15}} \\ \frac{i}{\sqrt{2}} & \frac{1}{\sqrt{3}} & \frac{1-3i}{2\sqrt{15}} \\ 0 & \frac{1}{\sqrt{3}} & \frac{-1+3i}{\sqrt{15}} \end{bmatrix}$.

問題 8.3.1 A を n 次歪エルミート行列とする．$A^* = -A$ であるから，$A A^* = A^* A = -A^2$.

以下で対角化に用いる直交行列，ユニタリ行列は一意的ではない．

問題 8.3.2 問題の行列を順に A, B, C, D とおく．

(1) $P = \begin{bmatrix} \frac{1}{\sqrt{3}} & \frac{1}{\sqrt{2}} & -\frac{1}{\sqrt{6}} \\ -\frac{1}{\sqrt{3}} & \frac{1}{\sqrt{2}} & \frac{1}{\sqrt{6}} \\ \frac{1}{\sqrt{3}} & 0 & \frac{2}{\sqrt{6}} \end{bmatrix}$ は直交行列であり，${}^tPAP = \begin{bmatrix} 2 & 0 & 0 \\ 0 & 5 & 0 \\ 0 & 0 & 5 \end{bmatrix}$.

(2) $U = \begin{bmatrix} \frac{i}{\sqrt{3}} & -\frac{i}{\sqrt{2}} & -\frac{i}{\sqrt{6}} \\ -\frac{1}{\sqrt{3}} & \frac{1}{\sqrt{2}} & \frac{1}{\sqrt{6}} \\ \frac{1}{\sqrt{3}} & 0 & \frac{2}{\sqrt{6}} \end{bmatrix}$ はユニタリ行列であり，$U^*BU = \begin{bmatrix} -3 & 0 & 0 \\ 0 & 3 & 0 \\ 0 & 0 & 3 \end{bmatrix}$.

(3) $Q = \begin{bmatrix} -\frac{1}{\sqrt{6}} & \frac{1}{\sqrt{3}} & \frac{1}{\sqrt{2}} \\ \frac{1}{\sqrt{6}} & -\frac{1}{\sqrt{3}} & \frac{1}{\sqrt{2}} \\ \frac{2}{\sqrt{6}} & \frac{1}{\sqrt{3}} & 0 \end{bmatrix}$ は直交行列であり，${}^tQCQ = \begin{bmatrix} -2 & 0 & 0 \\ 0 & 1 & 0 \\ 0 & 0 & 2 \end{bmatrix}$.

(4) $V = \begin{bmatrix} \frac{1+\sqrt{3}i}{2\sqrt{3}} & \frac{1-\sqrt{3}i}{2\sqrt{3}} & -\frac{1}{\sqrt{3}} \\ \frac{1-\sqrt{3}i}{2\sqrt{3}} & \frac{1+\sqrt{3}i}{2\sqrt{3}} & -\frac{1}{\sqrt{3}} \\ \frac{1}{\sqrt{3}} & \frac{1}{\sqrt{3}} & \frac{1}{\sqrt{3}} \end{bmatrix}$ はユニタリ行列であり，$V^*DV = \begin{bmatrix} 1+\sqrt{3} & 0 & 0 \\ 0 & 1-\sqrt{3} & 0 \\ 0 & 0 & 1 \end{bmatrix}$.

問題 8.3.3 問題の行列を順に A, B とおく．

(1) A は歪エルミート行列である．あるいは，直接計算して，$A A^* = A^* A = \mathrm{Diag}(9, 9, 9)$ であるから，A は正規行列である．$U = \begin{bmatrix} \frac{i}{\sqrt{6}} & -\frac{2}{\sqrt{5}} & -\frac{i}{\sqrt{30}} \\ \frac{2i}{\sqrt{6}} & \frac{1}{\sqrt{5}} & -\frac{2i}{\sqrt{30}} \\ \frac{1}{\sqrt{6}} & 0 & \frac{5}{\sqrt{30}} \end{bmatrix}$ はユニタリ行列であり，

$U^* A U = \mathrm{Diag}(-3i, 3i, 3i)$.

(2) $BB^* = B^*B = \begin{bmatrix} 4 & -3 & 3i \\ -3 & 4 & -3i \\ -3i & 3i & 4 \end{bmatrix}$. $V = \begin{bmatrix} \frac{1}{\sqrt{2}} & -\frac{i}{\sqrt{6}} & -\frac{i}{\sqrt{3}} \\ \frac{1}{\sqrt{2}} & \frac{i}{\sqrt{6}} & -\frac{i}{\sqrt{3}} \\ 0 & \frac{2}{\sqrt{6}} & \frac{1}{\sqrt{3}} \end{bmatrix}$ はユニタリ行列であり，

$V^*BV = \mathrm{Diag}(1, 1, 1+3i)$.

演習 8.1（ヒント） (1) 問題 8.1.3 (2) を使う． (2) 定理 8.1.9 の証明を復習せよ．

演習 8.2 (1) $G = \begin{bmatrix} 3 & 2 \\ 2 & 3 \end{bmatrix}$ (2)（ヒント）$\boldsymbol{c} = \boldsymbol{w} + \boldsymbol{z}$, $\boldsymbol{w} \in W$, $\boldsymbol{z} \in W^{\perp}$ とし，$\boldsymbol{w} = x_1\boldsymbol{a}_1 + x_2\boldsymbol{a}_2$ と表す．$\boldsymbol{c} - \boldsymbol{w} \in W^{\perp}$ であることから，x_1, x_2 に関する線形方程式をつくれ．

演習 8.3（ヒント） (1) G が正則ならば A が正則であることを示すためには $\mathrm{rank}\, A$ を考察せよ．定理 6.2.12，演習 3.11 を使う．

(2) A が正則とする．斉次線形方程式 $G\boldsymbol{x} = \boldsymbol{0}$ が自明でない解をもたないことをいう．内積 $(\overline{A}\boldsymbol{x}, \overline{A}\boldsymbol{x})$ を考える．

演習 8.4 $\begin{bmatrix} \frac{i}{\sqrt{3}} & -\frac{1+i}{2\sqrt{3}} & \frac{\sqrt{2}}{2} \\ \frac{1}{\sqrt{3}} & -\frac{1+2i}{2\sqrt{3}} & \frac{(-1+i)\sqrt{2}}{4} \\ \frac{1}{\sqrt{3}} & \frac{2+i}{2\sqrt{3}} & \frac{(1+i)\sqrt{2}}{4} \end{bmatrix}$.

演習 8.5 (1) $A\,{}^tA = {}^tA\,A = \begin{bmatrix} a^2+b^2 & 0 \\ 0 & a^2+b^2 \end{bmatrix}$. $U = \frac{1}{\sqrt{2}}\begin{bmatrix} -i & i \\ 1 & 1 \end{bmatrix}$ により $U^*AU = \begin{bmatrix} a+bi & 0 \\ 0 & a-bi \end{bmatrix}$. (2) $\begin{bmatrix} a & b \\ -b & a \end{bmatrix}$ または $\begin{bmatrix} a & 0 \\ 0 & d \end{bmatrix}$ の形．

演習 8.6 以下では (i) の行列を A_i と記し，対角化するユニタリ行列を U_i と書く．$\omega = \frac{-1+\sqrt{3}i}{2}$ とする．

(1) A_1 は直交行列である．$U_1 = \frac{1}{\sqrt{3}}\begin{bmatrix} 1 & \omega & \omega^2 \\ 1 & \omega^2 & \omega \\ 1 & 1 & 1 \end{bmatrix}$ により，$U_1^*A_1U_1 = \mathrm{Diag}(1, \omega, \omega^2)$.

(2) A_2 は交代行列である．$U_2 = \begin{bmatrix} -\frac{1}{\sqrt{5}} & -\frac{1}{\sqrt{5}} & \frac{1}{\sqrt{3}} & \frac{2}{\sqrt{15}} \\ \frac{-1-i\sqrt{5}}{2\sqrt{5}} & \frac{-1+i\sqrt{5}}{2\sqrt{5}} & -\frac{1}{\sqrt{3}} & \frac{1}{\sqrt{15}} \\ \frac{1-i\sqrt{5}}{2\sqrt{5}} & \frac{1+i\sqrt{5}}{2\sqrt{5}} & \frac{1}{\sqrt{3}} & -\frac{1}{\sqrt{15}} \\ \frac{1}{\sqrt{5}} & \frac{1}{\sqrt{5}} & 0 & \frac{3}{\sqrt{15}} \end{bmatrix}$ により，$U_2^*A_2U_2 = \mathrm{Diag}(i\sqrt{5}, -i\sqrt{5}, 0, 0)$.

(3) A_3 は歪エルミート行列である．$U_3 = \begin{bmatrix} \frac{i}{\sqrt{3}} & \frac{-i}{\sqrt{2}} & \frac{1}{\sqrt{6}} \\ \frac{1}{\sqrt{3}} & \frac{1}{\sqrt{2}} & \frac{-i}{\sqrt{6}} \\ \frac{-i}{\sqrt{3}} & 0 & \frac{2}{\sqrt{6}} \end{bmatrix}$ により，$U_3^*A_3U_3 = \mathrm{Diag}(3i, -3i, -3i)$.

(4) $A_4 A_4^* = A_4^* A_4 = \begin{bmatrix} 2 & 1 & 1 \\ 1 & 2 & 1 \\ 1 & 1 & 2 \end{bmatrix}$. $U_4 = \dfrac{1}{\sqrt{3}} \begin{bmatrix} 1 & \omega & \omega^2 \\ 1 & \omega^2 & \omega \\ 1 & 1 & 1 \end{bmatrix}$ により，$U_4^* A_4 U_4 = \mathrm{Diag}(2, -\omega^2, -\omega)$.

(5) $A_5 A_5^* = A_5^* A_5 = (a^2 + b^2)E$. $U_5 = \dfrac{1}{\sqrt{2}} \begin{bmatrix} 0 & -i & 0 & i \\ -i & 0 & i & 0 \\ 1 & 0 & 1 & 0 \\ 0 & 1 & 0 & 1 \end{bmatrix}$ により，$U_5^* A_5 U_5 = \mathrm{Diag}(a + bi, a + bi, a - bi, a - bi)$.

演習 8.7 以下では (i) の行列を A_i と記し，対角化する直交またはユニタリ行列を P_i と書く．

(1) $P_1 = \begin{bmatrix} \frac{2}{\sqrt{5}} & -\frac{1}{\sqrt{30}} & \frac{1}{\sqrt{6}} \\ \frac{1}{\sqrt{5}} & \frac{2}{\sqrt{30}} & -\frac{2}{\sqrt{6}} \\ 0 & \frac{5}{\sqrt{30}} & \frac{1}{\sqrt{6}} \end{bmatrix}$ は直交行列であり，${}^tP_1 A_1 P_1 = \mathrm{Diag}(2, 2, -4)$.

(2) $P_2 = \begin{bmatrix} \frac{1}{\sqrt{3}} & -\frac{1}{\sqrt{2}} & -\frac{1}{\sqrt{6}} \\ \frac{1}{\sqrt{3}} & \frac{1}{\sqrt{2}} & -\frac{1}{\sqrt{6}} \\ \frac{1}{\sqrt{3}} & 0 & \frac{2}{\sqrt{6}} \end{bmatrix}$ は直交行列であり，${}^tP_2 A_2 P_2 = \mathrm{Diag}(5, -4, -4)$.

(3) $P_3 = \begin{bmatrix} \frac{1}{\sqrt{6}} & -\frac{1}{\sqrt{6}} & \frac{1}{\sqrt{3}} & \frac{1}{\sqrt{3}} \\ -\frac{2}{\sqrt{6}} & 0 & \frac{1}{\sqrt{3}} & 0 \\ \frac{1}{\sqrt{6}} & \frac{1}{\sqrt{6}} & \frac{1}{\sqrt{3}} & -\frac{1}{\sqrt{3}} \\ 0 & \frac{2}{\sqrt{6}} & 0 & \frac{1}{\sqrt{3}} \end{bmatrix}$ は直交行列であり，${}^tP_3 A_3 P_3 = \mathrm{Diag}(2, 2, -1, -1)$.

(4) $P_4 = \begin{bmatrix} \frac{1}{2} & \frac{\sqrt{2}i}{\sqrt{3}} & -\frac{1}{2\sqrt{3}} \\ \frac{i}{\sqrt{2}} & \frac{1}{\sqrt{3}} & -\frac{i}{\sqrt{6}} \\ \frac{1}{2} & 0 & \frac{\sqrt{3}}{2} \end{bmatrix}$ はユニタリ行列であり，$P_4^* A_4 P_4 = \mathrm{Diag}(4, -8, -8)$.

(5) $P_5 = \begin{bmatrix} \frac{-i}{\sqrt{2}} & \frac{1}{\sqrt{3}} & -\frac{1}{\sqrt{6}} \\ \frac{1}{\sqrt{2}} & \frac{-i}{\sqrt{3}} & \frac{i}{\sqrt{6}} \\ 0 & \frac{1}{\sqrt{3}} & \frac{2}{\sqrt{6}} \end{bmatrix}$ はユニタリ行列であり，$P_5^* A_5 P_5 = \mathrm{Diag}(2, 2, -4)$.

(6) $P_6 = \begin{bmatrix} \frac{i}{\sqrt{2}} & \frac{1}{\sqrt{6}} & -\frac{i}{2\sqrt{3}} & \frac{i}{2} \\ \frac{1}{\sqrt{2}} & \frac{i}{\sqrt{6}} & \frac{1}{2\sqrt{3}} & -\frac{1}{2} \\ 0 & \frac{2}{\sqrt{6}} & \frac{i}{2\sqrt{3}} & -\frac{i}{2} \\ 0 & 0 & \frac{\sqrt{3}}{2} & \frac{1}{2} \end{bmatrix}$ はユニタリ行列であり，$P_6^* A_6 P_6 = \mathrm{Diag}(1, 1, 1, -3)$.

演習 8.8 問題の行列を順に A, B とする．

(1) $P = \begin{bmatrix} \frac{\omega^2}{\sqrt{3}} & \frac{-\omega}{\sqrt{2}} & \frac{-\omega^2}{\sqrt{6}} \\ \frac{\omega}{\sqrt{3}} & \frac{1}{\sqrt{2}} & \frac{-\omega}{\sqrt{6}} \\ \frac{1}{\sqrt{3}} & 0 & \frac{2}{\sqrt{6}} \end{bmatrix}$ はユニタリ行列で $P^*AP = \mathrm{Diag}(3, 0, 0)$.

(2) $BB^* = B^*B = \begin{bmatrix} 3 & 2i & -2 \\ -2i & 3 & 2i \\ -2 & -2i & 3 \end{bmatrix}$ である．$Q = \begin{bmatrix} \frac{-i}{\sqrt{2}} & \frac{1}{\sqrt{6}} & -\frac{1}{\sqrt{3}} \\ \frac{1}{\sqrt{2}} & \frac{-i}{\sqrt{6}} & \frac{i}{\sqrt{3}} \\ 0 & \frac{2}{\sqrt{6}} & \frac{1}{\sqrt{3}} \end{bmatrix}$ はユニタリ行列で $Q^*BQ = \mathrm{Diag}(-1, -1, -1-3\omega)$.（$1+\omega+\omega^2 = 0$ であることに注意しながら，ω を文字式のように扱う.）

演習 8.9（ヒント） 正規行列 A とそのユニタリ行列 U による相似行列 U^*AU について，A がユニタリ，エルミート，歪エルミートであることと U^*AU がユニタリ，エルミート，歪エルミートであることとは同値である.

演習 8.10（ヒント） エルミート行列の定義を確認する．λ を A の固有値とし，$\boldsymbol{u}$ を λ に属する固有ベクトルとする．内積 $(A\boldsymbol{u}, \boldsymbol{u})$ を考えよ.

演習 8.11（ヒント） n 次元数ベクトル $\boldsymbol{x}$ について内積 $(\boldsymbol{x}, (AA^* + BB^*)\boldsymbol{x})$ を考える.

第 9 章

問題 9.1.1 (1) $\mathbf{0}, \mathbf{0}'$ がともに線形空間の公理の (iii) を満たしていると仮定すると，$\mathbf{0}' + \mathbf{0} = \mathbf{0}'$ であり，$\mathbf{0} + \mathbf{0}' = \mathbf{0}$ でもある．公理の (ii) により，$\mathbf{0}' + \mathbf{0} = \mathbf{0} + \mathbf{0}'$ であるから，$\mathbf{0}' = \mathbf{0}$ を得る.

(2) $\boldsymbol{x}, \boldsymbol{x}'$ に対して $\boldsymbol{a} + \boldsymbol{x} = \mathbf{0}$，$\boldsymbol{a} + \boldsymbol{x}' = \mathbf{0}$ が成り立つとする．第 1 の等式の両辺に $\boldsymbol{x}'$ を加えると，$\boldsymbol{x}' + (\boldsymbol{a} + \boldsymbol{x}) = \boldsymbol{x}' + \mathbf{0} = \boldsymbol{x}'$ であるが左辺は公理の (i)，(ii) および仮定の $\boldsymbol{a} + \boldsymbol{x}' = \mathbf{0}$ を用いて変形すると $\boldsymbol{x}' + (\boldsymbol{a} + \boldsymbol{x}) = (\boldsymbol{x}' + \boldsymbol{a}) + \boldsymbol{x} = \mathbf{0} + \boldsymbol{x} = \boldsymbol{x}$ となる．ゆえに，$\boldsymbol{x} = \boldsymbol{x}'$.

問題 9.1.2 (1) $0\boldsymbol{a} = (0+0)\boldsymbol{a} = 0\boldsymbol{a} + 0\boldsymbol{a}$．両辺に $-(0\boldsymbol{a})$ を加えると所要の等式が得られる.

(2) $\mathbf{0} = 0\boldsymbol{a} = (1 + (-1))\boldsymbol{a} = 1\boldsymbol{a} + (-1), \boldsymbol{a} = \boldsymbol{a} + (-1), \boldsymbol{a}$．ゆえに，$-\boldsymbol{a} = (-1)\boldsymbol{a}$.

問題 9.1.3 V を U の部分空間とし，$\boldsymbol{a}_1, \boldsymbol{a}_2, \ldots, \boldsymbol{a}_k \in V$ とすると，部分空間の公理によりこれらの線形結合はすべて V に属する．ゆえに，$\langle \boldsymbol{a}_1, \boldsymbol{a}_2, \ldots, \boldsymbol{a}_k \rangle$ は V に含まれる.

問題 9.2.1 命題 6.1.1 の証明と同様である.

問題 9.2.2 命題 6.1.2 の証明と同様である.

問題 9.2.3 命題 6.1.7 の証明と同様である．命題 6.1.2 のかわりに命題 9.2.2 を使う.

問題 9.2.4 定理 6.2.3 の証明（問題 6.2.2 の解答）と同様である．命題 6.1.1 のかわりに命題 9.2.1 を使う.

問題 9.2.5 命題 6.3.3 の証明と同様である.

問題 9.3.1 (1) $\boldsymbol{a}, \boldsymbol{b} \in V \cap W$，$\lambda \in \mathbf{K}$ とする．$\boldsymbol{a}, \boldsymbol{b} \in V$ であり，V は部分空間であるから，$\boldsymbol{a}+\boldsymbol{b} \in V$．また，$\lambda \boldsymbol{a} \in V$．$\boldsymbol{a}, \boldsymbol{b} \in W$ でもあり，W もは部分空間であるから，$\boldsymbol{a}+\boldsymbol{b} \in W$．また，$\lambda \boldsymbol{a} \in W$．すなわち，$\boldsymbol{a}, \boldsymbol{b} \in V \cap W$，$\lambda \boldsymbol{a} \in V \cap W$．

(2) $\boldsymbol{x}, \boldsymbol{x}' \in V, \boldsymbol{y}, \boldsymbol{y}' \in W$ とする．$(\boldsymbol{x}+\boldsymbol{y})+(\boldsymbol{x}'+\boldsymbol{y}') = (\boldsymbol{x}+\boldsymbol{x}')+(\boldsymbol{y}+\boldsymbol{y}') \in V+W$．$\lambda \in \mathbf{K}$ に対して $\lambda(\boldsymbol{x}+\boldsymbol{y}) = \lambda \boldsymbol{x} + \lambda \boldsymbol{y} \in V+W$．

問題 9.3.2 V のどのベクトルも S に属するベクトルの線形結合であり，W のどのベクトルも T に属するベクトルの線形結合であるから，V のベクトルと W のベクトルの和は $S \cup T$ に属するベクトルの線形結合である．

問題 9.3.3 命題 9.3.2 により，$\{\boldsymbol{a}_1, \boldsymbol{a}_2, \ldots, \boldsymbol{a}_k, \boldsymbol{b}_1, \boldsymbol{b}_2, \ldots, \boldsymbol{b}_{m-k}, \boldsymbol{c}_1, \boldsymbol{c}_2, \ldots, \boldsymbol{c}_{n-k}\}$ は $V+W$ の生成系である．このベクトルが線形独立であることを示せばよい．$\lambda_1 \boldsymbol{a}_1 + \cdots + \lambda_k \boldsymbol{a}_k + \mu_1 \boldsymbol{b}_1 + \cdots + \mu_{m-k} \boldsymbol{b}_{m-k} + \nu_1 \boldsymbol{c}_1 + \cdots + \nu_{n-k} \boldsymbol{c}_{n-k} = \boldsymbol{0}$ とする．このとき，$\lambda_1 \boldsymbol{a}_1 + \cdots + \lambda_k \boldsymbol{a}_k + \mu_1 \boldsymbol{b}_1 + \cdots + \mu_{m-k} \boldsymbol{b}_{m-k} = -(\nu_1 \boldsymbol{c}_1 + \cdots + \nu_{n-k} \boldsymbol{c}_{n-k})$ となるが，左辺は V に属し，右辺は W に属するから，これは $V \cap W$ に含まれる．$\boldsymbol{b}_1, \boldsymbol{b}_2, \ldots, \boldsymbol{b}_{m-k}, \boldsymbol{c}_1, \boldsymbol{c}_2, \ldots, \boldsymbol{c}_{n-k}$ のどのベクトルも $V \cap W$ に含まれず，$(\boldsymbol{a}_1, \boldsymbol{a}_2, \ldots, \boldsymbol{a}_k)$ は $V \cap W$ の基底なのであるから，$\mu_1 = \cdots = \mu_{m-k} = 0$ であり，$\nu_1 = \cdots = \nu_{n-k} = 0$ でなければならない．よって，$\lambda_1 = \cdots = \lambda_k = 0$ となる．すなわち，$\boldsymbol{a}_1, \boldsymbol{a}_2, \ldots, \boldsymbol{a}_k, \boldsymbol{b}_1, \boldsymbol{b}_2, \ldots, \boldsymbol{b}_{m-k}, \boldsymbol{c}_1, \boldsymbol{c}_2, \ldots, \boldsymbol{c}_{n-k}$ は線形独立である．

問題 9.3.4 以下は基底の一例である．

(1) $$\left(\begin{bmatrix}2\\3\\-1\\1\\0\end{bmatrix}, \begin{bmatrix}1\\1\\0\\0\\1\end{bmatrix}\right)$$

(2) $$\left(\begin{bmatrix}2\\3\\-1\\1\\0\end{bmatrix}, \begin{bmatrix}1\\1\\0\\0\\1\end{bmatrix}, \begin{bmatrix}1\\2\\1\\0\\0\end{bmatrix}\right)$$ は W_1 の基底である．$$\left(\begin{bmatrix}2\\3\\-1\\1\\0\end{bmatrix}, \begin{bmatrix}1\\1\\0\\0\\1\end{bmatrix}, \begin{bmatrix}-1\\-1\\1\\0\\0\end{bmatrix}\right)$$ は W_2 の基底である．

(3) $$\left(\begin{bmatrix}2\\3\\-1\\1\\0\end{bmatrix}, \begin{bmatrix}1\\1\\0\\0\\1\end{bmatrix}, \begin{bmatrix}1\\2\\1\\0\\0\end{bmatrix}, \begin{bmatrix}-1\\-1\\1\\0\\0\end{bmatrix}\right)$$ は W_1+W_2 の基底である．

問題 9.3.5 (A) 命題の条件 (1) が成り立てば条件 (2) が成り立つことを示す．$\boldsymbol{x}_1 \in V_1, \boldsymbol{x}_2 \in V_2, \ldots, \boldsymbol{x}_l \in V_l$ について $\boldsymbol{x}_1+\boldsymbol{x}_2+\cdots+\boldsymbol{x}_l = \boldsymbol{0}$ が成り立つとすれば，$\boldsymbol{x}_1+\boldsymbol{x}_2+\cdots+\boldsymbol{x}_l = \boldsymbol{0}+\boldsymbol{0}+\cdots+\boldsymbol{0}$ であり，$\boldsymbol{0}$ はどの $V_1, V_2, \ldots, \in V_l$ にも属するのであるから，条件 (1) により，$\boldsymbol{x}_1 = \boldsymbol{0}, \boldsymbol{x}_2 = \boldsymbol{0}, \ldots, \boldsymbol{x}_l = \boldsymbol{0}$ が成り立つ．

(B) 命題の条件 (2) が成り立てば条件 (3) が成り立つことを示す．$\mathscr{F}_j$ を V_j の基底とする．$\mathscr{E}$ を

$\mathscr{F}_1, \mathscr{F}_2, \ldots, \mathscr{F}_l$ のベクトルを並べた列とする．$\mathscr{E}$ のベクトルは $V_1 + V_2 + \cdots + V_l$ の生成系である．このベクトルが線形独立であることを示せばよい．これらのベクトルの線形結合は，各 $\mathscr{F}_j$ のベクトルの線形結合の和となる．よって，これらのベクトルの線形関係式は $\boldsymbol{x}_1 \in V_1, \boldsymbol{x}_2 \in V_2, \ldots, \boldsymbol{x}_l \in V_l$ により $\boldsymbol{x}_1 + \boldsymbol{x}_2 + \cdots + \boldsymbol{x}_l = \boldsymbol{0}$ と表される．いま，条件 (2) を仮定しているから，$\boldsymbol{x}_1 = \boldsymbol{0}, \boldsymbol{x}_2 = \boldsymbol{0}, \ldots, \boldsymbol{x}_l = \boldsymbol{0}$ が成り立つ．よって，各 $\boldsymbol{x}_j$ の $\mathscr{F}_j$ のベクトルの線形結合としての係数はすべて 0 である．結局，$\mathscr{E}$ のベクトルの線形関係式におけるベクトルの係数はすべて 0 である．すなわち，$\mathscr{E}$ のベクトルは線形独立である．

(C) 命題の条件 (3) が成り立てば条件 (1) が成り立つことを示す．$\mathscr{F}_j$ を V_j の基底とする．$\mathscr{E}$ を $\mathscr{F}_1, \mathscr{F}_2, \ldots, \mathscr{F}_l$ のベクトルを並べた列とする．$\mathscr{E}$ のベクトルは $V_1 + V_2 + \cdots + V_l$ の生成系である．このベクトルから $V_1 + V_2 + \cdots + V_l$ の基底を選ぶことができて，そのベクトルの個数は条件 (3) を仮定しているから，$(\dim V_1 + \dim V_2 + \cdots + \dim V_l)$ 個である．よって，$\mathscr{E}$ のベクトルは $V_1 + V_2 + \cdots + V_l$ の基底である．すなわち，$V_1 + V_2 + \cdots + V_l$ の任意のベクトルは $\mathscr{F}_1, \mathscr{F}_2, \ldots, \mathscr{F}_l$ のベクトルの線形結合として一意的に表される．これは $V_1 + V_2 + \cdots + V_l$ の任意のベクトルを $V_1, V_2, \ldots, V_l$ のベクトルの和として表すとき，その表し方がただ 1 通りであることを意味する．

問題 9.4.1 (1) (a) 線形写像である. 線形写像の公理が満たされることを確かめよ.

(b) 線形写像でない．証明は例えば, 次のようにして示す．$\boldsymbol{a} = \begin{bmatrix} 1 \\ 1 \\ 1 \\ 1 \end{bmatrix}$, $c = 2$ に対して

$g(\boldsymbol{a}) = 2\begin{bmatrix} -2 \\ 6 \\ 1 \end{bmatrix} = \begin{bmatrix} -4 \\ 12 \\ 2 \end{bmatrix}$ であるが, $g(c\boldsymbol{a}) = g\left(\begin{bmatrix} 2 \\ 2 \\ 2 \end{bmatrix}\right) = \begin{pmatrix} -4 \\ 12 \\ 4 \end{pmatrix}$ であるから，

$cg(\boldsymbol{a}) \neq g(c\boldsymbol{a})$．すなわち，線型写像の公理の (2) が満たされない．

(2) (a) f の標準基底に関する表現行列はベクトル $f(\boldsymbol{e}_j)$, $j = 1, \ldots, 5$ を並べて $\begin{bmatrix} 1 & -2 & 0 & 3 & 0 \\ 1 & -2 & 1 & 2 & 1 \\ 2 & -4 & 1 & 5 & 2 \\ -3 & 6 & 0 & -9 & 2 \end{bmatrix}$. これを A とおく．

(b), (c) A を行基本変形して簡約階段行列をつくると $A \to \begin{bmatrix} 1 & -2 & 0 & 3 & 0 \\ 0 & 0 & 1 & -1 & 0 \\ 0 & 0 & 0 & 0 & 1 \\ 0 & 0 & 0 & 0 & 0 \end{bmatrix}$. したがって，$\left(\begin{bmatrix} 1 \\ 1 \\ 2 \\ -3 \end{bmatrix}, \begin{bmatrix} 0 \\ 1 \\ 1 \\ 0 \end{bmatrix}, \begin{bmatrix} 0 \\ 1 \\ 2 \\ 2 \end{bmatrix}\right)$ は $\mathrm{Im}\, f$ の基底である. $\mathrm{rank}\, f = 3$. f の退化次数は斉次線形方程式 $A\boldsymbol{x} = \boldsymbol{0}$ の解の自由度であるから $5 - 3 = 2$ である．核 $\mathrm{Ker}\, f$ は上の変形か

ら $\operatorname{Ker} f = \left\langle \begin{bmatrix} 2 \\ 1 \\ 0 \\ 0 \\ 0 \end{bmatrix}, \begin{bmatrix} -3 \\ 0 \\ 1 \\ 1 \\ 0 \end{bmatrix} \right\rangle$ である．$\dim \operatorname{Ker} f = 2$ であるから，$\left(\begin{bmatrix} 2 \\ 1 \\ 0 \\ 0 \\ 0 \end{bmatrix}, \begin{bmatrix} -3 \\ 0 \\ 1 \\ 1 \\ 0 \end{bmatrix} \right)$ は $\operatorname{Ker} f$ の基底である．

問題 9.4.2 (1) $\begin{bmatrix} 1 & 1 & 0 \\ 0 & 1 & 0 \\ 0 & 0 & 2 \end{bmatrix}$． (2) $\begin{bmatrix} -1 & 0 & 0 \\ 0 & -1 & 0 \\ 0 & 0 & 2 \end{bmatrix}$．

問題 9.4.3 (1) 順に，-18, 9, 2． (2) $\begin{bmatrix} 0 & 1 & 0 \\ 0 & 0 & 1 \\ -18 & 9 & 2 \end{bmatrix}$．

問題 9.5.1 (1) $R = \begin{bmatrix} \frac{3}{2} & -\frac{1}{2} & 2 \\ \frac{1}{2} & \frac{1}{2} & 0 \\ -\frac{1}{2} & -\frac{1}{2} & -1 \end{bmatrix}$． (2) $R^{-1}AR = \begin{bmatrix} 0 & -3 & -\frac{1}{2} \\ -3 & 0 & -\frac{7}{2} \\ \frac{1}{2} & \frac{5}{2} & 1 \end{bmatrix}$． (3) $\begin{bmatrix} \boldsymbol{u}_1\, \boldsymbol{u}_2\, \boldsymbol{u}_3 \end{bmatrix} = P$ とおくと，$\mathscr{E}$ から標準基底への変換行列は P^{-1} である．求める表現行列は $PAP^{-1} = \begin{bmatrix} -\frac{3}{2} & \frac{1}{2} & -\frac{1}{2} \\ -3 & 1 & 0 \\ \frac{3}{2} & -\frac{1}{2} & \frac{3}{2} \end{bmatrix}$．

問題 9.5.2 定理 9.5.1 と定理 7.2.2 による．

問題 9.5.3 定理 9.5.1 と定理 7.2.5 による．

問題 9.5.4 定理 9.5.1 と定理 7.3.1 による．

問題 9.5.5 固有値は $\lambda = 2, 3, -3$ である．$\boldsymbol{v}_1 = \{2^{n-1}\}_{n=1,2,3,\ldots}$, $\boldsymbol{v}_2 = \{3^{n-1}\}_{n=1,2,3,\ldots}$, $\boldsymbol{v}_3 = \{(-3)^{n-1}\}_{n=1,2,3,\ldots}$ とおくと，$(\boldsymbol{v}_1)$ は固有空間 $V(2)$ の基底であり，$(\boldsymbol{v}_2)$ は固有空間 $V(3)$ の基底であり，$(\boldsymbol{v}_3)$ は固有空間 $V(-3)$ の基底である．

問題 9.6.1 定理 8.1.2 の証明と同様である．

問題 9.6.2 命題 8.1.3 の証明と同様である．

問題 9.6.3 命題 8.1.5 の証明と同様である．

問題 9.6.4 命題 8.1.6 の証明と同様である．

問題 9.6.5 命題 8.1.8 の証明と同様である．

問題 9.6.6 定理 8.1.9 の証明と同様である．命題 8.1.6 のかわりに命題 9.6.4 を用いる．

問題 9.6.7 (1) $A = \begin{bmatrix} -\frac{5}{2} & \frac{1}{\sqrt{3}} & -\frac{1}{2} \\ \sqrt{3} & 1 & \frac{1}{\sqrt{3}} \\ \frac{15}{2} & 0 & \frac{7}{2} \end{bmatrix}$． (2) $B = \begin{bmatrix} 0 & 1 & \sqrt{5} \\ 1 & 1 & 0 \\ \sqrt{5} & 0 & 1 \end{bmatrix}$．

(3) 正規直交基底 $\mathscr{F}$ に関する表現行列 B が対称行列であるから，T は対称変換である．

(4) 固有値は 3, 1, −2 である．$f(x)=-\frac{1}{15}+\frac{2\sqrt{3}}{15}x+x^2$ とおくと $V(3)=\langle f(x)\rangle$．$g(x)=-\frac{11}{15}-\frac{2\sqrt{3}}{15}x+x^2$ とおくと $V(1)=\langle g(x)\rangle$．$h(x)=-\frac{1}{3}-\frac{2\sqrt{3}}{3}x+x^2$ とおくと $V(-2)=\langle h(x)\rangle$．$(f(x),g(x),h(x))$ は $\mathrm{P}^2(\mathbf{R})$ の基底であり，この基底に関して T は対角行列 $\mathrm{Diag}(3,1,-2)$ で表現される．

演習 9.1 部分空間でない場合は×をつけた．部分空間の場合は○をつけ，基底の例を挙げて，次元を書いた．(1) × (2) × (3) ○ $\{E_{ii}, E_{j,k}+E_{k,j} \mid i,j=1,\ldots,n, k=j+1,\ldots,n\}$ のベクトルを任意に並べて基底になる．次元は $\frac{n(n+1)}{2}$． (4) ○ $\{E_{j,k}-E_{k,j} \mid j=1,\ldots,n, k=j+1,\ldots,n\}$ のベクトルを任意に並べて基底になる．次元は $\frac{n(n-1)}{2}$． (5) ○ $\{E_{ii}, E_{j,k} \mid i,j=1,\ldots,n, k=j+1,\ldots,n\}$ のベクトルを任意に並べて基底になる．次元は $\frac{n(n+1)}{2}$． (6) ○ $\{E_{ii} \mid i=1,\ldots,n\}$ のベクトルを任意に並べて基底になる．次元は n． (7) × (8) ×

演習 9.2（ヒント，解答例） 行列 $\begin{bmatrix}\boldsymbol{a}_1 & \boldsymbol{a}_2 & \boldsymbol{a}_3 & \boldsymbol{b}_1 & \boldsymbol{b}_2 & \boldsymbol{b}_3\end{bmatrix}$ を行基本変形して簡約階段行列に変形すると $\begin{bmatrix}1&0&0&0&\frac{1}{6}&\frac{1}{2}\\0&1&0&0&\frac{1}{3}&1\\0&0&1&0&\frac{1}{2}&\frac{3}{2}\\0&0&0&1&-1&-1\end{bmatrix}$ が得られる．これから，V_1 の基底や $\boldsymbol{a}_1,\boldsymbol{a}_2,\boldsymbol{a}_3,\boldsymbol{b}_1,\boldsymbol{b}_2,\boldsymbol{b}_3$ の間の線形関係式を読み取る． (1) $\boldsymbol{c}=\frac{1}{6}\boldsymbol{a}_1+\frac{1}{3}\boldsymbol{a}_2+\frac{1}{2}\boldsymbol{a}_3=\boldsymbol{b}_1+\boldsymbol{b}_2$ とおくと，$(\boldsymbol{c})$ は $V_1\cap V_2$ の基底であり，$\dim(V_1\cap V_2)=1$． (2) $(\boldsymbol{c},\boldsymbol{a}_1,\boldsymbol{a}_2)$ は V_1 の基底．$(\boldsymbol{c},\boldsymbol{b}_1)$ は V_2 の基底．

演習 9.3 (1) $\boldsymbol{p}-\dfrac{2(\boldsymbol{n},\boldsymbol{p})}{(\boldsymbol{n},\boldsymbol{n})}\boldsymbol{n}$． (2)（ヒント）線形写像の公理を確認する．定義 9.6.4 を確認する．

(3) $\dfrac{1}{a^2+b^2+c^2}\begin{bmatrix}-a^2+b^2+c^2 & -2ab & -2ac\\ -2ab & a^2-b^2+c^2 & -2bc\\ -2ac & -2bc & a^2+b^2-c^2\end{bmatrix}$． (4) $\begin{bmatrix}-1&0&0\\0&1&0\\0&0&1\end{bmatrix}$．

演習 9.4 (1) PQ． (2) P^{-1}．

演習 9.5 (1)（ヒント）線形写像の公理を確認する． (2) BA．

演習 9.6（ヒント） $h=g\circ f$ とおく．h は逆写像をもつ．(1) 命題 9.4.3 を使う．$\mathrm{Ker}\, f=\{\boldsymbol{0}\}$ であることを示せ． (2) 全射であることの定義を確認する．任意の $\boldsymbol{w}\in W$ に対して $\boldsymbol{u}=h^{-1}(\boldsymbol{w})\in U$ を考えよ． (3) $\boldsymbol{v}\in\mathrm{Im}\, f\cap\mathrm{Ker}\, g$ はある $\boldsymbol{u}\in U$ により，$\boldsymbol{v}=f(\boldsymbol{u})$ と表され，かつ，$g(\boldsymbol{v})=\boldsymbol{0}$ である． (4) 任意の $\boldsymbol{v}\in V$ に対して $f(h^{-1}(g(\boldsymbol{v})))\in\mathrm{Im}\, f$ を考えよ．

演習 9.7 $\mathrm{Ker}\, g\circ f$ を調べる．U, V の次元は等しいことを示せ．定理 9.4.7 を使う．

演習 9.8（ヒント） $\mathrm{Im}\, g\circ f$ は $\mathrm{Im}\, g$ の部分空間である．$\mathrm{rank}\, f=r$ とし，$(\boldsymbol{v}_1,\ldots,\boldsymbol{v}_r)$ を $\mathrm{Im}\, f$ の基底とすると，$\mathrm{Im}\, g\circ f=\langle g(\boldsymbol{v}_1),\ldots,g(\boldsymbol{v}_r)\rangle$ である．$V_0=\mathrm{Im}\, f$ とし，$g_0: V_0\to W; \boldsymbol{v}\mapsto g(\boldsymbol{v})$ を考える．$\mathrm{Im}\, g_0=\mathrm{Im}\, g\circ f$ である．g_0 に定理 9.4.7 を適用する．

演習 9.9（ヒント） $g\circ f=f\circ g$ が成り立つということは U のどのベクトル $\boldsymbol{x}$ についても $g(f(\boldsymbol{x}))=f(g(\boldsymbol{x}))$ が成り立つということである．

演習 9.10（ヒント，解答例） (1) $\mathscr{E} = \left(\begin{bmatrix} 1 \\ 1 \\ 1 \\ 1 \end{bmatrix} \right)$, $\mathscr{F} = \left(\begin{bmatrix} \frac{1}{2} \\ 1 \\ 0 \\ 0 \end{bmatrix}, \begin{bmatrix} -\frac{1}{2} \\ 0 \\ 1 \\ 0 \end{bmatrix}, \begin{bmatrix} \frac{1}{2} \\ 0 \\ 0 \\ 1 \end{bmatrix} \right)$. (2) 演習 9.9 を使う． (3) 表現行列は $\begin{bmatrix} 2 \end{bmatrix}$. 固有値は 2. $\left(\begin{bmatrix} 1 \\ 1 \\ 1 \\ 1 \end{bmatrix} \right)$ は固有空間の基底． (4) 表現行列は $\begin{bmatrix} 1 & 0 & 0 \\ \frac{15}{2} & -\frac{7}{2} & -\frac{3}{2} \\ -\frac{15}{2} & \frac{9}{2} & \frac{5}{2} \end{bmatrix}$. 固有値は $1, -2$. 固有値 1 の固有空間の基底として $\left(\begin{bmatrix} -\frac{1}{5} \\ \frac{3}{5} \\ 1 \\ 0 \end{bmatrix}, \begin{bmatrix} \frac{3}{5} \\ \frac{1}{5} \\ 0 \\ 1 \end{bmatrix} \right)$ をとることができる.. 固有値 -2 の固有空間の基底として $\left(\begin{bmatrix} 1 \\ 0 \\ -1 \\ 1 \end{bmatrix} \right)$ をとることができる． (5) T_A の表現行列は $\mathrm{Diag}(-1, 2, 2, 2)$. T_B の表現行列は $\mathrm{Diag}(-2, -2, 1, 1)$.

演習 9.11 $a_n = \dfrac{1}{\sqrt{5}} \left(\left(\dfrac{1+\sqrt{5}}{2} \right)^n - \left(\dfrac{1-\sqrt{5}}{2} \right)^n \right)$, $n = 1, 2, \ldots$.

演習 9.12 $f(x) = \alpha e^{\lambda x}$, $\alpha \in \mathbf{R}$.

演習 9.13 (1) $\begin{bmatrix} a \\ b \\ c \end{bmatrix}$. (2) $\begin{bmatrix} 0 & 1 & 0 \\ 0 & 0 & 1 \\ -16 & 4 & 4 \end{bmatrix}$. (3) 固有値は $-2, 2, 4$. $p_1(x) = e^{-2x}$, $p_2(x) = e^{2x}$, $p_3(x) = e^{4x}$ とおくと，$(p_1(x))$ は $V(-2)$ の基底，$(p_2(x))$ は $V(2)$ の基底，$(p_3(x))$ は $V(4)$ の基底である． (4) $f(x) = \alpha e^{-2x} + \beta e^{2x} + \gamma e^{4x}$, $\alpha, \beta, \gamma \in \mathbf{R}$. (5) $g(x) = \dfrac{1}{8} e^{-2x} + \dfrac{9}{8} e^{2x} - \dfrac{1}{4} e^{4x}$.

演習 9.14 (1)（ヒント） 命題 7.3.4 を用いる． (2) $\dfrac{1}{2}(X + {}^t X)$. (3) 交代行列全部のなす空間.

演習 9.15 $h_0(x) = \frac{1}{2}$, $h_1(x) = \sqrt{\frac{3}{2}}\, x$, $h_2(x) = \sqrt{\frac{5}{8}}\, (3x^2 - 1)$ とおく． $\frac{-1+e^2}{\sqrt{2}} h_0(x) + \sqrt{6} h_1(x) + \frac{\sqrt{5}(-7+e^2)}{\sqrt{2}} h_2(x)$.

演習 9.16 (1) $\left(\frac{1}{\sqrt{2\pi}} f_0(x), \frac{1}{\sqrt{\pi}} f_1(x), \frac{1}{\sqrt{\pi}} f_2(x), \frac{1}{\sqrt{\pi}} f_3(x), \frac{1}{\sqrt{\pi}} f_4(x) \right)$. (2) $\frac{\pi^2}{3} - 4\cos x - 2\sin x + \cos 2x + \frac{\sqrt{2}}{\sqrt{\pi}} \sin 2x$.

(3) $\begin{bmatrix} 1 & & & & \\ & \cos c & \sin c & & \\ & -\sin c & \cos c & & \\ & & & \cos 2c & \sin 2c \\ & & & -\sin 2c & \cos 2c \end{bmatrix}$ （空白のところの成分すべて 0） (4) （ヒント） 定義 9.6.4 を確認する.

索引

た

な

は

や

ら

わ

著者略歴

佐々木 洋城（ささき ひろき）

信州大学教授・理学博士

専門は代数学，特に有限群のコホモロジー論

線形代数学 講義（せんけいだいすうがく こうぎ）

2015 年 3 月 20 日　第 1 版　第 1 刷　発行
2018 年 3 月 20 日　第 1 版　第 3 刷　発行
2018 年 11 月 20 日　第 2 版　第 1 刷　印刷
2018 年 11 月 30 日　第 2 版　第 1 刷　発行

著　者　佐々木 洋城（ささき ひろき）
発行者　発田 和子
発行所　株式会社 学術図書出版社

〒113-0033　東京都文京区本郷 5 丁目 4 の 6
TEL 03-3811-0889　振替 00110-4-28454
印刷　三和印刷（株）

ISBN978-4-7806-0537-2　C3041